J. E. HOUSE

無機化学(上)

山下正廣・塩谷光彦・石川直人 訳

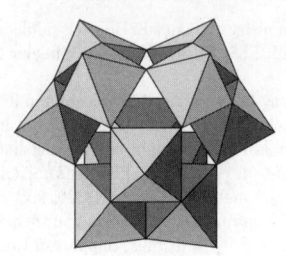

東京化学同人

Inorganic Chemistry
ISBN978-0-12-356786-4

James E. House
Illinois Wesleyan University
and Illinois State University

Copyright © 2008, Elsevier Inc. All rights reserved.

This edition of Inorganic Chemistry by James E. House is published by Tokyo Kagaku Dozin Co., Ltd. by arrangement with ELSEVIER INC of 200 Wheeler Road, 6th floor, Burlington, MA 01803, USA.

No part of this publication may be reproduced or transmitted in any form or by any means, electronic or mechanical, including photocopy, recording, or any information storage and retrieval system, without permission in writing from the publisher.

Permissions may be sought directly from Elsevier's Science & Technology Rights Department in Oxford, UK: phone: (+44) 1865 843830, fax: (+44) 1865 853333, E-mail: permissions@elsevier. com. You may also complete your request on-line via the Elsevier homepage (http://elsevier.com), by selecting "Support & Contact" then "Copyright and Permission" and then "Obtaining Permissions."

Copyright © 2008, Elsevier Inc.
全権利を権利者が保有する。

本書は，James E. House 著"Inorganic Chemistry"の日本語版で，Elsevier社（200 Wheeler Road, 6th floor, Burlington, MA 01803, USA）との契約に基づいて株式会社東京化学同人より出版された。

本書のいかなる部分についても，フォトコピー，データバンクへの取込みを含む一切の電子的，機械的複製および送信を，書面による許可なしに行ってはならない。

許可を求める場合は，"Elsevier's Science & Technology Rights Department in Oxford, UK: phone: (+44) 1865 843830, fax: (+44) 1865 853333, E-mail: permissions@elsevier. com"に直接連絡する。Elsevier ホームページ (http://elsevier.com) に接続して，画面上（'Support & Contact', 'Copyright and Permission', 'Obtaining Permissions' を順に選択）で許可を求めることもできる。

序

　無機化学の重要なトピックをすべて含むような，単行本や教科書は存在しない．この分野は範囲がとても広く，急速に進展しているからである．無機化学の教科書には，多くの研究と著者が内容の取捨選択を行った結果が反映される．化学では，教科書の著者は，研究の興味や出身大学や個性を反映した背景を本の中にもちこむ．本を書くとき，著者は"これは私が見てきた分野である"と実際に言っている．これらの観点から，本書も他書と同様である．

　無機化学の講義をするときには，中心となるトピックはほとんど変わらない．さらに，講義を担当する教育者の興味や専門に応じて，大学ごとに多くの周辺領域が選ばれ，講義にとりあげられる．講義の内容は１学期ごとに変わることすらある．基本的なトピックに加えて，幅広く選択的な話題を含む教科書をつくろうとすると，１学期用でも1000ページの本になってしまう．"簡潔"な無機化学の教科書でさえ，このくらいの大きさになる．本書は文献や研究論文を概説したものではない．本書は読者に，より上級コースへ進むための内容を提供することを意図してつくられた．

　この本を書くにあたって，いくつかの目的に合う簡潔な教科書となるようにした．まず，無機化学の主要分野（分子構造，酸・塩基化学，配位化学，配位子場理論，固体化学など）における必須の情報を提供できるようにトピックを選んだ．これらのトピックは，ほとんどのカレッジや大学で１学期に教わるのにふさわしい無機化学の基本的な能力をつける．

　壁にペンキを塗るときに，ローラーの向きを変えて何度も同じ範囲を塗ると，うまく塗れる．このような技術は化学を教えるときにも通じるというのが著者の考えである．したがって，二番目の目的は，いくつかのトピックを議論する際に基本的な原理を強調することであった．たとえば，硬-軟相互作用原理は酸・塩基化学，錯体の安定性，溶解度や反応生成物の予想を議論する際に用いられる．三番目に，トピックの表現は，本書が持ち運べて，使いやすくなるように，明確で簡潔にした．本書は，１学期の上級コースの教科書としてだけでなく，自分で勉強するための手引きとして役立つように，無機化学の必須事項を読みやすく説明した．本書は教科書であり，文献のレビューや研究の概説ではない．原著論文の参照は少

ないが，上級クラスの本や論文が多数引用されている．

　本書に含まれている課題は，段階を踏んで配置されているが，説明の順番にはある程度の柔軟性をもたせた．量子力学や原子構造の基本的な原理をしっかり理解している学生にとっては，第1章，第2章はおおざっぱに読むことができるが，必修コースの課題には含まれていない．これらの章はレビューや自習のための手段を与えるために含まれている．第4章は構造化学の概論を早目に紹介しているが，読者が対称性や対称要素の勉強をする前に，無機化合物のいろいろな構造に親しみやすくなるようにしている．無機固体の構造は第7章で議論されるが，第5章，第6章の前に，この物質について簡単に学ぶ．第6章は分子間力や分子の分極を扱っている．これらのトピックは物質の性質や化学的挙動を理解するときに重要だからである．トピックの重要性の観点から，特に工業化学において，本書では固体状態の無機化合物の反応速度論（第8章）をとりあげている．この章は固体配位化合物の相転移や反応を考慮する前に，固体の反応の重要な観点について概観する．

　単行本で，あらゆる元素の化学を記述することはできないということは，容認された事実である．そのようにしようとした本は大部である．本書では，元素の化学について，多くの化合物の挙動をまとめた反応と構造のタイプに関して，強調して簡単に記述している．詳細すぎて面倒になることなしに，化合物の重要な分類とそれらの反応を示すことで化学を概観するという試みである．多くの大学では元素の化学を網羅する中級レベルの無機化学コースを提供している．そのようなコースを提供している論理的根拠の一部は，上級コースでは無機化学の原理に関してもっと緻密に集中する必要があるということである．本書では，上級レベルの無機化学コースの学生が，すでに記述化学を主として扱うコースを履修してきたという前提で無機化学の原則を取扱い，第12章～第15章では記述化学を簡潔に概観している．とはいえ，実際にはおもな記述化学の多くのトピックが，他の章に含まれている．第16章では配位化合物の化学の概観を行い，配位化合物の構造や結合やスペクトルや反応を扱う第17章～第22章がその後に続く．本書でとりあげた題材は，さまざまな特別なトピックの学習がうまくいくようにその基礎を与えるはずである．

　疑いもなく，無機化学の教育者はどの教科書にも載っていない現代的

な，あるいは個人的に興味のあるトピックや例をとりあげるであろう．それは常に私がやってきたことでもあったし，その分野の発展と新しいかかわり合いをもつ機会をもたらす．

ほとんどの教科書は著者が講義で教えたことに付随した結果である．序において，著者は本の着想の基になるような教育的哲学を読者に伝えるべきである．教育者はそれぞれに異なる哲学や手法をもつことは避けられないことである．結果として，すべての教育者にとって実践や動機が完全に一致する本はないであろう．自分の授業のために本を書く教育者は本の中で必要なトピックのすべてを提供しなければならない．しかし，誰か他の人によって書かれた本は，自分にぴったりの方法で表されたトピックがそっくり入っていることはあり得ないであろう．

私は Illinois State University, Illinois Wesleyan University, University of Illinois, Western Kentucky University でこの本で示した題材と方法を使って無機化学のコースで数百人の学生に教えてきた．その中で，大学院に進んだ者も多くいたが，明らかにそのグループのすべてが名門大学の入試で無機化学の成績が良かった．これらの学生の名前をすべて挙げることは不可能であるけれども，無機化学の勉強において，本書が他の大学の学生にとっても有用であるということを彼らが示唆してきた．本書の製作にあたって Derek Coleman と Philip Bugeau の激励と配慮に対して感謝したい．最後に，原稿を読んでくれたり，有益な示唆をくれた私の妻 Kathleen に対して感謝したい．彼女の激励や支援がこの仕事を進める際たびたび必要であった．

訳 者 序

　化学を専攻する大学学部生向けの教科書（訳本）はいくつかあるが，この本（ハウス無機化学）は化学を専攻する学生だけではなく，それ以外の学生にも使えるような豊富な内容となっている．そのために教科書として使えることはもちろんのこと，参考書としても使える．無機化学に関するほとんどすべての内容を含んでいるために，化学を専攻する高学年の学部生にはぜひともすべてを読み通して欲しいし，低学年の学生には関係する部分だけを読んでもらったほうがよいかもしれない．これだけ幅広い内容を含んだ無機化学の本はこれまで見たことがない．

　山下は1～8章，塩谷は9～15章，石川は16～22章の訳を担当した．

　第Ⅰ部では"原子と分子の構造"について基礎的な考え方から具体的な化合物を紹介しながらわかりやすく説明してある．まず，第1章では"光と電子と原子核"について，歴史的な発見を含みながら詳細に記述されている．第2章では"量子力学と原子構造"が解説されているが，無機電子論の基礎になる，非常に重要な部分である．第3章では"二原子分子の共有結合"について記述してあり，分子軌道法を用いて二原子分子のエネルギー状態について，わかりやすく説明してある．第4章では"無機化合物の構造と結合"について具体的な例を豊富に紹介しながらわかりやすく説明してある．第5章では"対称性と分子軌道"について詳しく解説してある．

　第Ⅱ部は"固相"に関する解説であり，かなり物理化学的な内容を含んでおり，必要に応じてスキップしてもよい内容を含んでおり，参考書として使ってもよい．第6章は"双極子モーメントと分子間相互作用"，第7章は"イオン結合と固体の構造"であり，第8章は"無機固体の動的プロセス"である．

　第Ⅲ部は"酸と塩基と溶媒"である．第9章は"酸・塩基の化学"であり，無機化学にとって重要な内容を含んでいる．第10章は"非水溶媒中の化学"であり，無機化学の溶液化学としては重要である．

　第Ⅳ部は"元素の化学"である．第11章～第15章まで金属元素，主要族元素を含むさまざまな元素の性質について詳細に記述してある．

　第Ⅴ部は"錯体化合物の化学"である．第16章～第22章まで，錯体化

学の入門から，配位子場理論と分子軌道法，スペクトルの解析，溶液中の金属錯体の挙動，反応，有機金属，触媒，最後に生物無機化学が記述されている．

　読者が本書を読むことにより，無機化学の多様性と豊富な内容に満足することを期待する．

　2012年2月

訳者一同

要約目次

上巻

第Ⅰ部 原子と分子の構造
- 第1章 光と電子と原子核
- 第2章 基礎量子力学と原子構造
- 第3章 二原子分子の共有結合
- 第4章 無機化合物の構造と結合
- 第5章 対称と分子軌道

第Ⅱ部 固体化学
- 第6章 双極子モーメントと分子間相互作用
- 第7章 イオン結合と固体の構造
- 第8章 無機固体の動的過程

第Ⅲ部 酸,塩基,溶媒
- 第9章 酸・塩基の化学
- 第10章 非水溶媒の化学

第Ⅳ部 元素の化学
- 第11章 金属元素の化学
- 第12章 主要族元素の有機金属化合物

下巻

第Ⅳ部 元素の化学(つづき)
- 第13章 非金属元素の化学Ⅰ
  水素,ホウ素,酸素,炭素
- 第14章 非金属元素の化学Ⅱ
  第14族,第15族
- 第15章 非金属元素の化学Ⅲ
  第16族,第18族

第Ⅴ部 配位化合物の化学
- 第16章 配位化合物の化学
- 第17章 配位子場と分子軌道
- 第18章 スペクトルの解釈
- 第19章 錯体の組成と安定性
- 第20章 配位化合物の合成と反応
- 第21章 金属-炭素結合および金属-金属結合をもつ錯体
- 第22章 触媒反応および生化学における配位化合物

目次

第 I 部　原子と分子の構造

第1章　光と電子と原子核
1・1　原子物理学の初期の実験 ……… 2
1・2　光の性質 …………………… 7
1・3　ボーア模型 ………………… 11
1・4　粒子-波二重性 ……………… 14
1・5　原子の電気的性質 …………… 16
1・6　核結合エネルギー …………… 21
1・7　核安定性 …………………… 24
1・8　核壊変の種類 ……………… 24
1・9　壊変過程の予測 …………… 28
参考文献 …………………………… 31
問題 ………………………………… 32

第2章　基礎量子力学と原子構造
2・1　基本原理 …………………… 34
2・2　水素原子 …………………… 43
2・3　ヘリウム原子 ……………… 48
2・4　スレーター波動関数 ………… 50
2・5　電子配置 …………………… 51
2・6　スペクトル状態 …………… 57
参考文献 …………………………… 61
問題 ………………………………… 61

第3章　二原子分子の共有結合
3・1　分子軌道法の基礎的な考え …… 63
3・2　H_2^+とH_2分子 ……………… 72
3・3　第2周期元素の二原子分子 …… 75
3・4　光電子分光 ………………… 80
3・5　異核二原子分子 …………… 82
3・6　電気陰性度 ………………… 86
3・7　分子のスペクトル状態 ……… 90
参考文献 …………………………… 91
問題 ………………………………… 92

第4章　無機化合物の構造と結合
4・1　単結合からなる分子の構造 …… 94
4・2　共鳴と形式電荷 …………… 104
4・3　複雑な構造 ………………… 117
4・4　電子不足分子 ……………… 125
4・5　不飽和環を含む構造 ……… 127
4・6　結合エネルギー …………… 129
参考文献 …………………………… 132
問題 ………………………………… 133

第5章 対称と分子軌道

- 5・1 対称要素 …………………… 136
- 5・2 軌道の対称性 ………………… 144
- 5・3 群論の概観 …………………… 146
- 5・4 分子軌道の構築 ……………… 151
- 5・5 軌道と角度 …………………… 156
- 5・6 ヒュッケル法による単純計算 … 158
- 参考文献 …………………………… 170
- 問 題 ……………………………… 171

第II部 固体化学

第6章 双極子モーメントと分子間相互作用

- 6・1 双極子モーメント ……………… 174
- 6・2 双極子-双極子力 ……………… 179
- 6・3 双極子-誘起双極子力 …………… 182
- 6・4 ロンドン力 …………………… 183
- 6・5 ファンデルワールス式 ………… 187
- 6・6 水素結合 ……………………… 189
- 6・7 凝集エネルギーと溶解パラメーター ……… 198
- 参考文献 …………………………… 202
- 問 題 ……………………………… 203

第7章 イオン結合と固体の構造

- 7・1 結晶形成のエネルギー論 ……… 207
- 7・2 マーデルング定数 ……………… 212
- 7・3 カプスティンスキー式 ………… 216
- 7・4 イオンの大きさと結晶環境 …… 217
- 7・5 結晶構造 ……………………… 221
- 7・6 イオン性化合物の溶解 ………… 226
- 7・7 プロトンと電子の親和性 ……… 232
- 7・8 金属の構造 …………………… 234
- 7・9 結晶欠陥 ……………………… 237
- 7・10 固体の相転移 ………………… 241
- 7・11 熱容量 ………………………… 242
- 7・12 固体の硬さ …………………… 246
- 参考文献 …………………………… 248
- 問 題 ……………………………… 249

第8章 無機固体の動的過程

- 8・1 固体の反応の特徴 ……………… 251
- 8・2 固体反応の動的モデル ………… 254
- 8・3 熱分析法 ……………………… 262
- 8・4 圧力効果 ……………………… 263
- 8・5 固体無機化合物の反応 ………… 265
- 8・6 相転移 ………………………… 267
- 8・7 界面での反応 …………………… 271
- 8・8 固体中の拡散 …………………… 273
- 8・9 焼 結 ………………………… 275
- 8・10 ドリフトと電気伝導率 ………… 278
- 参考文献 …………………………… 279
- 問 題 ……………………………… 280

第III部 酸, 塩基, 溶媒

第9章 酸・塩基の化学

- 9・1 アレニウス理論 ………………… 282
- 9・2 ブレンステッド-ローリー理論 ……………………………… 285
- 9・3 酸と塩基の強さに影響する因子 ……………………………… 289
- 9・4 酸化物の酸・塩基特性 ………… 294

9・5 プロトン親和力 …………295
9・6 ルイス理論 …………298
9・7 酸と塩基の触媒挙動 …………302
9・8 硬-軟相互作用原理（HSIP）…307
9・9 電子分極率 …………318
9・10 ドラゴの4パラメーター式 …319
参考文献 …………321
問　題 …………322

第10章 非水溶媒の化学
10・1 代表的な非水溶媒 …………326
10・2 溶媒の概念 …………327
10・3 両性的挙動 …………330
10・4 配位モデル …………331
10・5 液体アンモニア …………332
10・6 液体フッ化水素 …………338
10・7 液体二酸化硫黄 …………340
10・8 超強酸 …………344
参考文献 …………346
問　題 …………346

第Ⅳ部　元素の化学

第11章 金属元素の化学
11・1 金属元素 …………350
11・2 バンド理論 …………351
11・3 第1族および第2族金属 …355
11・4 ジントル相 …………363
11・5 アルミニウムとベリリウム …366
11・6 第一遷移金属 …………368
11・7 第二および第三遷移金属 …370
11・8 合　金 …………372
11・9 遷移金属の化学 …………375
11・10 ランタノイド …………383
参考文献 …………387
問　題 …………388

第12章 主要族元素の有機金属化合物
12・1 有機金属化合物の合成 …………392
12・2 第1族金属の有機金属化合物 …………394
12・3 第2族金属の有機金属化合物 …………396
12・4 第13族金属の有機金属化合物 …………399
12・5 第14族金属の有機金属化合物 …………405
12・6 第15族金属の有機金属化合物 …………406
12・7 亜鉛，カドミウム，および水銀の有機金属化合物 …………407
参考文献 …………408
問　題 …………408

付　録
A. イオン化エネルギー …………*1*
B. 群論の指標表 …………*4*

和文索引 …………*9*
欧文索引 …………*14*

第Ⅰ部

原子と分子の構造

1

光と電子と原子核

　無機化学の研究とは，莫大な数の化合物の構造と物性を理解し，それらの間の関係を調べ，さらにそれらを予測することである．硫酸はあらゆる化合物の中で最も多く生産されている化学製品である．それ以上の量のコンクリートも生産されているが，コンクリートは単一成分ではなくて，いろいろな成分が混ぜ合わさった混合物である．したがって，硫酸は非常に重要な無機化合物といえよう．一方，無機化学者はヘキサアンミンコバルト(Ⅲ)塩化物（$[Co(NH_3)_6]Cl_3$）や Zeise 塩（$K[Pt(C_2H_4)Cl_3]$）のような化合物を研究している．このような化合物は配位化合物あるいは金属錯体として知られている．無機化学は非水溶媒や酸-塩基といった研究領域も含んでいる．有機金属化合物，固体の構造と物性，炭素以外の元素の化学も無機化学の領域である．しかし，炭素を含む CO_2 や Na_2CO_3 などの多くの化合物も無機化合物といえる．無機化学で研究される物質の範囲は幅広く，それらの化合物やその加工の多くは工業的に大変重要である．さらに無機化学は急速に拡大しつつあり，無機化合物の挙動を知ることは他の化学の領域を研究するときの基本になっているといえよう．

　無機化学は物質の構造や性質だけでなく合成にも関係しており，無機化学の研究はまた，物理化学の知識をある程度，必要としている．結果として，物理化学は通常の無機化学の包括的な範囲を理解するうえで，必須であると考えられる．当然，無機化学は化学のいろいろな他の分野とかなりのオーバーラップがある．原子の構造や性質に関する知識は，イオン結合や共有結合を記述するのに必須である．無機化学のいろいろな領域を理解するうえで原子の構造は大変重要なので，まず原子の構造を概観し，原子に関してどのように知識を発展させてきたかを振り返ることにする．

1・1　原子物理学の初期の実験

　原子の構造について概観するのに，まず"何を，どのようにして知ろうとしているの

か"という疑問をもつことから始める．言い換えれば，"原子の構造に関して，どのような決定的な実験が行われて，その結果，何がわかるのか"ということである．原子物理学の初期の実験からいくつかを紹介し，結果について説明する．最初の実験は 1898 年から 1903 年に行われた J. J. Thomson（トムソン）による陰極線の実験である．この実験では，ほぼ真空にした管の中の二つの電極の間で大きな電位差が生じている（図 1・1）．

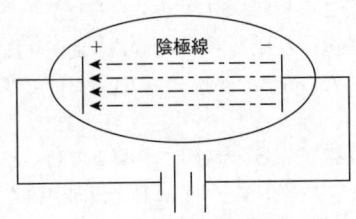

図 1・1　陰極線管の模式図

　高い電場の影響を受けて管の中にわずかに残った気体は光を放つ．この光は，数百 Pa まで減圧された管の中に，まだ存在する気体分子と電子が衝突して生じる．放射された光は管の中の気体に特徴的なスペクトル線から構成されていることがわかる．電気的に中性の気体分子は陰極から放出される電子によってイオン化されるが，そのあと，電荷をもった分子は電子と再結合することになる．この過程においてエネルギーが光として放出される．高い電場なので，負のイオンは陽極へ加速され，正のイオンは陰極へ加速される．管の中の圧力が極端に低い場合（約 0.1 Pa），平均飛距離は陽イオンが陰極に衝突して光線を出すのに十分である．陰極から放出される光線は陽極へ向かう．この光線は陰極から放出されるので，**陰極線**（cathode ray）として知られている．

　陰極線は非常に興味深い性質をもっている．まず，陰極光放射管の近くに磁石を置くことによって，陰極線の経路を曲げることができる．また，光線流の近くに電場をかけると経路が曲がる．これらの観測から，光線は電気的に荷電していると結論づけられる．陰極線は正に電荷を帯びた板に引きつけられ，負電荷をもつ板には，はねとばされるので，陰極線は負の電荷をもっているということがわかった．

　磁場における陰極線の挙動は，電荷を帯びた粒子（この実験が行われた時点では電子であるとは知られていなかった）のビームが磁場を生じることを思い出せば説明できる．同じ原理は，コンパスのまわりに巻かれた電線に電流を通すことによって説明される．この場合，電流によって生じる磁場は，磁化されたコンパスと相互作用するが，異なる方向を向かせる．陰極線は負に荷電した粒子なので，それが動くと，外部磁場と相互作用する磁場を生じる．実際に陰極線からの電荷を帯びた粒子の性質に関する重要な情報が，ある強度の磁場において進路が曲がることを調べることから得られる．

　つぎのようなことを考えてみよう．テニスコートに時速 16 km の横風が吹いているとしよう．もしテニスボールが風の吹いている方向に対して垂直に動いていると仮定す

ると，テニスボールは曲がるであろう．このテニスボールの2倍の断面積で，同じ重さである二番目のボールを仮定してみると，それはより大きな風圧がかかるのでもっと曲がるであろう．一方，最初のボールの2倍の断面積で，2倍の重さである三番目のボールが風に垂直に動いていると仮定すると，最初のテニスボールと同じような曲線を描くであろう．三番目のボールは，最初のテニスボールの2倍の風圧を受けるが，重さが2倍であるのでより直線に動こうとするわけである．したがって，ボールが動くときに横風を受けたボールの経路を調べると，ボールの経路の曲がり具合がボールの断面に対する重さの比で決められうるだろう．しかし一つの性質だけでボールの曲がり具合が決まるわけではない．

同じような状況が電荷を帯びた粒子が磁場の影響下で動くときにも生じる．粒子の質量を大きくすればするほど，粒子がまっすぐに動く傾向が強くなる．一方，粒子の電荷が大きくなればなるほど，磁場で動くときに曲がる傾向が強くなる．ある粒子がもとの粒子の2倍の電荷と2倍の質量であるとすると，それはもとの粒子と同じような経路で動くと考えられる．Thomson は磁場における陰極線の挙動に関する研究から，陰極線での粒子の電荷と質量の比を決めることに成功した．しかし，これは電荷や質量が決められるというわけではない．あくまでそれらの比が決められるのである．陰極線の負の粒子は電子であり，Thomson は電子の発見を信じた．彼は陰極線の実験から，電子の電荷と質量の比を-1.76×10^8 C g^{-1} と決めた（C はクーロン）．

金属電極の原子に負の粒子（電子）が含まれているとすると，そこには正の電荷が含まれているはずである，ということを Thomson は知っていた．なぜなら原子は電気的に中性だからである．Thomson は正と負の粒子が，ある種の基質に埋め込まれているような原子モデルを提案した．このモデルはブドウパンモデルとして知られるようになった．なぜなら，ブドウパンの中に置かれた干しブドウの形に似ていたためである．とにかく，同じ数の正と負の粒子がこの物質の中に含まれていたわけである．もちろん今ではこのモデルは原子の間違った見方であるということがわかっているが，原子の構造のいくつかの性質をうまく説明していた．

原子の構造の理解を進めるのに貢献した二番目の原子物理学の実験は1908年にRobert A. Millikan によって行われた．この実験には油滴が使われたのでミリカンの油滴実験として知られている．この実験では油滴（有機分子で構成されている）は，X線が直接当たるように管内に噴射された．X線は分子から電子を1個以上取り去って，分子をイオン化して陽イオン（カチオン）とした．その結果，いくらかの油滴は総じて正の電荷をもつことになる．装置全体は，管の上方に置いてある金属板の負電荷を変化させることができるようにした．金属板の電荷を変えることにより，金属板と油滴の間の引力と，油滴に働く重力とが釣り合うようにすることができた．このような条件下で，油滴は静電的な引力と重力による力が釣り合うように中空に浮いていた．油の密度を調べ，油滴の半径を測定することにより，油滴の重量がわかった．油滴の電荷を計算する

1・1 原子物理学の初期の実験

ことは簡単なことである．なぜなら，油滴が作用している負の電極の電荷がわかっているからである．いくらかの油滴は2, 3個の電子が取除かれているけれども，計算される油滴の電荷はいつも最小単位の電荷の整数倍になっていた．最小単位の電荷が1個の電子の電荷に対応すると考えると，1個の電子の電荷は決定された．その結果，電荷は -1.602×10^{-19} C あるいは -4.80×10^{-10} esu （1 esu＝1 $g^{1/2}$ $cm^{3/2}$ s^{-1}）であった．電荷と質量の比はすでに知られているので，電子の質量を計算することが可能となり，9.11×10^{-31} kg あるいは 9.11×10^{-28} g であることがわかった．

原子の構造を理解するために重要な三番目の実験は1911年に Ernest Rutherford（ラザフォード）によって行われたものであり，ラザフォードの実験として知られている．それはα粒子を薄い金属箔に衝突させるという実験である．この金属箔は金でできており，厚さを原子の直径の数倍になるくらいまで薄くすることができる．実験は図1・2に図示されている．

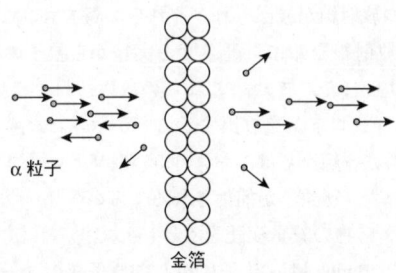

図 1・2 ラザフォードの実験

なぜこのような実験で原子の構造を理解するための情報を得られるのだろうか．その答は，トムソンのブドウパンモデルが意味することを理解することにある．原子が電気的に中性の物質の中に埋め込まれた同じ数の正と負に荷電した粒子から構成されているとすると，α粒子（ヘリウム核）のような荷電した粒子は，原子を通過するときに正の電荷と負の電荷を帯びた同じ数の粒子の近くを通過すると予想される．その結果，α粒子への正味の効果はなくて，α粒子は原子や数原子の厚さからなる箔を直接通り抜けるはずである．

金箔に衝突するα粒子の狭いビームは，粒子が比較的高エネルギーをもっているので，金箔を直接，通過するはずである．確かにほとんどのα粒子は直接通過するが，いくらかのα粒子は大きな角度で曲がるし，線源に向かって戻ってくるものもある．α粒子はどのような反発力を受けて方向を変えるのであろうか．そのような反発力は非常に狭い空間に金原子のすべての正の電荷が集まっているときだけ起こるのである．その詳細な説明の前に，計算によればその狭い正の空間はおよそ 10^{-13} cm の大きさである．

どの程度の力が，既知のエネルギーをもって動いている+2価のα粒子の方向を変えるのに必要かを，静電的な力から計算できる．金原子上のすべての正の電荷は原子番号からわかっているので，正の空間のおおよその大きさを決めることは可能である．

ラザフォードの実験は，1原子におけるすべての正の電荷は非常に狭い空間（原子核）に局在していることを示していた．α粒子の大部分は単純に金箔を通過したが，これは核の近くを通らなかったことを意味している．言い換えれば，原子のほとんどの部分が空の空間から成り立っている．電子雲は 10^{-8} cm^{-1} の大きさであるが，α粒子を曲げるほどの十分な力を与えなかった．ブドウパンモデルはα粒子の実験から観測された結果を説明しえなかった．

トムソンの実験とラザフォードの実験は基本的に正しい原子像を与えたけれども，原子の質量の残りの部分は何からできているのかという問題が残されていた．原子核の中に何か他の付加的な成分があるはずであると仮定されてきたが，1932年にJames Chadwickによって明らかにされた．彼の実験では薄いベリリウム板にα粒子を衝突させた．高い貫通力をもつ放射線が放出され，それらは高エネルギーのγ線であったと最初は推定された．この放射線を鉛に貫通させる実験から粒子のエネルギーはおよそ7 MeVであると結論づけられた．また，これらの放射線はパラフィンから，およそ5 MeVのエネルギーをもつプロトンを放出することが示された．しかし，この観測を説明するには，この放射線がγ線ならば，およそ55 MeVというエネルギーをもたなければならないことがわかった．α粒子が捕獲されるくらいベリリウム原子核と相互作用をするならば，生成物と反応物の質量変化をもとにして得られるエネルギーはわずかに15 MeVにすぎない．Chadwickはα粒子に対して原子核のターゲットであるときに，ベリリウムから放射された放射線によって打たれた核の反動について研究をした．そして，放射線がγ線からできているとすると，エネルギーは反動する核の質量の関数として表せることを示した．その核の反動は運動量とエネルギーの保存を侵すことになる．しかし，ベリリウムターゲットから放たれた放射線は電荷を運ばないと推定され，おおよそ陽子と同じ質量をもつ粒子から構成されているとすると，観測はうまく説明された．そのような粒子は中性子とよばれた．それは以下のような反応になっている．

$$^{9}_{4}Be + ^{4}_{2}He \rightarrow [^{13}_{6}C] \rightarrow ^{12}_{6}C + ^{1}_{0}n \qquad (1\cdot1)$$

原子は同じ数の電子と陽子から構成されている．そして，水素を除いたすべての原子には中性子がある．電子と陽子は同じ大きさの逆の電荷をもっているが，大きな違いは質量である．陽子の質量は 1.67×10^{-24} g である．たくさんの電子をもっている原子において，各電子は必ずしも同じエネルギーをもっているわけではない．後に原子の電子殻構造について説明するが，ここでは，初期の原子物理学の研究が原子の構造について一般的な見方を与えたことがわかる．

1・2 光の性質

物理学の初期の頃から光の性質に関して相反する見方があった．著名な物理学者の中には，Isaac Newton のように光は粒子あるいは球からできていると信じている者もいた．その当時の他の物理学者は，光は波のような性質であると信じていた．1807 年に T. Young により重大な実験が行われた．彼はビーム状の光が 2 個のスリットを通過すると，光が散乱パターンを示すことを明らかにした．そのような挙動は光が波の性質をもっていることを示している．他の研究として，A. Fresnel と E. Arago は光が波の性質をもっていることを示す干渉現象を観測した．

光の性質と物質の性質は密接に関係している．多くの情報が得られたのは，原子や分子などの物質がエネルギーや光の吸収によって励起されたときに，光を放つ研究からであった．事実，原子や分子の構造についてわかっていることのほとんどは，物質と電磁波との相互作用や，物質から放出される電磁波の相互作用を研究することによって得られてきた．この種の相互作用は分光法（原子や分子を研究する際に大変重要な技術）の基礎となっている．

1864 年に J. C. Maxwell は，電磁波が光と同じ速さ（3.00×10^8 m s^{-1}）で空間を通過するとき，直交する電場と磁場が構成されていることを明らかにした．電磁スペクトルは図 1・3 に示されるような連続する数種類の波（可視光，ラジオ波，赤外波など）から構成されている．1887 年に Hertz は電荷を振動させる装置（アンテナ）で電磁波を発生させた．この発見はラジオの発展へとつながった．

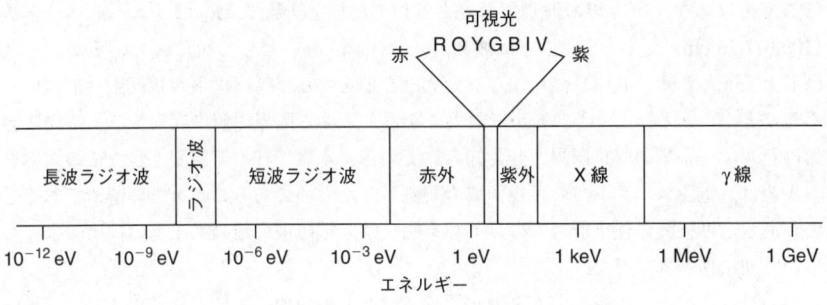

図 1・3 電磁スペクトル

ここまで議論されてきたすべての発展が物質の性質の理解にとって重要であるけれども，他にも重要な現象がある．それらのうちの一つは高い電圧下における水素ガスからの発光である．この基礎的な実験は図 1・4 に示してある．1885 年に J. J. Balmer は水素ガスから発光された可視光をプリズムを通すことにより成分に分けるという実験を行い，研究した．

観測された4本の線の波長は以下のようになった.

$$H_\alpha = 656.28\,\text{nm} = 6562.8\,\text{Å}$$
$$H_\beta = 486.13\,\text{nm} = 4861.3\,\text{Å}$$
$$H_\gamma = 434.05\,\text{nm} = 4340.5\,\text{Å}$$
$$H_\delta = 410.17\,\text{nm} = 4101.7\,\text{Å}$$

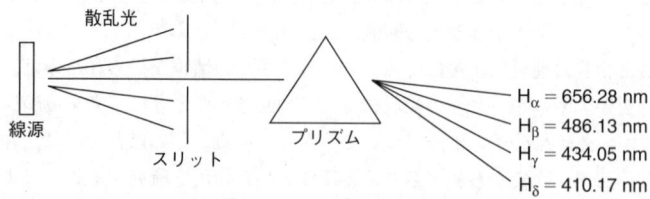

図 1・4 プリズム分光によるスペクトル線の分離

水素のスペクトル線のこの系列はバルマー系列として知られており，この4本のスペクトル線の波長は以下の式に従うことがわかった．

$$\frac{1}{\lambda} = R_\text{H}\left(\frac{1}{2^2} - \frac{1}{n^2}\right) \qquad (1\cdot 2)$$

ここで λ はスペクトル線の波長で，n は2より大きな整数で，R_H はリュードベリ定数 ($109{,}677.76\,\text{cm}^{-1}$) である. $1/\lambda$ は**波数** (wave number) として知られているが，それは $\bar{\nu}$ と表記される．式 ($1\cdot 2$) から n が大きな値をとるとスペクトル線同士は近づいてくることがわかる．しかし，n が無限大になると，ある限界の値に収束する．この限界値はバルマー系列の収束限界として知られている．水素で初めて観測されたこのスペクトル線は，電磁スペクトルの可視領域で観測されたものであることを気に留めておく必要がある．可視光の検出器（人の目や写真版）は，電磁波の他のタイプの検出器よりも早い時期に使われていた．

ついにはスペクトル線の他の系列が電磁スペクトルの他の領域で発見された．ライマン系列は紫外領域に観測されたが，パッシェン系列，ブラッケット系列，プント系列は赤外領域に観測された．これらすべての系列は水素原子の励起された状態からの放射の際に，発光の**線スペクトル** (line spectrum) として観測された．

原子物理学のもう一つの偉大な発展は，黒体からの光の放射である．黒は可視光のすべての波長の光を最もよく吸収するので，最も優れた放射体でもある．その結果，金属球面の内部は油煙で覆われているが，それが白熱まで熱せられたときに，球体内部から黒体放射を発する．原子物理学の困難な問題の一つは波長の関数として放射の強度を予

1・2 光の性質

測しようとすることであった．1900年にMax Planckは当時においては過激と思える仮説をたてることにより相関関係を十分に満たすことに成功した．Planckは吸収や放射は波数が変化する振動子から生じると推定した．しかし，Planckは，波数は連続的ではなくて，むしろある波数だけが許容であると仮定した．言い換えれば波数は量子化されているのである．許容される波数は基本波数 ν_0 の整数倍であった．振動子の低い波数から高い波数への変化はエネルギーの吸収を含んでいるが，振動子の波数が減少すると，エネルギーを放射する．Planckは以下の関係により波数を用いてエネルギーを表した．

$$E = h\nu \tag{1・3}$$

ここで，E はエネルギーであり，ν は波数であり，h はプランク定数（6.63×10^{-34} J s）である．光は横波（波が進んでいる方向と波が垂直）なので，以下の関係式に従う．

$$\lambda\nu = c \tag{1・4}$$

ここで，λ は波長であり，ν は波数であり，c は光の速度（3.00×10^8 m/s）である．この仮定により，Planckは黒体放射の強度と波数の間の満足する関係式を得ることに成功した．

エネルギーが量子化されているという考えの重要性はいくら言っても言い過ぎることはない．原子や分子の関係するあらゆるタイプのエネルギーに適用できるし，原子や分子の構造を研究するためのさまざまな実験技術の基礎をなしている．そのエネルギー準位は，行われる実験の種類によって，電子的，振動的，回転的なものである．

1800年代に，光が真空管の中の金属板に照射されると，興味ある現象が起こることが観測された．その装置の概略を図1・5に示した．光が金属板に照射されると，電流が流れる．光と電気は関係しあっているので，この現象は**光電効果**（photoelectric effect）として知られるようになった．光は電流の生成の原因である．1900年頃，光が波として動くという十分な証拠があったが，そのように光を考えると光電効果を観測することがうまく説明できなくなった．光電効果を観測すると以下のようなことがわかった．

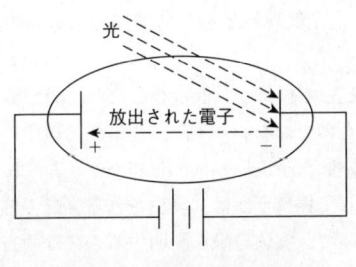

図 1・5 光電効果の装置

1. 入射光は電子を放出するためには，何らかの最小の波数（しきい波数）をもつ必要がある．
2. 光が金属板に当たると瞬時に電流が流れる．
3. 電流は入射光の強度に比例する．

1905年にAlbert Einstein(アインシュタイン)は入射光が粒子として振舞うと仮定することによって，光電効果をうまく説明した．この説明によると光の粒子（**光子**, photon）と電子（光電子）が瞬間的な衝突を起こし，電子が金属の表面から放出される結果となる．種類によって特定の結合エネルギーをもっている金属の表面に電子が結合しているので，光子の最低のエネルギーが必要とされるのである．金属の表面から電子を取り去るのに必要なエネルギーは，金属の**仕事関数**（w_0, work function）として知られている．イオン化エネルギーは気体状の原子から電子を取り去るのに対応しているが，仕事関数とは同じではない．入射光子が金属の仕事関数よりも大きなエネルギーをもつとすると，放出される電子は運動エネルギーとしてエネルギーの一部をもち去ることができる．言い換えれば，放出電子の運動エネルギーは，入射光子のエネルギーと金属から電子を取り去るのに必要なエネルギーの差である．これは以下の式で表される．

$$\frac{1}{2}mv^2 = h\nu - w_0 \qquad (1\cdot5)$$

放出された電子の動く方向の金属板に負の電荷を増加させると，電子を止めることができるし，電流も止めることができる．電子を止めるのに必要な電圧は停止エネルギーとして知られている．この条件下で実際に決められることは，放出される電子の運動エネルギーである．この実験が異なる波数の入射光を使うことによって繰返されるならば，放出される電子の運動エネルギーは，決められる．いくらかの既知の入射波数をもつ光を使うことによって，各波数に対応する電子の運動エネルギーを決めることが可能となるし，電子の運動エネルギーに対する波数νのグラフをつくることができる．式（1・5）からわかるように，プランク定数hの傾きをもち，直線関係にあり，切片は$-w_0$である．ここで述べた光電効果と§3・4で述べる分子の光電子スペクトルの間には類似点がある．

Einsteinは，光は粒子として振舞うと仮定をしたが，光が波として振舞うことを示す実験の正当性を否定するものではない．実際，光は波と粒子の両方の性質をもっているし，いわゆる**粒子-波二重性**（particle-wave duality）とよばれている．光が波として振舞うか，それとも粒子として振舞うかは，実施される実験の種類に依存している．原子と分子の構造の研究において，実験結果を説明するのには両方の考え方を使う必要がある．

1・3 ボーア模型

　光や原子スペクトルに関する実験は原子の構造に関して多くのことを明らかにしたが，水素の線スペクトルでさえ当時の物理学には難しい問題を提起していた．おもな問題の一つは，電子が原子核のまわりを動いているときにエネルギーは連続的に放出されていないことである．結局，速度は大きさと方向をもつベクトルの性質である．方向の変化は速度の変化（加速度）を生じるし，加速度をもつ電子の電荷はマクスウェルの理論に従えば，電磁波を放出するはずである．動いている電子が連続的にエネルギーを消失してゆけば，ゆっくりとらせんを巻きながら原子核に落ちてゆき，そして原子は壊れる．古典物理学の法則ではこのような状況をうまく扱うことができない（図1・6）．

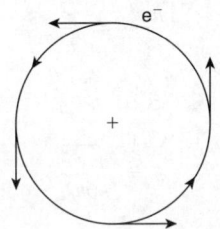

図 1・6 電子が核のまわりを動くとき常に方向を変える

　1911年のラザフォードの実験に続いて，1913年にNiels Bohr（ボーア）はある仮定に基づいて水素原子の動力学的モデルを提案した．この仮定ではまず，ある許容された軌道が存在していて，電子は電磁波のエネルギーを放出することなしに動くことができる．さらに，これらの軌道は電子の各運動量（それはmvrと表すことができる）が$h/2\pi$（$=\hbar$）の倍数である．

$$mvr = \frac{nh}{2\pi} = n\hbar \qquad (1・6)$$

ここでmは電子の質量，vは電子の速度，rは軌道の半径で，nは1, 2, 3のような整数である．$\hbar$は$h/2\pi$である．整数nは**量子数**（quantum number）あるいは**主量子数**（principal quantum number）として知られている．

　Bohrはまた，電磁波のエネルギーは電子が高い軌道（大きなn）から低い軌道に移るときに放出され，逆の場合には電磁波のエネルギーが吸収されると推定した．

　これは水素原子の線スペクトルがある波長をもった線としてだけ観測されることをうまく説明している．電子が安定な軌道を動くためには，電子と陽子の間の静電的な引力が，円周運動によって生じる遠心力と釣り合わなければならない．図1・7で示しているように，それらの力は実際に反対方向であり，それらの力の大きさは等しい．

　静電的な力はクーロン引力としてe^2/r^2で表すことができ，一方，電子にかかる遠心

12　　　　　　　　　　1. 光と電子と原子核

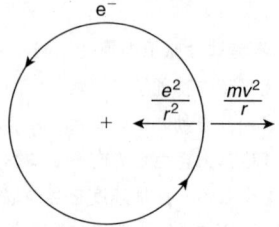

図 1・7　水素原子における電子移動で作用する力

力は mv^2/r と表すことができる．したがって下記の式が得られる．

$$\frac{mv^2}{r} = \frac{e^2}{r^2} \qquad (1・7)$$

式 (1・7) から電子の速度 v を計算できる．

$$v = \sqrt{\frac{e^2}{mr}} \qquad (1・8)$$

また，v を求めるために式 (1・6) を解いて式 (1・9) が得られる．

$$v = \frac{nh}{2\pi mr} \qquad (1・9)$$

運動している電子の速度は一つなので，式 (1・8) と (1・9) の速度 v は同じである．

$$\sqrt{\frac{e^2}{mr}} = \frac{nh}{2\pi mr} \qquad (1・10)$$

ここで r を解くと，式 (1・11) が得られる．

$$r = \frac{n^2 h^2}{4\pi^2 m e^2} \qquad (1・11)$$

式 (1・11) において r と n だけが変数である．この式から軌道の半径である r は n の2乗に比例して増加することがわかる．$n=2$ の軌道では半径は $n=1$ のときの4倍である．式 (1・11) の定数が m-k-s 単位系ならば，r の値は m 単位で表される（h, m, e は定数である）．

$$\frac{[(\text{kg m}^2/\text{s}^2)\text{s}]^2}{\text{kg}(\text{kg}^{1/2}\text{m}^{3/2}/\text{s})^2} = \text{m} \qquad (1・12)$$

式 (1・7) から

$$mv^2 = \frac{e^2}{r} \tag{1・13}$$

式 (1・13) の両辺に 1/2 を掛けることによって

$$\frac{1}{2}mv^2 = \frac{e^2}{2r} \tag{1・14}$$

ここで左辺は単純な電子の運動エネルギーである．電子の全エネルギーは運動エネルギーと静電的な位置エネルギー$-e^2/r$の合計である．

$$E = \frac{1}{2}mv^2 - \frac{e^2}{r} = \frac{e^2}{2r} - \frac{e^2}{r} = -\frac{e^2}{2r} \tag{1・15}$$

式 (1・11) のrを式 (1・15) に代入すると式 (1・16) となる．

$$E = -\frac{e^2}{2r} = -\frac{2\pi^2 me^4}{n^2 h^2} \tag{1・16}$$

この式からエネルギーEとnの2乗は，反比例の関係にあることがわかる．エネルギーEの最低の値（これは負であるが）は$n=1$のときであるが，電子を完全に取り去ることに対応している$n=\infty$のときは，$E=0$である．定数が m–k–s 単位系ならば，エネルギー値はJ単位となる．ここで，1 cal=4.184 J である．

nにいろいろな数を当てはめると，水素原子のいろいろな軌道の電子のエネルギーを計算することができる．その結果は以下のようになる．

$$n = 1 \quad E = -21.7 \times 10^{-19}\,\text{J}$$
$$n = 2 \quad E = -5.43 \times 10^{-19}\,\text{J}$$
$$n = 3 \quad E = -2.41 \times 10^{-19}\,\text{J}$$
$$n = 4 \quad E = -1.36 \times 10^{-19}\,\text{J}$$
$$n = 5 \quad E = -0.87 \times 10^{-19}\,\text{J}$$
$$n = 6 \quad E = -0.63 \times 10^{-19}\,\text{J}$$
$$n = \infty \quad E = 0$$

これらのエネルギーの値は図 1・8 に示すようなエネルギー準位図をつくるときに使われる．この図において，電子の結合エネルギーは$n=1$のときに最低であり，$n=\infty$のときに 0 である．

ボーア模型は水素原子の線スペクトルをうまく説明したけれども，他の原子の線スペクトルを説明することはできなかった．ただし，He^+やLi^{2+}やBe^{3+}のような電子1個をもつ他の種類の線スペクトルの波長を予想することはできた．また，このモデルは古

典物理学に基礎をおかずに,許容された軌道の性質に関する仮定に基礎をおいていた.ハイゼンベルクの不確定性原理を考慮するとさらなる問題が生じた.この原理に従うと,粒子の位置と運動量を同時に正確に知ることは不可能であるという点である.水素原子の軌道を記述できるということはその運動量と位置を同時に知ることである.ハイゼンベルクの不確定性原理は,これらの変数値を同時に決めるときの正確さの限界を示している.その関係式は

$$\Delta x \times \Delta(mv) \geq h \tag{1·17}$$

ここで Δ は変数の不確定性とよばれる.プランク定数は基本的な単位であり,エネルギーに時間を掛けた単位であるが,距離を掛けた運動量は同じ単位をもつ.基本的に古典的なボーア模型は水素の線スペクトルを説明したが,原子の構造を理解する理論的な骨格は示すことができなかった.

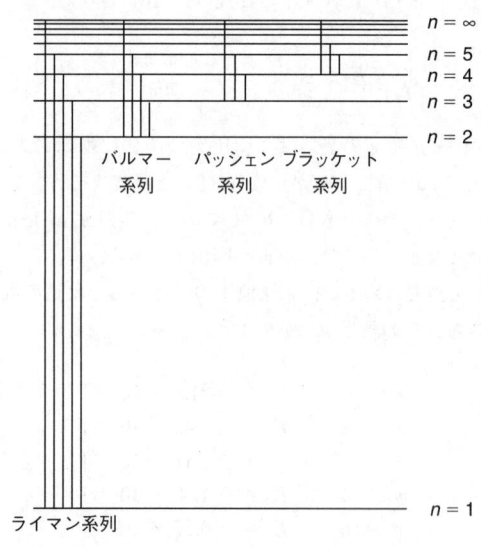

図 1·8 水素原子のエネルギー準位図

1·4 粒子-波二重性

光の粒子性と波動性に関する論争は,1924 年に若いフランス人で,博士課程の学生であった Louis V. de Broglie が粒子の性質に関する仮説を展開するまで長年,活発に行われていた.この場合,粒子は電子と同様な本当の粒子と考えられた.de Broglie は電磁波について,エネルギーをプランクの式で記述することができるということを明らかにした.

1・4 粒子-波二重性

$$E = h\nu = \frac{hc}{\lambda} \qquad (1\cdot18)$$

しかしアインシュタインの特殊相対性理論（1905年）の結論の一つは，光子は次式で表せるエネルギーをもつということである．

$$E = mc^2 \qquad (1\cdot19)$$

この有名な式は質量とエネルギーの関係を表しており，その正当性は十分に証明された．この式は光子が質量をもっているということを意味しているわけではない．光子はエネルギーであるので，そのエネルギーはある質量と等価であるということを意味しているのである．しかし，ある与えられた光子に対しては，1個だけのエネルギーがある．それは次式である．

$$mc^2 = \frac{hc}{\lambda} \qquad (1\cdot20)$$

この式を変形すると

$$\lambda = \frac{h}{mc} \qquad (1\cdot21)$$

de Broglie は，光子に関する式（1・21）で表される関係を発展させて，この章の前の方で説明したように，光子は粒子性と波動性の両方の性質をもっているという事実を推察した．電子のような本当の粒子が粒子性と波動性の両方の性質を示すならば，粒子の波長は式（1・21）で与えられるであろうと論じた．この式で光の速度を粒子の速度で置き換えると次式のように示される．

$$\lambda = \frac{h}{mv} \qquad (1\cdot22)$$

1924年には，これは実験的にまだ証明されていない結果であったが，証明はその後すぐに行われた．1927年に C. J. Davisson と L. H. Germer はニュージャージー州マレーヒルのベル研究所で実験を行った．既知の電圧で加速された電子のビームは既知の速度をもっている．そのようなビームがニッケル金属の結晶に衝突したときに，散乱パターンが観測される．さらに，ニッケルの結晶の原子間の空間が知られているので，運動している電子の波長を計算することは可能であるし，その値はド・ブロイの式で予言された波長と正確に一致している．この先駆的な研究以来，電子散乱は分子の構造を研究する際の標準的な実験手法となった．

de Broglie の研究は運動している電子を波として考えることができるということを明

確に示している.電子が波のように振舞うならば,水素原子の安定な軌道は全波長を含んでいなければならない.さもなければ,消去される干渉(破壊的干渉)があるだろう.この条件は以下の式で表せる.

$$mvr = \frac{nh}{2\pi} \quad (1\cdot23)$$

これは Bohr が電子の角運動量が許容される軌道に量子化されていると仮定したときに求められた関係式である.

運動している電子が波として考えられるということを明らかにしたが,この革命的な考えを取込むために,展開されるべき式が残されていた.その式は1926年に Erwin Schrödinger によって解かれたが,そのとき彼は実験的な証明よりも以前に,ド・ブロイの粒子-波動二重性の考えを使っていた.第2章でこのような科学の新しい流れである波動性について説明する.

1・5 原子の電気的性質

理論化学(量子化学)を扱う現代的な方法についてはまだ述べていないが,原子の性質に関して多くのことを述べることは可能である.たとえば,水素原子から1個の電子を取り去るのに必要なエネルギー(**イオン化エネルギー**, ionization energy)はライマン系列の極限に等しいエネルギーである.したがって,原子分光法は原子のイオン化エネルギーを決める一つの方法である.

原子の第一イオン化エネルギーと原子番号の間の関係を調べると,図1・9のようなグラフで示される.イオン化エネルギーの数値は巻末の付録Aに掲載されている.

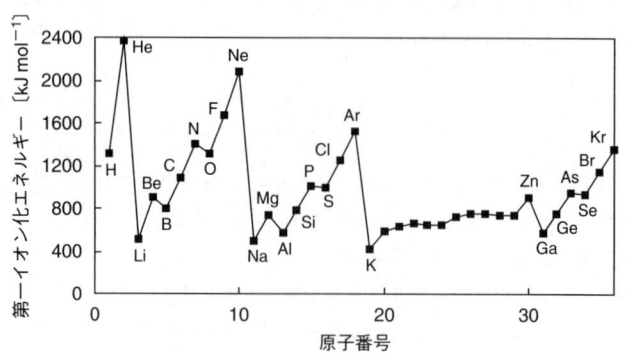

図 1・9 第一イオン化エネルギーと原子番号の関係

このグラフからいくつかの事実が明らかになる.まだ,原子の電子配置についてはふれていないが,すでに読者はこの種の話題についてはよく知っていると思われる.ここ

1・5 原子の電気的性質

では電子殻についての考え方を利用するが，詳細は後に述べる．

1. ヘリウム原子のイオン化エネルギーはあらゆる原子の中で最も高い．これは核電荷が2+であり，電子が核に近い最低エネルギー準位にあるからである．
2. 希ガスのイオン化エネルギーはそれぞれの周期の中でどの原子よりも高い．これは，希ガス原子の電子は完全に満たされた殻に入っているためである．
3. 第1族元素のイオン化エネルギーはそれぞれの周期の中でどの原子よりも低い．これらの原子は満たされた殻の一つ外側の殻に1個の電子をもっているためである．
4. 同じ周期の中ではイオン化エネルギーは右側に行くにつれてしだいに増加している．たとえば，B<C<O<Fである．しかし，窒素と酸素の場合は逆である．窒素は半分満たされた殻をもっており，酸素よりもイオン化エネルギーが高い．酸素は半分満たされた殻に，もう1個多くの電子をもっている．酸素原子の同じ軌道にある2個の電子間に反発があり，そのために1個の電子を取り去ることが容易になっているためである．
5. 一般に，イオン化エネルギーは同じ族の下の方に行くにつれて減少する．たとえば，Li>Na>K>Rb>Cs, F>Cl>Br>Iである．大きな原子では外側の電子は原子核から離れたところにあり，原子核と外側の電子の間に満たされた電子殻がいくつか存在するためである．
6. 最も低いイオン化エネルギーであるCsでさえ，イオン化エネルギーはおよそ，374 kJ mol^{-1}である．

周期表の原子の位置とその原子のイオン化エネルギーに関する一般的な傾向がある．あとで，このような原子の性質に関して議論する．

原子の化学を理解するために重要な2番目の性質は，電子が気体状の原子に付加されたときに出るエネルギーである．

$$X(g) + e^-(g) \rightarrow X^-(g) \qquad \Delta E = 電子付加エネルギー \qquad (1・24)$$

ほとんどの原子は，電子を付加するときにエネルギーを放出するので，ΔEは負である．しかし，希ガスや第2族金属には例外がある．これらの原子は閉殻構造をもっているので，さらに電子を付け加えるには新しい空の軌道に入れなければならない．窒素もまた半分満たされた殻の安定性のために電子を受取ることは難しい．

電子が原子に付加されたあと，電子に対して原子がもっている親和性は**電子親和力** (electron affinity) として知られている．ほとんどの原子では電子が付加されるときにエネルギーが放出されるので，電子を取り去るときにはエネルギーを必要とする．したがって，ほとんどの原子で電子親和力は正の値である．おもな元素の電子親和力を表1・1に示した．1 eVは96.48 kJ mol^{-1}に相当する．

表1・1に示されているデータからいくつかの事実が明らかになる．より明確にするために，周期表における原子の位置と電子親和力の関係をみるために図1・10をつくった．図1・10と表1・1から，以下のような関係がみられる．

1. ハロゲンの電子親和力はすべての族の中で最も高い．
2. 電子親和力は周期の左から右に行くにつれて一般に大きくなる．この場合，電子は同じ外殻に付加されてゆく．核電荷は周期の右に行くにつれて増加するので，外殻の電子に対する引力は増加する．
3. 一般に，電子親和力は族の下の方に行くにつれて減少する．

表 1・1　原子の電子親和力〔kJ mol^{-1}〕

H 72.8							
Li 59.6	Be -18		B 26.7	C 121.9	N -7	O[†1] 141	F 328
Na 52.9	Mg -21		Al 44	Si 134	P 72	S[†2] 200	Cl 349
K 48.4	Ca -186	Sc⋯Zn 18⋯9	Ga 30	Ge 116	As 78	Se 195	Br 325
Rb 47	Sr -146	Y⋯Cd 30⋯-26	In 30	Sn 116	Sb 101	Te 190	I 295
Cs 46	Ba -46	La⋯Hg 50⋯-18	Tl 20	Pb 35	Bi 91	Po 183	At 270

†1　二つの電子では-845 kJ mol^{-1}を加える．
†2　二つの電子では-531 kJ mol^{-1}を加える．

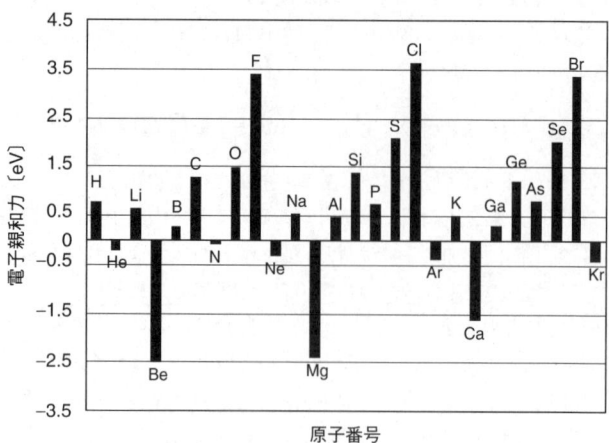

図 1・10　原子番号と電子親和力

1・5 原子の電気的性質

4. 窒素は安定な半閉殻なのでその電子親和力は同じ周期の他の原子の傾向から外れている．
5. 窒素は電子親和力がゼロに近いのに，リンは半閉殻であるけれどもゼロより大きな値をもつ．これは大きな原子になれば原子核から離れた満たされた閉殻がたくさんあるので，半閉殻の効果が減少するためである．
6. ハロゲン（第17族）の場合，フッ素の電子親和力は塩素より小さい．これはフッ素原子が小さくて，外殻の電子が密集していて，互いに反発しているためである．フッ素原子にもう一つ電子を加えるとエネルギー的には有利であるが，塩素ほど有利ではない．塩素は最も大きな電子親和力をもっている．Cl, Br, I の電子親和力は一般的な傾向に従っている．
7. 水素はかなり大きな電子親和力をもっているが，これは H^- を含む化合物が合成できることを示している．
8. 第2族の元素は負の電子親和力をもっているが，これらの原子に電子を付加することがエネルギー的に有利でないことを示している．これらの原子は2個の電子しか収容することができない外側の殻にすでに2個の電子をもっているためである．
9. 第1族の元素は，1個の電子をもっている外側の殻が2個まで電子をもてるので，少量のエネルギーを放出することによって電子を付加することができる．

イオン化エネルギーと同様に，電子親和力は原子の化学的な挙動をみるときや特に電子移動が絡んだイオン結合を記述する際に有効な性質である．

無機化学の研究において原子の大きさがどのように変化するかを理解することは重要である．可能な分子構造は相対的な原子の大きさである程度決まる．表1・2に原子の大きさを示した．

原子の大きさに関する重要な傾向を以下にまとめた．

表 1・2 原子半径 [pm]

H 78							
Li 152	Be 113		B 83	C 77	N 71	O 72	F 71
Na 154	Mg 138		Al 143	Si 117	P 110	S 104	Cl 99
K 227	Ca 197	Sc … Zn 161 … 133	Ga 126	Ge 123	As 125	Se 117	Br 114
Rb 248	Sr 215	Y … Cd 181 … 149	In 163	Sn 140	Sb 141	Te 143	I 133
Cs 265	Ba 217	La … Hg 188 … 160	Tl 170	Pb 175	Bi 155	Po 167	At —

1. 周期表の同じ族の原子の大きさは下に行くにつれて大きくなる．たとえば，Li，Na，K，Rb，Cs の半径はそれぞれ 152，154，227，248，265 pm である．また，F，Cl，Br，I の半径はそれぞれ 71，99，114，133 pm である．

2. 周期表の同じ周期の原子の大きさは右へ進んで行くにつれて小さくなる．核電荷はその順で増加するが，外殻の電子は同じ殻に含まれている．したがって，核電荷が大きくなればなるほど（周期の右へ行くほど），電子に対する引力が大きくなり，その結果，電子は原子核に近づく．たとえば，第 2 周期の原子の半径は次のようになる．

原子	Li	Be	B	C	N	O	F
半径〔pm〕	152	113	83	77	71	72	71

周期表の他の周期でも同じような傾向がみられる．しかし，第 4 周期で遷移金属の半径は一般に減少するが，最後の 2, 3 個の元素は例外である．Fe, Co, Ni, Cu, Zn の半径はそれぞれ 126, 125, 124, 128, 133 pm である．この効果は，核電荷が増えるにつれて（右に行くにつれて），3d 軌道の大きさは小さくなるが，これらの軌道に電子を入れてゆくとより大きな電子間反発が起こるという事実の現れである．結果として，大きさは Co, Ni まで小さくなり，そのあと電子間の反発によって Cu, Zn と大きくなる．

3. それぞれの周期の中で最も大きな原子は第 1 族である．最外殻の電子が閉殻（希ガス配置）の外側の殻にあり，緩い引力を受け（低いイオン化エネルギーをもち），比較的原子核から遠いからである．

核電荷の興味ある効果は，同じ電子数をもちながら異なる核電荷をもつ一連の系列の

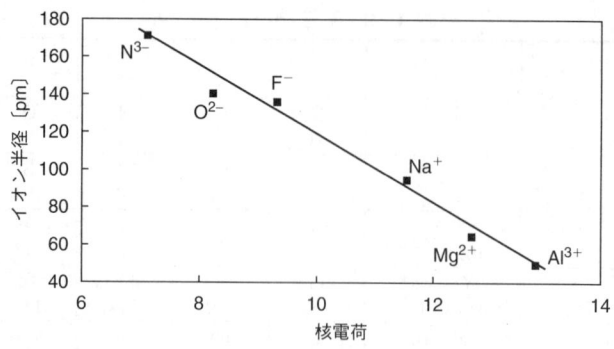

図 1・11　ネオン型イオンのイオン半径

原子の半径を調べることからわかる. そのような系列の一つは 10 個の電子をもつ (Neと同じ) イオンである. それは Al^{3+}, Mg^{2+}, Na^{+}, F^{-}, O^{2-}, N^{3-} で, 核電荷は 13 から 7 まで変化する. 図 $1 \cdot 11$ にこれらの原子の半径と核電荷の関係を示している.

N^{3-} イオン (半径 171 pm) は N 原子 (71 pm) よりずっと大きいし, O 原子 (72 pm) はおよそ O^{2-} イオン (140 pm) の半分である. このように, 陰イオンはその対応する原子より常に大きい. 一方, Na^{+} イオンの半径 (95 pm) は Na 原子 (154 pm) よりずっと小さい. このように, 陽イオンは常に対応する原子より常に小さい.

Al^{3+} イオンは特に興味深くて, 半径は 50 pm であるのに対して, Al 原子の半径は 126 pm である. 第 6 章で詳しく述べるが, Al^{3+} イオンの小さい半径と大きな電荷が興味深い性質を示す. Al^{3+} イオンは極性の水分子に対して大きな親和性があり, アルミニウム化合物は水に溶けると, 陽イオンに直接結合している水分子をとろうと真空に引いてもとれない. そのため最初のアルミニウム化合物には戻らない.

無機化学はあらゆる元素を含む化合物の性質と反応に関係しているので, 原子のいろいろな性質を理解することは重要である. この話題は後の章で何度も振り返られるであろう. この章の残りでは原子核と核壊変について短く記述することにする. およそ 2 世紀前に推定されたように, あらゆる原子番号の原子の質量を水素原子の質量の倍数で表すことは不可能であることが明確である. ドルトンの原子説はある元素のあらゆる原子が同じ質量であるという考えに基づいていたが, これは正しくないことは明白である. 原子質量はほとんどの元素に存在するいくつかの同位体の質量の平均値である. そのため質量分析法の適用はこの種の研究にとって重要であった.

$1 \cdot 6$ 核結合エネルギー

現在, 知られている元素は 117 個である. それぞれの元素に同位体が存在するので, 2000 種以上の核種が知られている. この核種の 3/4 は不安定であり, 放射壊変する. 陽子と中性子は原子核の中に見いだされる粒子である. 陽子と中性子の総数を記述すると便利である. 陽子と中性子を総称して**核子** (nucleon) という. 一般に, 核半径 R は質量数が増加するにつれて以下の関係式に従って増加する.

$$R = r_0 A^{1/3} \tag{$1 \cdot 25$}$$

ここで A は質量数であり r_0 はおよそ 1.2×10^{-13} cm の定数である.

あらゆる核の種類を**核種** (nuclide) という. $^{1}_{1}H$, $^{23}_{11}Na$, $^{12}_{6}C$, $^{238}_{92}U$ は異なる核種である. 核種は左上に書かれた質量数 A, 左下に書かれた原子番号 Z, さらには核種の電荷 $q^{\pm}$ をつけて, 元素の記号として表記される.

$$^{A}_{Z}X^{q^{\pm}}$$

この章の前の方で述べられたように, 原子モデルは原子核のまわりを取り巻く電子殻か

ら構成されているが，^{1}H 以外は，原子核は陽子と中性子から構成されている．

それぞれの原子は質量数 Z と，元素の名前から付けられた記号によって示される．質量数 A はその原子種の質量に最も近い数である．たとえば，水素の同位体の実際の質量は 1.00794 原子質量単位であるけれども，$^1_1$H の質量数は 1 である．陽子と中性子は基本的には同じ質量（1 原子質量単位，amu）をもっているので，原子の質量数から原子番号を引くと中性子の数が得られ，N で表される．たとえば $^{15}_7$N は 7 個の陽子と 8 個の中性子をもっている．

原子が粒子からできていると考えると，原子の質量は粒子の質量の合計よりも少ない．たとえば，$^4_2$He は 2 個の電子と 2 個の陽子と 2 個の中性子から構成されている．これらの粒子はそれぞれ 0.0005486，1.00728，1.00866 amu の質量をもっており，粒子の合計の質量は 4.03298 amu である．しかし，$^4_2$He の実際の質量は 4.00260 amu であり，0.030377 amu の質量欠損がある．この質量欠損は粒子がアインシュタインの式で表されるエネルギーをもっているので起こるのである．

$$E = mc^2 \qquad (1\cdot 26)$$

質量 1 g がエネルギーに変換されたとすると，放出されるエネルギーは

$$\begin{aligned}E &= mc^2 = 1\,\text{g} \times (3.00 \times 10^{10}\,\text{cm s}^{-1})^2 \\ &= 9.00 \times 10^{13}\,\text{J}\end{aligned}$$

である．エネルギーに変換された質量が 1 amu（1.66054×10^{-24} g）のとき，放出されるエネルギー量は 1.49×10^{-10} J である．1 eV$=1.60 \times 10^{-19}$ J なので eV 単位に変換すると，1.49×10^{-10} J$/1.60 \times 10^{-19}$ J/eV は 9.31×10^8 eV となる．核壊変に伴うエネルギーの放出は通常 MeV 単位（1 MeV$=10^6$ eV）で表される．1 amu に相当するエネルギーは 931 MeV である．$^4_2$He で観測された質量欠損 0.030377 amu がエネルギーに変換されるとすると，その値は 28.3 MeV である．いろいろな核種の安定性を比較するために，全結合エネルギーは通常は核子の数で割られるが，この場合は核子の数が 4 である．したがって，核子当たりの結合エネルギーは 7.07 MeV である

これまで，電子と原子核との引力を無視してきたことに気づかれたかもしれない．He の第一イオン化エネルギーは 24.6 eV で，第二イオン化エネルギーは 54.4 eV である．このように，He の原子核に対する電子の総結合エネルギーはわずか 79.0 eV にすぎず，それは 0.000079 MeV で，全結合エネルギー 28.3 MeV に比べて，取るに足らない値である．原子の核子間の引力は，電子の結合エネルギーに比べて非常に大きい．電気的に中性の原子は同じ数の電子と陽子をもっているが，電子 1 個と陽子 1 個の合計質量はほとんど正確に水素原子の質量に等しい．したがって，水素原子のある数の質量を中性子のある数の質量に加えることによって，質量欠損を計算するときには誤差はほとんどない．たとえば，$^{16}_8$O の質量は 8 個の水素原子の質量と 8 個の中性子の質量の和とし

て概算できる．そして8個の水素原子の中にある電子の結合エネルギーは無視される．

同じような計算を他の多くの核種に対して行うと，核子当たりの結合エネルギーはかなり違っていることがわかる．$^{16}_{8}O$に対する値は7.98 MeVであるが，最高値は$^{56}_{26}Fe$に対する約8.79 MeVである．これらは，多くの核子に対して最も安定な配置が，自然界に大量に存在する$^{56}_{26}Fe$に対してそのようになっているためであることを示唆している．図1・12に核種の質量数に対する核子の結合エネルギーを示した．

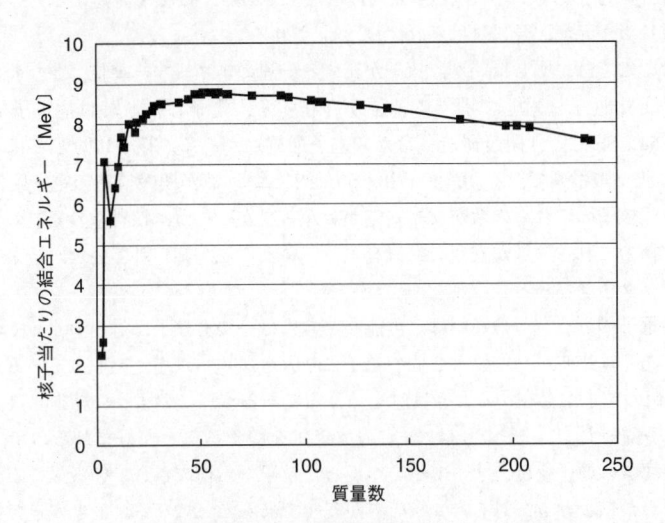

図 1・12　質量数と核子当たりの平均結合エネルギー

$^{56}_{26}Fe$のような種に対する核子当たりの最高の結合エネルギーで，もっと安定な核種を生成するようなより軽い種の融合の際には，エネルギーを放出するはずであるということがわかる．重い元素は50〜80の質量数の核種より，核子当たりの結合エネルギーが低いので，重い核種の分裂はエネルギー的に好ましい．そのような核種の一つは$^{235}_{92}U$であるが，低エネルギーの中性子が当たると，以下のように分裂を起こす．

$$^{235}_{92}U + ^{1}_{0}n \rightarrow ^{92}_{36}Kr + ^{141}_{56}Ba + 3^{1}_{0}n \qquad (1・27)$$

$^{235}_{92}U$が核分裂するとき，幅広い質量数をもつ核種に対する結合エネルギーはあまり違わないので，多くの異なる生成物が得られる．生成物の量を質量数に対してプロットすると，2個のピークをもつ曲線が得られ，$^{235}_{92}U$の対称的な分裂はふつう起こらない．30〜40と50〜60の原子番号をもつ核分裂物質は2個の$_{46}Pd$同位体よりもより普通にありうることである．

1・7 核 安 定 性

原子番号Zは,原子核の陽子の数である.陽子と中性子の質量はいずれもおよそ1原子質量単位(amu)である.電子の質量は陽子や中性子のおよそ1/1837しかないので,原子の質量のほとんどが陽子と中性子の質量である.したがって,中性子の数に陽子の数を加えると,核種のおよその質量がamu単位で得られる.この数は質量数とよばれ,記号Aで与えられる.中性子の数は質量数Aから原子番号Zを引くと得られる.しばしば,中性子の数はNと表され,$A-Z=N$である.核種を記述するときに,原子番号と質量数が元素記号に付けられ,$^A_Z X$と記される.

詳細はここでは説明しないが,核子が属する一連のエネルギー準位,すなわち殻がある.陽子と中性子に対して別々の準位が存在する.電子に対しては,電子数2, 10, 18, 36, 54, 86という閉殻構造(希ガス電子配置)がある.核子に対しては,陽子や中性子の別々の系列で,2, 8, 20, 28, 50, 82という数が閉殻構造の電子配置に対応している.核子のこれらの数がなぜ安定かわからなかったが,核科学の発展の早い段階から,核種のこれらの数が安定な配置を表していることが知られていた.結果的にこれは,マジックナンバーとよばれた.

核子と電子のもう一つの違いは,可能なときにはいつも核子は対をつくっていることである.あるエネルギー準位が2個の粒子より大きなエネルギーをもっているときでさえも,2個の粒子が存在するときは対をつくるであろう.このように縮退したレベルの2個の粒子に対して,↑↑よりは↑↓と表す.対をつくることが好まれるので,陽子と中性子が偶数の原子核は,すべて対をつくった粒子から構成されている.このことは不対粒子をもつ核よりも,対をもつ核の方が安定であることになる.最も安定でない核は中性子と陽子の数がともに奇数である場合である.安定性のこのような違いは,安定な核の数で明らかになる.表1・3に安定に存在する核の数を示した.この表から,陽子の数と中性子の数がともに偶数か,一方が奇数(偶–奇,奇–偶)かによって明確な安定性の違いはみられない.奇数のZと奇数のNをもった核種(つまり,奇–奇核種)の数は非常に少ないが,これはそのような配置が本質的に不安定であることを示している.奇–奇型の最も安定な核種は^{14}Nである.

表 1・3 異なる核子の配列をもつ安定核種の数

Z	N	安定核子の数
偶	奇	162
偶	偶	55
奇	偶	49
奇	奇	4

1・8 核壊変の種類

図1・13に安定な核の中性子数と陽子数の関係についてグラフで示した.

1・8 核壊変の種類

知られている核種の大部分は不安定で，ある種の核壊変を起こして他の核種に変化することについてはすでに述べた．最初の核種は親核種とよばれ，生成された核種は娘核種とよばれる．核壊変の共通する過程について紹介する．

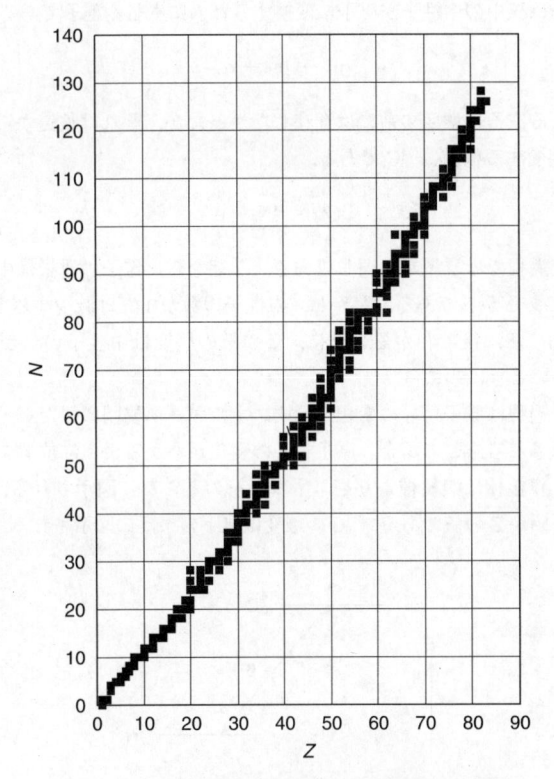

図 1・13 安定核での中性子数 N と陽子数 Z の関係

すべての安定な核種について，存在する中性子の数と陽子の数を比べると，原子番号が20までの原子では同数であることがわかる．たとえば，$^{40}_{20}$Ca では $Z=N$ であることがわかる．原子番号が20以上では，一般的に中性子の数は陽子の数よりも多い．$^{235}_{92}$U では，$Z=92$ であるが $N=143$ である．図 1・13 において，小さな四角は安定な核種を表している．Z と N に関して安定な核種の狭い帯（バンド）を見ることができるが，原子番号が増えるにつれて $Z=N$ で表せる線から帯（バンド）がずれていることがわかる．核種が安定な帯（バンド）の外側にあると，安定な帯（バンド）の中や近くに娘核種を生じるように，放射壊変が起こる．

1. **β⁻ 壊変**　$^{14}_{6}C$ を考えると，原子核は6個の陽子と8個の中性子をもっていることがわかる．これは中性子が多いので，不安定である．そこで中性子を減らし，陽子の数を増やすような壊変が起こる．このような壊変では核中の中性子が陽子に変換されるときに，β⁻粒子の放出を伴う．β⁻粒子は電子である．放出されるβ粒子は核中の中性子が陽子に変換するときに生じる電子である．

$$n \rightarrow p^+ + e^- \tag{1・28}$$

放出される電子は壊変の前には存在しなかったが，それは軌道からの電子ではない．β⁻壊変する核種は $^{14}_{6}C$ である．

$$^{14}_{6}C \rightarrow {}^{14}_{7}N + e^- \tag{1・29}$$

この壊変過程では質量数は同じである．なぜなら，電子の質量は中性子や陽子の 1/1837 であるからである．しかし，中性子の数が1だけ減少すると，核電荷は1だけ増加する．後でわかるように，この種の壊変は中性子の数が陽子の数よりずっと多いときに起こる．

　核壊変過程は原子番号の変化を示すエネルギー準位図に似たダイアグラムでしばしば示される．この場合，原子番号の変化がわかるように位置をずらして示している．親核種は娘核種より高エネルギーのところに図示される．x軸は値はついていないがZの値である．$^{14}_{6}C$ の壊変は以下のように図示される．

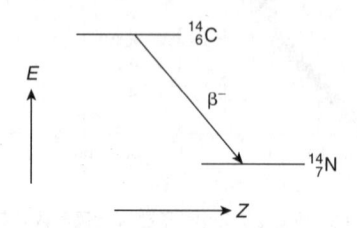

2. **β⁺壊変あるいは陽電子（ポジトロン）放出**　この種の壊変は核の陽子の数が中性子の数よりもずっと多いときに起こる．この過程において，陽子は β⁺粒子（陽電子）または**ポジトロン**（positron）として知られている正の粒子を放出することによって，中性子に変換される．陽電子は電子と同じ質量をもっているが，正の電荷をもっている粒子である．反電子，e⁺ともいう．その反応は以下のように示される．

$$p^+ \rightarrow n + e^+ \tag{1・30}$$

β⁺崩壊をする核種は $^{14}_{8}O$ である．

$$^{14}_{8}O \rightarrow {}^{14}_{7}N + e^+ \tag{1・31}$$

β⁺崩壊では，質量数は同じであるが，陽子の数は1だけ減少し，中性子の数は1だけ増加する．この壊変過程は次のように示される．この場合，娘核種は核電荷が減少するので親核種の左側に書かれる．

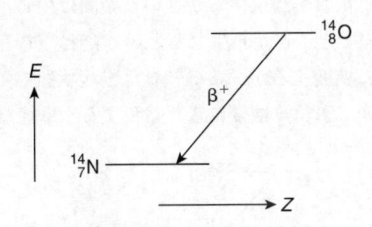

```
          E
          ↑        ¹⁴₈O
          |       ╱
          |    β⁺╱
          |    ╱
         ¹⁴₇N ←
          |
          +————————→ Z
```

3. 電子捕獲（EC）　この種の壊変において，核の外側の電子が核によって捕獲される．このような壊変過程は核に中性子より陽子が多くあるときに起こる．

$$^{64}_{29}Cu \xrightarrow{\text{電子捕獲}} {}^{64}_{28}Ni \tag{1・32}$$

電子捕獲の際に，核電荷は1だけ減少する．なぜなら，核の陽子が電子と相互作用して中性子を生成するからである．

$$\underset{(\text{核内})}{p^+} + \underset{(\text{核外})}{e^-} \longrightarrow \underset{(\text{核内})}{n} \tag{1・33}$$

電子捕獲が起こるには，捕獲される軌道の電子は核のすぐそばになければならない．したがって，電子捕獲は一般に核の原子番号（Z）がおよそ30程度のときに観測される．しかし，まれなケースとして，核がこれよりもかなり小さなときにも観測されている．捕獲された電子は核に最も近い殻の中にあるので，この過程はしばしば，K電子捕獲とよばれる．電子捕獲とβ⁺壊変は核の同じ変化をなしているということは気をつける必要がある．したがって，この過程は競争的な過程であり，同じ核が両方の過程により同時に壊変するかもしれない．

4. α壊変　後でわかるように，α粒子はヘリウム核であり，安定である．不安定な重い核で，この粒子の放射が起こる．α粒子は陽子と中性子のマジック数（2）をもっているので，$^{6}_{3}Li$のように，この粒子のある種の結合が他の結合よりもむしろ，放出される傾向があるといえる．α壊変において，質量数は4だけ減少し，陽子の数は2だけ減少し，中性子の数は2だけ減少する．α壊変の例を以下に示す．

$$^{235}_{92}Li \rightarrow {}^{231}_{90}Th + \alpha \tag{1・34}$$

5. γ 壊変 γ線は原子核が高い励起状態から緩和するときに放出される高エネルギーの光子である。この状況は，電子が高エネルギー状態から低エネルギー状態へ落ちるときと同じように，原子によって放出されるスペクトル線に完全に一致している。γ壊変の場合，励起状態にある陽子や中性子が核の低エネルギー状態へ落ちるときに，励起状態からの緩和が起こる。しかし，当然，どのようにして核種が高エネルギー状態へ到達するかという疑問は生じる。通常の過程は，励起された核が何か他のできごとから生じるということである。たとえば，$^{38}_{17}Cl$ は β^- 線を放出して $^{38}_{18}Ar$ に壊変するが，この核種は励起状態でだけ存在する。したがって，$^{38}_{18}Ar^*$ と記され，これはγ壊変により緩和する。単純な壊変図を以下に示す。

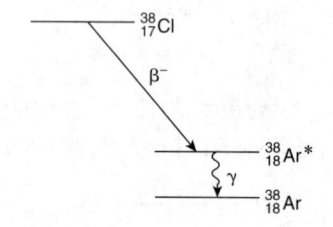

γ壊変はほとんど他の壊変過程に続いて起こるが，核が基底状態よりも高い状態にあるために，娘核種の励起状態を生じることになる。

$^{226}_{88}Ra$ の $^{222}_{86}Rn$ への壊変は娘核種の基底状態か，あるいはγ線の放射によってひき起こされる励起状態へ向かう。この過程の式と壊変図を下に示す。

$$^{226}_{88}Ra \rightarrow \,^{222}_{86}Rn + \alpha \qquad (1\cdot35)$$

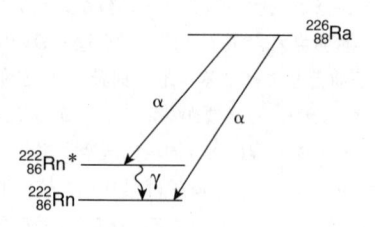

1・9 壊変過程の予測

軽い核種では，陽子の数はほぼ中性子の数に等しいという強い傾向がみられる。多くの安定な核種において，それらの数は等しい。たとえば，^4_2He, $^{12}_6C$, $^{16}_8O$, $^{20}_{10}Ne$, $^{40}_{20}Ca$ はすべて安定な核種である。重い安定な核種の場合，中性子の数は陽子の数よりも多い。$^{64}_{30}Zn$, $^{208}_{82}Pb$, $^{235}_{92}U$ のような核種はすべて，陽子の数よりも中性子の数が多い。あら

1・9 壊変過程の予測

ゆる安定な核種について，陽子の数と中性子の数の関係をプロットしたグラフをつくると，安定な核種はかなり狭い帯（バンド）に位置することがわかる．この帯（バンド）は図 1・13 に示されている安定性のバンドと関係している．ある核種がこのバンドの外側にあるならば，その核種はバンドの中へ移るように壊変する．たとえば，$^{14}_{6}C$ には 6 個の陽子と 8 個の中性子がある．陽子に対して中性子の数が多いが，中性子を陽子へと変換する壊変過程によって訂正される．そのような壊変過程は以下のようになる．

$$n \rightarrow p^+ + e^- \tag{1・36}$$

したがって，$^{14}_{6}C$ は β^- 放出による放射壊変を起こす．

$$^{14}_{6}C \rightarrow ^{14}_{7}N + e^- \tag{1・37}$$

一方，$^{14}_{8}O$ には 8 個の陽子と 6 個の中性子がある．この陽子と中性子のアンバランスは，下の式にまとめられるように，陽子が中性子に変換されれば訂正できる．

$$p^+ \rightarrow n + e^+ \tag{1・38}$$

このように $^{14}_{8}O$ は陽電子放出によって壊変する．

$$^{14}_{8}O \rightarrow ^{14}_{7}N + e^+ \tag{1・39}$$

電子捕獲は陽電子放出と同じ結果になるが，この場合には核電荷が小さいので，陽電子放出が予想される壊変である．一般に電子捕獲は $Z=30$ 以下では競争的な過程ではない．

図 1・14 は式 (1・37) と式 (1・39) に示されている変換が 2 種の壊変過程で陽子と中性子の数にどのように関係しているかを示している．グラフ上で a と記されているポ

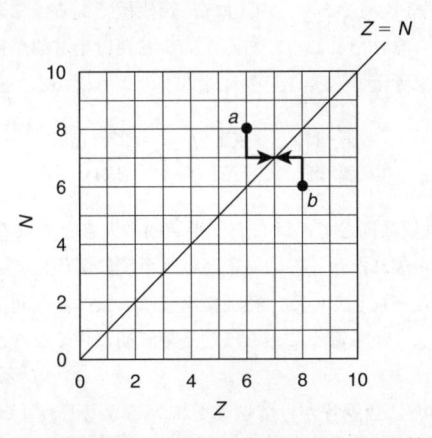

図 1・14 陽子の数 Z と中性子の数 N から予測した壊変系列

イントとそのポイントから始まる矢印は $^{14}_{6}C$ の壊変を示している．グラフ上のポイント b は $^{14}_{8}O$ を表し，壊変は矢印で示している．

安定性を予測するために陽子と中性子の数を使うことは簡潔ではあるが，さらに応用できる有用な法則がある．たとえば，つぎの場合を考えてみよう．

$$^{34}_{14}Si \quad t_{1/2} = 2.8 \text{ s}$$
$$^{33}_{14}Si \quad t_{1/2} = 6.2 \text{ s}$$
$$^{32}_{14}Si \quad t_{1/2} = 100 \text{ y}$$

ケイ素のこれら3種の同位体はいずれ放射性であるが，その中で最も重い ^{34}Si は安定性の帯（バンド）から最も離れていて，半減期が最も短い．一般に，安定性の帯（バンド）から離れた位置に核種があるほど，半減期は短くなる．この一般則には多数の例外があるが，ここでそのいくつかについて議論する．最初に以下の例をみてみよう．

$$(偶-奇) \quad ^{27}_{12}Mg \quad t_{1/2} = 9.45 \text{ min}$$
$$(偶-偶) \quad ^{28}_{12}Mg \quad t_{1/2} = 21.0 \text{ h}$$

^{28}Mg は ^{27}Mg よりも安定性の帯（バンド）から離れているが，^{28}Mg は偶-偶核種であり，一方，^{27}Mg は偶-奇核種である．以前に見たように偶-偶核種はより安定な傾向にある．結果的にここで偶-偶効果は ^{28}Mg が安定性の帯（バンド）から離れたところにあるという事実が重要である．もう一つの興味深い例は塩素の同位体をみるとわかる．

$$(奇-奇) \quad ^{38}_{17}Cl \quad t_{1/2} = 37.2 \text{ min}$$
$$(奇-偶) \quad ^{39}_{17}Cl \quad t_{1/2} = 55.7 \text{ min}$$

この場合，$^{38}_{17}Cl$ は奇-奇核種であり，$^{39}_{17}Cl$ は奇-偶核種である．このように，$^{39}_{17}Cl$ は安定性の帯（バンド）から離れたところにあるが，少しだけ半減期が長い．最後に，核子の数が同じ核種の場合を考えてみよう．それは以下のようになる．

$$(奇-偶) \quad ^{39}_{17}Cl \quad t_{1/2} = 37.2 \text{ min}$$
$$(偶-奇) \quad ^{39}_{18}Ar \quad t_{1/2} = 259 \text{ y}$$

この場合，偶/奇の性質に関して差はない．半減期の大きな差は $^{39}_{17}Cl$ が $^{39}_{18}Ar$ よりも安定性の帯（バンド）から離れたところにいるという事実に関係している．このことは先に述べた一般的な法則と一致している．特別な場合は一般的な傾向に従わないのに，核種が安定性の帯（バンド）から遠くにあるほど，半減期は短くなるというのが一般的な事実である．

核種によっては同時に数過程かけて壊変しているかもしれない．たとえば，^{64}Cu は同時に3種の過程で壊変する．

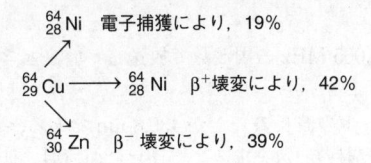

$$^{64}_{29}\text{Cu} \longrightarrow \begin{cases} ^{64}_{28}\text{Ni} & \text{電子捕獲により,19\%} \\ ^{64}_{28}\text{Ni} & \beta^+ \text{壊変により,42\%} \\ ^{64}_{30}\text{Zn} & \beta^- \text{壊変により,39\%} \end{cases}$$

^{64}Cu の消滅の全速度は 3 過程の合計であるが,異なるタイプの測定法を使用することによって,その過程を分離することができる.

自然界には3種の放射性系列があり,安定な核種が生成するまで,α壊変やβ壊変を含む一連の過程から構成されている.ウラン系列は $^{238}_{92}$U の壊変から結果的に $^{206}_{82}$Pb を生じる一連の過程である.アクチニウム系列では $^{235}_{92}$U が安定な $^{207}_{80}$Pb を生じる一連の壊変が起こる.トリウム系列では $^{232}_{90}$Th は $^{206}_{82}$Pb に変換される.放射性核種は他にもあるが,天然放射性系列であるこの3種の壊変系列が最も重要である.

ここで記述した核種の特徴は,化学においてある核種がどのように重要であるかと密接に関係している(たとえば炭素 14 の含有量を決定することによって物質の年代決定をすることができる).同位体の追跡法は化学のあらゆる分野に適応される手段である.

参考文献

Blinder, S. M. (2004). *Introduction to Quantum Mechanics in Chemistry, Materials Science, and Biology*. Academic Press, San Diego. [多くの研究分野への量子力学の応用を示す良書]

Emsley, J. (1998). *The Elements*, 3rd ed. Oxford University Press, New York. [原子の多くの性質を紹介している]

House, J. E. (2004). *Fundamentals of Quantum Chemistry*. Elsevier, New York. [数学的な詳細を含む基礎レベルの量子力学手法の入門書]

Krane, K. (1995). *Modern Physics*, 2nd ed. Wiley, New York. [原子物理学の発展を記述した入門書]

Loveland, W. D., Morrissey, D., and Seaborg, G. T. (2006). *Modern Nuclear Chemistry*. Wiley, New York.

Serway, R. E. (2000). *Physics for Scientists and Engineers*, 5th ed. Saunders (Thompson Learning), Philadelphia. [原子物理学の素晴らしい取扱いを紹介した良い物理学の教科書]

Sharpe, A. G. (1992). *Inorganic Chemistry*. Longman, New York. [第 2 章は化学における量子力学法の発展をうまく紹介している]

Warren, W. S. (2000). *The Physical Basis of Chemistry*, 2nd ed. Academic Press, San Diego, CA. [第 5 章は原子物理学の初期の実験の結果を紹介している]

問　題

1. 短波ラジオ局が 9.065 MHz の周波数で放送しているときの，ラジオ波の波長を求めよ．

2. 水銀の線スペクトルの波長の一つが 435.8 nm である．(a) この線スペクトルの周波数を求めよ．(b) 放射の波数を求めよ．(c) この放射に伴うエネルギー (kJ mol^{-1}) を求めよ．

3. NO 分子のイオン化エネルギーは 9.25 eV である．運動エネルギーをもたない電子で NO をイオン化する光子の波長を求めよ．

4. 光の速度の 1.5% の速さで運動している電子（質量 9.1×10^{-28} g）のド・ブロイ波長を求めよ．

5. 2100 cm^{-1} で吸収した分子のエネルギー変化に伴うエネルギーを求めよ．
(a) ジュール単位で，(b) kJ mol^{-1} 単位で．

6. 2.75 eV の仕事関数をもつ金属の表面から電子を放出するときの光の波長を求めよ．

7. 水素原子の電子が $n=5$ から $n=3$ の状態に落ちたときに放出される光子の波長を求めよ．

8. 動き回っている電子が 2.35×10^{-19} J の運動エネルギーをもっているときのド・ブロイ波長を求めよ．

9. バリウムの仕事関数は 2.48 eV である．400 nm の波長をもつ光がバリウム陰極に当てられたときに放出される電子の最高速度を求めよ．

10. 電子が 3.55×10^5 m s^{-1} の速度で動き回っているときのド・ブロイ波長を求めよ．

11. 第一ボーア軌道の電子の速度を求めよ．

12. 以下の組合わせにおいて，より高い第一イオン化エネルギーをもっているのはどちらか．
(a) Li と Be　　(b) Al と F　　(c) Ca と P　　(d) Zn と Ga

13. 以下の組合わせにおいて，イオンの大きさが大きいのはどちらか．
(a) Li$^+$ と Be^{2+}　　(b) Al^{3+} と F$^-$　　(c) Na$^+$ と Mg^{2+}　　(d) S^{2-} と F$^-$

14. 以下の組合わせにおいて，電子が付加されたときに，より多くのエネルギーを放出する原子はどちらか．
(a) P と C　　(b) N と Na　　(c) H と I　　(d) S と Si

15. H$_2^+$ の結合エネルギーは 256 kJ mol^{-1} である．H$_2^+$ を分離するのに十分な電磁放射の波長を求めよ．

16. HCl 分子において，第一励起振動状態は基底状態より 2886 cm^{-1} だけ上にある．このエネルギーを kJ mol^{-1} 単位で求めよ．

17. PCl$_3$ 分子のイオン化エネルギーは 9.91 eV である．PCl$_3$ 分子から電子を取り除くための光子の周波数を求めよ．その光子が観測されるのはどのスペクトル領域か．分子中のどの原子から電子が取り除かれるか．

18. 以下の原子を第一イオン化エネルギーの大きい順に並べよ．

$$B, Ne, N, O, P$$

19. PとSの第一イオン化エネルギーが 12 kJ mol^{-1} だけ違っている理由を説明せよ（それぞれ 1012 kJ mol^{-1} と 1000 kJ mol^{-1} である）．一方，NとOの第一イオン化エネルギーが 88 kJ mol^{-1} 異なっている理由を説明せよ（それぞれ 1402 と 1314 kJ mol^{-1} である）．

20. 以下の原子を第一イオン化エネルギーの大きい順に並べよ．

$$H, Li, C, F, O, N$$

21. 電子が原子に付加されたときに放出されるエネルギーの小さい順に以下の原子を並べよ．

$$O, F, N, Cl, S, Br$$

22. 以下の原子やイオンを大きさの小さい順に並べよ．

$$Cl, O, I^-, O^{2-}, Mg^{2+}, F^-$$

23. 以下の原子の核当たりの結合エネルギーを計算せよ．

$$^{18}_{8}O, \ ^{23}_{11}Na, \ ^{40}_{20}Ca$$

24. 以下の原子の壊変過程について予想し，予想される壊変反応を示せ．
(a) $^{35}_{16}S$ (b) $^{17}_{9}F$ (c) $^{43}_{20}Ca$

25. 3個の $^{4}_{2}He$ 核の融合で $^{12}_{6}C$ を生じるときに放出するエネルギー（MeV）を求めよ．

2 基礎量子力学と原子構造

　前章で電子軌道のエネルギーは量子化されていることがわかった．また，原子の中にある電子を取扱う場合は，運動している電子の波動性も考慮しなければならないことを述べた．そのような問題を定式化し，解くときにどのような手順で行うかについては，まだ疑問が残されている．ここで用いられる方法や処置は量子力学や波動力学として知られている科学の一分野を構成している．この章では，読者が物理化学の講義で量子力学について既に学んだものとして，この重要な話題（量子力学の用語や基礎的な考え方）について簡単に紹介する．

2・1　基本原理

　量子力学の取扱いや基礎的な前提を体系化するために，一般的な出発点となる一連の基本原理が展開されてきた．量子力学に関するほとんどの本が一連の正確な法則や説明を紹介しているが，本書のレベルの無機化学の勉強には必要ないものもある．この節では，量子力学の基本原理を紹介し，その説明をする．完全に理解するためには，この章の最後に挙げている参考文献を調べるとよい．

> **基本原理I**：ある系の可能な状態に対して，波動関数 ψ が存在する．これは系のある部分と時間の関数であり，その系を完全に記述する関数である．

　この基本原理は，数学的な関数のかたちで系を表すことを確立している．系を表す座標がデカルト座標ならば，関数 ψ はこれらの座標と時間を変数として含んでいるはずである．1個の粒子だけから構成されている大変単純な系に対して，波動関数として知られている関数 ψ は，以下の式で表される．

$$\psi = \psi(x, y, z, t) \tag{2・1}$$

系が2個の粒子から構成されているときは，座標はそれぞれの粒子に対して指定されなければならないので，その波動関数は以下のように示される．

$$\psi = \psi(x_1, y_1, z_1, x_2, y_2, z_2, t) \tag{2・2}$$

波動関数の一般式は以下のように示される．

$$\psi = \psi(q_i, t) \tag{2・3}$$

ここで，q_i は特定の系に対する適当な座標である．座標の形が指定されていないので，q_i は一般座標として取扱われる．ψ はある特定な状態の系を表しているので，この状態は**量子状態**（quantum state）として知られており，ψ は**状態関数**（state function）または**完全波動関数**（complete wave function）とよばれている．

波動関数と，その系の状態との関係についての何らかの物理学的な説明が必要である．波動関数の二乗 ψ^2 はある特定の空間に系の部分を見いだす確率に比例している．量子力学のある問題に対しては，虚数（$(-1)^{1/2}=i$）解をもつ微分式が現れる．そのような場合，$\psi^*\psi$ を使うが，ψ^* は ψ の共役複素数である．関数の共役複素数は i が $-i$ で置き換えられたときに生じる関数である．関数（$a+ib$）の二乗を考えてみよう．

$$\begin{aligned}(a+ib)^2 &= a^2 + 2aib + i^2b^2 \\ &= a^2 + 2aib - b^2\end{aligned} \tag{2・4}$$

得られた式は i を含んでいるので，依然，複素関数である．しかし，（$a+ib$）を二乗する代わりに，その共役複素数（$a-ib$）を掛けてみよう．

$$(a+ib)(a-ib) = a^2 - i^2b^2 = a^2 + b^2 \tag{2・5}$$

この手法で得られた式は実関数である．このように，多くの場合に ψ^2 の代わりに $\psi^*\psi$ を使う．この場合，もし ψ が実関数ならば，二つの関数は同じである．

粒子のある系に対して，粒子が系の中のどこかにあるというのは確実である．単位体積 $d\tau$ の中に1個の粒子を見いだす確率は $\psi^*\psi\,d\tau$ で与えられるが，全確率は以下のような積分から得られる．

$$\int \psi^*\psi\,d\tau \tag{2・6}$$

確率ゼロはあり得なくて，確かな確率は1である．つまり，系のある1個の粒子に対して，単位体積のすべての領域で見いだす確率は1にならなければいけない．もちろん，単位体積の合計には積分を使う．したがって以下のようになる．

$$\int_{\text{全空間}} \psi^* \psi \, d\tau = 1 \tag{2・7}$$

この条件を満たすとき，波動関数 ψ は**規格化**（normalization）されているという．これは規格化された波動関数の定義である．

しかし，ψ が作用波動関数であるためには他の必要条件がある．たとえば，上記で示された積分は 1.00…… なので，波動関数は無限ではない．つまり，ψ は有限である．ψ に関するもう一つの制約は，ある空間に粒子を見いだす確率はただ一つしかないということである．たとえば，水素原子において原子核からある距離のところに電子を見いだす確率はただ一つであるということである．したがって，波動関数は確率がただ一つの値になるように単一の値でなければならないといえる．最後に，存在確率は突然には変わらないということである．1% 距離を増して，確率の変化が 50% になるということはない．この必要条件は ψ が連続でなければならないということで表せる．つまり，存在確率は突然ではなくて，連続的に変化する．波動関数が有限で，単一の値をもち，連続である性質をもつとすると，作用関数といえる．

波動関数を考慮するときに重要なもう一つの概念は，それらの**直交性**（orthogonality）である．もし関数 ϕ_1 と ϕ_2 が以下のような式であるならば

$$\int \phi_1^* \phi_2 \, d\tau \text{ または } \int \phi_1 \phi_2^* \, d\tau = 1 \tag{2・8}$$

これらの関数は直交しているといえる．この場合，積分の限界を変更することはそのような関係が存在するかどうかを決めることになるかもしれない．デカルト座標に対して，積分の限界は x, y, z 座標に関して $-\infty$ から $+\infty$ である．一方，極座標 (r, θ, ϕ) で表される系に対しては，積分限界はそれぞれ $0 \to \infty$, $0 \to \pi$, $0 \to 2\pi$ である．

> **基本原理 II**：あらゆる動的変数に対して（また，古典的にもみられる），対応する演算子がある．

量子力学は演算子に関係している．**演算子**（operator）とはある数学的な操作をするときの記号である．たとえば，$x^{1/2}$, x^2, dy/dx である．運動量，角運動量，位置座標およびエネルギーのような物理量は**動的変数**（dynamical variable）として知られているが，量子力学においてそれぞれ対応する演算子がある．座標は演算子と古典的な形において同じである．たとえば，座標 r はどちらの場合も単純に r である．一方，x 方向の運動量 (p_x) に対する演算子は $(h/i)(d/dx)$ である．角運動量（極座標）の z 成分は $(h/i)(d/d\phi)$ である．運動エネルギー $(1/2)mv^2$ は運動量 (p) の項として $p^2/2m$ と

2・1 基本原理

書くことができるが,運動量に対する演算子の項で,運動エネルギーの作用因子に到達することができる.表2・1に量子力学の基本的な演算子を示した.

表 2・1 量子力学での演算子

量	記号	演算子の形
座標	x, y, z, r	x, y, z, r
運動量		
x	p_x	$\dfrac{\hbar}{i}\dfrac{\partial}{\partial x}$
y	p_y	$\dfrac{\hbar}{i}\dfrac{\partial}{\partial y}$
z	p_z	$\dfrac{\hbar}{i}\dfrac{\partial}{\partial z}$
運動エネルギー	$\dfrac{p^2}{2m}$	$-\dfrac{\hbar^2}{2m}\left(\dfrac{\partial^2}{\partial^2 x}+\dfrac{\partial^2}{\partial^2 y}+\dfrac{\partial^2}{\partial^2 z}\right)$
運動エネルギー	T	$-\dfrac{\hbar}{i}\dfrac{\partial}{\partial t}$
位置エネルギー	V	$V(q_i)$
角運動量		
L_z(デカルト座標)		$\dfrac{\hbar}{i}\left(x\dfrac{\partial}{\partial y}-y\dfrac{\partial}{\partial x}\right)$
L_z(極座標)		$\dfrac{\hbar}{i}\dfrac{\partial}{\partial \phi}$

運動エネルギーの演算子は,運動エネルギー T を $p^2/2m$ で表すことができるので,運動量の演算子から得られるということに注意する必要がある.また,位置エネルギーに対する演算子は位置エネルギーの形が系に依存しているので,一般化された座標 q_i の項で表される.たとえば,水素原子の電子は位置エネルギー $-e^2/r$ であるが,ここで e は電子の電荷である.したがって,位置エネルギーの演算子は $-e^2/r$ であり,古典的な形と変わらない.

演算子は数学的な項で表せる性質がある.もし,演算子が線形ならば,それは以下の式である.

$$\alpha(\phi_1 + \phi_2) = \alpha\phi_1 + \alpha\phi_2 \tag{2・9}$$

ここで,ϕ_1 と ϕ_2 は演算子 α によって作用される関数である.しばしば量子力学で有用な演算子のもう一つの性質は,C が定数のときに以下の式になることである.

$$\alpha(C\phi) = C(\alpha\phi) \tag{2・10}$$

$$\int \phi_1{}^* \alpha \phi_2 \, d\tau = \int \phi_2 \alpha \phi_1{}^* \, d\tau \tag{2・11}$$

ならば，演算子はエルミート演算子である．

演算子 α がこの条件を満たすならば，計算された量は虚数というより実数であろうということが示される．証明なしに述べるけれども今後，議論されるすべての演算子は，この条件を満たしている．

> **基本原理Ⅲ**：変数がとりうる許された値は，$\alpha\phi = a\phi$ によって与えられる．ここで α は演算子であり，とりうる値は a であり，ϕ は演算子 α の固有関数である．

式を整理すると，基本原理Ⅲは次式になる．

$$\underset{\text{演算子}}{\alpha} \quad \underset{\text{波動関数}}{\phi} = \underset{\text{固有値}}{a} \quad \underset{\text{波動関数}}{\phi} \tag{2・12}$$

演算子が一定倍数の波動関数を生じるようにもとの波動関数に作用するとき，この関数はこの演算子の**固有関数**（eigenfunction）といわれている．ここに示されている式において，演算子 α が ϕ に作用して固有関数の一定倍数 a を生じる．したがって，ϕ は固有値 a をもつ演算子 α の固有関数である．この考えを証明するために，いくつかの例をみてみよう．

$\phi = e^{ax}$ を考えてみると，a は定数で，演算子 $\alpha = d/dx$ とする．そうすると以下のようになる．

$$d\phi/dx = a\,e^{ax} = (\text{固有値})e^{ax} \tag{2・13}$$

このように，関数 e^{ax} は固有値 a をもち，演算子 d/dx の固有関数であることがわかる．もし演算子 $(\ )^2$ が同じ関数に作用すると考えると，次式のようになる．

$$(e^{ax})^2 = e^{2ax} \tag{2・14}$$

これはもとの関数の定数倍ではない．したがって，e^{ax} は演算子 $(\ )^2$ の固有関数ではない．つぎに関数 $e^{in\phi}$（n は定数）が角運動量の z 成分に対する演算子 $(h/i)(d/d\phi)$ で作用されていると考えると（$h/2\pi$ は $\hbar$），以下のようになる．

$$\frac{\hbar}{i}\left[\frac{d(e^{in\phi})}{d\phi}\right] = n\frac{\hbar}{i}e^{in\phi} \tag{2・15}$$

これは，関数 $e^{in\phi}$ が角運動量の z 成分に対する演算子の固有関数であることを示している．

2・1 基本原理

量子力学において最も重要な方法の一つが**変分法**（variation method）として知られている．この方法は変数の演算子を使うことによって波動関数から始まり，特定の値（動的な値や古典的にみられる）を計算する方法を与える．$\alpha\phi = a\phi$ の式から始める．両辺に ϕ^* を掛けると以下の式が得られる．

$$\phi^*\alpha\phi = \phi^* a \phi \tag{2・16}$$

α は演算子であるので，$\phi^*\alpha\phi$ と $\phi\alpha\phi^*$ が必ずしも等しいとはいえない．そのため記号を書く順番が維持されている．ここで以下の式のように積分をする．

$$\int_{全空間} \phi^*\alpha\phi \, d\tau = \int_{全空間} \phi^* a \phi \, d\tau \tag{2・17}$$

固有値 a は定数である．そこで，この式の右辺の積分から移すことができて，a に関して解くと以下のような式となる．

$$\langle a \rangle = \frac{\int \phi^*\alpha\phi \, d\tau}{\int \phi^*\phi \, d\tau} \tag{2・18}$$

α は演算子なので，分子の式の記号の順番は維持されなければいけない．たとえば，もし演算子が d/dx であるとするなら，$(2x)(d/dx)(2x) = (2x)(2) = 4x$ は $(d/dx)(2x)(2x) = (d/dx)(4x^2) = 8x$ と同じではないということが簡単にわかる．

波動関数 ϕ が規格化されているならば，式 (2・18) の分母は1である．したがって，a の値は次式の関係式で与えられる．

$$\langle a \rangle = \int \phi^*\alpha\phi \, d\tau \tag{2・19}$$

このようにして計算された a の値は**平均値**（average）あるいは**期待値**（expectation value）として知られており，a または $\langle a \rangle$ と記される．使われる演算子は計算された変数値に対応するものである．

このような方法の利用は，原子の構造を研究するときに重要である．極座標において，水素原子の1s 状態の電子に対する規格化された波動関数は以下の式になる．

$$\psi_{1s} = \frac{1}{\sqrt{\pi}} \frac{1}{a_0^{3/2}} e^{-r/a_0} = \psi_{1s}^* \tag{2・20}$$

ここで，a_0 は定数で，第一ボーア半径として知られている．この場合，波動関数は実数（i を含んでいない）なので，ψ と ψ^* は同じであることに注意する必要がある．こ

ここで,式 (2・21) を用いて 1s 軌道の半径の平均値を計算する.

$$\langle r \rangle = \int \psi^*(\text{演算子})\psi \, d\tau \tag{2・21}$$

ここで演算子は単純に r であり,古典的な演算子と同じである.単位体積 $d\tau$ は極座標において $d\tau = r^2 \sin\theta \, dr \, d\theta \, d\phi$ である.ここで $d\tau$ と演算子を置き換えると次式が得られる.

$$\langle r \rangle = \int_0^\infty \int_0^\pi \int_0^{2\pi} \frac{1}{\sqrt{\pi}}\left(\frac{1}{a_0}\right)^{3/2} e^{-r/a_0}(r) \frac{1}{\sqrt{\pi}}\left(\frac{1}{a_0}\right)^{3/2} e^{-r/a_0} \, r^2 \sin\theta \, dr \, d\theta \, d\phi \tag{2・22}$$

この積分は計算するのが大変難しいように見えるけれども,いくつかの因子を組合わせると,単純になる.たとえば,演算子 r は単位体積 r と同じである.これらを組合わせると,r^3 となる.つぎに,π と a_0 を含む因子が組合わせられる.このように単純化されると,積分は以下のような式になる.

$$\langle r \rangle = \int_0^\infty \int_0^\pi \int_0^{2\pi} \frac{1}{\pi a_0^3} e^{-2r/a_0} \, r^3 \sin\theta \, dr \, d\theta \, d\phi \tag{2・23}$$

以下のような微積分の関係式を使って,さらに簡単にすることができる.

$$\iint f(x)g(y) \, dx \, dy = \int f(x) \, dx \int g(y) \, dy \tag{2・24}$$

上式を使うと,以下のように積分式を書くことができる.

$$\langle r \rangle = \int_0^\infty \frac{1}{\pi a_0^3} e^{-2r/a_0} \, r^3 \, dr \int_0^\pi \int_0^{2\pi} \sin\theta \, d\theta \, d\phi \tag{2・25}$$

積分の表から,極座標含んでいる積分は 4π となることが容易にわかる.また積分の表から,指数関数の積分は以下の標準的な式を使って計算できる.

$$\int_0^\infty x^n e^{-bx} \, dx = \frac{n!}{b^{n+1}} \tag{2・26}$$

ここで計算された積分に対して,$b=2/a_0$ で $n=3$ であるが,そうすると指数関数の積分は次式のようになる.

$$\int_0^\infty r^3 e^{-2r/a_0} \, dr = \frac{3!}{(2/a_0)^4} \tag{2・27}$$

2・1 基本原理

積分を置き換えて，単純にすると以下の式が得られる．

$$\langle r \rangle = (3/2)a_0 \tag{2・28}$$

ここで，a_0は第一ボーア半径で0.529Åである．1s軌道の半径に対する期待値はこの距離の1.5倍である．複雑そうに見える問題も推定されていたよりもずっと簡単であることに注目する必要がある．この場合，表の2個の積分を見ると，大変な労力をかけて関数を積分する必要性がなくなる．基礎的な量子力学の多くはこのように取扱うことができる．

水素原子の1s軌道の半径の平均値は0.529Åであると推定したかもしれない．なぜそうではないのかという答は，水素原子の原子核からの距離の関数として電子を見いだす確率は図2・1のように示されるという事実の中にある．

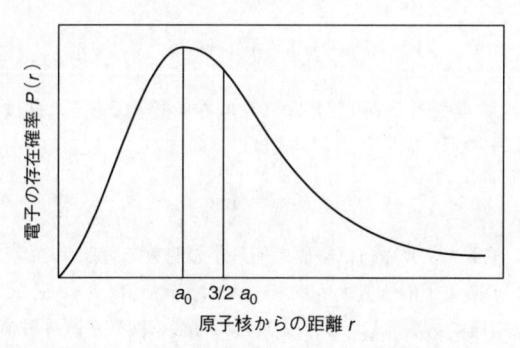

図 2・1 原子核からの距離と電子の存在確率

平均の距離は，この距離の前後に電子を見いだす可能性の等しい確率の地点である．それは前の方法によって計算した距離である．一方，距離の関数としての確率は，極大値を通しての関数によって表される．確率の関数がどこで最大値をとるかというのは，最も予想される距離のことであり，水素原子の1s電子の距離はa_0である．

ここで議論された規則を応用することは多いし，いろいろな形で用いることもある．示された手法により，さまざまな性質に関して期待値を計算することは可能である．そのような計算に驚かされてはいけない．段階的な手法で進めなければいけないし，表の中で必要とされる積分を調べないといけないし，明確で順序だった方法で代数を扱わなければいけない．

先に述べた基本原理に，もう一つ付け加えられる基本原理は，必修のリストに通常は含まれている．

> **基本原理IV**: 状態関数 ψ は以下の式の解から得られる.
>
> $$\hat{H}\psi = E\psi$$
>
> ここで $\hat{H}$ は全エネルギーに対する演算子であり,ハミルトニアン演算子である.

量子力学のいろいろな問題に対して,公式化の最初のステップは方程式を書くことである.

$$\hat{H}\psi = E\psi$$

そのあと,ハミルトニアン演算子を適当な関数に置換することである.古典力学において,ハミルトニアンの関数は運動エネルギーと位置エネルギーの合計である.これは下式のように表される.

$$H = T + V \qquad (2\cdot 29)$$

ここで T は運動エネルギーであり, V は位置エネルギーであり, H はハミルトニアン関数である.演算子の形で記すと,方程式は以下の式のようになる.

$$\hat{H}\psi = E\psi \qquad (2\cdot 30)$$

ある系に対して,位置エネルギーは座標の何らかの関数である.たとえば,水素原子の原子核に結合している電子の位置エネルギーは $-e^2/r$ で与えられる.ここで e は電子の電荷であり, r は座標である.したがって,この位置の関数が演算子の形に置き換えられると,古典的な式 $-e^2/r$ と同じになる(表2・1).

運動エネルギーを演算子の形で書くために,運動エネルギーは下式のような運動量の項で書かなければいけない.

$$T = \frac{1}{2}mv^2 = \frac{(mv)^2}{2m} = \frac{p^2}{2m} \qquad (2\cdot 31)$$

運動量は x, y, z 成分をもっているので,運動量は以下のように表すことができる.

$$T = \frac{p_x^2}{2m} + \frac{p_y^2}{2m} + \frac{p_z^2}{2m} \qquad (2\cdot 32)$$

先に運動量の x 成分に対する演算子は $(\hbar/i)(\partial/\mathrm{d}x)$ と書けるということを示した. y, z 成分に対しても演算子は同じような形をもっている.それぞれの方向に対して運動量は二乗なので,演算子は2回使われなければならない.

$$\left(\frac{\hbar}{i}\frac{\partial}{\partial x}\right)^2 = \frac{\hbar^2}{i^2}\frac{\partial^2}{\partial x^2} = -\hbar^2\frac{\partial^2}{\partial x^2} \tag{2・33}$$

結果として,全運動エネルギーに対する演算子は以下のような式となる.

$$T = -\frac{\hbar^2}{2m}\left(\frac{\partial^2}{\partial x^2}+\frac{\partial^2}{\partial y^2}+\frac{\partial^2}{\partial z^2}\right) = -\frac{\hbar^2}{2m}\nabla^2 \tag{2・34}$$

ここで,∇^2は**ラプラシアン演算子**(Laplacian operator)であり,しばしばラプラシアンとして参照されている.

2・2 水素原子

量子力学の方法によって正確に解くことができるいくつかの導入的な問題がある.これらは,一次元の箱の中の粒子や三次元の箱の中の粒子や固い回転翼や調和振動子や障壁侵入などである.これらのモデルのすべてが,量子力学の方法について理解を深めることになるし,興味をもった読者はこの章の参考文献にある量子力学の教科書を参考にするとよい.本書では,まず水素原子の問題に進むことにするが,これは1926年にErwin Schrödingerによって解かれたものである.彼の出発点は三次元波動方程式であったが,これはいわゆる氾濫する惑星の問題を取扱っていた物理学者によってそれ以前に発展されてきたものであった.このモデルでは,天体は水で覆われており,もし表面がかき乱されたならば,その結果生じるであろう波の動きを取扱うものであった.Schrödingerは波動方程式を誘導しなかったが,彼は既に存在していた式を変形した.彼の行った変形はわずか2年前に確立されたド・ブロイの関係式を使って,電子の波動性を表現することから成り立っていた.この時期の物理学の発展は非常に速かった.

直接的に波動方程式を書くことから始める.

$$\hat{H}\psi = E\psi \tag{2・35}$$

そのあと,ハミルトニアン演算子に対して正しい形を決定する.ここでは原子核のまわりを電子が動き回りながら,原子核は静止したままであると仮定して(ボルン-オッペンハイマー近似として知られている),電子の動きだけを取扱っている.電子は$(1/2)mv^2$の運動エネルギーをもっていて,これは$p^2/2m$と書ける.式(2・34)は運動エネルギーの演算子である.

水素原子の電子と原子核の間で働く相互作用は,$-e^2/r$と記述される位置エネルギーを生じている.したがって,ハミルトニアン演算子と基本原理IVを使って,波動方程式は以下のように書ける.

$$-\frac{\hbar^2}{2m}\nabla^2\psi - \frac{e^2}{r}\psi = E\psi \tag{2・36}$$

方程式を変形して，位置エネルギーを V とすると以下の式が得られる．

$$\nabla^2 \psi + \frac{2m}{h^2}(E - V) = 0 \qquad (2 \cdot 37)$$

この方程式を解くことが難しいのは，ラプラシアンがデカルト座標の項で書かれていて，r は x, y, z の関数であるからである．

$$r = \sqrt{x^2 + y^2 + z^2} \qquad (2 \cdot 38)$$

この波動関数は3個の変数を含む二次の偏微分式である．そのような方程式を解く場合，普通は，変数を分ける方法が使われる．しかし，r は3個の変数の2乗の合計の二

表 2・2 規格化された水素原子型の波動関数

$$\psi_{1s} = \frac{1}{\pi^{1/2}} \left(\frac{Z}{a}\right)^{3/2} e^{-Zr/a}$$

$$\psi_{2s} = \frac{1}{4(2\pi)^{1/2}} \left(\frac{Z}{a}\right)^{3/2} \left(2 - \frac{Zr}{a}\right) e^{-Zr/2a}$$

$$\psi_{2p_z} = \frac{1}{4(2\pi)^{1/2}} \left(\frac{Z}{a}\right)^{5/2} r e^{-Zr/2a} \cos\theta$$

$$\psi_{2p_x} = \frac{1}{4(2\pi)^{1/2}} \left(\frac{Z}{a}\right)^{5/2} r e^{-Zr/2a} \sin\theta \sin\phi$$

$$\psi_{2p_y} = \frac{1}{4(2\pi)^{1/2}} \left(\frac{Z}{a}\right)^{5/2} r e^{-Zr/2a} \sin\theta \cos\phi$$

$$\psi_{3s} = \frac{1}{81(3\pi)^{1/2}} \left(\frac{Z}{a}\right)^{3/2} \left(27 - 18\frac{Zr}{a} + 2\frac{Z^2 r^2}{a^2}\right) e^{-Zr/3a}$$

$$\psi_{3p_z} = \frac{2^{1/2}}{81\pi^{1/2}} \left(\frac{Z}{a}\right)^{5/2} \left(6 - \frac{Zr}{a}\right) r e^{-Zr/3a} \cos\theta$$

$$\psi_{3p_x} = \frac{2^{1/2}}{81\pi^{1/2}} \left(\frac{Z}{a}\right)^{5/2} \left(6 - \frac{Zr}{a}\right) r e^{-Zr/3a} \sin\theta \cos\phi$$

$$\psi_{3p_y} = \frac{2^{1/2}}{81\pi^{1/2}} \left(\frac{Z}{a}\right)^{5/2} \left(6 - \frac{Zr}{a}\right) r e^{-Zr/3a} \sin\theta \sin\phi$$

$$\psi_{3d_{xy}} = \frac{1}{81(2\pi)^{1/2}} \left(\frac{Z}{a}\right)^{7/2} r^2 e^{-Zr/3a} \sin^2\theta \sin 2\phi$$

$$\psi_{3d_{xz}} = \frac{2^{1/2}}{81\pi^{1/2}} \left(\frac{Z}{a}\right)^{7/2} r^2 e^{-Zr/3a} \sin\theta \cos\theta \cos\phi$$

$$\psi_{3d_{yz}} = \frac{2^{1/2}}{81\pi^{1/2}} \left(\frac{Z}{a}\right)^{7/2} r^2 e^{-Zr/3a} \sin\theta \cos\theta \sin\phi$$

$$\psi_{3d_{x^2-y^2}} = \frac{1}{81(2\pi)^{1/2}} \left(\frac{Z}{a}\right)^{7/2} r^2 e^{-Zr/3a} \sin\theta \cos 2\phi$$

$$\psi_{3d_{z^2}} = \frac{1}{81(6\pi)^{1/2}} \left(\frac{Z}{a}\right)^{7/2} r^2 e^{-Zr/3a} (3\cos^2\theta - 1)$$

次平方根として表されているので，変数を分けることは不可能である．この問題を回避するために，座標を極座標に変換することが行われる．こうすると，ラプラシアンは極座標へ変形されなければならないが，これは面倒な作業である．この変形が行われると，変数は分離され，3個の二次微分方程式が得られるが，それぞれが変数として1個の座標を含んでいる．このことが行われた後でも，得られた方程式はかなり複雑であり，3個の方程式のうちの2個の解を得るには一連の方法が必要である．解は量子力学の本に詳しく記述されているので，ここでは方程式を解くことはしない（参考文献参照）が，表2・2にその波動関数を示した．

これらの波動関数は水素原子型の波動関数であり，1電子系（He^+, Li^{2+}など）にしか適応できない．

この方程式を解く際に数学的な制限から，**量子数**（quantum number）として知られている一連の制約が生じる．最初の量子数はnといわれる主量子数であり，整数（1, 2, 3…）に限られる．2番目の量子数はlであり，方位（角運動）量子数とよばれており，これもまた整数でないといけないが，$n-1$である．3番目の量子数は磁気量子数mであり，図2・2に示されるようにz軸上のlベクトルの投影である．

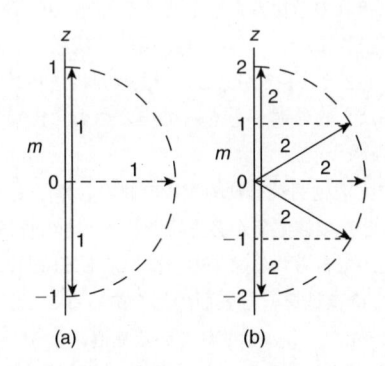

図 2・2　z軸で (a) $l=1$，(b) $l=2$のベクトル図

3個の量子数は微分式（境界条件）の数学的な制約として生じており，以下のようにまとめることができる．

$$n = 主量子数 = 1, 2, 3, \cdots$$
$$l = 方位量子数 = 0, 1, 2, \cdots, (n-1)$$
$$m = 磁気量子数 = 0, \pm 1, \pm 2, \cdots, \pm l$$

3個の次元を含む問題を解くことから，3個の量子数が生じるが，1個だけを決めるボーアの手法とは異なっている．量子数nは水素のボーア模型で推定されるnと基本的に等しい．

回転している電子はまた，h を単位とする±1/2 として表されるスピン量子数をもっている．しかし，スピン量子数は水素原子の問題をシュレーディンガーの解を得る際の，微分方程式の解から得られたわけではない．他の基本的な粒子のように，電子は h の半整数（角運動量子数）の本質的なスピンをもっているからである．その結果として，4 個の量子数は原子の中の電子の状態を完全に特定するために必要とされる．パウリの排他原理は**同じ原子中の 2 個の電子が 4 個の同じ量子数をもつことはない**と述べている．この法則を後で紹介する．

最低のエネルギーは $n=1$ のときであるが，このとき $l=0$ と $m=0$ となる．$l=0$ の状態は s 状態と記され，最も低いエネルギー状態が 1s と知られているが，この状態は l の値を表す以下の文字で示される．

l	0	1	2	3
状態	sharp	principal	diffuse	fundamental

sharp, principal, diffuse, fundamental という言葉は原子スペクトルのある線を記述するのに使われたが，それぞれの最初の文字を使って s, p, d, f 状態と名付けられた．

水素に対して $1s^1$ と表記されるが，右肩の数字は 1s 状態の 1 個の電子を表している．電子にはスピン量子数 +1/2 と −1/2 があるので，反対のスピンの 2 個の電子が 1s 軌道を占めている．He 原子は 2 個の電子をもっているので，$1s^2$ と表されるが，+1/2 と −1/2 の 2 個の電子をもっている．

前節で見てきたように，波動関数を動的変数の値の計算に使うことができる．表 2・2 は 1 電子系（H, He^+ など）で核電荷が Z で示されるときの規格化された波動関数を示している．波動関数を用いて得られる結果の一つは，ある時間において電子が見いだされる部分（およそ 95%）の領域を含む表面の形を決めることができることである．そのような図は図 2・3, 2・4, 2・5 に示されている軌道になる．

異なる n の値をもつ s 軌道を考えたとき，距離の関数で電子を見いだす確率を調べることは興味深い．図 2・6 は 2s 軌道と 3s 軌道に対する半径の確率プロットを示している．2s 軌道に対して，1 個の節（ここでは確率が 0 である）を，一方 3s 軌道は 2 個の節をもっていることに注目する必要がある．2s 軌道に対して節は $r=2a_0$ にあり，

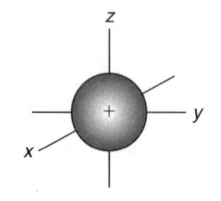

図 2・3　s 軌道の三次元表面

3s 軌道に対して節は $1.90a_0$ と $7.10a_0$ にあることを示している. ns 軌道には ($n-1$) 個の節があることが一般的な特徴である. また, 最高の確率となる距離は, n の値が大きくなるにつれて, 大きくなることを示している. 言い換えれば, 3s 軌道は 2s 軌道より大きいということである. 正確に等しいわけではないけれども, これは n 値が増加すれば軌道の大きさは大きくなるというボーア模型の考え方と一致している.

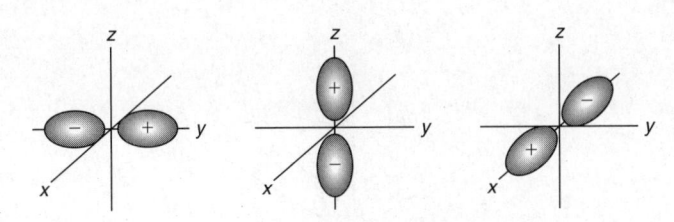

図 2・4　p 軌道の三次元表面

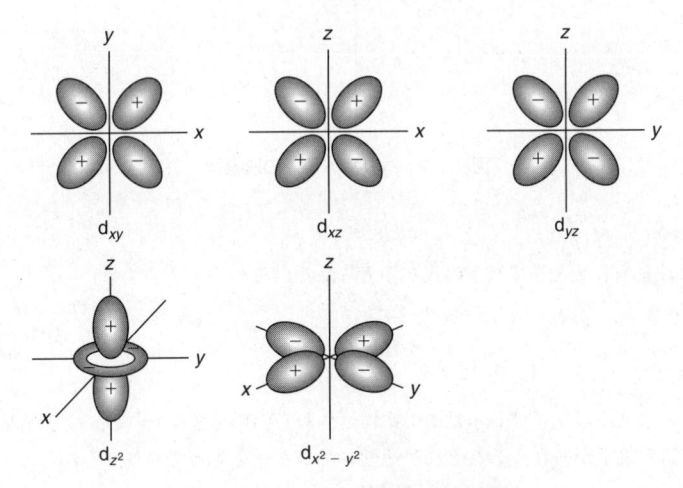

図 2・5　五つの d 軌道の三次元表面

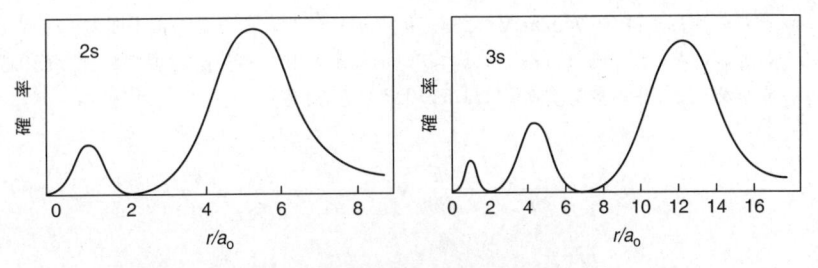

図 2・6　2s と 3s の波動関数に関する半径分布のプロット

2・3 ヘリウム原子

前節で，量子力学の原理を応用するための基礎について説明した．いくつかの問題を正確に解くことは可能であるけれども，すべてのケースが当てはまるわけではない．たとえば，多体系に対して波動関数を定式化することは可能であるが，一般にはそれらは正確には解けない．ヘリウム原子の場合，系の座標は図2・7のように示される．

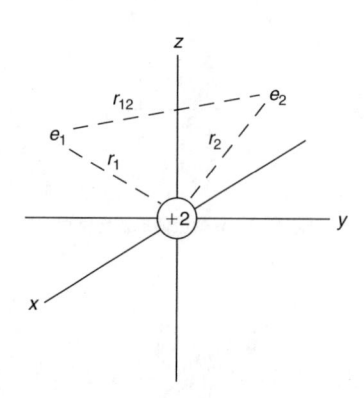

図 2・7 ヘリウム原子の座標系

一般的な波動方程式として以下の式が与えられる．

$$\hat{H}\psi = E\psi \qquad (2 \cdot 39)$$

ここで，ハミルトニアン演算子はこの系にふさわしい形をとっている．ヘリウム原子の場合，2個の電子があり，それぞれが運動エネルギーをもっており，それらは+2の原子核に引かれている．しかし，また電子間の反発もある．図2・7を参照すると，引力の項は$-2e^2/r_1$と$-2e^2/r_2$である．運動エネルギーは$(1/2)mv_1^2$と$(1/2)mv_2^2$であり，それぞれの演算子は$(-\hbar^2/2m)\nabla_1^2$と$(-\hbar^2/2m)\nabla_2^2$である．2個の電子間の反発も含めないといけないが，それはハミルトニアン演算子の中の$+e^2/r_{12}$の項である．その結果，完全なハミルトニアン演算子は以下のようになる．

$$\hat{H} = -\frac{\hbar^2}{2m}\nabla_1^2 - \frac{\hbar^2}{2m}\nabla_2^2 - \frac{2e^2}{r_1} - \frac{2e^2}{r_2} + \frac{e^2}{r_{12}} \qquad (2 \cdot 40)$$

これから，ヘリウム原子の波動方程式を以下のように求めることができる．

2・3 ヘリウム原子

$$\hat{H}\psi = E\psi \qquad (2\cdot41)$$

または

$$\left(-\frac{\hbar^2}{2m}\nabla_1^2 - \frac{\hbar^2}{2m}\nabla_2^2 - \frac{2e^2}{r_1} - \frac{2e^2}{r_2} + \frac{e^2}{r_{12}}\right)\psi = E\psi \qquad (2\cdot42)$$

水素原子の波動方程式を解くために,ラプラシアン座標を極座標に変換する必要がある.この変換は原子核から電子の距離を r, θ, ϕ で表すことを可能にし,変数を分離する方法が使えるようになる.式 (2・40) はハミルトニアンの第1項と第3項が水素原子に対する演算子と同じようなものであることを示している.第2項と第4項もまた水素原子の演算子と同じである.しかし,最後の項である e^2/r_{12} はハミルトニアンの厄介な部分である.事実,極座標が使われた後でも,この項は変数の分離を妨げている.3個のより単純な方程式を得るために変数を分離することができないことが,式 (2・40) の正確な解を得ることを妨げている.

方程式が系を正確に記述するが,その式が解けないときには,以下のような二つの一般的な方法がある.最初は,方程式が正確に解くことができないならば,近似解を得ることが可能かもしれない.2番目は,系を正確に記述する方程式が,近似的な系を記述する異なる式に修正されることであるが,この場合,近似されたものは正確に解くことができる必要がある.これらは,ヘリウム原子の波動方程式を解く方法である.

ハミルトニアンの他の項は,原子核の電荷が+2であることを除いて,基本的に2個の水素原子を記述しているので,正確に解くことができる方程式を得るためには電子間の反発の項を単純に無視することである.言い換えれば,2個の水素原子の系として近似化したが,ヘリウム原子核への電子の結合エネルギーは水素原子の 13.6 eV の2倍, 27.2 eV であるべきである.しかし,ヘリウムの第一イオン化エネルギーの実際の値は,電子間の反発のために 24.6 eV である.明らかに,近似波動方程式はヘリウム原子の電子の結合エネルギーの正確な値に導けない.このことはヘリウム原子の電子は+2の核電荷で引きつけられているわけではなくて,電子間の反発のために引力が小さくなっていることといえる.この手法がとられた場合,有効原子核電荷は正確に2ではなく 27/16=1.688 となることがわかる.

もし,別の方法で解ける問題においてわずかな変則や近似であるとして電子間の反発を考慮した観点から問題を解くとするならば,問題が解けるような形にこの近似を考慮してハミルトニアンを修正することができる.このようにすると,第一イオン化エネルギーの計算値は 24.58 eV となる.

ヘリウム原子の波動関数を正確に解くことはできないけれども,上で述べた方法は近似が行われる場合に,どのように展開するのかについてある見方を与えている.二つのおもな方法は,変分法と摂動法として知られている.ヘリウム原子の波動関数への適用されるこれらの方法の詳細については章末の参考文献の量子論の本を参照のこと.

2・4 スレーター波動関数

ヘリウム原子に対する波動関数は,$1/r_{12}$ の項があるので正確には解くことができないことを前節で説明した.電子間の反発によって波動関数を解くことが不可能になるならば,電子が2個以上ある場合,状況はもっと厳しくなることは明らかである.リチウム原子のように3個の電子が存在するならば,電子間の反発項は $1/r_{12}$, $1/r_{13}$, $1/r_{23}$ となる.たくさんの計算方法(特に統一場計算)があるが,ここではそれらについて述べない.幸いにも,正確な解を得ることができるような正確な波動関数をもつことは必ずしも必要ない.多くの場合,近似波動関数で十分である.1個の電子に対して最も普通に用いられる近似波動関数は J. C. Slater によって示され,それらはスレーター波動関数あるいはスレーター型軌道(STO)として知られている.

スレーター波動関数は以下のように数学的な式からなる.

$$\psi_{n,l,m} = R_{n,l}(r)\,\mathrm{e}^{-Zr/a_0 n} Y_{l,m}(\theta,\phi) \tag{2・43}$$

動径関数 $R_{n,l}(r)$ が近似されるとき,波動関数は以下のように示される.

$$\psi_{n,l,m} = r^{n^*-1}\mathrm{e}^{-(Z-s)r/a_0 n^*} Y_{l,m}(\theta,\phi) \tag{2・44}$$

ここで,s は遮蔽定数,n^* は n に関する有効量子数,$Y_{l,m}(\theta,\phi)$ は波動関数の角度依存を与える球調和関数である.球調和関数は l と m に依存している関数であるが,それらは下付き文字として記される.$Z-s$ の値は有効核電荷 Z^* に関係している.遮蔽定数は,原子核の効果から考えられる電子を遮蔽する殻の電子の有効性に基づく規則に従って,計算される.

ある特定の電子に対する遮蔽定数の計算は以下のようになる.

1. 電子はグループ化して以下のように書ける.

   1s | 2s 2p | 3s 3p | 3d | 4s 4p | 4d | 4f | 5s 5p | 5d | …

2. 電子が記述されている殻の外側にある電子は,遮蔽定数に寄与しない.
3. 1s レベルの電子に 0.30 の寄与が割り当てられるが,他のグループに対してはそれぞれの電子に 0.35 が割り当てられる.
4. 0.85 の寄与が s 軌道や p 軌道のそれぞれの電子に加えられるが,その主量子数は記述されている電子の主量子数よりも 1 だけ小さいものに対してである.考慮されている電子の軌道の主量子数が 2 あるいはそれ以上小さい主量子数をもつ s 軌道や p 軌道の電子に対して,1.00 の寄与が与えられる.
5. d 軌道や f 軌道の電子に対して,1.00 の寄与がそれぞれの電子に加えられるが,考慮されている電子が存在している軌道よりも低い主量子数をもっている電子に対してである.

6. n^*の値は以下の表を基にしてnから決められる．

$n=1$	2	3	4	5	6
$n^*=1$	2	3	3.7	4.0	4.2

上に述べた法則を使って，酸素原子の電子のスレーター波動関数を記述する．電子は2p軌道にあるので，$n=2$であり，$n^*=2$である．酸素原子の2p軌道には4個の電子があるので，4番目の電子は他の3個の電子から遮蔽されている．しかし，2p軌道の1個の電子はまた，1s軌道の2個の電子と2s軌道の2個の電子からも遮蔽されている．1s軌道の2個の電子の遮蔽定数は$2\times0.85=1.70$となる．遮蔽定数は2s軌道と2p軌道の電子に対しては同じであるし，考察している2p軌道の電子は遮蔽効果を有する5個の電子をもっている．したがって，5個の電子は遮蔽定数$5\times0.35=1.75$の寄与をする．この寄与を加えると全体の遮蔽定数は$1.70+1.75=3.45$となり，このため有効核電荷が$8-3.45=4.55$となる．この値を使うと$(Z-s)/n^*=2.28$で，スレーター波動関数は以下のように記述される．

$$\psi = re^{-2.28r/a_0n^*}Y_{2,m}(\theta,\phi) \qquad (2\cdot45)$$

この方法の重要な見方は，他の計算で使われることが可能な近似的1電子波動関数に到達することが今や可能である点である．たとえば，スレーター型軌道は統一場理論や他の方法を使って，多くの高レベルの分子軌道計算の基礎をなしている．しかし，ほとんどの場合，スレーター型軌道は直接的には使用されない．分子に対する量子力学的な計算は，多くの積分を含んでいるし，スレーター型軌道の指数積分は計算においてはあまり有効でない．特にスレーター型軌道関数が$a\exp(-br^2)$の形からなるガウス関数として知られている一連の関数で表される．使われる関数のセットは基礎セットとして知られているが，それぞれのスレーター型軌道を表す一連のガウス関数から構成されている．3項ガウス関数が使われるとき，軌道はSTO-3G基礎セットとして知られている．この変換の結果は，ガウス積分がずっと簡単に計算できるので，計算が瞬時になされることになる．この先端的なトピックの完全な議論に対してはJ. P. Loweによって書かれた"Quantum Chemistry"を参照のこと．

2・5 電子配置

$n=1$に対してlとmの可能な数はともに0である．したがって，$n=1$に対して$l=0$と$m=0$の単一の状態だけが可能である．この状態は1sと記される．もし，$n=2$ならば，lは0か1が可能である．lが0に対して，$n=2$と$l=0$の組合わせは2s状態である．mの値に対する制限が0，±1であるので，$m=0$だけが可能である．2個の電子が

2s軌道に入ることができるので，ベリリウム原子に該当して，電子配置は $1s^2 2s^2$ となる．

$n=2$ と $l=1$ の量子状態に対しては，m が $+1,\ 0,\ -1$ の三つの可能性がある．したがって，m のそれぞれの値に対してスピン量子数は $+1/2,\ -1/2$ の可能性がある．この結果，上で述べた制限に従えば6個の量子状態があるが，これは以下の表にまとめている．

電子1	電子2	電子3	電子4	電子5	電子6
$n=2$	$n=2$	$n=2$	$n=2$	$n=2$	$n=2$
$l=1$	$l=1$	$l=1$	$l=1$	$l=1$	$l=1$
$m=+1$	$m=0$	$m=-1$	$m=+1$	$m=0$	$m=-1$
$s=+1/2$	$s=+1/2$	$s=+1/2$	$s=-1/2$	$s=-1/2$	$s=-1/2$

$l=1$ の状態はp状態であるが，6組の量子数の組合わせが2p状態にはある．2p状態への占有は，周期表の第一長周期のホウ素から始まって，ネオンで完結する．しかし，それぞれの m の値に対して電子が入ることのできる3個の軌道がある．電子は軌道に入るときに，できるだけ対をつくらないように入る．要するに，**軌道には m の正の大きな値から満たされていって，しだいに低い値に入っていく**．表2·3は l の値に基づき，最高の占有数を示している．

表 2·3 最大軌道数

l	状態	可能な m 値	最大軌道数
0	s	0	2
1	p	$0, \pm 1$	6
2	d	$0, \pm 1, \pm 2$	10
3	f	$0, \pm 1, \pm 2, \pm 3$	14
4	g	$0, \pm 1, \pm 2, \pm 3, \pm 4$	18

ボーア模型に従って，主量子数 n は水素原子の許容される状態のエネルギーを決定する．さらに，n と l の両方が軌道の組のエネルギーを決める因子であることがわかる．一般的な方法によると，エネルギーを決めるのは $n+l$ であり，n と l の合計が大きくなるにつれてエネルギーは増加する．しかし，$n+l$ を得るための方法が2通り，あるいはそれ以上あるときには，小さい n との組合わせが普通は最初に使われる．たとえば，2p状態は $n+l=2+1=3$ であり，3s は $n+l=3+0=3$ というように同じである．この場合，2pレベルが小さな n の値をもつので，最初に満たされる．表2·4に軌道が通常，満たされてゆく順番を示した．

2・5 電子配置

表 2・4 $(n+l)$ の増加と軌道の満たされる順番[†]

n	l	$(n+l)$	状態	n	l	$(n+l)$	状態
1	0	1	1s	5	0	5	5s
2	0	2	2s	4	2	6	4d
2	1	3	2p	5	1	6	5p
3	0	3	3s	6	0	6	6s
3	1	4	3p	4	3	7	4f
4	0	4	4s	5	2	7	5d
3	2	5	3d	6	1	7	6p
4	1	5	4p	7	0	7	7s

[†] 一般にエネルギーが増加すると $(n+l)$ が大きくなる．

記述した方法に従って，最初の 10 元素が以下のようになることがわかる．

H	$1s^1$	C	$1s^2\,2s^2\,2p^2$
He	$1s^2$	N	$1s^2\,2s^2\,2p^3$
Li	$1s^2\,2s^1$	O	$1s^2\,2s^2\,2p^4$
Be	$1s^2\,2s^2$	F	$1s^2\,2s^2\,2p^5$
B	$1s^2\,2s^2\,2p^1$	Ne	$1s^2\,2s^2\,2p^6$

ある原子に対しては，$1s^2\,2s^2\,2p^2$ のような電子配置は完全な表示にはならないので，単純化しすぎのところがある．それぞれの m に対して，2 個の電子が反対向きに入ることができる軌道を表している．$l=1$ のときに m は 3 個の軌道を表す $+1$, 0, -1 の値をもっている．したがって，2 個の電子は 3 個の軌道のうちの 1 個の軌道に対をつくることもできるし，異なる軌道に対をつくらずに入ることもできる．しかし，既に述べたように，**最初に正の一番大きな m と正の s から電子は入って行く**．$2p^2$ 電子配置に対して，以下に示すように 2 個の配置の仕方がある．

$$\begin{array}{c} \uparrow\!\downarrow \quad \underline{} \quad \underline{} \\ m = +1 \quad 0 \quad -1 \end{array} \quad \text{または} \quad \begin{array}{c} \uparrow \quad \uparrow \quad \underline{} \\ m = +1 \quad 0 \quad -1 \end{array}$$

説明は後で述べるけれども，右の電子配置が左の電子配置よりエネルギー的に低い．既に述べたように，電子は可能な限り対をつくらないように配置される．したがって，炭素原子は $1s^2\,2s^2\,2p^2$ の電子配置をもっているが，2 個の不対電子をもっている．同じように，窒素原子は下図に示すように 2p 軌道に 3 個の不対電子をもっている．

$$\begin{array}{c} \uparrow \quad \uparrow \quad \uparrow \\ m = +1 \quad 0 \quad -1 \end{array}$$

一方，酸素原子は $1s^2\,2s^2\,2p^4$ の電子配置をもっており，次図に示すように不対電子は 2

個である．

$$\begin{array}{ccc} \uparrow\downarrow & \uparrow & \uparrow \\ m = +1 & 0 & -1 \end{array}$$

元素の化学を議論するときに，全体的な電子配置ではなくて実際の電子の並び方に注意していることが重要である．たとえば，3個の2p軌道のそれぞれに1個の電子をもっている窒素原子では，もう1個の電子を加えると対をつくらないといけない．そのために同じ軌道の電子対間の反発のために，窒素原子にもう1個の電子を入れる傾向はほとんどない．したがって，窒素の電子親和力はほとんど0に近い．既に第1章で述べたように，酸素原子は大きな核電荷をもっているが，酸素原子のイオン化エネルギーは窒素原子より小さい．この理由は簡単である．酸素は $1s^2\,2s^2\,2p^4$ の電子配置をもっているので，2p軌道のうちの1個は電子対をつくっている．この電子対の間の反発が，それらが原子核に結合しているエネルギーを減少させているからである．それで，窒素から電子をとるよりも酸素からとる方が容易だからである．このように，電子配置が原子の性質を理解するための基礎となる多くの例がある．

　3s軌道と3p軌道が満たされていく元素11番から18番までの電子配置を記述することができる．ここから，アルゴンの電子配置 $1s^2\,2s^2\,2p^6\,3s^2\,3p^6$ を（Ar）と略記する．このようにすると，つぎの元素のKは（Ar）$4s^1$ でCaは（Ar）$4s^2$ と示される．$n+l$ の合計が3pと4sレベルでは両方とも4であるが，低い n の値である3pが先に使われる．つぎに満たされるレベルは $n+l=5$ であり，3d，4p，5sである．この場合，3d軌道はより低い n をもっていて，軌道はつぎのように満たされていく．

$$\text{Sc}\;(\text{Ar})4s^2\,3d^1 \quad \text{Ti}\;(\text{Ar})4s^2\,3d^2 \quad \text{V}\;(\text{Ar})4s^2\,3d^3$$

この方式に従うとCrは（Ar）$4s^2\,3d^4$ をもつと予想されるが，実際は（Ar）$4s^1\,3d^5$ である．つぎの元素のMnは（Ar）$4s^2\,3d^5$ の電子配置であり，3d殻の満たされ方はCuまでは規則通りである．Cuは（Ar）$4s^2\,3d^9$ ではなくて，（Ar）$4s^1\,3d^{10}$ であるが，Znの電子配置は（Ar）$4s^2\,3d^{10}$ である．

　この段階では電子配置の際に起こる不規則性のすべてをあげる必要はない．今，議論したこの種の不規則性は，軌道がほとんど同じエネルギーをもっているときだけ起こるということを指摘したい．炭素原子は $1s^2\,2s^2\,2p^2$ であり，$1s^2\,2s^1\,2p^3$ や $1s^2\,2p^1\,3s^1$ の電子配置はとらない．これは，2s状態と2p状態の間のエネルギー差や，2p状態と3s状態の間のエネルギー差は，電子が高いエネルギー状態に入るには，励起状態をとらない限り，大きすぎるからである．原子の電子配置は，先に述べた方法や図 2・8 の周期表を参考にして記述される．表 2・5 はすべての原子の基底状態の電子配置を示している．

2・5 電子配置

族	1 IA	2 IIA	3 IIIB	4 IVB	5 VB	6 VIB	7 VIIB	8 VIIIB	9 VIIIB	10 VIIIB	11 IB	12 IIB	13 IIIA	14 IVA	15 VA	16 VIA	17 VIIA	18 VIIIA
1	水素 1H 1.008																	ヘリウム 2He 4.003
2	リチウム 3Li 6.941*	ベリリウム 4Be 9.012											ホウ素 5B 10.81	炭素 6C 12.01	窒素 7N 14.01	酸素 8O 16.00	フッ素 9F 19.00	ネオン 10Ne 20.18
3	ナトリウム 11Na 22.99	マグネシウム 12Mg 24.31											アルミニウム 13Al 26.98	ケイ素 14Si 28.09	リン 15P 30.97	硫黄 16S 32.07	塩素 17Cl 35.45	アルゴン 18Ar 39.95
4	カリウム 19K 39.10	カルシウム 20Ca 40.08	スカンジウム 21Sc 44.96	チタン 22Ti 47.87	バナジウム 23V 50.94	クロム 24Cr 52.00	マンガン 25Mn 54.94	鉄 26Fe 55.85	コバルト 27Co 58.93	ニッケル 28Ni 58.69	銅 29Cu 63.55	亜鉛 30Zn 65.38†	ガリウム 31Ga 69.72	ゲルマニウム 32Ge 72.63	ヒ素 33As 74.92	セレン 34Se 78.96†	臭素 35Br 79.90	クリプトン 36Kr 83.80
5	ルビジウム 37Rb 85.47	ストロンチウム 38Sr 87.62	イットリウム 39Y 88.91	ジルコニウム 40Zr 91.22	ニオブ 41Nb 92.91	モリブデン 42Mo 95.96*	テクネチウム 43Tc (99)	ルテニウム 44Ru 101.1	ロジウム 45Rh 102.9	パラジウム 46Pd 106.4	銀 47Ag 107.9	カドミウム 48Cd 112.4	インジウム 49In 114.8	スズ 50Sn 118.7	アンチモン 51Sb 121.8	テルル 52Te 127.6	ヨウ素 53I 126.9	キセノン 54Xe 131.3
6	セシウム 55Cs 132.9	バリウム 56Ba 137.3	ランタノイド 57〜71	ハフニウム 72Hf 178.5	タンタル 73Ta 180.9	タングステン 74W 183.8	レニウム 75Re 186.2	オスミウム 76Os 190.2	イリジウム 77Ir 192.2	白金 78Pt 195.1	金 79Au 197.0	水銀 80Hg 200.6	タリウム 81Tl 204.4	鉛 82Pb 207.2	ビスマス 83Bi 209.0	ポロニウム 84Po (210)	アスタチン 85At (210)	ラドン 86Rn (222)
7	フランシウム 87Fr (223)	ラジウム 88Ra (226)	アクチノイド 89〜103	ラザホージウム 104Rf (267)	ドブニウム 105Db (268)	シーボーギウム 106Sg (271)	ボーリウム 107Bh (272)	ハッシウム 108Hs (277)	マイトネリウム 109Mt (276)	ダームスタチウム 110Ds (281)	レントゲニウム 111Rg (280)	コペルニシウム 112Cn (285)	ウンウントリウム 113Uut (284)	ウンウンクアジウム 114Uuq (289)	ウンウンペンチウム 115Uup (288)	ウンウンヘキシウム 116Uuh (293)		ウンウンオクチウム 118Uuo (294)

元素名 水素 ← 1H ← 元素記号
原子番号 → 1.008
原子量 (質量数12の炭素 (^{12}C) を12とし, これに対する相対値とする)

ランタノイド	ランタン 57La 138.9	セリウム 58Ce 140.1	プラセオジム 59Pr 140.9	ネオジム 60Nd 144.2	プロメチウム 61Pm (145)	サマリウム 62Sm 150.4	ユウロピウム 63Eu 152.0	ガドリニウム 64Gd 157.3	テルビウム 65Tb 158.9	ジスプロシウム 66Dy 162.5	ホルミウム 67Ho 164.9	エルビウム 68Er 167.3	ツリウム 69Tm 168.9	イッテルビウム 70Yb 173.1	ルテチウム 71Lu 175.0
アクチノイド	アクチニウム 89Ac (227)	トリウム 90Th 232.0	プロトアクチニウム 91Pa 231.0	ウラン 92U 238.0	ネプツニウム 93Np (237)	プルトニウム 94Pu (239)	アメリシウム 95Am (243)	キュリウム 96Cm (247)	バークリウム 97Bk (247)	カリホルニウム 98Cf (252)	アインスタイニウム 99Es (252)	フェルミウム 100Fm (257)	メンデレビウム 101Md (258)	ノーベリウム 102No (259)	ローレンシウム 103Lr (262)

図 2・8 周 期 表

表 2·5 原子の電子配置

Z	元素記号	電子配置	Z	元素記号	電子配置
1	H	$1s^1$	44	Ru	$(Kr)4d^7 5s^1$
2	He	$1s^2$	45	Rh	$(Kr)4d^8 5s^1$
3	Li	$1s^2 2s^1$	46	Pd	$(Kr)4d^{10}$
4	Be	$1s^2 2s^2$	47	Ag	$(Kr)4d^{10} 5s^1$
5	B	$1s^2 2s^2 2p^1$	48	Cd	$(Kr)4d^{10} 5s^2$
6	C	$1s^2 2s^2 2p^2$	49	In	$(Kr)4d^{10} 5s^2 5p^1$
7	N	$1s^2 2s^2 2p^3$	50	Sn	$(Kr)4d^{10} 5s^2 5p^2$
8	O	$1s^2 2s^2 2p^4$	51	Sb	$(Kr)4d^{10} 5s^2 5p^3$
9	F	$1s^2 2s^2 2p^5$	52	Te	$(Kr)4d^{10} 5s^2 5p^4$
10	Ne	$1s^2 2s^2 2p^6$	53	I	$(Kr)4d^{10} 5s^2 5p^5$
11	Na	$(Ne)3s^1$	54	Xe	$(Kr)4d^{10} 5s^2 5p^6$
12	Mg	$(Ne)3s^2$	55	Cs	$(Xe)6s^1$
13	Al	$(Ne)3s^2 3p^1$	56	Ba	$(Xe)6s^2$
14	Si	$(Ne)3s^2 3p^2$	57	La	$(Xe)5d^1 6s^2$
15	P	$(Ne)3s^2 3p^3$	58	Ce	$(Xe)4f^2 6s^2$
16	S	$(Ne)3s^2 3p^4$	59	Pr	$(Xe)4f^3 6s^2$
17	Cl	$(Ne)3s^2 3p^5$	60	Nd	$(Xe)4f^4 6s^2$
18	Ar	$(Ne)3s^2 3p^6$	61	Pm	$(Xe)4f^5 6s^2$
19	K	$(Ar)4s^1$	62	Sm	$(Xe)4f^6 6s^2$
20	Ca	$(Ar)4s^2$	63	Eu	$(Xe)4f^7 6s^2$
21	Sc	$(Ar)3d^1 4s^2$	64	Gd	$(Xe)4f^7 5d^1 6s^2$
22	Ti	$(Ar)3d^2 4s^2$	65	Tb	$(Xe)4f^9 6s^2$
23	V	$(Ar)3d^3 4s^2$	66	Dy	$(Xe)4f^{11} 6s^2$
24	Cr	$(Ar)3d^5 4s^1$	67	Ho	$(Xe)4f^{11} 6s^2$
25	Mn	$(Ar)3d^5 4s^2$	68	Er	$(Xe)4f^{12} 6s^2$
26	Fe	$(Ar)3d^6 4s^2$	69	Tm	$(Xe)4f^{13} 6s^2$
27	Co	$(Ar)3d^7 4s^2$	70	Yb	$(Xe)4f^{14} 6s^2$
28	Ni	$(Ar)3d^8 4s^2$	71	Lu	$(Xe)4f^{14} 5d^1 6s^2$
29	Cu	$(Ar)3d^{10} 4s^1$	72	Hf	$(Xe)4f^{14} 5d^2 6s^2$
30	Zn	$(Ar)3d^{10} 4s^2$	73	Ta	$(Xe)4f^{14} 5d^3 6s^2$
31	Ga	$(Ar)3d^{10} 4s^2 4p^1$	74	W	$(Xe)4f^{14} 5d^4 6s^2$
32	Ge	$(Ar)3d^{10} 4s^2 4p^2$	75	Re	$(Xe)4f^{14} 5d^5 6s^2$
33	As	$(Ar)3d^{10} 4s^2 4p^3$	76	Os	$(Xe)4f^{14} 5d^6 6s^2$
34	Se	$(Ar)3d^{10} 4s^2 4p^4$	77	Ir	$(Xe)4f^{14} 5d^7 6s^2$
35	Br	$(Ar)3d^{10} 4s^2 4p^5$	78	Pt	$(Xe)4f^{14} 5d^9 6s^1$
36	Kr	$(Ar)3d^{10} 4s^2 4p^6$	79	Au	$(Xe)4f^{14} 5d^{10} 6s^1$
37	Rb	$(Kr)5s^1$	80	Hg	$(Xe)4f^{14} 5d^{10} 6s^2$
38	Sr	$(Kr)5s^2$	81	Tl	$(Xe)4f^{14} 5d^{10} 6s^2 6p^1$
39	Y	$(Kr)4d^1 5s^2$	82	Pb	$(Xe)4f^{14} 5d^{10} 6s^2 6p^2$
40	Zr	$(Kr)4d^2 5s^2$	83	Bi	$(Xe)4f^{14} 5d^{10} 6s^2 6p^3$
41	Nb	$(Kr)4d^4 5s^1$	84	Po	$(Xe)4f^{14} 5d^{10} 6s^2 6p^4$
42	Mo	$(Kr)4d^5 5s^1$	85	At	$(Xe)4f^{14} 5d^{10} 6s^2 6p^5$
43	Tc	$(Kr)4d^5 5s^2$	86	Rn	$(Xe)4f^{14} 5d^{10} 6s^2 6p^6$

表 2・5 (つづき)

Z	元素記号	電子配置	Z	元素記号	電子配置
87	Fr	(Rn)$7s^1$	100	Fm	(Rn)$5f^{12}7s^2$
88	Ra	(Rn)$7s^2$	101	Md	(Rn)$5f^{13}7s^2$
89	Ac	(Rn)$6d^1 7s^2$	102	No	(Rn)$5f^{14}7s^2$
90	Th	(Rn)$6d^2 7s^2$	103	Lr	(Rn)$5f^{14}6d^1 7s^2$
91	Pa	(Rn)$5f^2 6d^1 7s^2$	104	Rf	(Rn)$5f^{14}6d^2 7s^2$
92	U	(Rn)$5f^3 6d^1 7s^2$	105	Ha	(Rn)$5f^{14}6d^3 7s^2$
93	Np	(Rn)$5f^5 7s^2$	106	Sg	(Rn)$5f^{14}6d^4 7s^2$
94	Pu	(Rn)$5f^6 7s^2$	107	Ns	(Rn)$5f^{14}6d^5 7s^2$
95	Am	(Rn)$5f^7 7s^2$	108	Hs	(Rn)$5f^{14}6d^6 7s^2$
96	Cm	(Rn)$5f^7 6d^1 7s^2$	109	Mt	(Rn)$5f^{14}6d^7 7s^2$
97	Bk	(Rn)$5f^8 6d^1 7s^2$	110	Ds	(Rn)$5f^{14}6d^8 7s^2$
98	Cf	(Rn)$5f^{10}7s^2$	111	Rg	(Rn)$5f^{14}6d^9 7s^2$
99	Es	(Rn)$5f^{11}7s^2$	112	Cn	(Rn)$5f^{14}6d^{10}7s^2$

2・6 スペクトル状態

原子の総合的な電子配置において，角運動量のカップリングによる電子同士の相互作用があるということは薄々わかっていた．このことは，軌道を回っている回転している電子は，スピンと軌道の動きの両方から生じている角運動量をもっているという事実から生じている．量子力学法則と一致してカップリングするベクトル量である．カップリングするやり方の一つは，電子の個々のスピン角運動量がカップリングして全スピン量子数 S を与えることになる．さらに，電子の軌道角運動量がカップリングして全角運動量 L を与えることになる．そして，原子に対してこれらのベクトル量はカップリングして，全角運動ベクトル J を与えることになる．カップリングはこのようにして起きるが，周期表のおよそ上半分の原子に対して，L–S カップリングあるいは Russell-Saunders カップリングとして知られている．

原子の状態が s, p, d, f で記述されるように，角運動量ベクトル L に対して，S, P, D, F はそれぞれ 0, 1, 2, 3 に対応している．ベクトルの値 L, S, J が決定された後で，全角運動量が項あるいは**スペクトル状態**（spectroscopic state）として知られている記号で記述される．この記号は $^{(2S+1)}L_J$ でつくられているが，ここでは先に記したように適当な文字が L の値に対して使われるし，量 $(2S+1)$ は**多重度**（multiplicity）として知られている．1個の不対電子に対して，$(2S+1)=2$ であり，2 の多重度はダブレットである．2個の不対電子に対しては多重度は 3 であり，その状態はトリプレットとよばれる．

図 2・9 は 2 個のベクトルが量子力学的制限に従って，どのようにカップリングするかを示している．

l_1 と l_2 は 1 と 2 の単位をもった長さであり，これらがカップリングして結果的に 3, 2, 1 の長さを与えることに注目してほしい．したがって，これらの組合わせに対する

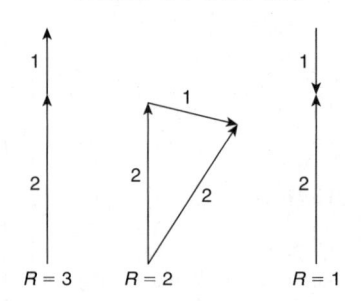

図 2・9 長さが 2 と 1 の二つのベクトルの合計
結果は 3, 2, 1 の値のいずれかになる

R は $|l_1+l_2|$, $|l_1+l_2-1|$, $|l_1-l_2|$ と書ける.

より重たい原子に対しては，異なったタイプのカップリング法がある．この方法では，1個の電子に対して，軌道角運動量 l がスピン角運動量 s とカップリングして，結果的に j を与える．つぎにこれらの j の値は原子の全角運動量 J を与えるようにカップリングする．この方法による角運動量のカップリングは $j-j$ カップリングとして知られており，重たい原子に対して起こるが，これ以上はこのカップリングについては考慮する必要はない．

$L-S$ カップリングにおいて，原子のスペクトル状態を推論するために以下のような合計を決める必要がある．

$$L = \Sigma l_i \quad S = \Sigma s_i$$
$$M = \Sigma m_i = L, L-1, L-2, \cdots, 0, \cdots, -L$$
$$J = |L+S|, \cdots, |L-S|$$

すべての電子が対をつくっているならば，スピンの合計は 0 であり，シングレット状態である．また，もし軌道のすべてが満たされているならば，m の正の値をもったそれぞれの電子に対して，負の値をもつものがある．したがって，m 値の合計は 0 であり，$L=0$ でもあるが，満たされた殻を意味する電子配置である．このスペクトル状態は $^1S_0$ である．下付きの 0 は $J=L+S=0+0=0$ であることを意味している．これは，希ガスの場合であるが，それらのすべての殻は満たされている．ここで，いくつかの原子のスペクトル状態をどのように決めるかを示すことによって，この法則を適用してみる．

水素原子に対して，1個の電子が 1s 状態にあるので，その軌道に対する l と m は 0 である（これは $L=0$ である）が 1 個の電子は 1/2 をもっている．$L=0$ であるので，スペクトル状態は S であり，多重度はスピンの合計が 1/2 であるので，2 である．したがって，水素のスペクトル状態は ^2S である．S 状態はスピンベクトルの合計の S に関係していないということは気をつけないといけない．この場合，J の値は $0+1/2=1/2$

2・6 スペクトル状態

であり，水素原子のスペクトル状態が $^2S_{1/2}$ と書けることを意味している。n の値にかかわらず，s 軌道のどんな電子も l と m は 0 である。結果的に，Li，Na，K のような原子は閉殻と閉殻の外側に ns^1 をもっているので，スペクトル状態は $^2S_{1/2}$ である。

示された単純な例に対して，1 個だけのスペクトル状態が可能である。多くの場合，1 個以上のスペクトル状態が，与えられた電子状態から電子が異なる配置をしているので，生じる。たとえば，np^2 の電子配置からは以下のような配置が考えられる。

$$\underset{m\ =\ +1\quad 0\quad -1}{\underline{\uparrow\downarrow}\ \underline{\quad}\ \underline{\quad}} \quad \text{または} \quad \underset{+1\quad 0\quad -1}{\underline{\uparrow}\ \underline{\uparrow}\ \underline{\quad}}$$

これらは異なるスペクトル状態を示す。左側のような図で示されているように電子対をもっている場合は，シングレットであるが，右側はトリプレットである。ここではこれ以上，詳細は述べないが，np^2 配置はいくつかのスペクトル状態を生じるが，それらの 1 個だけが最も低いエネルギーであり，スペクトル基底状態といわれる。幸いにも，フント則というルールがあり，これを用いると容易に基底状態を決めることができる。このフント則は以下のようになる。

1. 最も高い多重度をもった状態は，等しい電子に対して最も低いエネルギーになる。
2. 最も高い多重度をもった状態に対して，最も高い L の状態はエネルギー的に最も低い。
3. 半分以下しか満たされていない殻に対して，最も低い J をもった状態はエネルギー的に最も低いが，半分以上も満たされた殻に対しては一番低いエネルギー状態は最も高い J 値をもっている。

最初の法則に一致して，電子は軌道を満たしていくときにはできる限り不対の状態で居つづけるが，これは大きな多重度が達成されるからである。3 番目の法則に対しては，もし状態がちょうど半分満たされていたならば，L ベクトルを与える m 値の合計は 0 であり，$|L+S|$ と $|L-S|$ は同じであり，1 個の J 値が可能である。

炭素原子に対してスペクトル基底状態を見つけてみよう。満たされた 1s や 2s 殻は $S=0$ と $L=0$ を与えるので，考える必要はない。ここで $m=+1$ と 0 をもつ 2 個の軌道の 2p レベルに 2 個の電子をおくと，スピンの合計は 1 であり，最大値が可能である。さらに，m 値の合計は 1 であり，P 状態となる。$S=1$ と $L=1$ で，可能な J 値は 2，1，0 となる。したがって，法則 3 を適用して，炭素のスペクトル基底状態は $^3P_0$ であるが，他に 2 個の状態 $^3P_1$ と $^3P_2$ があるが，これらのエネルギーはわずかに高い（それぞれ，16.5 cm^{-1} と 43.5 cm^{-1}）。np^2 配置に対して，可能なものとして $^1D_2$ と $^1S_0$ の状態もまたある。これらは基底状態に対して 10,193.7 cm^{-1} と 21,648.4 cm^{-1} も高い（それぞれ，122 kJ mol^{-1} と 259 kJ mol^{-1}）。これらのシングレット状態は 2 個の電子が対をつくって

いるが，基底状態に対してエネルギー的に高くなっているし，電子が不対電子を可能な限りとるということに対しても正しくない．

既に述べたように基底状態はただ1個である．外側に $3d^3$ 電子配置をもつ Cr^{3+} の基底状態を決める必要があるとき，これまでのやり方と同じように，最高の m 値から電子をつめて行って，不対電子をもつように電子配置をして，最高の多重度を得るように進めて行く．

$$\begin{array}{cccccc} \uparrow & \uparrow & \uparrow & - & - \\ m = +2 & +1 & 0 & -1 & -2 \end{array}$$

この並べ方に対して，スピン値は 3/2 であり，L 値は 3 である．これらの値は J 値として，|3+3/2|, |3+3/2−1|, …, |3−3/2| で，9/2, 7/2, 5/2, 3/2 である．軌道の組が半分満たされていないので，一番小さい L がエネルギー的に低いし，Cr^{3+} に対するスペクトル状態は $^4F_{3/2}$ である．上の方法を使って，スペクトル状態はいろいろな電子配置に対して行うことができる．表2・6はいろいろな電子配置から生じるスペクトル状態をまとめたものである．

表 2・6 いろいろな電子配置から生じるスペクトル

電子配置	スペクトル状態	電子配置	スペクトル状態
s^1	^2S	d^2	^3F, ^3P, ^1G, ^1D, ^1S
s^2	^1S	d^3	^4F (基底状態)
p^1	^2P	d^4	^5D (基底状態)
p^2	^3P, ^1D, ^1S	d^5	^6S (基底状態)
p^3	^4S, ^2D, ^2P	d^6	^5D (基底状態)
p^4	^3P, ^1D, ^1S	d^7	^4F (基底状態)
p^5	^2P	d^8	^3F (基底状態)
p^6	^1S	d^9	^2D
d^1	^2D	d^{10}	^1S

スペクトル状態についてすべて述べたわけではないが，ここでの議論は本書の目的としては十分である．第17章で，配位化合物がつくられるときに，これらのイオンが他の配位子で囲まれたときに，遷移金属のスペクトル状態がどうなるかを記述することが必要となるであろう．

この章では量子力学の簡単な概説と，原子の電子配置について紹介した．これらの話題が，分子構造の問題や元素の化学的挙動に量子力学がどのように適用されるかを理解するうえで基礎となる．第1章で議論された原子の性質は，原子の中で電子がどのように配置されるかに関して直接，関係している．この章で紹介したことは徹底したものではないが，無機化学を学習するのに基礎になる．もっと詳しいことは参考文献を参照のこと．

参考文献

Alberty, R. A., and Silbey, R. J. (2000). *Physical Chemistry*, 3rd ed. Wiley, New York. [量子力学の発展を導いた初期の実験の優れた表記]

DeKock, R. L., and Gray, H. B. (1980). *Chemical Bonding and Structure*. Benjamin-Cummings, Menlo Park, CA. [結合概念について書かれた最も優れた入門書の一つ]

Emsley, J. (1998). *The Elements*, 3rd ed. Oxford University Press, New York. [原子の性質に関する多くの出典]

Gray, H. B. (1965). *Electrons and Chemical Bonding*. Benjamin, New York. [読みやすくまた図解されている結合理論の基礎]

Harris, D. C., and Bertolucci, M. D. (1989). *Symmetry and Spectroscopy*. Dover Publications, New York. [第2章は量子力学のとても良い入門]

House, J. E. (2003). *Fundamentals of Quantum Chemistry*. Elsevier, New York. [数学的取扱いを含んだ基礎レベルの量子力学入門]

Lowe, J. P. (1993). *Quantum Chemistry*, 2nd ed. Academic Press, New York. [化学への量子力学応用]

Mortimer, R. G. (2000). *Physical Chemistry*, 2nd ed. Academic Press, San Diego, CA. [原子物理の重要な実験を記述した物理化学書]

Sharpe, A. G. (1992). *Inorganic Chemistry*, 3rd ed. Longman, New York. [基礎レベルの量子力学の集大成]

Warren, W. S. (2000). *The Physical Basis of Chemistry*, 2nd ed. Academic Press, San Diego, CA. [第6章は基礎量子力学の指導書]

問 題

1. 演算子 d/dx (a と b は定数) の固有関数は以下の場合どのようになるか．
(a) e^{-ax} (b) xe^{-bx} (c) $(1+e^{bx})$

2. 関数 $\sin e^{ax}$ は演算子 d^2/dx^2 の固有関数であるか．

3. 0から無限大の範囲で関数 e^{-ax} を規格化せよ．

4. リチウム原子の完全なハミルトニアン演算子を記せ．リチウムの波動関数がなぜ正確に解けないかを説明せよ．

5. 以下のそれぞれの原子の最後の電子の四つの量子数を記せ．
(a) Ti   (b) S   (c) Sr   (d) Co   (e) Al

6. 以下のそれぞれの原子の最後の電子の四つの量子数を記せ．
(a) Sc   (b) Ne   (c) Se   (d) Ga   (e) Si

7. ベクトル $L=3$ と $S=5/2$ が結合するときの可能性のあるすべてのベクトル結合図を記せ．

8. 以下のそれぞれの原子の最後の電子の四つの量子数を記せ．
(a) Cl   (b) Ge   (c) As   (d) Sn   (e) Ar

9. 以下のそれぞれの完全な電子配置を記せ．
(a) Si   (b) S^{2-} (c) K^+ (d) Cr^{2+} (e) Fe^{2+} (f) Zn

10. 以下のそれぞれのスペクトル基底状態を決めよ．
(a) P   (b) Sc   (c) Si   (d) Ni^{2+}

11. 炭素原子の $^3P_0$ と $^3P_1$ 状態の間のエネルギー差は $16.4\ cm^{-1}$ である．$kJ\ mol^{-1}$ 単位でどの程度のエネルギーか．

12. 以下のそれぞれのスペクトル基底状態を決めよ．
(a) Be   (b) Ga   (c) F^- (d) Al   (e) Sc

13. 以下のそれぞれのスペクトル基底状態を決めよ．
(a) Ti^{3+} (b) Fe   (c) Co^{2+} (d) Cl   (e) Cr^{2+}

14. ある第一遷移金属のスペクトル基底状態は $^6S_{5/2}$ である．(a) この金属は何か．(b) (a) で記述された金属の+2価イオンのスペクトル基底状態は何か．(c) (a) で記述された金属の+3価イオンのスペクトル基底状態は何か．

15. $n=5$ のとりうるすべての原子軌道は何か．$n=5$ の軌道にいくつの電子が存在するか．満たされた $n=5$ のすべての殻をもつ原子の原子番号は何か．

16. 水素原子の1s状態の電子の $1/r$ の期待値を求めよ．

17. 水素原子の1s状態の電子の r^2 の期待値を求めよ．

3

二原子分子の共有結合

　最初の二つの章では，量子力学の基本的な法則と，原子構造へのそれらの応用について紹介してきたが，つぎに分子の構造について紹介する．事実，分子の構造は分子の化学的な挙動の基礎を構成している．SF_4 は水と非常に急速にかつ激しく反応するが，SF_6 はこのような挙動を示さない．これは分子の構造の違いに関係している．分子構造をよく理解するには，無機化学種の化学的な挙動の違いを理解する必要がある．CO_2 と NO_2 の化学式は大きく違うようには見えないけれども，これらの化合物の化学は大きく異なる．この章では，共有結合について，二原子分子とその性質に関連づけて紹介する．つぎの二つの章ではもっと複雑な分子の結合について説明し，分子の対称性についても紹介する．

3・1　分子軌道法の基礎的な考え

　分子軌道法について，水素分子を考えながら示すが，H_2^+ と H_2 についてもっと詳しい説明をつぎの節で紹介する．二原子分子についての説明の始まりとして，比較的遠くに離れている 2 個の水素原子が互いにしだいに近づくことを想像してみよう．原子が互いに近づくにつれて，原子の間の引力が大きくなる．その結果，原子は最も好ましい距離（極小エネルギー）に達して，H_2 分子の結合距離となる（74 pm）．

　原子間の距離が近づくにつれて，2 個の電子と同様に，原子核は互いに反発し始める．しかし，原子 1 の原子核と原子 2 の電子の間に引力が働き，原子 2 の原子核と原子 1 の電子の間にも引力が働く．図 3・1 にこのような相互作用について示した．

　それぞれの原子のイオン化エネルギーは 13.6 eV（1312 kJ mol^{-1}）であり，水素分子の結合エネルギーは 4.51 eV（432 kJ mol^{-1}）であり，結合距離は 74 pm である．結合エネルギーは結合を切断するのに必要なエネルギーを表しており，正の値である．結合がつくられるなら，結合エネルギーと等しいエネルギーが放たれるが，それは負の値で

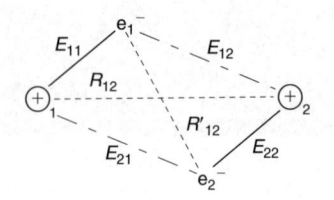

ある.

図 3・1 水素分子内の相互作用 R は反発力のエネルギーとして，E は引力のエネルギーとして示される

原子核が互いに近づけないという事実は，引力と反発力が等しいということを意味しているわけではない．最小の距離は，全エネルギー（引力と反発力）が最も有利な距離というわけである．分子は何らかの振動エネルギーをもっているので，核間距離は一定ではないが，平衡距離は R_0 で表すことができる．図 3・2 は 2 個の水素原子間の相互作用エネルギーが，核間距離によってどのように変化するかということを示している．

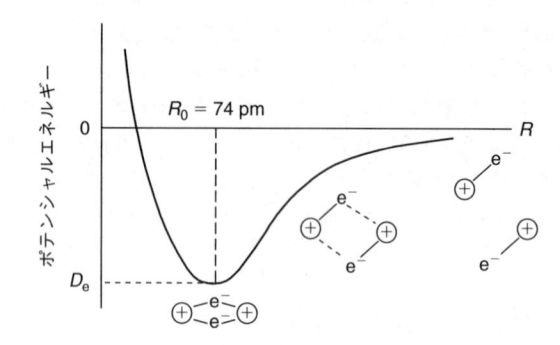

図 3・2 水素分子から形成された二つの水素原子の相互作用

水素分子を量子力学的手法で記述するには，2 章で用いられた原理を使うことが必要である．波動関数は，動的な変数の値を計算することを可能にする出発点になる．分子軌道法を用いて，水素分子を取扱い始めるのに再び波動関数を用いるが，どんな波動関数が必要であろうか？ 必要としているのは水素分子の波動関数であるが，その波動関数は原子の波動関数から構成される．分子の波動関数をつくるために使われる手法は，原子軌道の線形結合（LCAO-MO）として知られている．原子軌道の線形結合は数学的には以下のような式で表される．

$$\psi = \Sigma a_i \phi_i \tag{3・1}$$

この式において，ψ は分子の波動関数であり，ϕ は原子の波動関数であり，a は原子軌道関数を混成する際の相対的な比重を与える荷重係数である．この総計は i 全体である

が，これは結合する原子波動関数の数に対応している．二原子分子について記述するなら，2個の原子だけが含まれ，その式は以下のようになる．

$$\psi = a_1\phi_1 + a_2\phi_2 \tag{3・2}$$

結合は，総計で書かれているが，その差もまた可能な線形結合である．荷重係数は決定されなければいけない変数である．

第2章で，演算子 α の変数 a の平均値を計算するために，以下の関係式を使う必要があることを示した．

$$\langle a \rangle = \frac{\int \psi^* \alpha \psi \, d\tau}{\int \psi^* \psi \, d\tau} \tag{3・3}$$

ここで決定したい性質がエネルギーであるならば，この式は以下のように書ける．

$$E = \frac{\int \psi^* \hat{H} \psi \, d\tau}{\int \psi^* \psi \, d\tau} \tag{3・4}$$

ここで，$\hat{H}$ はハミルトニアン演算子であり，全エネルギーの演算子である．式 (3・2) を使って ψ を置換して，以下の式を得ることができる．

$$E = \frac{\int (a_1\phi_1^* + a_2\phi_2^*) \hat{H} (a_1\phi_1 + a_2\phi_2) \, d\tau}{\int (a_1\phi_1^* + a_2\phi_2^*)(a_1\phi_1 + a_2\phi_2) \, d\tau} \tag{3・5}$$

掛け算が行われ，定数が積分から移されると，以下の式を得ることができる．

$$E = \frac{a_1^2 \int \phi_1^* \hat{H} \phi_1 \, d\tau + 2a_1a_2 \int \phi_1^* \hat{H} \phi_2 \, d\tau + a_2^2 \int \phi_2^* \hat{H} \phi_2 \, d\tau}{a_1^2 \int \phi_1^* \phi_1 \, d\tau + 2a_1a_2 \int \phi_1^* \phi_2 \, d\tau + a_2^2 \int \phi_2^* \phi_2 \, d\tau} \tag{3・6}$$

この式では，以下の関係が仮定され，

$$\int \phi_1^* \hat{H} \phi_2 \, d\tau = \int \phi_2^* \hat{H} \phi_1 \, d\tau \tag{3・7}$$

また，以下の式も仮定される．

$$\int \phi_1^* \phi_2 \, d\tau = \int \phi_2^* \phi_1 \, d\tau \qquad (3\cdot 8)$$

これらの仮定は同じ原子（同一核の2原子）から構成されている二原子分子に対して成り立つ．なぜならこの場合，ϕ_1 と ϕ_2 は同じであり，実数であるからである．式 (3・6) のような式において，量について検討する際は，ある構成要素がしばしば現れる．簡略化のためにとられる定義は以下のようになっている．

$$H_{11} = \int \phi_1^* \hat{H} \phi_1 \, d\tau \qquad (3\cdot 9)$$

$$H_{12} = \int \phi_1^* \hat{H} \phi_2 \, d\tau \qquad (3\cdot 10)$$

$\hat{H}$ は全エネルギーに対する演算子であるので，H_{11} は原子1の原子核に対する電子の結合エネルギーを表している．波動関数の添字がともに2であるならば原子核2の電子の結合エネルギーを示している．そのような積分は静電的な相互作用のエネルギーを示しているので，**クーロン積分**（Coulomb integral）として知られている．式 (3・10) で示される積分は原子2の原子核と，原子1の電子との相互作用のエネルギーである．したがって，それらは**交換積分**（exchange integral）として知られている．ハミルトニアンはエネルギーに対する演算子なので，いずれのタイプの積分ともエネルギーを表している．さらに，これらの積分は有利な相互作用を表しているので，これらはともに負の値（引力）である．

式 (3・9) で示されている積分は原子核1に結合している電子1のエネルギーを表しているので，単純に原子1の電子の結合エネルギーである．電子の結合エネルギーの値は，イオン化エネルギーの値に逆の符号をつけたものである．したがって，イオン化エネルギーの項を，符号を逆にしてクーロン積分を表すことが慣例となっている．ここでは示されないが，この近似の正当性はクープマンスの定理として知られている原理に基づいている．原子価状態イオン化エネルギー（VSIP）は，一般にクーロン積分の値を与えるために使われる．このことは軌道がイオンでも中性原子でも同じであるということを仮定している．しかし，この関係は厳密には正しくない．$2p^2$ の電子配置をもつ炭素から，1電子を取り去ることを考えてみよう．3個のp軌道に2個の電子があるので，軌道に電子を配置する可能な順列は，15の状態がある．軌道にある電子の交換ができるために，この配置に関係した交換エネルギーがあるし，電子には相関があるといえる．1個の電子が取り除かれるときに，2p軌道に残っている1個の電子は異なる交換エネルギーをもっている．したがって，測定されたイオン化エネルギーはまた，それと交換エネルギーの差に関連した他のエネルギー項と結びつけて関係していた．そのよう

なエネルギーはイオン化エネルギーに比べて小さいし，VSIPエネルギーは通常，クーロン積分を表すために使われる．

交換積分は共鳴積分ともいわれるが，電子2と原子核1の相互作用や，電子1と原子核2の相互作用を表している．この種の相互作用は，核間距離に関係しているはずであり，交換積分の値は核間距離の項で表すことができる．

エネルギーを表す積分に加えて，演算子がないタイプの積分もある．これらは以下のように表される．

$$S_{11} = \int \phi_1{}^* \phi_1 \, d\tau \tag{3・11}$$

$$S_{12} = \int \phi_1{}^* \phi_2 \, d\tau \tag{3・12}$$

このタイプの積分は，**重なり積分**（overlap integral）として知られているが，一般的に，軌道が空間のある領域で重なりあっているという有効性を表している．もし，下付き文字が同じならば，同じ原子の軌道を意味しているし，原子波動関数が規格化されているならば，その積分値は1になる．結果的に以下のように書ける．

$$S_{11} = \int \phi_1{}^* \phi_1 \, d\tau = S_{22} = \int \phi_2{}^* \phi_2 \, d\tau = 1 \tag{3・13}$$

一方，以下のタイプの積分は

$$S_{12} = \int \phi_1{}^* \phi_2 \, d\tau = S_{21} = \int \phi_2{}^* \phi_1 \, d\tau \tag{3・14}$$

原子1の軌道と原子2の軌道の重なりの程度に関係している．2個の原子が十分離れているならば，重なり積分は0である．しかし，原子同士が近ければ，何らかの軌道の重なりがあり，$S>0$ である．原子核が一致する（核間距離が0）というように強制されるならば，軌道は一致するので $S=1$ と推定される．明らかに，式（3・14）で示された重なり積分の値は0から1の間にあり，それは原子核間の関数であるに違いない．交換積分と重なり積分はともに，原子核間の関数であるので，一方の項を他方の項で表すことができるはずである．この点については後で述べる．

式（3・6）の形は先に述べた表記を使うことによって，非常に単純化できる．このようにして置換を行うと，結果は以下の式になる．

$$E = \frac{a_1{}^2 H_{11} + 2a_1 a_2 H_{12} + a_2{}^2 H_{22}}{a_1{}^2 + 2a_1 a_2 S_{12} + a_2{}^2} \tag{3・15}$$

この式において，S_{11} と S_{22} は原子波動関数が規格化されているので，ともに1と仮定

した．ここで，エネルギーを最小にする荷重係数の値を見つけることにする．エネルギー表現の最小値を見つけるためには，a_1 と a_2 に関して偏微分をとり，それらを以下の式のように0とする．

$$\left(\frac{\partial E}{\partial a_1}\right)_{a_2} = 0, \quad \left(\frac{\partial E}{\partial a_2}\right)_{a_1} = 0 \tag{3・16}$$

他の定数を一定にして，a_1 と a_2 に関して順番に整理すると，以下のような二つの式が得られる．

$$a_1(H_{11} - E) + a_2(H_{12} - S_{12}E) = 0 \tag{3・17}$$

$$a_1(H_{21} - S_{21}E) + a_2(H_{22} - E) = 0 \tag{3・18}$$

この式は**永年方程式**（secular equation）として知られているが，この式の荷重係数 a_1 と a_2 は未知数である．これらの式は，下に示すような線形方程式の対を構成している．

$$ax + by = 0 \quad と \quad cx + dy = 0 \tag{3・19}$$

線形方程式の対に対して意味のある解は，係数の決定要素が0にならなければいけないということができる．これは以下の式を意味する．

$$\begin{vmatrix} H_{11} - E & H_{12} - S_{12}E \\ H_{21} - S_{21}E & H_{22} - E \end{vmatrix} = 0 \tag{3・20}$$

この分子は同核二原子であるので，$H_{12}=H_{21}$ であり，$S_{12}=S_{21}$ である．もし，S_{12} と S_{21} を S と表すならば，以下のような展開式が得られる．

$$(H_{11} - E)^2 - (H_{12} - SE)^2 = 0 \tag{3・21}$$

式（3・21）の2個の項が等しいので，二乗根は以下のようになる．

$$H_{11} - E = \pm(H_{12} - SE) \tag{3・22}$$

この式から2個の E（E_b と E_a）が得られる．

$$E_b = \frac{H_{11} + H_{12}}{1 + S} \quad と \quad E_a = \frac{H_{11} - H_{12}}{1 - S} \tag{3・23}$$

E_b のエネルギー状態は，**結合性状態**（bonding state）あるいは**対称状態**（symmetric state）として知られている．一方，E_a は**反結合性状態**（antibonding state）あるいは**非対称状態**（asymmetric state）とよばれている．H_{11} と H_{12} はともに負のエネルギーであるので，E_b はより低いエネルギー状態を表している．図3・3は，1s原子軌道に関して

の結合性分子軌道と反結合性分子軌道の定性的なエネルギー図を示している.

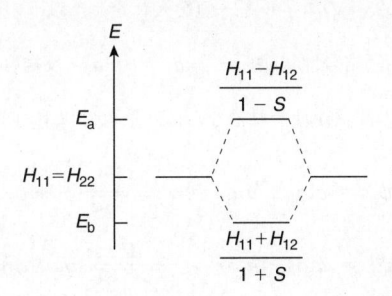

図 3・3 結合軌道と反結合軌道をつくる二つの s 軌道の組合わせ

図3・4は水素分子に対する,より正確なスケールのエネルギー準位図を示している.水素原子のイオン化エネルギーは 1312 kJ mol^{-1} (13.6 eV) なので,水素原子の 1s 原子軌道に対するエネルギーは,-1312 kJ mol^{-1} である.また,結合性分子軌道は -1528 kJ mol^{-1} のエネルギーであり,これは 1s 状態のエネルギーよりも低い.

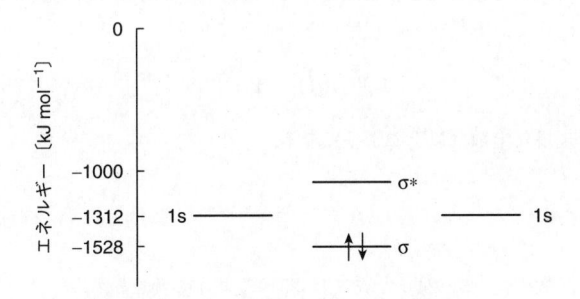

図 3・4 H$_2$ 分子のエネルギー準位図

水素分子が2個の構成原子になるまで離されたら,その結果は,結合性軌道の2個の電子は取り去られ,元の原子軌道に電子を置くことに等しくなる.2個の電子があるので,H$_2$ 分子の結合エネルギーは $2 \times (1528 - 1312) = 432$ kJ mol^{-1} である.分子軌道図から,反結合性状態のエネルギーは水素原子軌道のエネルギーより高いけれども,それでもまだ十分に負の値である.2個の原子が完全に離れたときでさえも,系のエネルギーは原子の結合エネルギーの合計,$2 \times (-1312)$ kJ mol^{-1} であるので,エネルギーは0とはならない.結合性状態と反結合性状態は,原子中の電子のエネルギー状態の上と下に分裂しているのであって,エネルギー0の上と下に分裂しているわけではない.しかし,結合性状態が原子軌道エネルギーから相対的に低くなる程度よりも,反結合性状態が上昇する程度の方が大きい.これは式 (3・23) の,最初の場合の分母が $(1+S)$ で

あるのに対して,もう一方の場合の分母が $(1-S)$ であることからよくわかる.

永年方程式に式 (3・23) のエネルギー値を入れると,以下のような関係が得られる.

$$a_1 = a_2 \text{(結合性状態)} \qquad a_1 = -a_2 \text{(反結合性状態)}$$

荷重係数の間にこれらの関係が使われるならば,それは以下のようになる.

$$\psi_b = a_1\phi_1 + a_2\phi_2 = \frac{1}{\sqrt{2+2S}}(\phi_1 + \phi_2) \quad (3\cdot24)$$

$$\psi_a = a_1\phi_1 - a_2\phi_2 = \frac{1}{\sqrt{2-2S}}(\phi_1 - \phi_2) \quad (3\cdot25)$$

A を規格化定数とすると,規格化の条件は以下のようになる.

$$1 = \int A^2(\phi_1 + \phi_2)^2\,d\tau = A^2\left[\int \phi_1{}^2\,d\tau + \int \phi_2{}^2\,d\tau + 2\int \phi_1\phi_2\,d\tau\right] \quad (3\cdot26)$$

この方程式の右辺の1番目と2番目の積分は,原子波動関数が規格化されているので1になる.したがって,方程式の右辺は以下のようになる.

$$1 = A^2(1 + 1 + 2S) \quad (3\cdot27)$$

したがって,規格化定数は以下のようになる.

$$A = \frac{1}{\sqrt{2+2S}} \quad (3\cdot28)$$

そして,波動関数は式 (3・24) と式 (3・25) のように表せる.

これまで2個の水素原子から構成されている二原子分子を扱ってきたが,もし分子が Li_2 ならば,原子波動関数が 2s 波動関数であり,含まれるエネルギーが Li 原子に当てはまるものであることを除いて,手法は全く同じである.Li に対する VSIP は,水素に対する 1312 kJ mol^{-1} より少なく,513 kJ mol^{-1} にすぎない.

分子軌道計算が行われるとき,重なり積分と交換積分を見積もらなければいけない.現代の計算技術では,重なり積分は計算の一部としてしばしば,見積もられている.波動関数はスレーター型 (§2・4参照) であるが,重なり積分は結合距離と角度を変化させることによって見積もられる.昔は,原子軌道と核間距離のさまざまな組合わせに対して,重なり積分の値を示す大きな表の中から重なり積分の値を見つけるのが普通であった.これらの表はマリケン表として知られており,R. A. Mulliken と彼の共同研究者らによって作成され,分子軌道計算を行うために必要なデータを提供するために必須であった.

交換積分 H_{ij} は，クーロン積分 H_{ii} と重なり積分の関数として表すことによって見積もられる．そのような近似法はウォルフスベルグ－ヘルムホルツ近似法として知られており，以下のように書ける．

$$H_{12} = -KS\left(\frac{H_{11} + H_{22}}{1 + S}\right) \qquad (3\cdot29)$$

ここで，H_{11} と H_{22} は 2 個の原子のクーロン積分であり，S は重なり積分であり，K はおよそ 1.75 の値をもつ定数である．重なり積分が結合距離の関数であるので，それは交換積分である．

$H_{11} + H_{22}$ の量は，原子のイオン化エネルギーが大きく異なる場合，クーロン積分を組合わせるにはベストの方法ではないかもしれない．そのような場合，以下に示すような Ballhausen–Gray 近似を使う方が好ましい．

$$H_{12} = -KS(H_{11}H_{22})^{1/2} \qquad (3\cdot30)$$

H_{12} 積分に対するもう一つの有効な近似法は，Cusachs 近似法として知られており，以下のように記述される．

$$H_{12} = \frac{1}{2}S(K - |S|)(H_{11} + H_{22}) \qquad (3\cdot31)$$

核間距離の関数として化学結合のエネルギーは，表 3·2 に示された位置エネルギーによって表すことができるが，ウォルフスベルグ－ヘルムホルツ近似法も Ballhausen–Gray 近似法も最小値をもつ関数ではない．しかし，Cusachs 近似法は最小値を通過する数学的表現である．

結合性分子軌道のエネルギーは $E_b = (H_{11} + H_{12})/(1 + S)$ と書けることは既に示した．このエネルギーをもっている結合性軌道には 2 個の電子があり，この結合が壊れるとしよう．もし，結合の破壊が均一的（電子が 1 個ずつ戻る）であるならば，電子は H_{11}（または H_{22}）のエネルギーをもつ原子軌道に残るであろう．この結合が壊れる前には，2 個の電子は $2[(H_{11} + H_{12})/(1+S)]$ で表される全エネルギーをもっているし，結合が壊れた後では 2 個の電子に対して結合エネルギーは $2H_{11}$ である．したがって，結合エネルギーは以下のように表すことができる．

$$結合エネルギー = 2H_{11} - 2\left(\frac{H_{11} + H_{22}}{1 + S}\right) \qquad (3\cdot32)$$

結合エネルギーを計算するためにこの式を使うには，H_{12} と S の値を知る必要がある．H_{ij} 積分値は，普通はイオン化エネルギーから概算される．重なり積分を無視して荒っぽく近似するために，S の値は 0 とする．なぜなら，この値は多くの場合小さくて，0.1 から 0.4 の範囲に収まるからである．

3・2 H_2^+ と H_2 分子

最も単純な二原子分子は2個の原子核で,1個の電子をもっている.この種のイオン,H_2^+はよく知られた性質をもっている.たとえば,H_2^+は核間距離が104 pmで,結合エネルギーは268 kJ mol^{-1}である.前の節で示されたように進むと,結合性分子軌道の波動関数は以下のように表される.

$$\psi_b = a_1\phi_1 + a_2\phi_2 = \frac{1}{\sqrt{2+2S}}(\phi_1 + \phi_2) \qquad (3\cdot33)$$

この波動関数は,原子1と原子2の2個の1s波動関数の結合から得られるσタイプの結合性軌道を表している.この点を明確にするために,波動関数は以下のように記述することができる.

$$\psi_b(\sigma) = a_1\phi_{1(1s)} + a_2\phi_{2(1s)} = \frac{1}{\sqrt{2+2S}}(\phi_{1(1s)} + \phi_{2(1s)}) \qquad (3\cdot34)$$

前述の表記は実際には一電子波動関数であり,この場合はこれで十分であるが,H_2分子の場合は十分ではない.この分子軌道に関連したエネルギーは,式 (3・4) で示されたように計算できて,それから以下の式が得られる.

$$E[\psi_b(\sigma)] = \int [\psi_b(\sigma)] \hat{H} [\psi_b(\sigma)] \, d\tau \qquad (3\cdot35)$$

近似が,重なり積分を無視するように行われたときは,$S=0$で,規格化定数は$(1/2)^{1/2}$である.したがって,$\psi_b(\sigma)$ に対する式 (3・34) で示された結果を置換すると,分子軌道のエネルギーに対する表記は以下のように書ける.

$$E[\psi_b(\sigma)] = \frac{1}{2}\int (\phi_{1(1s)} + \phi_{2(1s)}) \hat{H} (\phi_{1(1s)} + \phi_{2(1s)}) \, d\tau \qquad (3\cdot36)$$

積分を分離すると以下のようになる.

$$\begin{aligned} E[\psi_b(\sigma)] = & \frac{1}{2}\int \phi_{1(1s)} \hat{H} \phi_{1(1s)} \, d\tau + \frac{1}{2}\int \phi_{2(1s)} \hat{H} \phi_{2(1s)} \, d\tau \\ & + \frac{1}{2}\int \phi_{1(1s)} \hat{H} \phi_{2(1s)} \, d\tau + \frac{1}{2}\int \phi_{2(1s)} \hat{H} \phi_{1(1s)} \, d\tau \end{aligned} \qquad (3\cdot37)$$

先にみたように,この式の右辺の最初の2個の項は,それぞれ原子1と原子2の電子の結合エネルギーを表しているが,それは H_{11} と H_{22} であり,クーロン積分である.最後の2個の項は交換積分を表しており,H_{12} と H_{21} である.この場合,原子核が同じであ

るので，$H_{11}=H_{22}$ であり，$H_{12}=H_{21}$ である．

$$E[\psi_b(\sigma)] = \frac{1}{2}H_{11} + \frac{1}{2}H_{11} + \frac{1}{2}H_{12} + \frac{1}{2}H_{12} = H_{11} + H_{12} \quad (3\cdot38)$$

これ以上の展開はここでは述べないが，反結合性軌道のエネルギーは以下のように書ける．

$$E[\psi_a(\sigma)] = \frac{1}{2}H_{11} + \frac{1}{2}H_{11} - \frac{1}{2}H_{12} - \frac{1}{2}H_{12} = H_{11} - H_{12} \quad (3\cdot39)$$

$S=0$ の場合，分子軌道は原子の状態に対して H_{12} の分だけ上と下にある，ということは既に述べた．この手法による，H_2^+ の結合エネルギーと核間距離の計算値は実験値とはうまく合わない．分子の全体の正の電荷の調整が，ヘリウム原子のときのように行われると，より正しい値が得られる．H_2^+ に対して，全体の核電荷は2というより，およそ1.24であるとした状況で，電子が動きまわっているということは明らかである．これは基本的には，ヘリウム原子の場合にとられた（§2・3参照）ものと，同じアプローチである．また，分子軌道波動関数は 1s 原子波動関数の線形結合をとることにより構成されていた．よりよいアプローチは，s 性だけではなく原子核の軸方向の $2p_z$ からの寄与を含む原子軌道波動関数を用いることである．このようにしたときには，H_2^+ に対する計算と実験の一致は，よりよくなっている．

前述した波動関数は一電子波動関数であるが，H_2 分子は2個の電子をもっている．分子軌道法の理論によれば，水素分子の2電子に関する波動関数は，2個の一電子波動関数の積をとることによってつくられている．したがって，H_2 の結合性分子軌道の波動関数は，原子軌道 ϕ の項で以下のように書ける．

$$\psi_{b,1}\psi_{b,2} = [\phi_{A,1} + \phi_{B,1}][\phi_{A,2} + \phi_{B,2}] \quad (3\cdot40)$$

この場合，下付き b は結合性 σ 軌道であり，下付き A と B は2個の原子核を意味し，下付き 1 と 2 は電子 1 と電子 2 をそれぞれ表している．式 (3・40) の右辺を展開すると以下のような式になる．

$$\psi_{b,1}\psi_{b,2} = \phi_{A,1}\phi_{B,2} + \phi_{A,2}\phi_{B,1} + \phi_{A,1}\phi_{A,2} + \phi_{B,1}\phi_{B,2} \quad (3\cdot41)$$

この式で，項 $\phi_{A,1}\phi_{B,2}$ は基本的に水素原子 A と B の2個の 1s 軌道の相互作用を表している．項 $\phi_{A,2}\phi_{B,1}$ は電子交換をした同じタイプの相互作用を表している．しかし，項 $\phi_{A,1}\phi_{A,2}$ は原子核 A と相互作用する電子 1 と電子 2 の両方を表している．これは，波動関数によって記述されている構造がイオン的な H_A^- と H_B^+ であることを意味している．同じように項 $\phi_{B,1}\phi_{B,2}$ は原子核 B と相互作用している両方の電子を表しているし，それは構造 H_A^+ と H_B^- に対応している．したがって，分子波動関数に対して考えだしたも

のは，実際は水素分子を以下のような混成であると，記述している．

$$H_A : H_B \leftrightarrow H_A{}^- H_B{}^+ \leftrightarrow H_A{}^+ : H_B{}^-$$

$H_2{}^+$分子の場合と同じように，この波動関数による，H_2分子の計算値（結合エネルギーと結合距離）は実験値とうまく合わない．そこで核電荷を変数として最適値の 1.20 とし，改善を行った．原子軌道関数が純粋な 1s 軌道ではなくて，むしろ 2p 軌道のある程度の混じりがあるとして，計算値と実験値の間のさらなる改善が行われる．また，式 (3・41) の波動関数は，共有性とイオン性の構造に与えられる荷重係数で区別をしていない．実験では，同じ電気陰性度をもった同じ原子に対して，イオン性構造は共有性構造ほど重要ではないことを，明らかにした．したがって，荷重係数は，分子の化学的性質を反映するために，2 種の構造の寄与を調整するために導入されるべきである．

前述の議論は分子軌道法の基礎的な考えがどのようにしてとり入れられたかを示すために紹介された．また，基礎的な考え方が，分子波動関数を生み出すために使われた後で，改善された結果を得るためにどのようにアプローチしたかを示すことも，意図されている．ここではこの目的のために，計算の定量的な結果を示すことよりもむしろ，変化の性質を示すことで十分である．

共有結合の性質の単純な理解は，波動関数の何らかの単純な適応を考慮することによって見られる．たとえば，電子を見いだす確率に関係するのは ψ^2 である．結合性分子軌道の波動関数を ψ_b と書くとき，これは $\psi_b = \phi_A + \phi_B$ であるので，以下のようになる．

$$\psi_b{}^2 = (\phi_A + \phi_B)^2 = \phi_A{}^2 + \phi_B{}^2 + 2\phi_A\phi_B \tag{3・42}$$

最後の項は，積分が全空間で行われるときに，以下のような式であるので，実際には重なり積分である．

$$\int \phi_A \phi_B \, d\tau$$

式 (3・42) の表記は軌道の重なりの結果として，2 個の原子核の間に電子を見いだす確率が増すことを意味している．これはもちろん，結合性軌道である．反結合性軌道に対して，原子波動関数の結合は以下のように記述できる．

$$\psi_a{}^2 = (\phi_A - \phi_B)^2 = \phi_A{}^2 + \phi_B{}^2 - 2\phi_A\phi_B \tag{3・43}$$

この表記は 2 個の原子核の間の領域に電子を見いだす確率が減少していることを意味している．なぜなら $-2\phi_A\phi_B$ の項があるからである．実際に分子軌道の 2 個の領域の正と負の間に節面がある．単純な定義として，2 個の原子の存在において，単純に電子が存在する確率あるいは電子密度に比較して，共有結合している方が 2 個の原子核間に電子を見いだす確率が高い，あるいは電子密度が高いといえる．

3・3 第2周期元素の二原子分子

二原子分子の結合を分子軌道で表すために使われる基本的な原理を，前の節で紹介した．しかし，第2周期元素が結合するときは，s軌道とp軌道の間の違いのために，違った考え方が必要となる．結合した軌道がp軌道であるときは，"ローブ（葉）"は原子核の軸のまわりに重なりが対称になるように結合することができる．このような重なりはσ結合を生じる．このような重なりは，図3・5で示されるように，基本的に "end on" の重なり方のp軌道をもっている．後で明らかになる理由により，この種の結合はp_z軌道が使われると考えられる．

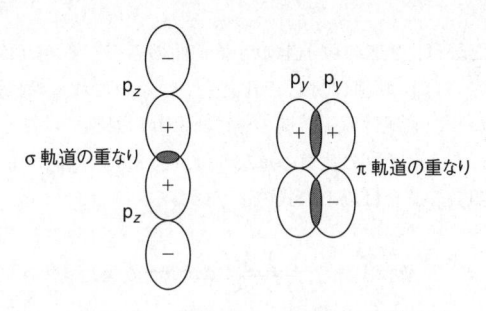

図 3・5 p軌道で起こる重なりの可能性

基本的には，同じ符号の軌道ローブは好ましい軌道の重なりをすることができる（重なり積分が正である）．このようなことはいろいろな場合に，異なる軌道の間で起こり

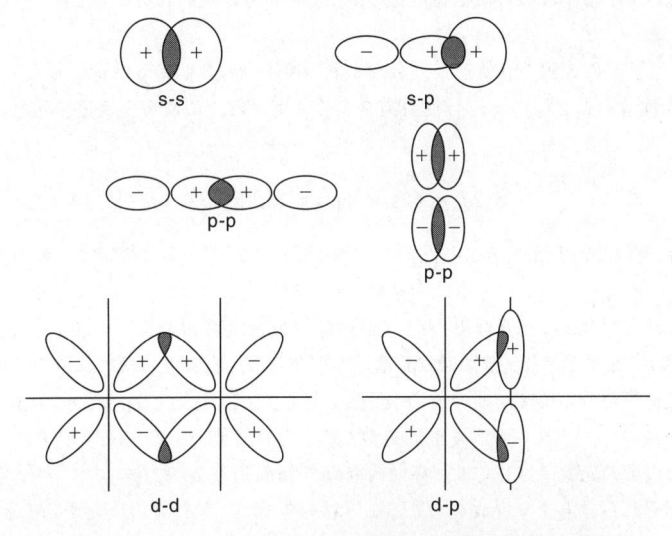

図 3・6 エネルギー的に起こりうる相互作用で導かれる軌道の重なり

うる．図3・6に結合性軌道になる軌道の重なりをいくつか示した．後の章で見るように，この種の重なりのうちのいくつかは非常に重要である．

原子1と原子2の p_z 軌道を z_1 と z_2 と表すと，原子波動関数の結合は以下のように表される．

$$\psi(\sigma_z) = \frac{1}{\sqrt{2+2S}}[\phi(z_1) + \phi(z_2)] \tag{3・44}$$

$$\psi(\sigma_z)^* = \frac{1}{\sqrt{2-2S}}[\phi(z_1) - \phi(z_2)] \tag{3・45}$$

σ結合がつくられた後は，2個の原子上のp軌道間のさらなる相互作用は p_x と p_y 軌道に限られるが，それらは p_z 軌道に対して直交している．これらの軌道が相互作用をしたときに，軌道重なりの領域は原子核間の軸のまわりに対称ではなくて横に，π結合をつくることになる．このタイプの軌道の重なりは，図3・5と図3・6に示してある．結合性π軌道の波動関数の結合は以下の式のようになる．

$$\psi(\pi_x) = \frac{1}{\sqrt{2+2S}}[\phi(x_1) + \phi(x_2)] \tag{3・46}$$

$$\psi(\pi_y) = \frac{1}{\sqrt{2+2S}}[\phi(y_1) + \phi(y_2)] \tag{3・47}$$

これらの波動関数で表される二つの結合性π軌道は縮退している．反結合性状態の波動関数は原子波動関数と規格化定数の中で負の符号が使われることを除いて，同じ形である．

1個の原子上の3個のp軌道と，もう1個の原子上の3個のp軌道の重なりは，1個のσ結合性軌道と2個のπ結合性軌道をつくり上げる．これらの軌道の順番は以下のようになる．

$$\sigma(2s)\ \sigma^*(2s)\ \sigma(2p_z)\ \pi(2p_x)\ \pi(2p_y)\cdots$$

$\sigma(2p_z)$ 軌道は2個のπ軌道より低いエネルギーをもっていると推定するかもしれないが，必ずしもそうではない．混成の結果として結合するときに，同じようなエネルギーの軌道は最も都合よく相互作用する．2s軌道と $2p_z$ 軌道の混成は対称性から許されるが（5章参照），2s軌道と $2p_x$ または $2p_y$ 軌道の重なりは，直交性のために重なりはゼロになる．核電荷が低い第2周期の前半の元素に対して，2s軌道と2p軌道はエネルギー的に似ているので，それらが広く混成をつくることは可能である．N，O，Fのようにこの周期の後半の元素に対しては，高い核電荷が2s軌道と2p軌道のエネルギー差を生じるので，それらはあまり混成をつくることはできない．軌道を混成化することにより，それらのエネルギーが変化し，σ軌道とπ軌道の満たされてゆく順番が B_2 や C_2 に対し

て逆転するが，π軌道がσ軌道よりもエネルギー的に低いということを示す実験的な証拠もある．第2周期後半にある原子に対して，2sと2p軌道の混成の程度は小さいので，σ軌道は2個のπ軌道よりもエネルギー的に低くなっている．分子軌道を満たす順番は以下のようになっている．

$$\sigma(2s)\ \sigma^*(2s)\ \pi(2p_x)\ \pi(2p_y)\ \sigma(2p_z) \cdots$$

図3・7に第2周期元素の二原子分子の，分子軌道エネルギー準位図を示した．

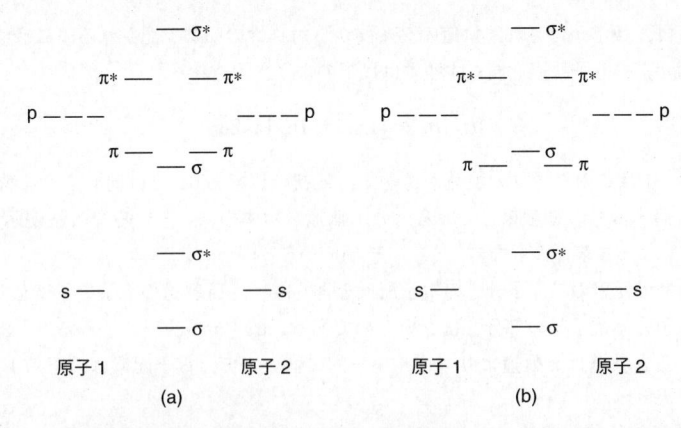

図3・7 第2周期元素の二原子分子のエネルギー準位図 (a) 後半の族, (b) 前半の族

B_2 分子が常磁性であるという事実は最高被占軌道（HOMO）が縮退したπ軌道であり，それぞれが1個の電子で占められていることを示している．これが C_2 に対して使われる正しいエネルギー表であることのさらなる証拠は，この分子が反磁性であることからわかる．これらの分子の分子軌道電子配置は以下のように書ける．

$$B_2\quad (\sigma)^2\ (\sigma^*)^2\ (\pi)^1\ (\pi)^1$$
$$C_2\quad (\sigma)^2\ (\sigma^*)^2\ (\pi)^2\ (\pi)^2$$

これらの電子配置は，分子軌道が生じることを示す原子軌道で示される．たとえば，B_2 は以下のように書ける．

$$B_2\quad [\sigma(2s)]^2\ [\sigma^*(2s)]^2\ [\pi(2p_x)]^1\ [\pi(2p_y)]^1$$

対称に関して本書ではまだ議論していないが，結合性のσ軌道はg対称性である．これは波動関数が結合の中心に対して対称だからである．本質的にこのことは，$\psi(x, y, z)$ が $\psi(-x, -y, -z)$ に等しいとすると，波動関数は偶のパリティをもっているといわれる．これはドイツ語の gerade (偶数) に由来するgと記される．$\psi(x, y, z)$

が$-\psi(-x, -y, -z)$に等しいならば,関数は奇のパリティをもっており,ungerade（奇数）に由来するuと記される.対称性に関して,原子s軌道はgであるが,p軌道はuである.結合性σ軌道はg対称性であり,結合性π軌道はu対称性であるが,これは原子核間軸に対して反対称であるからである.それぞれのタイプの反結合性軌道は対称符号が逆である.分子軌道の対称性の性質は下付き文字で示される.こうすると,B_2の表現は以下のようになる.

$$B_2 \quad (\sigma_g)^2 (\sigma_u)^2 (\pi_u)^1 (\pi_u)^1$$

分子軌道は,数字が付され,軌道のタイプから対称性の順番で記される.こうすると,第2周期元素の分子軌道を満たす順番は以下のように示される.

$$1\sigma_g \, 1\sigma_u \, 2\sigma_g \, 1\pi_u \, 1\pi_u \, 1\pi_g \, 1\pi_g \, 2\sigma_u$$

この場合,1はこのタイプの軌道が遭遇する最初の例であり,2は同じような軌道の2番目に遭遇するものを意味している.分子軌道を示すのにいろいろな方法が示されたが,著者によって表記が異なる.

第2周期の元素の二原子分子の電子配置を書く際に,1s軌道の電子を省略してきた.これは原子の価電子殻の部分ではないためである.酸素分子を考えてみると,$2p_z$軌道から生じるσ軌道はπ軌道よりエネルギー的に低いので,電子配置は以下のようになる.

$$O_2 \quad (\sigma)^2 (\sigma^*)^2 (\sigma)^2 (\pi)^2 (\pi)^2 (\pi^*)^1 (\pi^*)^1$$

縮退したπ*軌道に2個の不対電子があるので,結果的に酸素分子は常磁性である.図3・8は第2周期元素の二原子分子の軌道エネルギー図である.これらの分子軌道図において,原子軌道は必ずしも同じエネルギーではないし,同じタイプの分子軌道も異なる分子に対しては同じエネルギーをもっているわけではないということに注意する必要がある.

原子間の結合を考えるとき,重要な概念は**結合次数**（bond order）Bである.結合次数は結合に使われる電子対の総数である.以下の式に表すように,結合性軌道の電子の総数（N_b）と反結合性軌道の電子の総数（N_a）に関係している.

$$B = \frac{1}{2}(N_b - N_a) \tag{3・48}$$

それぞれの二原子分子の結合次数は図3・8に,結合エネルギーと一緒に載せてある.結合次数が増えると,一般に結合エネルギーは増加する.この事実は,なぜある化学種がそのような振舞いをするかを見ることを可能にしている.たとえば,O_2分子の結合次数は$(8-4)/2=2$であり,2の結合次数は二重結合に等しい.酸素分子から電子が1個取り去られたら,分子種はO_2^+となり,電子は最高被占軌道から取り去られ,それは

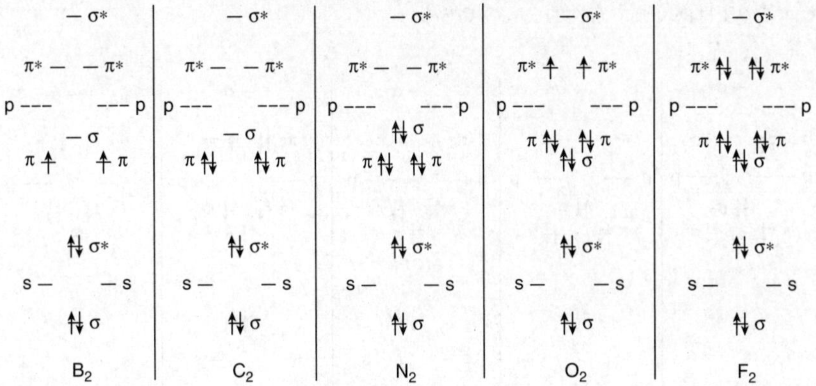

3・3 第2周期元素の二原子分子

	B₂	C₂	N₂	O₂	F₂
結合次数	1	2	3	2	1
分子半径〔pm〕	159	131	109	121	142
結合エネルギー〔eV〕	3.0	5.9	9.8	5.1	1.6

図 3・8 第2周期の等核二原子分子の分子軌道図

反結合性 π^* 軌道である．そのため，O_2^+ の結合次数は $(8-3)/2=2.5$ であり，それは O_2 分子の結合次数よりも大きい．このため，酸素分子が電子を失って O_2^+ になる反応が起こるということは必ずしも理屈に合わないことではない．もちろん，そのような反応は非常に強い酸化剤で，酸素に反応することを必要とする．そのような酸化剤の一つに PtF_6 があるが，+6価の白金を含んでいる．酸素との反応は以下のようになる．

$$PtF_6 + O_2 \rightarrow O_2^+ + PtF_6^- \tag{3・49}$$

この反応は O_2^+ をつくる反応であるが，1電子を O_2 分子に与えてスペルオキシドイオン O_2^- や，2電子を与えて過酸化物イオン O_2^{2-} をつくることも可能である．それぞれの場合，電子は反結合性の π^* 軌道に入り，結合次数を O_2 の2から減少して行く．O_2^- の結合次数は1.5であり，O_2^{2-} は1である．過酸化物イオンの $O-O$ 結合エネルギーはわずか $142~kJ~mol^{-1}$ であり，期待されるように過酸化物イオンはもっと反応性に富んでいる．スペルオキシドイオンは以下の反応によって生じる．

$$K + O_2 \rightarrow KO_2 \tag{3・50}$$

等核分子に加えて，第2周期元素は多くの重要で興味ある異核種を生じるが，中性分子も2原子イオンもある．この種の化合物のいくつかの分子軌道図を図3・9に示した．同じ表示の分子軌道のエネルギーが等しくはないということは気に留めておく必要があ

る．この表はあくまで定性的なものである．

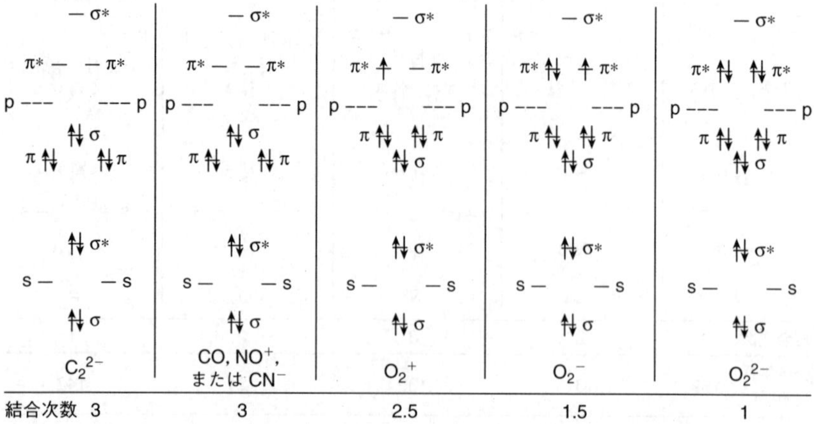

	— σ*	— σ*	— σ*	— σ*	— σ*
	π* — — π*	π* — — π*	π* ↑ — π*	π* ↑↓ ↑ π*	π* ↑↓ ↑↓ π*
p	--- --- p	--- --- p	--- --- p	--- --- p	--- --- p
	π ↑↓ ↑↓ σ	π ↑↓ ↑↓ σ	π ↑↓ ↑↓ π	π ↑↓ ↑↓ π	π ↑↓ ↑↓ π
π ↑↓	↑↓ π	↑↓ π	↑↓ σ	↑↓ σ	↑↓ σ
	↑↓ σ*	↑↓ σ*	↑↓ σ*	↑↓ σ*	↑↓ σ*
s —	— s	— s	— s	— s	— s
	↑↓ σ	↑↓ σ	↑↓ σ	↑↓ σ	↑↓ σ
	C_2^{2-}	CO, NO^+, または CN^-	O_2^+	O_2^-	O_2^{2-}
結合次数	3	3	2.5	1.5	1

図 3・9 第2周期元素の異核二原子分子とイオンの分子軌道図

CO と CN^- がともに，N_2 分子と等電子的であることは興味深い．すなわち，それらは N_2 分子と同じ数の電子と電子配置をもっているのである．しかし，後でわかるように，これらの化学的性質は N_2 と全く異なっている．多くの等核分子と異核分子とイオンの性質は表 3・1 に示してある．

3・4 光電子分光

原子や分子の構造についての知識のほとんどは，電磁気的放射と物質との相互作用を研究することによって得られてきた．線スペクトルによって，原子中の電子の居場所である異なるエネルギーの殻の存在が明らかになった．赤外分光を用いた分子の研究からは，分子の振動と回転についての情報を得ることができる．結合のタイプや分子の幾何構造や結合の長さまで，決定できる場合もある．光電子分光（PES）として知られているスペクトル法は，電子が分子にどのように結合しているかを決めるのに非常に重要である．この手法は，分子の分子軌道のエネルギーに関して直接的な情報を与える．

光電子分光において，高エネルギーの光子は電子が輻射されるターゲットに向けられている．しばしば使われる光子の線源は He(I) であり，$2s^1 2p^1$ の励起状態から $1s^2$ の基底状態に緩和する際に 21.22 eV のエネルギーをもっている光子を放射する．水素原子のイオン化エネルギーは 13.6 eV であり，多くの分子の第一イオン化エネルギーは同等の大きさである．光電子分光が作動する原理は，光子が電子に衝突することによって電子が放射されるということである．放射された電子の運動エネルギーは以下のように表される．

3・4 光電子分光

$$\frac{1}{2}mv^2 = h\nu - I \tag{3・51}$$

ここで $h\nu$ は打ち込まれた光子のエネルギーであり，I は電子のイオン化エネルギーである．この状況は光電効果（§1・2参照）に似ている．光電子分光において，分子 M は光子によって以下のようにイオン化される．

$$h\nu + M \rightarrow M^+ + e^- \tag{3・52}$$

放射された電子は分光器を通過し，電圧を変化することにより，異なるエネルギーをもった電子が感知される．ある特定のエネルギーをもった電子の数は，カウントすることができるし，エネルギーに対する放射電子数のスペクトルを作成することができる．

表 3・1 代表的な二原子分子の性質

分子種	N_b	N_a	結合次数	分子半径 [pm]	解離エネルギー [eV]
H_2^+	1	0	0.5	106	2.65
H_2	2	0	1	74	4.75
He_2^+	2	1	0.5	108	3.1
Li_2	2	0	1	262	1.03
B_2	4	2	1	159	3.0
C_2	6	2	2	131	5.9
N_2	8	2	3	109	9.76
O_2	8	4	2	121	5.08
F_2	8	6	1	142	1.6
Na_2	2	0	1	308	0.75
Rb_2	2	0	1	—	0.49
S_2	8	4	2	189	4.37
Se_2	8	4	2	217	3.37
Te_2	8	4	2	256	2.70
N_2^+	7	2	2.5	112	8.67
O_2^+	8	3	2.5	112	6.46
BN	6	2	2	128	4.0
BO	7	2	2.5	120	8.0
CN	7	2	2.5	118	8.15
CO	8	2	3	113	11.1
NO	8	3	2.5	115	7.02
NO^+	8	2	3	106	—
SO	8	4	2	149	5.16
PN	8	2	3	149	5.98
SiO	8	2	3	151	8.02
LiH	2	0	1	160	2.5
NaH	2	0	1	189	2.0
PO	8	3	2.5	145	5.42

イオン化する間に電子が取り去られるとき，ほとんどの分子は最低振動状態にある．二原子分子のスペクトルは，励起振動状態にあるイオンにイオン化することに対応する一連の狭い空間のピークを示す．イオン化が最低振動状態の分子で起きて，最低振動状態のイオンを生じるならば，その遷移は**断熱イオン化**（adiabatic ionization）である．二原子分子がイオン化されるときに，最も強い吸収は分子のイオン化に対応しており，結果的に生じるイオンは同じ結合距離である（§17・6参照）．このことは**垂直イオン化**（vertical ionization）として知られており，励起振動状態にあるイオンを生み出すことなる．一般に，分子とイオンは，電子が反結合性軌道から取り除かれた場合は，ほぼ同じ結合距離である．

分子に光電子分光法を適用すると，分子軌道エネルギー準位に関する多くの情報を得ることができる．たとえば，光電子分光は酸素の2p波動関数の結合から生じる結合性π軌道がσ軌道よりも高いエネルギーをもつことを示す．窒素に関しては軌道の順番が逆転していることがわかる．O_2分子の結合性σ_{2p}軌道から電子が取り除かれるとき，2本の吸収帯が観測される．軌道に存在する2個の電子があり，1個は$+1/2$のスピンであり，もう1個は$-1/2$のスピンである．取り除かれた電子のスピンが$-1/2$ならば，$+1/2$の電子が残っていて，$+1/2$のスピンをもったπ^*軌道の2個の電子と相互作用することができる．これは以下のように示される．ここで$(\sigma)^{1(+1/2)}$はσ軌道に$+1/2$のスピンをもった電子があることを意味している．O_2^+は以下のようになる．

$$O_2^+ \quad (\sigma)^2 (\sigma^*)^2 (\sigma)^{1(+1/2)} (\pi)^2 (\pi)^2 (\pi^*)^{1(+1/2)} (\pi^*)^{1(+1/2)}$$

σ軌道から取り除かれた電子のスピンが$+1/2$ならば，結果的にO_2^+は以下のようになる．

$$O_2^+ \quad (\sigma)^2 (\sigma^*)^2 (\sigma)^{1(-1/2)} (\pi)^2 (\pi)^2 (\pi^*)^{1(+1/2)} (\pi^*)^{1(+1/2)}$$

これらのO_2^+イオンのエネルギーは少し異なるが，そのことは光電子分光によって明らかにされた．このような研究は分子軌道エネルギー図の理解に大いに貢献してきた．この方法について，これ以上述べないが，この方法の詳細と使用法については章末の参考文献を参照のこと．

3・5 異核二原子分子

原子はいつも電子を引きつける力が同じわけではない．2種の異なる原子が電子対を共有して共有結合をつくるときに，共有された電子対は引く力が強い原子の方にいる時間が長くなる．言い換えれば，電子対は共有されているが，等価に共有されているわけではない．分子の中の原子が電子を引きつける能力は，原子の**電気陰性度**（electronegativity）と表される．以前，等核二原子分子に対して，2原子の波動関数の結合を以下のように記述した．

3・5 異核二原子分子

$$\psi = a_1\phi_1 + a_2\phi_2 \tag{3・53}$$

ここでは2個の原子が電子を引きつける能力の違いについて、考慮する必要はない。2個の異なるタイプの原子に対して、結合性分子軌道の波動関数は以下のように書くことができる。

$$\psi = \phi_1 + \lambda\phi_2 \tag{3・54}$$

ここでパラメーター λ は荷重係数である。実際に、一方の原子の波動関数の荷重係数を1とすると、異なる荷重係数 λ が電気陰性度に依存して他方の原子に付けられる。

2個の原子が電子を不均一に共有しているときは、それらの間の結合は極性的である。別のいい方をすると結合が部分的にイオン性である。分子 AB に対して、二つの構造を図示すると、その一つは共有結合であり、もう一つはイオン結合である。しかし、実際には以下のような3個の構造がある。

$$\begin{array}{ccc} A:B & \leftrightarrow & A^+B^- & \leftrightarrow & A^-B^+ \\ \text{I} & & \text{II} & & \text{III} \end{array} \tag{3・55}$$

これらの構造の組合わせを示すために、分子の波動関数を書くと、以下のようになる。

$$\psi_{\text{分子}} = a\psi_\text{I} + b\psi_\text{II} + c\psi_\text{III} \tag{3・56}$$

ここで a, b, c は定数であり、$\psi_\text{I}, \psi_\text{II}, \psi_\text{III}$ はそれぞれ構造 I, II, III に対応する波動関数である。一般に、a, b, c の大きさに関する何らかの情報がある。たとえば、考慮している分子が HF ならば、共鳴構造の H^-F^+ の寄与は、実際の分子の構造に対してはほとんどない。H に負の電荷があり、F に正の電荷があるような構造をもつことは、H と F の化学的性質に反しているからである。したがって、構造 III の荷重係数はほとんど0である。圧倒的に共有結合の性質をもつ分子に対して、構造 II でさえ構造 I に比べて、その寄与は少ない。

二原子分子の分極率 μ は以下の式で表される。

$$\mu = q \times r \tag{3・57}$$

ここで q は電荷分極の大きさであり、r は結合距離である。仮に1個の電子が完全に、一方の原子から他方の原子に移動したとするならば、電荷分極の量は電子の電荷の e に相当する。電子対が非等価に共有されている結合に対して、q は e より小さく、共有が等価ならば、電荷分極はなくて $q=0$ であり、分子は分極していない。分極した分子に対して結合距離 r である。したがって、実際のあるいは観測された分極率 (μ_{obs}) の、電子が完全に移動したと仮定したときの分極率 (μ_{ionic}) に対する比率は、以下のように

電荷分極の量に対する電子の電荷の比率を与えるであろう．

$$\frac{\mu_{\text{obs}}}{\mu_{\text{ionic}}} = \frac{q \cdot r}{e \cdot r} = \frac{q}{e} \tag{3・58}$$

q/e の比率は電子が一方の原子から他方の原子へ移動したように見える，電子の分量を与える．この比率はまた，原子間の結合の部分的なイオン性として考慮される．イオン性のパーセントはイオン性の分量の 100 倍であるので，以下のような式となる．

$$\text{イオン性のパーセント} = \frac{100\mu_{\text{obs}}}{\mu_{\text{ionic}}} \tag{3・59}$$

HF の実際の構造は，共有結合の H-F の成分で，結合性電子対を等しく共有しているものと，H^+F^- のイオン構造で，完全に電子が H から F に移動した成分の組合わせとして表すことができる．したがって，HF 分子の波動関数はこれらの構造の波動関数の項として，以下のように書くことができる．

$$\psi_{\text{分子}} = \psi_{\text{共有結合}} + \lambda \psi_{\text{イオン結合}} \tag{3・60}$$

波動関数の係数の二乗は確率に関係している．したがって，2 個の構造からの全寄与は $1^2 + \lambda^2$ であるが，イオン構造からの寄与は λ^2 で与えられる．結果的に，$\lambda^2/(1^2+\lambda^2)$ は結合に対するイオン結合の分量を表しているが，以下のようになる．ここで $1^2 = 1$ である．

$$\text{イオン性のパーセント} = \frac{100\lambda^2}{1 + \lambda^2} \tag{3・61}$$

したがって，以下のようになる．

$$\frac{\mu_{\text{obs}}}{\mu_{\text{ionic}}} = \frac{\lambda^2}{1 + \lambda^2} \tag{3・62}$$

HF 分子に対して，結合距離は 0.92 Å（0.92×10^{-8} cm）で，測定された分極率 1.91 D あるいは 1.91×10^{-18} esu cm である．もし電子が完全に H から F へ移動したならば，分極率（μ_{ionic}）は以下のようになる

$$\begin{aligned}
\mu_{\text{ionic}} &= 4.80 \times 10^{-10} \text{ esu} \times 0.92 \times 10^{-8} \text{ cm} \\
&= 4.41 \times 10^{-18} \text{ esu cm} \\
&= 4.41 \text{ D}
\end{aligned}$$

したがって，$\mu_{\text{obs}}/\mu_{\text{ionic}}$ の比率は 0.43 であり，以下のようになる．

3・5 異核二原子分子

$$0.43 = \frac{\lambda^2}{1+\lambda^2} \tag{3・63}$$

そこから，$\lambda=0.87$ が得られる．したがって，HF 分子に対する波動関数は以下のように書ける．

$$\psi_{分子} = \psi_{共有結合} + 0.87\psi_{イオン結合} \tag{3・64}$$

前述の解析から，極性 HF 分子は 57％の純粋な共有結合と 43％のイオン結合の寄与からなる混成として実際の構造を考察できる．

H：F ↔ H$^+$F$^-$

57％　　43％

もちろん，HF は実際に極性な共有性分子であるが，極性の程度から，上に示したような二つの構造から構成されているかのような挙動をする．同じような解析が，すべてのハロゲン化水素に対して行うことができ，結果は表 3・2 に示されている．

表 3・2　ハロゲン化水素分子 HX のパラメーター

分子	r [pm]	μ_{obs} [D]	μ_{ionic} [D]	イオン性パーセント (％, $100\mu_{obs}/\mu_{ionic}$)	電気陰性度の差 ($\chi_X - \chi_H$)
HF	92	1.91	4.41	43	1.9
HCl	128	1.03	6.07	17	0.9
HBr	143	0.78	6.82	11	0.8
HI	162	0.38	7.74	5	0.4

1 D（デバイ）$= 10^{-18}$ esu cm

二原子分子における 2 個の原子の効果の単純な考え方は，結合の分子軌道から知ることができる．異なる原子は異なるイオン化エネルギーをもっているが，それは分子軌道計算で使われるクーロン積分の値が異なっていることに起因している．実際に，クープマンスの定理によれば，電荷をもったイオン化エネルギーはクーロン積分の値を与える．分子軌道エネルギー準位図の立場から見て，2 個の原子の状態が異なっており，結合性分子軌道のエネルギーはより高いイオン化エネルギーをもっている原子のエネルギーにより近い．たとえば，HF 分子において，2 個の原子間に 1 個の σ 結合がある．水素のイオン化エネルギーは 1312 kJ mol^{-1}（13.6 eV）であり，F のイオン化エネルギーは 1680 kJ mol^{-1}（17.41 eV）である．水素の 1s 軌道とフッ素の 2p 軌道の波動関数が結合したときに生じる分子軌道のエネルギーは，水素の軌道のエネルギーよりもフッ素の軌道のエネルギーに近い．単純にいうと，結合性分子軌道は水素の軌道よりはフッ素の軌道のようになるということを意味している．このことは荒っぽくいうと，HF の結合について記述したように，電子がフッ素原子のまわりを動き回る時間が長いという

ことである.

異核分子の結合は,原子軌道の混成から構成され,電気陰性度の大きい原子からの寄与が大きい分子軌道を生じる.たとえば,Li のイオン化エネルギーは 520 kJ mol^{-1} (5.39 eV) であるが,水素のイオン化エネルギーは 1312 kJ mol^{-1} (13.6 eV) である.したがって,LiH 分子の結合性軌道は水素の 1σ 軌道の性質が強くでる.事実,LiH は本質的にイオンであり,通常,第1族の金属水素化物は,イオンと考えられる.化合物 LiF を考えると,二つの原子のイオン化エネルギーは大きく異なるので,結果的に分子軌道は本質的にフッ素原子の原子軌道と同じである.これは,LiF では結合が生じるときに,電子が本質的に F 原子へ移っていることを示す.したがって,LiF は Li$^+$ と F$^-$ からなるイオン性化合物である.

3·6 電気陰性度

前述したように,2 原子間で共有結合が形成されるときに,電子対が原子間で等しく共有されると推定する理由はない.必要なことは,原子が電子を引きつける能力の相対的な指標を与える方法である.Linus Pauling は原子の電気陰性度として知られている性質を記述することによって,この問題に対するアプローチを発展させた.この性質は分子の中の原子が,電子を引きつける傾向の尺度を与える.Pauling は異なる電気陰性度をもつ原子間の共有結合は,それらが純粋に共有結合ならば,より安定であるという事実を利用して,電気陰性度を記述するために,数値を与える方法を考えだした.二原子分子 AB に対して,実際の結合エネルギー D_{AB} は以下のように書ける.

$$D_{AB} = \frac{1}{2}[D_{AA} + D_{BB}] + \Delta_{AB} \qquad (3\cdot65)$$

ここで,D_{AA} と D_{BB} は純粋な共有結合性二原子分子 A_2 と B_2 のそれぞれ結合エネルギーを表している.A と B の間の実際の結合が,結合が純粋な共有結合と仮定したときよりも強いので,項 Δ_{AB} は付加安定性に対して修正する.電子対の共有の非等価の程度は,電気陰性度として知られる性質に依存している.Pauling は以下のような式で結合の付加安定性を,原子が電子を引きつける傾向と関係づけた.

$$\Delta_{AB} = 96.48|\chi_A - \chi_B|^2 \qquad (3\cdot66)$$

この式において,χ_A と χ_B は原子 A と B のそれぞれ電子を引きつける能力(電気陰性度)を表す値である.定数 96.48 は Δ_{AB} の値が kJ mol^{-1} で与えられるようにするための数である.この定数が 23.06 であるならば,Δ_{AB} の値は kcal mol^{-1} となる.これは結合の付加安定性に関連した 2 個の原子の値の間の差である,ということに注意する必要がある.多くのタイプの結合について Δ_{AB} の値がわかっているので,少なくとも 1 個の原子に対して知られている値があれば,χ_A と χ_B の値を割り当てることは可能である.

3・6 電気陰性度

Pauling はフッ素の電気陰性度に対して 4.0 の値を当てることによってこの問題を解いた．このようにして，他のすべての原子の電気陰性度が 0 から 4 までの正の値であることがわかった．より最近の結合エネルギー値に基づくと，3.98 の値が使われることもある．フッ素原子に 100 の値が割り当てられていたならば，他の原子の電気陰性度は 96 から 100 の間になるので，差はほとんどなかったであろう．

フッ素の電気陰性度に 4.0 の値が割り当てられると，水素の電気陰性度を決めることが可能となる．なぜなら，H-F 分子の結合エネルギーのように，H-H や F-F 結合エネルギーも知られているからである．これらの結合エネルギーの値を使うと，H の電気陰性度は，およそ 2.2 である．この値は結合の付加安定性に関係したもので，実際の値ではなく，電気陰性度の差にすぎないということに注意する必要がある．多くの原子に対するポーリングの電気陰性度は表 3・3 に示されている．

表 3・3 ポーリングの電気陰性度

H 2.2							
Li 1.0	Be 1.6		B 2.0	C 2.6	N 3.0	O 3.4	F 4.0
Na 1.0	Mg 1.3		Al 1.6	Si 1.9	P 2.2	S 2.6	Cl 3.2
K 0.8	Ca 1.0	Sc … Zn 1.2 … 1.7	Ga 1.8	Ge 2.0	As 2.2	Se 2.6	Br 3.0
Rb 0.8	Sr 0.9	Y … Cd 1.1 … 1.5	In 1.8	Sn 2.0	Sb 2.1	Te 2.1	I 2.7
Cs 0.8	Ba 0.9	La … Hg 1.1 … 1.5	Tl 1.4	Pb 1.6	Bi 1.7	Po 1.8	At 2.0

ここで記した方法は，算術平均 $1/2(D_{AA}+D_{BB})$ による，A_2 と B_2 の平均結合エネルギーに基づいているが，$(D_{AA} \times D_{BB})^{1/2}$ による平均結合エネルギーに基づいた異なる方法もある．これは幾何平均であり，以下の式で表されるような，分子の付加安定性の値を与える．

$$\Delta' = D_{AB} - (D_{AA} \times D_{BB})^{1/2} \qquad (3・67)$$

高い分極性の分子に対して，この式は，原子間の電気陰性度の差と結合の付加安定性について式 (3・65) よりも良い一致を示す．

Pauling は原子間の結合エネルギーに基礎をおいて電気陰性度を考えたが，分子中の原子が電子を引きつける能力に関する問題に対するアプローチはこれだけではない．たとえば，原子から電子を取り去る容易さは，イオン化エネルギーであるが，電子を引き

つける能力に関係している．電子親和力はまた，得られた電子を持ち続ける原子の能力の尺度を与える．したがって，これらの原子の性質は，電子を引きつける分子中の原子の能力に関係しているはずである．よって，原子の電気陰性度を表す式に，これらの性質を使うことは自然である．そのような方法は Mulliken によって行われたが，彼は原子 A の電気陰性度 χ は以下のような式で表されると提案した．

$$\chi_A = \frac{1}{2}[I_A + E_A] \qquad (3\cdot 68)$$

この式において，I_A はイオン化エネルギーであり，E_A は原子の電子親和力であり，Mulliken が原子の電気陰性度として使うことを提案したのは，これら二つの性質の平均である．エネルギーが eV で表されると，フッ素原子に対するマリケンの電気陰性度は 3.91 であり，ポーリングの電気陰性度の 4.0 の値より小さいが，一般的に，これら二つの方法の電気陰性度の値はあまり違わない．

電気陰性度のように重要な性質ならば，その性質について尺度を与える多くのアプローチがあることは驚くに値しない．これまでに二つの方法について記述したが，もう一つ別の方法について紹介しよう．Allred と Rochow は以下の式を使った．

$$\chi_A = 0.359\left(\frac{Z^*}{r^2}\right) + 0.744 \qquad (3\cdot 69)$$

この式で，Z^* は有効核電荷であり，これは原子核のより近くにある電子によって，実際の核電荷の効果が波及する影響下から，外側の電子は遮蔽されている，という事実を考慮しているものである（§2・4 を参照）．原則として，Allred-Rochow 電気陰性度は，価電子と原子核との間の静電的相互作用に基づいている．

電気陰性度の値の最も重要な使用法は，結合の分極性を予想することにある．たとえば，H-F 結合において，共有している電子対は F 原子の近くにあるが，これはフッ素の電気陰性度が 4.0 に対して，水素原子の電気陰性度が 2.2 であるからである．言い換えれば，電子対は共有されているが，等価ではない．HCl 分子について考えると，共有電子対は Cl 原子の近くにあるが，それは Cl の電気陰性度が 3.2 だからである．しかし，電子対は HF の場合よりはより共有している．なぜなら，HCl の電気陰性度の差が HF より小さいからである．無機化合物の構造を記述する際に，この法則を使う機会は多い．

イオン構造が分子波動関数に寄与する項の荷重係数（λ）は，分子の分極率に関係しているとすると，結合のイオン性を原子の電気陰性度に関係づける式が展開されたことは論理的である．原子の電気陰性度の項において，二つの式は結合のイオン性のパーセントを以下の式のように与える．

3・6 電気陰性度

$$\text{イオン性のパーセント} = 16|\chi_A - \chi_B| + 3.5|\chi_A - \chi_B|^2 \qquad (3\cdot70)$$

$$\text{イオン性のパーセント} = 18|\chi_A - \chi_B|^{1.4} \qquad (3\cdot71)$$

式は大変異なるように見えるけれども,イオン性のパーセントの計算値は,多くの結合タイプに対してだいたい等しい.電気陰性度の差が1であるならば,式 (3・70) では19.5%のイオン性を予想するが,式 (3・71) は18%を予想する.この差はほとんどの目的には重要ではない.これらの式の一つを使ってイオン性のパーセントを見積もり,式 (3・61) を使って分子波動関数の係数λを決める.図3・10は電気陰性度の差とイオン結合性の変化を示している.

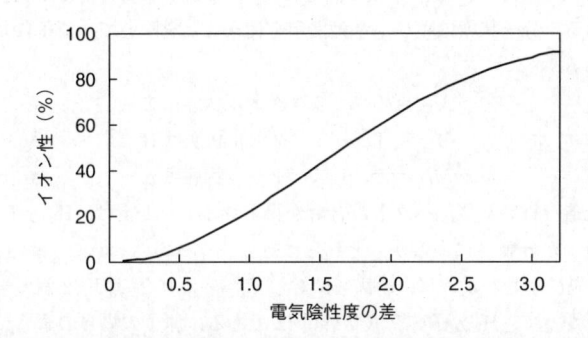

図 3・10 原子の電気陰性度の差と結合のイオン性のパーセントの変化

共有結合の電子が等しく共有されているなら,原子間の結合の長さは共有結合半径の合計として近似される.しかし,結合が極性ならば,結合は完全な共有結合よりは強くないので,結合の長さはより短い.先に示したように,2個の原子間の極性的な結合が,純粋な共有結合より強いときの量は,2個の原子の電気陰性度の差に関係している.結合が共有結合半径の合計よりも短い量は,また電気陰性度の差に関連している.原子半径の項における結合距離と電気陰性度の差を表す式は,Schomaker–Stevenson式である.この式は以下のようになる.

$$r_{AB} = r_A + r_B - 9.0|\chi_A - \chi_B| \qquad (3\cdot72)$$

ここでχ_Aとχ_Bはそれぞれ原子AとBの電気陰性度であり,r_Aとr_Bはpmで表される共有結合半径である.この式は結合距離に対して,良い近似を与える.電気陰性度の差に対する補正が極性分子に適用されると,計算された結合距離は実験値とかなり良く一致する.

この章では,分子軌道法的なアプローチと共有結合の関連について基本的な考えが紹介された.分子軌道法の他の応用については第5章と第17章で議論されるであろう.

3・7 分子のスペクトル状態

原子に対して適用したRussell–Saunders法に似たカップリング法として，二原子分子に対して，スピンと軌道角運動量のカップリングがある．電子がある特定の分子軌道にあるときに，それらはm_l値で指定される同じ軌道角運動量をもっている．原子の場合と同じように，m_lは軌道のタイプに依存している．核間軸がz軸ならば，σ結合をつくる軌道はs, p_z, d_{z^2}である．π結合をつくる軌道はp_x, p_y, d_{xy}, d_{yz}である．$d_{x^2-y^2}$とd_{xy}は，1個の上にもう1個が重なったように横型に重なり，δ結合をつくる．分子軌道のこれらのタイプに対して，対応するm_lの値は，以下のようになる．

$$\sigma: \quad m_l = 0 \qquad \pi: \quad m_l = \pm 1 \qquad \delta: \quad m_l = \pm 2$$

原子の場合と同じように，分子の項の記号は^{2S+1}Lと記されるが，LはM_L（最高正値）の絶対値である．分子状態はギリシャ大文字を使うことを除いて，原子に対して指定されたものである．

$M_L = 0$　　スペクトル状態はΣ
$M_L = 1$　　スペクトル状態はΠ
$M_L = 2$　　スペクトル状態はΔ

分子軌道配置を書いた後，ベクトル合計が得られる．たとえば，H_2分子において，2個の結合性電子がσ軌道にあるが，それらは対をつくっているので，$S=1/2+(-1/2)=0$である．先に示したように，σ軌道に対して，m_lは0なので，2個の電子は$M_L=0$となる．したがって，H_2分子の基底状態は$^1\Sigma$である．原子の場合のように，すべて満たされた殻は$\Sigma s_i = 0$であり，結果的に$^1\Sigma$状態をとる．

N_2分子は$(\sigma)^2(\sigma^*)^2(\sigma)^2(\pi)^2(\pi)^2$の電子配置なので，配置されている軌道のすべてが満たされている．したがって，スペクトル状態は$^1\Sigma$である．O_2分子に対して，満たされていない軌道は$(\pi_x^*)^1(\pi_y^*)^1$であり，満たされている軌道はスペクトル状態を決めない．π軌道に対して，$m_l=\pm 1$である．このベクトルは結合されて$\pm 1/2$のスピンベクトルをもつようになる．スピンがともに同じ符号ならば，$S=1$であり，状態は三重項である．もしスピンが反対ならば，$|S|=0$であり，状態は一重項である．$M_L=\Sigma m_l$であり，π軌道に対するm_l値が± 1ならば，M_Lに対する可能な値は2, 0, -2である．M_SとM_Lの可能な組合わせは下の表のようになる．

M_L	M_S		
	1	0	-1
2		(1, 1/2), (1, $-1/2$)	
0	(1, 1/2), (-1, 1/2)	(1, 1/2), (-1, $-1/2$) (1, $-1/2$), (-1, 1/2)	(1, $-1/2$), (-1, $-1/2$)
-2		(-1, 1/2), (-1, $-1/2$)	

$M_L=2$ で，スピンが反対のときには $^1\Delta$ となる．$M_L=0$ で S ベクトルが $+1$，0，-1 の値をもっているときの1個の組合わせがあり，それは $^3\Sigma$ に対応している．残りの組合わせは $^1\Sigma$ に対応している．これらの状態（$^1\Delta$, $^1\Sigma$, $^3\Sigma$）のうちで，最高の多重度をもっているものは，一番低いエネルギーをもっているが，O_2 分子の基底状態は $^3\Sigma$ である．基底状態は，平行のスピンをもった別々の π 軌道に電子を単純に置き，M_L と M_S を得ることにより，すぐに確定することができる．

CN 分子に対して，電子配置は $(\sigma)^2(\sigma_z)^2(\pi_x)^2(\pi_y)^2(\sigma_z)^1$ である．σ_z 軌道の1個の電子は $M_L=0$，$S=1/2$ であるので，基底状態は $^3\Sigma$ である．N_2, CO, NO^+, CN^- のようないくつかの分子は電子配置 $(\sigma)^2(\sigma_z)^2(\pi_x)^2(\pi_y)^2(\sigma_z)^2$ の閉殻構造をもっている．したがって，これらの基底状態は $^1\Sigma$ である．NO 分子は $(\sigma)^2(\sigma_z)^2(\pi_x)^2(\pi_y)^2(\sigma_z)^2(\pi_x^*)$ の電子配置をもっているが，$S=1/2$ であり，$M_L=1$ である．これらの値は $^2\Pi$ の基底状態を生じる．

参考文献

Cotton, F. A., Wilkinson, G., and Murillo, C. A. (1999). *Advanced Inorganic Chemistry*, 6th ed. John Wiley, New York. [1400ページのほとんどが無機化学のすべてにあてられている優れた教科書]

DeKock, R. L., and Gray, H. B. (1980). *Chemical Bonding and Structure*. Benjamin Cummings, Menlo Park, CA. [推薦できる最良の結合の入門書の一つ]

Greenwood, N. N., and Earnshaw, A. (1997). *Chemistry of the Elements*, 2nd ed. Butterworth-Heinemann, New York. [化学の標準的な教科書であるが，結合に関する多くの情報を掲載している]

House, J. E. (2003). *Fundamentals of Quantum Chemistry*. Elsevier, New York. [詳細な数学を含む基礎レベルの量子力学の入門書]

Lide, D. R., Ed. (2003). *CRC Handbook of Chemistry and Physics*, 84th ed. CRC Press, Boca Raton, FL. [分子パラメーターの多くのデータが掲載されている]

Lowe, J. P. (1993). *Quantum Chemistry*, 2nd ed. Academic Press, New York. [高いレベルの分子軌道法が掲載されている]

Mackay, K., Mackay, R. A., and Henderson, W. (2002). *Introduction to Modern Inorganic Chemistry*, 6th ed. Nelson Thornes, Cheltenham, UK. [大変素晴らしい無機化学の標準的な教科書]

Mulliken, R. S., Rieke, A., Orloff, D., and Orloff, H. (1949). Overlap integrals and chemical binding. *J. Chem. Phys.* **17**, 510, and Formulas and numerical tables for overlap integrals, *J. Chem. Phys.* **17**, 1248–1267. [この2冊の本は重なり積分の計算の基礎を紹介しており，計算された値の表を掲載している]

Pauling, L. (1960). *The Nature of the Chemical Bond*, 3rd ed. Cornell University Press, Ithaca, NY. [結合論の古典]

Sharpe, A. G. (1992). *Inorganic Chemistry*, 3rd ed. Longman, New York. [無機物の結合概念をカバーしている]

問題

1. 以下のそれぞれについて，分子軌道エネルギー準位図を書き，結合次数を求めよ．また，電子を得た後，安定化したり，不安定化するものを記述せよ．
   (a) O_2^+ (b) CN   (c) S_2 (d) NO   (e) Be_2^+

2. Li_2 は安定であるが Be_2 は不安定であることを，分子軌道を用いて説明せよ．

3. NO と C_2 のどちらの結合エネルギーが大きいか．図を用いて説明せよ．

4. BN 分子と BO 分子に対して以下に数値が与えられている．これらの分子に数値を当てはめて，それを説明せよ．数値；120 pm，128 pm，8.0 eV，4.0 eV

5. H–H と S–S の結合エネルギーがそれぞれ 266 kJ mol^{-1} と 432 kJ mol^{-1} であるならば，H–S の結合エネルギーはいくらか．

6. NO の伸縮振動の波数は 1876 cm^{-1} である．一方，NO$^+$ の伸縮振動の波数は 2300 cm^{-1} である．この違いを説明せよ．

7. Cl と F の共有半径がそれぞれ 99 pm と 71 pm とするならば，Cl–F 結合距離はいくらか．共鳴の観点から説明せよ．

8. 単結合 σ 結合がある二原子分子 A_2 を考えてみる．σ* 状態への電子の励起は 15,000 cm^{-1} の吸収を生じる．原子 A の価電子殻の電子の結合エネルギーは -9.5 eV である．(a) 重なり積分が 0.12 であるときの，交換積分 H_{12} の値を求めよ．(b) A_2 分子の結合性分子軌道と反結合性分子軌道の実際の値を求めよ．(c) A_2 分子の単結合エネルギーを求めよ．

9. 結合距離が短くなる順に O_2^{2-}，O_2^+，O_2，O_2^- を並べよ．この順について分子軌道を用いて説明せよ．

10. NO 分子の電子親和力は 88 kJ mol^{-1} であるのに，CN 分子の電子親和力は 368 kJ mol^{-1} であることを説明せよ．

11. CN 分子のスペクトルにおいて，9000 cm^{-1} 付近に吸収帯が現れる．この分子の分子軌道の観点からこの吸収帯の起源について説明せよ．またどういうタイプの遷移が含まれているか．

12. Li_2 分子の解離エネルギーは 1.03 eV である．Li 原子の第一イオン化エネルギーは 5.30 eV である．分子軌道エネルギー図の観点から Li_2 の結合を記述せよ．重なり積分が 0.12 ならば，交換積分はいくらか．

13. 分子 XY に対して，分子波動関数は以下のように記述できる．

$$\psi_{分子} = \psi_{共有結合} + 0.70\psi_{イオン結合}$$

X–Y 結合のイオン性のパーセントを計算せよ．X–Y 結合距離が 142 pm とすると，XY の分極率はいくらか．

14. H–X 結合エネルギーが 402 kJ mol^{-1} であるならば，元素 X のポーリングの電気

陰性度はいくらか．H-H 結合エネルギーが 432 kJ mol^{-1} であり，X-X 結合エネルギーは 335 kJ mol^{-1} である．H-X 結合のイオン性のパーセントを求めよ．分子波動関数が以下のように記述されるならば λ の値はいくらか．

$$\psi_{\text{分子}} = \psi_{\text{共有結合}} + \lambda \psi_{\text{イオン結合}}$$

15. A_2 と X_2 の結合エネルギーがそれぞれ 210 kJ mol^{-1} と 345 kJ mol^{-1} とする．A と X の電気陰性度がそれぞれ 2.0 と 3.1 であるとすると，A-X 結合の強さはどうなるか．核間距離が 125 nm であるならば，分極率はいくらか．

16. XY 分子に対して，分子波動関数は以下のように書ける．

$$\psi_{\text{分子}} = \psi_{\text{共有結合}} + 0.50 \psi_{\text{イオン結合}}$$

X-Y 結合のイオン性のパーセントを計算せよ．もし結合距離が 148 pm ならば，XY の分極率はいくらか．

17. 以下の二原子分子のスペクトル基底状態を決定せよ．
(a) BN (b) C_2^+ (c) LiH (d) CN$^-$ (e) C_2^-

4

無機化合物の構造と結合

　分子構造は物質やその変化を研究する化学の基礎である．物質の構造や，化学反応が起こるときの分子レベルの変化にはほとんどの場合，化学が関係している．このことは無機化学だけではなくて，化学のすべての分野において真理である．本章では結合と分子構造の基本的な考え方を概観する．結合の他の観点は後の章で議論されるが，本章はその課題を学習する前の構造無機化学の入門である．特定の無機化合物の構造に関するより詳細なことについては後の章で紹介する．なぜなら本章で議論する構造のほとんどは化合物の化学の中で再び見られるからである．結合に対する理論的なアプローチは多くの目的のためには必要ない．したがって，本章では無機化学にとって有用かつ十分である分子構造の観点について，数学をあまり使わずに紹介する．原則のいくつかは単結合だけからなる分子に対してあてはまらないが，まず，単結合分子の話題から紹介する．

　本章では，分子構造の記述がおもに原子価結合法の観点で示されているが，分子軌道法は第5章で議論する．多原子分子に対する分子軌道図の作成は対称性を使うことにより単純化される．それについては第5章で紹介する．

4・1　単結合からなる分子の構造

　単結合だけからなる分子を記述するときに，最も重要な因子の一つは電子間に存在する反発である．その反発は中心原子のまわりの共有電子対と非共有電子対の数に関係している．2組の電子対だけが中心原子を取り巻いているとき（たとえば BeH_2），構造はほぼ直線である．なぜなら，これが最低のエネルギーをとる配置だからである．中心原子のまわりに4組の電子対があるとき（たとえば CH_4），構造は四面体である．これまでの化学の知識から，このような構造を記述するために sp 混成や sp^3 混成がよく知られている．CH_4 が四面体構造であるということは異常ではない．なぜなら，炭素原子は

4・1 単結合からなる分子の構造

sp³ 混成をしているからである．CH₄ の構造は最低のエネルギーの配置を表しているし，幾何構造が 1 個の 2s 軌道と 3 個の 2p 軌道の波動関数の結合によって，つくられていることと一致する軌道の組合わせを表しているからである．結果的に生じる四つの軌道は四面体の頂点の方向を向いていることが示される．

電子間反発が最小になるように，理想的な構造が中心原子のまわりの電子の数に基づいて得られる．しかし，非共有電子対（孤立電子対ともよばれる）は，共有電子対とは異なった振舞いをする．共有電子対は，基本的に電子を共有している 2 個の原子の間の空間に局在している．非共有電子対は，存在する原子にだけ結合しており，その結果，非共有電子対は共有電子対より自由に動き回ることができるので，より広い空間が必要である．このようなことが分子構造に影響をもたらす．

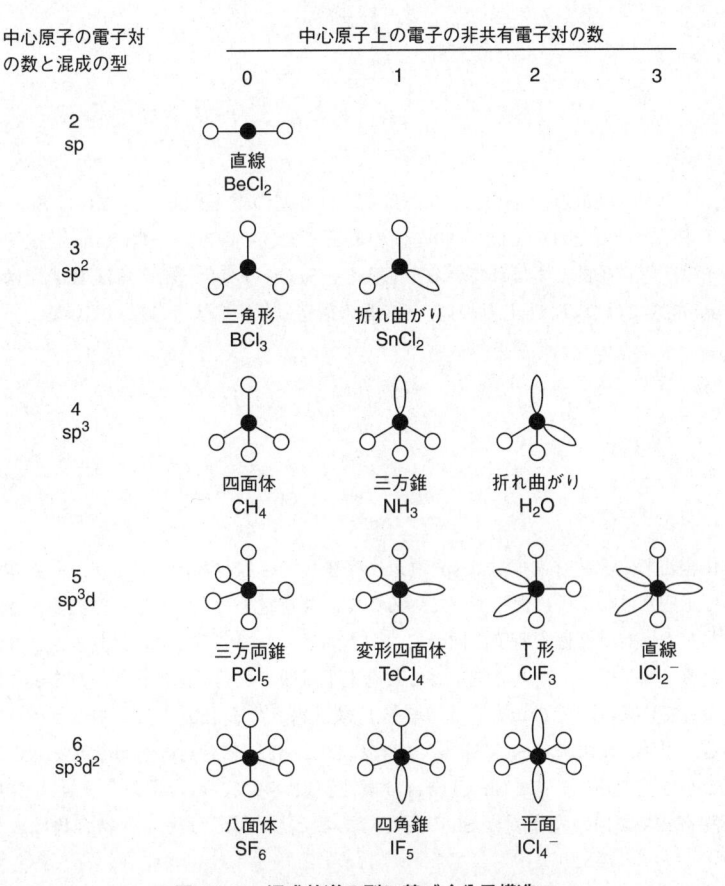

中心原子の電子対の数と混成の型	中心原子上の電子の非共有電子対の数			
	0	1	2	3
2 sp	直線 BeCl₂			
3 sp²	三角形 BCl₃	折れ曲がり SnCl₂		
4 sp³	四面体 CH₄	三方錐 NH₃	折れ曲がり H₂O	
5 sp³d	三方両錐 PCl₅	変形四面体 TeCl₄	T 形 ClF₃	直線 ICl₂⁻
6 sp³d²	八面体 SF₆	四角錐 IF₅	平面 ICl₄⁻	

図 4・1 混成軌道の型に基づく分子構造

図4・1に多くの無機分子に共通する構造を示した．直線，三角形，四面体，三方両錐，八面体構造には，それぞれ2，3，4，5，6の結合電子対があるが，中心原子に非共有電子対はない．こられの構造の混成軌道のタイプは，それぞれ sp, sp^2, sp^3, sp^3d, および sp^3d^2 である．

分子の予想される構造を合理的に考えるには，中心原子のまわりの電子数を見いだすことや，電子間反発が最小になる方向に向いている軌道に電子を入れることが必要とされる．しかし，構造の詳細を考えるときには複雑なことが多い．たとえば，BF_3 のような分子は中心原子のまわりには3組の電子対だけがあり，これはBからの3個の価電子とそれぞれのFからの1個の電子でできている．したがって，最も低いエネルギーを与える構造は120°の結合角をもった三角形であり，混成軌道は sp^2 である．

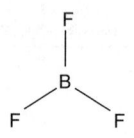

$$\underset{F}{\overset{F}{B}}\diagup F$$

一方，気体状の $SnCl_2$ 分子のSnのまわりには6個の電子があり，これはSnからの4個の価電子とそれぞれのClからの1個の電子でできている．一般に，同じ電子数をもつ分子は，等電子的とよばれている．しかし，$SnCl_2$ の場合，結合角は120°ではないので，sp^2 混成ではないかもしれない．$SnCl_2$ の構造は以下のようになっている．

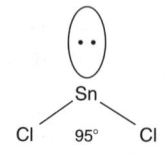

$$Cl \underset{95°}{\overset{\overset{..}{Sn}}{}} Cl$$

この化合物で，非共有電子対は sp^2 軌道に存在していると考えられるが，その非共有電子対は1個だけの原子に保持されているので，共有電子対よりも広い空間が必要とされる．共有電子対は2個の原子に同時に，引きつけられているために，動きがより制限されている．結果的に，非共有電子対と共有電子対間の反発は，結合電子対を近づかせるのに十分であるが，そのことにより結合角は予想される120°よりもずっと小さくなっている．事実，p軌道がSnによって使われるならば，結合角は予想されるものよりももっと小さくなる．一方，Sn-Cl結合は極性が強いので，結合性の電子対はCl原子の方に片寄っており，電子対がSnの近くにあるとした場合よりも，結合角はより小さい．

中心原子に sp^2 混成軌道をもつ分子には，結合角が120°からかなりずれているもの

もある．たとえば，F_2CO は結合角が 108° である．

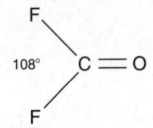

$$\underset{F}{\overset{F}{\diagdown}}\!\!\!\!\!\!\!\!\!\!{}^{108°}C=O$$

sp^2 混成によって，実際の結合角が予想される結合角から大きくずれることに関してさまざまな説明が提案されてきた．この問題に対する単純なアプローチは，C-F 結合はフッ素原子の方に共有電子対が引きつけられて，極性が強いということを考慮することである．したがって，この結合電子対は，それが C と F によって等しく共有されていると仮定したのに比べて，かなり片寄っている．結合電子対間にわずかな反発があり，C-O 二重結合の影響によって，π 軌道が C-F 結合電子対との間に何らかの反発を生じて，結合角を小さくしている．このアプローチを使うと，ホスゲン（Cl_2CO）の結合角は F_2CO の結合角よりも大きいと予想できる．なぜなら，C-Cl 結合の電子対が，C-F 結合のときよりも炭素原子側に寄っているからである．したがって，結合電子対は Cl_2CO よりも F_2CO の場合の方が互いに近づいている．F 原子と Cl 原子はいずれも炭素原子より電気陰性度が大きいので，炭素原子は結合双極子の正の端にある．Cl_2CO の結合はこの解釈が正しいことを示している．

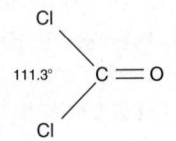

$$\underset{Cl}{\overset{Cl}{\diagdown}}\!\!\!\!\!\!\!\!\!\!{}^{111.3°}C=O$$

もちろん，Cl 原子は F 原子よりも大きいので，Cl_2CO の方がより大きな結合角をとる．ホルムアルデヒド（H_2CO）の構造をみると，H 原子は F 原子や Cl 原子よりも小さいので，この関係は有効である．しかしながら，その構造は端の原子間の反発が重要ではないかもしれないということを示唆している．

$$\underset{H}{\overset{H}{\diagdown}}\!\!\!\!\!\!\!\!\!\!{}^{125.8°}C=O$$

この場合，H-C-H の角度は中心原子の sp^2 混成軌道に対して予想される値よりは大きい．C-H 結合の極性が考慮されるならば，炭素原子は結合性極性の負の端にあるということがわかる（第 6 章をみよ）．したがって，C-H 結合性電子対は炭素原子の方に片寄っているし，互いに近いために，それらの間の反発により，結合角が 120° より大きくなっていると考えるべきである．結合角の実験値はこの原理と一致している．

OF₂ と OCl₂ の結合角の差をみると，興味深いことがある．それらの構造を下図に示す．

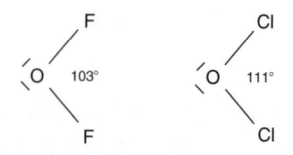

<pre>
     F   Cl
      \   \
       O 103°   O 111°
      /   /
     F   Cl
</pre>

この結合角の差を F と Cl の大きさの違いによるものとするかもしれないが，結合電子対の位置が重要である．O-F 結合はフッ素原子の近くに結合性電子対があり，極性なので，結合角が小さくなる．O-Cl 結合は，極性であるが，酸素の電気陰性度はより高く，共有電子対は酸素原子に片寄っている．結果的に，OCl_2 の結合性電子対間の反発が OF_2 のそれよりも大きくなるはずであり，OCl_2 結合角はこの原理と一致して，より大きくなっている．いずれも，酸素原子上に 2 組の非共有電子対があり，結合角は四面体角度からずれている．この状況が仮に，非共有電子対によって生じる効果と同じように単純であるとするならば，Cl が F より大きいので，OCl_2 において結合角が少し大きくなると予測されるであろう．8° の差はおそらく，結合性電子対の間のより大きな反発を意味している．

CH_4 分子の結合角は 109°28′ である．炭素原子のまわりに 8 個の電子があり（炭素から 4 個の電子と，4 個の水素から計 4 個の電子），その結果，正四面体となる．アンモニア分子は，窒素原子のまわりに 8 個の電子があり（窒素原子から 5 個の電子と，3 個の水素から計 3 個の電子），そのうち 1 組の電子対が非共有電子対である．

<pre>
         N
        /|\
       / | \
      H | H
       107.1°
         H
</pre>

窒素原子によってつくられる混成軌道は sp^3 であるが，NH_3 分子の結合角は正四面体でみられた 109°28′ よりも，少し小さく 107.1° である．この違いの理由は，非共有電子対がより広い空間を必要とし，結合性電子対に少し近づくように強制するからである．上で述べたような構造は静的なモデルを示しているが，アンモニアは実際には反転として知られるような振動運動をしている．この振動において，分子は下図に示すように三角形の遷移状態を通って，反転している．

<pre>
     N   H   H
    /|\ | |
   H | H ⇌   H—N—H   ⇌   H—N—H
     H
    C₃ᵥ   D₃ₕ   C₃ᵥ
</pre>

4・1 単結合からなる分子の構造

この振動は約 $1010\ s^{-1}$ の周波数をもっている。反転の障壁の高さは $2076\ cm^{-1}$ であるが，第一振動と第二振動の差はわずか $950\ cm^{-1}$ である。これは $1.14\ kJ\ mol^{-1}$ に等しい。ボルツマン分布則を使って，第二振動状態はわずかに 0.0105 の存在であると計算できるが，もし分子が $2076\ cm^{-1}$ の障壁を超えなければいけないとすると，早い反転をひき起こすために必要十分な熱的な量でない。この場合，反転は**量子トンネル効果**（quantum mechanical tunneling）をもっているし，これは分子が障壁を超えずに一つの構造からもう一つの構造に変換することを意味している。

下図の水分子の構造は 2 組の非共有電子対の効果を示している。

この場合，2 組の非共有電子対は，観測された結合角が 104.4° なので，結合電子対をより近づくように強制している。水分子の 2 組の非共有電子対はアンモニア分子の 1 組の非共有電子対よりも，もっと大きな効果をもたらしている。正規の幾何構造から予想される結合角から，少しのずれを生じる効果は，原子価殻電子対反発（VSEPR）として知られる原理の結果である。この原理の基礎は反発の項により以下のようになっている。

非共有電子対-非共有電子対 ＞ 共有電子対-非共有電子対 ＞ 共有電子対-共有電子対

非共有電子対の効果がこの関係から考察されるならば，正しい構造がしばしば導きだされるだけでなく，正規の結合角からの少しのずれもしばしば予測される。

VSEPR 法の興味深い応用が SF_4 の構造で下図のように解説されている。硫黄原子はまわりに 10 個の電子があり，これは硫黄原子から 6 個の価電子と 4 個の F 原子からそれぞれ 1 個の電子からなる。この構造は三方両錐であろうと考えられるが，以下の二つの可能性がある。

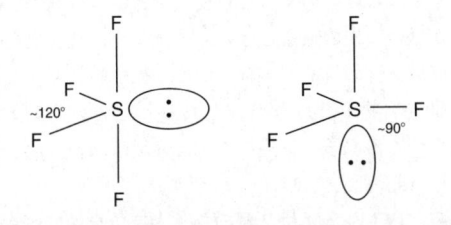

この二つの構造のうちの一方だけが SF_4 分子の構造である。左側の構造では，非共有電子対が 2 組の共有電子対と約 90° の角度であり，他の 2 組の共有電子対と約 120° の角

度である．右側の構造では，非共有電子対は3組の共有電子対と約90°の角度であり，他の1組の結合電子対と180°の角度である．この二つの構造の可能性はあまり違わないようにみえるが，電子対間の反発は距離に反比例している．距離の小さな違いが，実際の電子間の反発を導いている．結果的に，非共有電子対と90°の角度をなす2個の共有電子対だけをもつ構造が低いエネルギーとなり，SF_4 分子に対しては左側の構造が正しい．**三方両錐形構造において，非共有電子対は面内にある．**

中心原子のオクテット則の例外は，硫黄やリンのような原子で起こることに注意する必要がある．これらは原子価殻に d 軌道をもつ原子であり，電子が最高8個に限定されていない．5個の結合に対する三方両錐形に基づく分子にはもう一つの興味深い特徴がある．PF_5 分子や PCl_5 分子を考察すると，リン原子のまわり（5個の結合）には三方両錐形の角の方向を向いた10個の電子がある．

軸位の結合は，面内の結合より少し長くなっている．この種の構造において，リン原子の混成軌道は sp^3d と考えられる．しかし，三角平面の3個の結合をつくる混成軌道は sp^2 であり，dp 混成はそれぞれ180°の方向を向いた2個の軌道を与えるということが示される．したがって，sp^3d 混成は sp^2+dp として考えられるし，結合距離は3個の塩素原子の結合に使われる軌道が，他の2個と違っていることを反映している．これは，中心原子のまわりに5組の電子対がある三方両錐形構造分子の一般的な特徴であり，普通は軸位の結合が面内の結合より長くなる．

中心原子のまわりに5組の電子対があるような構造で興味深いのは，面内配置が sp^2 混成をつくり，軸位が dp 混成をつくることである．これまでみてきたように，非共有電子対は面内に見られる．この点のもっと重要なことは，電気陰性度の高い，まわりから結合している原子が低い s 性の軌道とうまく結合し，電気陰性度の低い，まわりから結合している原子が高い s 性の軌道と結合をつくりやすいということである．この傾向によれば，ハロゲン間化合物 PCl_3F_2 が合成されると，フッ素原子は軸位にあるであろう．また，多重結合をつくる原子（普通は電気陰性度が低い）は，より高い s 性の軌道に結合する傾向がある（sp^2 面内位置）．

今，述べた原理から，PCl_2F_3 分子は2個のフッ素原子を軸位にもち，2個の塩素原子と1個のフッ素原子を面内にもつと予想される．しかし，−22℃より高い温度では，PCl_2F_3 の核磁気共鳴（NMR）スペクトルは2本の分裂だけを示しており，^{31}P による

フッ素の共鳴による分裂から生じているものである．このNMRが−143℃で測定されると，NMRスペクトルは全く異なっており，多方向に結合したフッ素原子があることを示した．−22℃以上の温度では，フッ素原子のすべてが等価であるか，あるいは一つの環境にフッ素原子があるように速い速度でフッ素原子が入れ替わっていることは明らかである．先に，NH_3分子の反転振動が$1010\ s^{-1}$の周波数であることを述べた．PCl_2F_3またはPF_5において，NMRの実験のタイムスケールで面内と軸位のフッ素原子を等価にするために，どのような構造変化が起きているのか，という疑問が生じる．このことを正しく記述すると信じられている機構は，Berry擬回転として知られており，以下の図のようになる．

```
       a                    a
       |                   ╱↗
   e   |   e          e   ╱  e           e        e
    ╲  |  ╱            ╲ ╱                ╲      ╱
     ╲ | ╱      ⟹      X         ⟹        X
      X                ╱ ╲                ╱ ╲
     ╱ ╲              ╱   e              ╱   A
    ╱   ╲            ↙                  a     e
       A            A
       
     D₃ₕ              C₄ᵥ                D₃ₕ
```

この過程において，面内位置の最初のグループは e, e, **e** であり，軸位は a と A である．この符号付けは，位置の軌跡を維持するためのものであり，すべての端の原子が対称操作に対し，正しく同定されなければならないからである．四つの回転が起きるときに，分子は四角錐形をとる．この機構は，原子の運動が回転運動によって起こることを除いて，アンモニア分子の反転運動に似ている．非常に低い温度では，熱エネルギーは低く，フッ素原子が二つの異なる環境（軸位と面内）にいるように，振動はゆっくり起こる．高温では構造変化は速く，一つだけのフッ素の環境だけが感知される．アンモニアで見たように，すべての原子が静的な構造ではない．

おそらく，SF_4（sp^3d混成軌道）やSF_6（sp^3d^2混成軌道）のように分子構造が反応性に影響を及ぼすような分子の組合わせは他にないと思われるが，その構造は以下のようになっている．

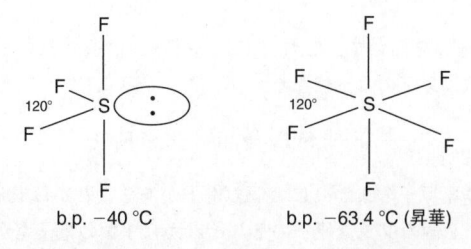

```
         F                          F
         |                          |
     F   |                      F   |   F
      ╲  |                       ╲  |  ╱
  120° ╲ |                   120° ╲ | ╱
     F—S  ··              F ——————S—————— F
       ╱ |                        ╱ | ╲
      ╱  |                       ╱  |  ╲
     F   |                      F   |   F
         F                          F

   b.p. −40 ℃              b.p. −63.4 ℃ (昇華)
```

SF_6はきわめて不活性な化合物であり，実際に気体状の誘電物質として使われるほどに

反応性に乏しい．また，この気体は酸素と混ぜ合わせることにより，人工の環境をつくることができ，ラットは病気もせずに何時間も混合気体中で呼吸し続けることができる．一方，SF_4 は非常に反応活性であり，以下のように水と素早く，かつ激しく反応する．

$$SF_4 + 3\,H_2O \rightarrow 4\,HF + H_2SO_3 \qquad (4\cdot 1)$$

H_2SO_3 は不安定なので，この反応はまた，以下のように書くことができる．

$$SF_4 + 2\,H_2O \rightarrow 4\,HF + SO_2 \qquad (4\cdot 2)$$

SF_6 が水と反応しないという事実は，熱力学的に安定なためではない．むしろ反応が起こるための低エネルギーの反応経路がないためである．硫黄原子のまわりの6個のフッ素原子は有効に攻撃を防いでいるし，硫黄原子には他の分子が攻撃してくるかもしれないような，非共有電子対がない．SF_4 では，硫黄原子に攻撃するのに十分な空間があるだけではなく，また非共有電子対が攻撃サイトになっている．これらの構造の違いが，SF_6 はかなり反応不活性であるのに対して SF_4 は非常に反応活性である理由である．

2種類の異なるハロゲンから構成されている化合物がある．これらのハロゲン間化合物は，単結合と非共有電子対からなる構造である．たとえば，BrF_3 では，Br 原子のまわりに10個の電子がある（7個の価電子と，フッ素からそれぞれ1個）．この構造は三方両錐形構造の面内に非共有電子対があるように描くことができる．非共有電子対の効果のために，軸位は 86° の結合角になるように近づけられている．

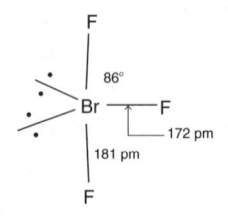

結合角のわずかな違いを除いて，これは ClF_3 や IF_3 の構造でもある．IF_3 が SbF_5 と反応するとき，反応式は以下のようになる．

$$IF_3 + SbF_5 \rightarrow IF_2^+ + SbF_6^- \qquad (4\cdot 3)$$

IF_2^+ の構造はヨウ素原子のまわりに8個の電子があることから推定できる．I 原子から7個の価電子と，2個のフッ素原子のそれぞれから1個の電子だが，1個の電子が取り去られて 1+ となっている．電子は四面体の頂点を向いた4個の軌道にあるが，2組

の非共有電子対がある.

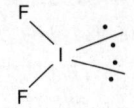

　この種の多くの構造は図4・1に示されたモデル構造に似ていることに注意する必要がある. 混成軌道はsp^3であるが, 構造は折れ曲がったり角度をもったりして四面体ではない. 一方, IF_2^-はヨウ素原子のまわりに10個の電子があり, 以下に示すように直線構造である.

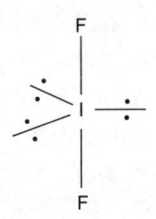

　この場合, 非共有電子対は面内にあり, その結果, 混成軌道はsp^3dであるけれども, IF_2^-の構造は直線構造となっていることに注目する必要がある. この場合, 分子やイオンの構造を決めたのは電子ではなくて原子の並び方である. この節で述べた単純な取扱いによって, 単結合と非共有電子対からできている多くの分子やイオンの構造を決定できることがわかる.

　キセノンはXeF_2やXeF_4のように, フッ素原子と化合物をつくる. キセノンは満たされたs軌道とp軌道をもっているので, 8個の電子を供給するが, それぞれのフッ素原子は1個の電子を供給する. したがって, XeF_2では, Xe原子のまわりに10個の電子があり, IF_2^-と等電子のXeF_2分子をつくる. XeF_2とIF_2^-はともに直線である. XeF_4分子ではXe原子のまわりに12個の電子があるので以下のような構造となる.

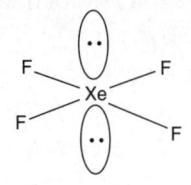

分子は平面構造であり, XeF_4と等電子構造であるIF_4^-と同じである.

　これまで混成軌道とVSEPRの観点からいくつかの分子の構造について述べてきたが, すべての構造がこのように単純なわけではない. H_2Oの構造（結合角104.4°）とNH_3の構造（結合角107.1°）は中心原子のsp^3混成軌道と, 非共有結合電子対の効果による109°28′の理想角度からの比較的小さなずれを考慮して, 記述されてきた. このよ

うな観点で H_2S と PH_3 の構造を考察すると，問題がある．理由は H_2S の結合角は 92.3° であり，PH_3 の結合角は 93.7° である点である．明らかに，非共有電子対の効果によってひき起こされる四面体の結合角（109°28'）からのずれより大きい．

H_2S と PH_3 の結合角が 90°ならば，結合に使われる軌道が 3p 価電子軌道であることを疑うであろう．硫黄原子には 2 個の半占有 p 軌道があり，水素の 1s 軌道が 2 個の結合を 90°にすることができる．同じようにリン原子には 3 個の半占有 p 軌道があり，3 個の水素原子の 1s 軌道との重なりが 90°の角度をもった 3 個の結合となる．sp^3 混成軌道が H_2O や NH_3 の中心原子によって使われたことが正しいとするけれども，H_2S や PH_3 に対しては正しくないと明らかになる．

なぜ，混成軌道は，中心原子が酸素や窒素のときにできて，S や P のときにできないのであろうか．答は軌道の混成の仕方に大きな二つの結果があるという事実である．まず，混成していない原子軌道より，軌道が異なった角度の空間の方向に向いているということである．すでに結果的に生じる構造をみてきたし，どのように反発を少なくするかについてみてきた．もう一つは混成の結果，軌道は大きさが変えられるということである．硫黄やリンの 3s と 3p の混成は，反発に関してより好ましい結合角を生み出すであろう．しかし，これらの軌道と水素の 1s 軌道の間の重なりは，小さい．水素の軌道は硫黄やリン上のより小さな混成していない p 軌道と，よりうまく重なることができる．その結果は，中心原子によって使われる軌道は，混成軌道の程度が非常に少ないが，純粋な p 軌道にかなり似ている．この解析を基に，H_2Se や AsH_3 は四面体角からもっとずれた結合角になると予想できるであろう．このことと一致して，これらの分子の結合角はそれぞれ 91.0°と 91.8°であるが，このことは中心原子の結合軌道がほぼ純粋な p 軌道であるということを示唆している．第 15 族や第 16 族のより重たい原子の水素化合物は直角に近い結合角をもっている（H_2Te, 90°; SbH_3, 91.3°）．

4・2 共鳴と形式電荷

多くの化合物において，これまで単結合や非共有電子対のみの分子に対して行ってきた取扱い方では不十分である．たとえば，CO 分子はそれぞれの原子のまわりにオクテット則を満たすように 10 個だけの価電子がある．$|C\equiv O|$ 構造はちょうど 10 個の電子を使っており，それぞれの原子のまわりに 3 組の共有電子対と 1 組の非共有電子対のオクテット則をとることを可能にしている．電子の配置を決める簡単な手順を以下のように示す．

1. 構造に対して配置することができるすべての原子の全価電子数（N）を決める．
2. それぞれの原子のまわりのオクテット則を満たすために何個の電子が必要かを決めるために，存在する原子の数に 8 を掛ける（S）．
3. 差（$S-N$）は構造において共有しなければならない電子の数である．

4・2 共鳴と形式電荷

4. 可能ならば，原子の形式電荷を好ましくなるように（本章の後の方で紹介する），電子を配置する．

CO分子に関して，全価電子は10個であり，2個の原子のまわりにオクテット則を満たすためには16個の電子が必要である．したがって16−10＝6電子を2個の原子で共有しなければならない．6電子は3組の共有電子対に等しい．このようにして，先に示したようなCOの構造にたどり着く．

SO_2のような分子に対して，価電子の数は18であるが，3個の原子のオクテット則を満たすためには24個の電子が必要である．したがって24−18＝6電子が共有されなければならない電子数であり，1個の硫黄原子と2個の酸素原子の間でこの結合をつくっている．しかし，すでにそれぞれの原子はそのまわりにオクテット則をもたなければならないと決まっているので，硫黄原子は共有されている3組の電子対に加えて，局在する非共有電子対をもたなければならない．この構造は以下のように示される．

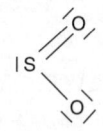

しかし，同じように以下の構造も書ける．

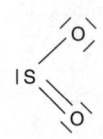

電子が2種類以上の配置をとりうる状況は共鳴構造が存在するといえる．第3章において，HFとH$^+$F$^-$の共鳴構造がHFを記述するのに使われたが，SO_2の場合には，共鳴構造のどちらもイオンを含んでいない．ここで示された構造はオクテット則に従うように電子を配置した異なる方法である．SO_2の真の構造は2種類の構造の中間のものである．つまり，2種類の構造が同じように寄与する混成である．これはある時間に一方の構造にいて，別の時間に別の構造にいるというものではない．分子はいつも，示されている構造の共鳴混成である．この場合，2種類の構造は真の構造に等価に寄与しているが，このことは必ずしもいつも当てはまるわけではない．硫黄原子上の非共有電子対の結果として，SO_2の結合角は119.5°である．

上に示された2種類の構造のそれぞれに示されている二重結合は2種類の共鳴構造で示されているように局在しているわけではない．しかし，2個の単結合と非共有電子対は存在する混成軌道の結果として，局在化している．混成軌道はsp^{2}であるが，その結

合角が 119.5° であることを，説明している．混成に使われなかった p 軌道が 1 個あり，それは分子の面に垂直であるが，同時に 2 個の酸素原子と π 結合をつくっている．π 結合は非局在しているように記述され，以下の図のようになる．

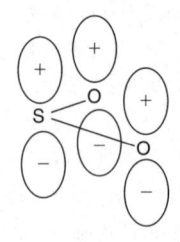

S-O 単結合はおよそ 150 pm の長さであるが，S 原子と O 原子の間の多重結合の結果として，結合次数が 1.5 となり，SO_2 で観測される結合距離は，143 pm である．

以下に示すことが，共鳴構造を描くのに適用される規則である．共鳴とは構造に電子を配置する異なった方法であるが，原子自身を並べる方法ではないことに注意する必要がある．

1. 原子は描かれたすべての構造において，相対的に同じ位置になければならない．たとえば，SO_2 分子は折れ曲がった構造をもつことが実験的に示されうる．この場合，他の幾何構造（たとえば直線構造）をもつように示された構造は認められない．
2. 結合に使われる電子の数を最大にするような（オクテット則に一致するように）構造は真の構造に最も寄与する．
3. すべての共鳴構造は同じ数の不対電子をもつ．分子またはイオンは固定された数の不対電子をもっているし，描かれたすべての共鳴構造は不対電子数を示さないといけない．
4. 負の形式電荷は通常，電気陰性度がより高い原子の上に置く．

NO_2 分子は規則 3 を適用している．NO_2 分子は全部で 17 個の価電子をもっているので，8 組の電子対と 1 個の不対電子がある．NO_2 の構造はこれを反映しなければならない．したがって NO_2 の構造は以下のようになる．

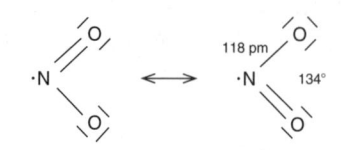

不対電子は N 原子上にあって，合計 7 個の電子があることに注意する必要がある．O 原子の電気陰性度がより高いので，O 原子がオクテット則を満たすようになっている．

4・2 共鳴と形式電荷

このことはまた，以下の平衡式で示されるように2分子のNO_2の分子上の電子が対をつくって二量化するという事実と一致している．

$$2 \cdot NO_2 \rightleftarrows O_2N \colon NO_2 \qquad (4 \cdot 4)$$

NO_2分子において，中心原子がsp^2混成軌道を使っているとき，結合角は$120°$よりかなり大きいことは注意すべきことである．この場合，N原子上の非結合性軌道が1個の電子をもっており，そのためにその軌道と共有されている電子対間の反発は小さい．したがって，結合性電子対間の反発は非結合性軌道上の1個の電子の反発によってバランスが崩れるので，結合角はより大きくなる．しかし，NO_2^-の構造を考えると，N原子上に非共有電子対がある．

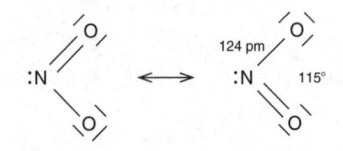

非共有電子対と結合性電子との反発はNO_2よりずっと大きく，結合角が$115°$となっていることに反映されている．NO_2^-のN-O結合距離は124 pmであるが，これはN原子が8個の電子をもっているためである．結合性電子に対する引力はほとんどないので，N-O結合はNO_2よりも長い．

形式電荷の概念は電子の跡をたどるのに必須な方法であり，非常に有用である．ある構造において，それぞれの原子の形式電荷を決めるために，まず原子に電子を配置しなければならない．これは以下のような方法に従って行われる．

1. 非共有電子対は存在する原子に属している．
2. 共有電子対はそれらを共有している原子間で等しく分配されている．
3. 構造における原子上の電子の総数は上記1と2の合計である．
4. それぞれの原子上の電子の総数と価電子の数を比べる．価電子の数が上記3で示された数より大きい場合は，原子は1個またはそれ以上の電子が少ないようにみえるために，正の形式電荷をもつことになる．上記3で示された数が価電子数より大きい場合，原子は1個またはそれ以上の電子を受け取って，負の形式電荷をもつことになる．
5. 隣接した原子上の同じ符号の形式電荷をもつ構造は，真の構造にはほとんど寄与していない．
6. 原子上の形式電荷の合計は化学種の全体の電荷の総数とならなければならない．

先に一酸化炭素分子$|C \equiv O|$の構造を示した．それぞれの原子には1組の非共有電子対があり，3組の共有電子対がある．三重結合の長さは，およそ112.8 pmにすぎない．

もし，共有電子対が等価に分配されるならば，それぞれの原子はこれらの共有電子対から3個の電子をもらうことになる．したがって，この構造において，それぞれの原子は合計5個の電子をもつように見える．炭素は普通，原子価殻に4個の電子をもっており，そのために形式電荷は-1価のように見える．酸素原子は通常，6個の価電子をもっているので，酸素原子は1個の電子を失ったようにみえ，形式電荷は$+1$価となる．もちろん，電子は失われたり，もらったりしていないので，この方法は机上の手続きである．

形式電荷は多くの分子の安定な原子の配列を予想するために使われる．たとえば，一酸化窒素，N_2O は以下のような構造をもつであろう．

$$\underline{N} = O = \underline{N} \quad と \quad \underline{N} = N = \underline{O}$$

左の構造が正しいと推定しがちだが，形式電荷を考慮するとそうではない．形式電荷はそれぞれの原子のイオン電荷と区別するために丸で囲まれている．以下のような手順に従って，形式電荷は以下のようになる．

$$\overset{\ominus}{\underline{N}} = \overset{\oplus 2}{O} = \overset{\ominus}{\underline{N}}$$

酸素は2番目に高い電気陰性度をもった原子なので，形式電荷$+2$は形式的な電荷を配分する規則には一致しない．したがって，正しい構造は右側のものである．酸素原子が端にあるので N_2O は酸化剤として働くという事実も説明している．**一般に，最も低い電気陰性度をもつ原子は中心に位置する**．原子の並びがNNOであるということがわかったが，共鳴構造にはまだ問題が残っている．

$$\overset{\ominus}{\underline{N}} = \overset{\oplus}{N} = \overset{0}{\underline{O}} \quad \longleftrightarrow \quad |N \equiv \overset{\oplus}{N} - \overset{\ominus}{\underline{O}}| \quad \longleftrightarrow \quad |\overset{\ominus 2}{\underline{N}} - \overset{\oplus}{N} \equiv \overset{\oplus}{O}|$$
$$\text{I} \qquad\qquad\qquad \text{II} \qquad\qquad\qquad \text{III}$$

構造IIIは真の構造には全く寄与していない．なぜなら酸素原子は$+1$価の形式電荷，窒素原子は-2価の形式電荷となり，酸素原子がより高い形式電荷になるからである．構造IとIIの相対的な寄与を決めることは難しい．構造IIは酸素原子上に負の形式電荷があるが，同時に窒素原子との間に三重結合があり，狭い空間に6個の電子をもつ結果となっている．2個の二重結合は一般に三重結合や単結合より好まれる．構造Iは窒素上に負の形式電荷があるが，2個の二重結合をもっている．これらの効果の結果として，構造IとIIが実際の構造に等しく寄与しているだろうと推定している．

この場合，正しいかどうかを決定する簡単な実験がある．構造Iは端の窒素原子上に負の形式電荷があるが，構造IIは分子の反対側の酸素原子上に負の形式電荷がある．もし，この構造が等しく寄与するならば，これらの効果は打ち消し合って，極性をもたな

い分子になるであろう．事実，N_2O の分極率はわずかに 0.17 D であり，構造 I と II がほぼ等しく寄与しているに違いない．

結合距離は共鳴構造からの寄与を決める際にまた有効である．構造 I は窒素原子と酸素原子の間に二重結合があるが，構造 II は N-O 結合は単結合である．これらの構造が等しく寄与しているならば，実験的に得られる N-O 結合距離はおよそ，N-O と N=O の長さの間であるはずである．このようにして，構造 I と II が実際の構造に対して，ほぼ等しく寄与している証拠を得ることができる．N_2O 分子に対して観測される結合距離を下図に示す（単位は pm）．

$$\underset{N}{} \overset{112.6}{\rule{3em}{0.4pt}} \underset{N}{} \overset{118.6}{\rule{3em}{0.4pt}} \underset{O}{}$$

この場合，N と O の結合をもつ他の分子の結合距離は共鳴構造の寄与を評価するのに有効である．$N\equiv N$ の結合距離は 110 pm であり，$N=N$ 結合距離は分子によっておよそ 120～125 pm である．同じように NO 分子は結合次数が 2.5 であるが，その N と O の結合距離は 115 pm である．一方，NO^+（結合次数が 3）では，結合距離が 106 pm である．これらの値から，N_2O の観測される結合距離は，構造 I と II の混成であるという事実と一致する．

他の例にも，この規則を適用できる．シアン酸イオン NCO^- を考えてみよう．この場合，分配するのに必要なのは 16 個の価電子である．3 個のオクテット則を満たすために，24 個の電子が必要である．したがって，8 個の電子が共有され，中央の原子から両端の原子へそれぞれ二つの結合があり，合計で四つの結合がある．両方向に二つの二重結合の形で四つの結合が，直線の構造をとると予想される．最初の問題は原子の配列である．16 個の電子を考えると，以下の三つの構造が考えられる（形式電荷も示している）．

$$\overset{(-1)}{\underline{N}}=\overset{(0)}{\underline{C}}=\overset{(0)}{\underline{O}} \qquad \overset{(-1)}{\underline{N}}=\overset{(+2)}{\underline{O}}=\overset{(-2)}{\underline{C}} \qquad \overset{(-2)}{\underline{C}}=\overset{(+1)}{\underline{N}}=\overset{(0)}{\underline{O}}$$

$$\text{I} \qquad\qquad\qquad \text{II} \qquad\qquad\qquad \text{III}$$

どれが正しい原子の並び方を決めるために，中心原子の形式電荷について考えてみよう．最初の構造では，炭素原子上に 4 組の共有電子対があり，等価に分けることにより炭素原子のまわりに 4 個の電子がある．炭素原子は普通は 4 個の価電子をもっているので，構造 I の炭素原子の形式電荷は 0 である．構造 II において，結合電子対を等しく分けると，酸素原子上に 4 個の電子があることになるが，通常は 6 個の価電子をもっている．したがって，構造 II の酸素原子の形式電荷は +2 である．この構造において 3 個の原子のうちで，酸素原子の電気陰性度が最も高いので，この構造は非常に好ましくない．構造 III において，等しく電子対を分けると窒素原子には 4 個の電子があることにな

るが，窒素の価電子は5個である．このために窒素原子の形式電荷は+1であり，炭素の形式電荷は-2である．

構造ⅡとⅢはともに炭素原子よりも高い電気陰性度をもつ原子に正の形式電荷があるように原子が並んでおり，好ましくない．結果的に，最も安定な原子の並び方は構造Ⅰである．構造Ⅲをもつイオンを含んだ化合物がいくつか知られているが，構造Ⅰより不安定である．事実，雷酸水銀は起爆剤として使われている．

一般的な規則として，16電子をもつ三原子系化合物において，中心原子に4個の結合があるということは，4個の価電子だけをもつ原子でないとすれば，その原子は正の形式電荷になる．したがって，3個の原子のうちの1個が炭素原子ならば，炭素原子は中央の原子になりやすい．中央の位置が窒素原子では形式電荷が+1になり，酸素原子ならば+2の形式電荷となる．多くの16電子系の三原子化合物をみてみると，一般に中心原子は最も低い電気陰性度をもったものであることがわかるであろう．

構造Ⅰがシアン酸イオンの正しい構造だとわかったので，次に共鳴構造を考えよう．先に述べた規則に従って，共鳴構造は以下のようになる．

$$\underset{\text{I}}{\overset{\ominus\ 0\ 0}{\underline{\text{N}}=\text{C}=\underline{\text{O}}}} \longleftrightarrow \underset{\text{II}}{\overset{0\ 0\ \ominus}{|\text{N}\equiv\text{C}-\underline{\text{O}}|}} \longleftrightarrow \underset{\text{III}}{\overset{\ominus\ominus\ 0\ \oplus}{|\underline{\text{N}}-\text{C}\equiv\text{O}|}}$$

構造Ⅰにおいて，窒素原子と炭素原子と酸素原子の形式電荷はそれぞれ-1, 0, 0となる．構造Ⅱにおいて，それぞれ0, 0, -1となる．しかし，構造Ⅲにおいて形式電荷は窒素原子が-2，炭素原子が0，酸素原子が+1となる．最も電気陰性度が高い酸素原子が正の形式電荷をもっており，真の構造がこれら3個の混成であるとするならば，構造Ⅲはほとんどとりえないということがすぐにわかるであろう．この構造は基本的に酸素原子から電子密度を取り去って，窒素原子上にそれを置いたことを表している．そこで，残りの2個の構造の寄与を考えなければならない．

構造Ⅱでは最も高い電気陰性度をもつ原子上に負の形式電荷があるけれども，狭い空間に大きな電子密度を置くような三重結合がある．酸素原子上の-1の形式電荷よりも小さい値を結合にもたせようとする電子間反発が提案されるであろう．一方，構造Ⅰの2個の二重結合は三重結合から生じる電子間反発がなく，合計で4個の電子をもつことになる．構造Ⅰではまた，3個の原子の中で2番目に高い電気陰性度をもつ窒素原子上に-1の形式電荷がある．これらのことを考えると，構造ⅠとⅡが真の構造にほぼ等しく寄与しているといえる．

CO_2に関して，その構造には2個のσ結合と2個のπ結合があり，以下のように図示できる．

$$\underline{\overline{\text{O}}}=\text{C}=\underline{\overline{\text{O}}}$$

4·2 共鳴と形式電荷

2個のσ結合は中心原子上のsp混成軌道であり，あと2個の混成していないp軌道がある．これらの軌道は分子軸に対して直交しており，酸素原子のp軌道とπ結合をつくっている．

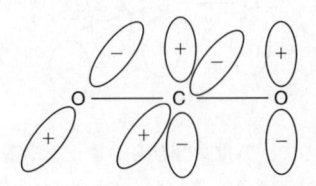

CO_2において，C=Oの結合距離は116 pmである．通常のものが120 pmなので，少し短い．CO_2，NO_2^+，SCN^-，OCN^-，N_2Oはすべて16電子をもつ三原子分子であり，直線構造である．

4原子から構成される重要な化学種があるが，これらは24価電子をもっている．このタイプの等電子種をいくつかあげると，CO_3^{2-}，NO_3^-，SO_3，およびPO_3^-（メタリン酸イオンとして知られている）である．4原子はオクテット則を満たすためには合計32個の電子が必要となるが，8個の電子は4個の結合で共有されていると結論づけられる．中心原子への4個の結合に関して，もしオクテット則に従わなければならないなら，非共有電子対は1組もない．したがって，CO_3^{2-}の構造は以下のように1個の二重結合C=Oと2個のC-O単結合として記述することができる．

二重結合はまた他の2個の位置にも書くことができるので，真の構造はこの3個の構造の共鳴混成となっている．そのために構造は1個の二重結合と2個の単結合の平均からなる3個の等しい結合をもつ三角形である．その結果，結合次数は1.33である．構造は三角形なので，炭素によりつくられる混成軌道はsp^2であることがわかる．結果的に平面に垂直な中心原子のp軌道がもう1個あるが，その軌道は空軌道である．したがって，酸素原子上の満たされたp軌道は中心の炭素原子の空のp軌道と重なってπ結合を生じる．このπ結合は1個の酸素原子に限定されているのではなくて，他の2個の酸素原子の満たされたp軌道もまたπ結合に使われることができる．結果として，

π結合は構造全体に非局在化している.

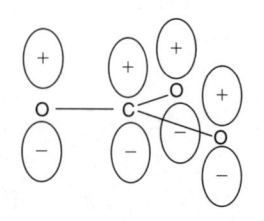

炭素原子は形式電荷が0なので，二重結合をもつような構造を書く必要はない．炭素原子は2sと2p軌道以外の他の価電子軌道をもっていないので，4組の電子対だけが4個の価電子軌道を占めている．CO, CO_2, CO_3^{2-}は結合次数が3, 2, 4/3であり，結合距離はそれぞれ112.8, 116, 132 pmである．予想されるように，結合距離は結合次数が増加するにつれて，短くなっている．C-O単結合に対する典型的な結合距離は143 pmであり，結合次数に関連する4個のC-O結合距離がある．図4・2はこれらの典型的なC-O結合に対する結合次数と結合距離の間の関係を示している．

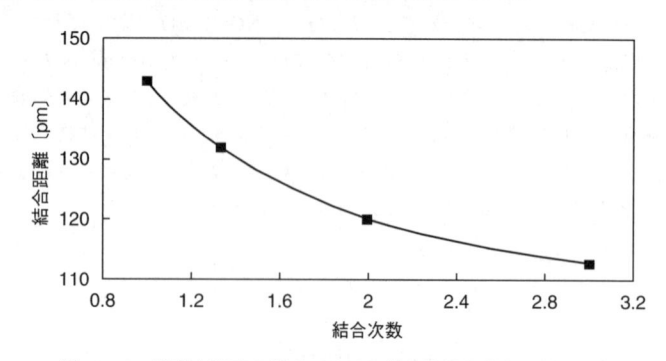

図 4・2 炭素と酸素の結合における結合次数と結合距離の関係

この関係は，そこから結合次数がわかるので，C-O結合距離がわかっている場合，有効である．これに基づいて，いろいろな共鳴構造の寄与を計算することが可能となる．Paulingは以下に示すような，原子間の単結合の結合距離に関する式を提案した．

$$D_n = D_1 - 71 \log n \qquad (4\cdot5)$$

ここで，D_nは結合次数nに対する結合距離であり，D_1は単結合の長さであり，nは結合次数である．この式を使って，結合次数が4/3, 2, 3であるC-Oに対する計算された結合距離は，それぞれ134, 122, 106 pmである．4/3の結合次数の計算で得られた結合距離はCO_3^{2-}の結合距離にきわめて近い．多くの分子において，C=O結合距離はおおよそ120 pmであり，またよく一致している．C≡Oの場合，この結合を有する分

子は一酸化炭素であるが，第3章でみたようにイオン性をもっているために異常な特徴をもち，そのために実験と計算値の結合距離はあまり一致しない．しかし，式 (4・5) はおおよその結合距離を与えるには多くの場合に有効である．

SO_3 分子では，最初に価電子の数とオクテット則を考えながら構造を描くと以下のようになる．

この場合，1個の二重結合をもっていても，硫黄原子の形式電荷は+2である．2個の二重結合をもつような構造も可能である．この構造では正の形式電荷が減少する．

硫黄原子には10個の電子があるので，オクテット則に従わない．しかし，3s と 3p 価電子軌道に加えて，硫黄原子には空の 3d 軌道があり，それは酸素原子の満たされた p 軌道と重なることができる．したがって，CO_3^{2-} の炭素原子と違って，SO_3 の硫黄原子はこれ以上の電子密度を受け取ることができるし，2個の二重結合をもつような構造も可能である．結合次数が 1.5 の SO_2 の S-O 結合距離は 143 pm である．これは SO_3 の S-O 結合距離とほとんど等しいし，結合次数がおよそ 1.5 であることが，この分子で正しいことを意味している．したがって，1個の二重結合があるとするならば，結合次数が 4/3 であるので，2個の二重結合をもった構造からの何らかの寄与があるに違いない．

SO_4^{2-} の結合は特別な考察が必要である．まず，5個の原子があり，40個の電子がそれぞれの原子のまわりにオクテット則を満たすように配置される必要がある．しかし，32個の価電子で（これには-2価を与える2個の電子も含まれている），8個が共有電子になる．4個の結合は四面体の頂点の方向を向くであろうが，その構造は以下のようになる．

この構造は構造と結合に関する今までの考えとかなり一致するが，問題がある．原子の

形式電荷を決めると，それぞれの酸素原子上に−1の形式電荷があるのに対して，硫黄原子上に+2の形式電荷があることになる．硫黄の電気陰性度は酸素よりも低いが，原子上の電子密度に不釣り合いがある．この状況は酸素原子の1個の上に非共有電子対を使って，共有電子対をつくることにより改善される．

$$\begin{array}{c} |\overline{\underline{O}}| \\ \| \\ {}^{(-1)}|\overline{\underline{O}}|-\overset{(+2)}{S}-|\overline{\underline{O}}|^{(-1)} \\ | \\ |\overline{\underline{O}}| \\ {}_{(-1)} \end{array}$$

特定の酸素原子が選ばれる理由はないので，二重結合がそれぞれ異なる酸素原子に描ける4個の等価な構造がある．この種の結合がどのようにして起こるかについての疑問がわいてくる．酸素原子が硫黄原子に単結合で結合しているとき，酸素原子上のp軌道に存在する3組の非共有電子対がある．硫黄原子は4個の単結合をつくるときに，sp^3混成軌道をつくるけれども，3d軌道はそれほど高いエネルギー差がないし，それらは空である．酸素原子の満たされたp軌道の対称性（数学的）は硫黄原子のd軌道の対称性とあっている．したがって，電子密度は酸素原子と硫黄原子の間で共有されている．しかし，電子は酸素原子上の満たされた軌道からくる．その結果，π結合形成のためそれぞれのS-O結合に二重結合性が生じる．そのためにS-O結合距離は単結合のときよりも短くなる．

H_2SO_4分子において，水素原子と硫黄原子に結合した2個の酸素原子がある．これらの酸素原子はπ結合に有効に参加することができないので，この分子の構造は以下のようになる．

$$\begin{array}{c} O \\ \| \\ H-O-\underset{|}{\overset{|}{S}}-O-H \\ O \end{array}$$
143 pm, 154 pm

この構造は2個の酸素原子への明確な多重結合があり，水素原子に結合している他の2個の酸素原子には多重結合がないという事実を反映している．このことは明らかにHSO_4^-の構造で見られる．

$$\begin{array}{c} O \\ \| \\ H-O-\underset{|}{\overset{|}{S}}-O \\ O \end{array}$$
147 pm, 156 pm

硫黄原子と水素原子に結合していない3個の酸素原子の間の距離はH_2SO_4の対応する距離より少し長いということは気に留めておく必要がある。その理由は逆供与が2個だけのときよりも3個の末端酸素原子により広がっているためである。S–O結合の結合次数は末端酸素原子だけを考慮すれば，HSO_4^-よりはH_2SO_4の方が少し大きい。

PO_4^{3-}（オルトリン酸として知られている）とClO_4^-イオンはSO_4^{2-}と等電子構造であり，その構造は以下のようになっている。

PO_4^{3-}中のリン原子は正の形式電荷であるが，酸素原子よりも電気陰性度がきわめて低い．したがって，二重結合をもっている構造からの寄与は大きくない．一方，ClO_4^-イオンの塩素原子上の+3の形式電荷は，酸素原子の非結合性軌道から塩素原子上のからのd軌道への何らかの電子密度の移動により，部分的に解放されている．

SO_4^{2-}の場合のように，このことは酸素原子の満たされたp軌道と塩素原子からのd軌道が重なってπ結合を生じることによってなし遂げられている．何らかの二重結合性をもつ構造からの寄与は塩素原子と酸素原子の間の結合が，単結合だけとするならば期待されているものよりも短い．2個以上の酸素原子の何らかの二重結合があり得ないという理由はない．その構造を以下に示す．

予想されるように，ClO_4^-の結合が単結合長から短くなる程度はむしろ大きい．

4. 無機化合物の構造と結合

以下に示す H_3PO_4 分子の構造は H_2SO_4 の構造と多くの点で似ているが，重要な違いもある．

```
           O
           ‖ 152 pm
     157 pm P
    H—O   / \   O—H
           |
           O
           |
           H
```

硫酸において硫黄原子と水素原子が結合していない酸素原子の間の距離は 143 pm であり，H_3PO_4 中の対応する P-O 距離は 152 pm である．このことは S-O 結合より P-O 結合は二重結合性が低いことを示している．構造がただ1個の単結合をもつように描かれたときに硫黄原子の形式電荷は +2 であるのに対して，ただ1個の単結合をもつように描かれた H_3PO_4 の場合，リン原子の形式電荷は +1 である．さらに，リン原子の電気陰性度は硫黄原子より低い（2.2 と 2.6）．HO-P の結合距離は 157 pm である．

リン酸 $(HO)_2HPO$ の構造は以下のように描ける．

```
           O
           ‖ 147 pm
     154 pm P
    H—O   / \   O—H
           |
           H
```

水素原子1個が直接，リン原子に結合しているがこれは通常の酸的なものではない．この場合，リン原子と水素原子の結合していない酸素原子との間の結合は 147 pm であり，H_3PO_4 分子の対応する結合よりも二重結合性が強いことを示している．

もう一つ面白い構造は $S_2O_4^{2-}$ イオンである．その構造は以下のように描ける．

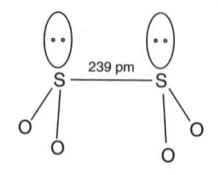

```
       ••           ••
        S ——————— S
       / \  239 pm / \
      O   O       O   O
```

S-S 結合をもついくつかの化合物では，結合距離はおよそ 205 pm である．$S_2O_4^{2-}$ 中の非常に長い S-S 結合は緩い結合を意味しており，$^{35}SO_2$ が $S_2O_4^{2-}$ を含む溶液に加えられ

ると，$^{35}SO_2$ のいくらかは $S_2O_4^{2-}$ イオンに取込まれるという事実によって示される．対照的に，$S_2O_6^{2-}$ の構造は以下のようになり，

S-S 結合は普通の長さであり，このイオンは $S_2O_4^{2-}$ より安定である．$S_2O_4^{2-}$ において SO 結合は二重結合性をほとんどもたない典型的な結合距離（151 pm）である．$S_2O_6^{2-}$ の SO 結合にはかなりの二重結合性があるという事実は 143 pm の結合距離に示されており，それは SO_2 のものと等しい．

4・3 複雑な構造

本章でこれまでに議論した構造に加え，無機化学では鎖やリングやかご型構造などの多くの他の構造を扱う．この節では重要な構造について理論的な理解に頼らずに，説明する．示される構造のうち等電子種が生じるものもあるので，構造のタイプを説明する．場合によっては，そのような構造をもつ生成物を導く過程を示すために，反応が紹介される．これらの構造はしばしば原子が同じ種類の他の原子に結合する結果（カテネーションとして知られている）か，架橋構造を形成する原子（特に酸素原子は 2 個の結合をつくるので）によってつくられる．後者の構造の例としては，ピロ硫酸イオン $S_2O_7^{2-}$ がある．このイオンは硫酸に SO_3 を加えて合成されるか，H_2SO_4 または硫酸水素塩から水を除去することにより合成される．

$$H_2SO_4 + SO_3 \rightarrow H_2S_2O_7 \qquad (4 \cdot 6)$$

$$2\,NaHSO_4 \xrightarrow{\Delta} Na_2S_2O_7 + H_2O \qquad (4 \cdot 7)$$

$S_2O_7^{2-}$ の構造は酸素架橋した以下のような構造である．

SO_4^{2-} のような構造では硫黄原子と末端酸素原子間の結合に二重結合性がある．$S_2O_7^{2-}$ の構造は $P_2O_7^{4-}$ や $Si_2O_7^{6-}$ や Cl_2O_7 と等電子である．$S_2O_8^{2-}$ イオンには 2 個の硫黄原子

間に過酸化物架橋がある．

$$\left[\begin{array}{c}O\\\|\\O-S-O-O-S-O\\\|\\O\end{array}\right]^{2-}$$

Cl_2O_7 は P_4O_{10} のような強い脱水試薬を用いて $HClO_4$ の脱水により得られる．

$$12\ HClO_4 + P_4O_{10} \rightarrow 6\ Cl_2O_7 + 4\ H_3PO_4 \qquad (4\cdot 8)$$

ピロリン酸イオンはリン酸の部分的な脱水により得られる．

$$2\ H_3PO_4 \rightarrow H_4P_2O_7 + H_2O \qquad (4\cdot 9)$$

この反応は2個の H_3PO_4 分子から水分子が生成する．

ポリリン酸は $H_4P_2O_7$ に H_3PO_4 を加えて，水分子を除去することにより生じると考えられる．つぎの過程で生成物は $H_5P_3O_{10}$ であり，トリポリリン酸として知られている．

$$\downarrow$$
$$H_5P_3O_{10} + H_2O$$

ピロリン酸イオンはまた Na_2HPO_4 のような塩の脱水からも得られる．

$$2\ Na_2HPO_4 \xrightarrow{\Delta} Na_4P_2O_7 + H_2O \qquad (4\cdot 10)$$

4・3 複雑な構造

過剰の水で P_4O_{10} を完全に水和するとオルトリン酸 (H_3PO_4) が得られる．

$$P_4O_{10} + 6\,H_2O \rightarrow 4\,H_3PO_4 \tag{4・11}$$

しかし，P_4O_{10} の部分的な水和は $H_4P_2O_7$ を生じる．

$$P_4O_{10} + 4\,H_2O \rightarrow 2\,H_4P_2O_7 \tag{4・12}$$

リン元素は1200～1400 ℃で電気炉の中で，炭素とリン酸カルシウムの還元により大量に得ることができる．

$$2\,Ca_3(PO_4)_2 + 6\,SiO_2 + 10\,C \rightarrow 6\,CaSiO_3 + 10\,CO + P_4 \tag{4・13}$$

リン元素には四面体 P_4 分子から構成されるいくつかの型がある．

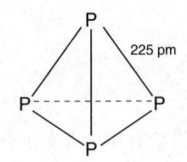

リンの自然発火により 2 種の酸化物，P_4O_6 と P_4O_{10} が反応物の相対的な濃度に依存して生じる．

$$P_4 + 3\,O_2 \rightarrow P_4O_6 \tag{4・14}$$

$$P_4 + 5\,O_2 \rightarrow P_4O_{10} \tag{4・15}$$

P_4O_6 と P_4O_{10} の構造は，ともに P_4 四面体に基づいてつくられている．P_4O_6 の場合，四面体の辺に沿ってリン原子のそれぞれの対の間を酸素原子が架橋しており，構造は以下のようになる．

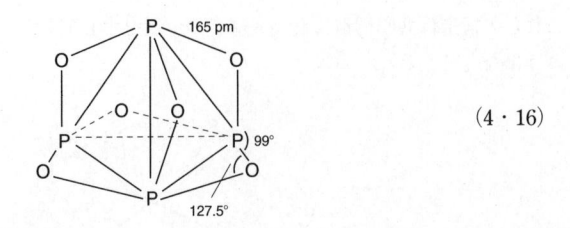

$$\tag{4・16}$$

この構造では，リン原子の四面体が保持されている．P_4O_6 と比べると P_4O_{10} にはさらに 4 個の酸素原子がある．これらの酸素原子はリン原子に結合している．

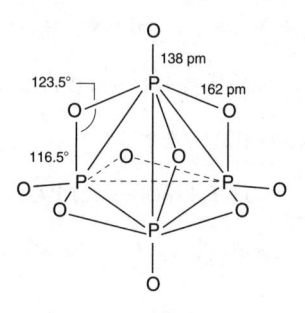

リン元素はその構造が多原子からなる元素の一例である．もう一つの例は硫黄元素であり，それは下図のような S_8 の折れ曲がった環状の構造からなっている．

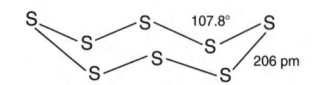

この八員環は斜方晶結晶の分子構造であり，硫黄分子だけではない．他の環状構造は化学式 S_6, S_7, S_9, S_{10}, S_{12}, S_{20} である．O_2 分子を含む気体状の酸素と同じように硫黄蒸気は S_2 分子を含んでおり，常磁性である．セレンもまた Se_8 分子として存在するが，カテネーションは硫黄の場合よりも著しくはないし，テルルはこれに関してはより低い傾向を示す．テルルは硫黄やセレンに比べて化学的にはより金属的である．

四硫化四窒素 S_4N_4 は以下の二つの共鳴構造の混成として考えられる．

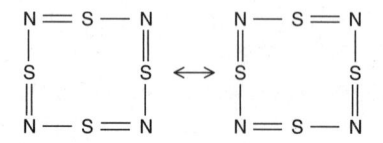

これらの構造は共鳴構造において結合の位置を示しているが，分子の幾何構造は以下のようになっている．

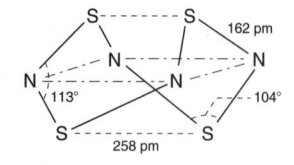

硫黄原子間の距離は単離された原子の半径を基にして予想されるものよりもかなり長

い．したがって，硫黄原子間の結合は長くて弱いと考えられている．S_4N_4 の多くの誘導体が知られているが，そのいくつかについては第15章で述べられる．

ホウ素は二十面体 B_{12} 分子として存在するが，その構造は以下のようになる．

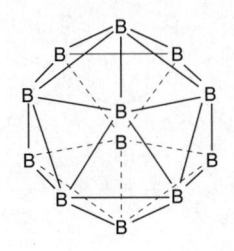

この構造はそれぞれ5個のホウ素原子を含む2個のずれた平面からなるが，その軸位に2個のホウ素原子もある．

炭素分子の構造には C_{60} も存在する．**バックミンスターフラーレン**（buckminsterfullerene）として知られる C_{60} は図4・3aに示されているように12個の五員環と20個の六員環をもったかご型構造である．それぞれの炭素原子は sp^2 混成軌道を利用して，3個の σ 結合と1個の π 結合で結合しているが，π 結合が非局在化している．たくさんの C_{60} 誘導体が知られているが，他の構造は一般式 C_x ($x \neq 60$) である．炭素はまたダイヤモンドやグラファイトとしても存在するが，その構造は図4・3bと4・3cに示した．

これらの元素の構造に加えて，構造無機化学の多くはケイ素に関するものである．この物質は自然にみられる多くの例があり，構造は四面体の SiO_4 に基づいている．これらは単離した SiO_4^{4-} イオンや $Si_2O_7^{6-}$ のような架橋構造を含む．Si 原子は S 原子より2個少ない価電子数なので，SiO_4^{4-} と SO_4^{2-} は等電子的であり，$Si_2O_7^{6-}$ と $S_2O_7^{2-}$ も等電子的である．

SiO_4^{4-} イオンはオルトケイ酸塩として知られているが，ジルコン（$ZrSiO_4$）やフェナス石（Be_2SiO_4）や珪亜鉛鉱（Zn_2SiO_4）のような鉱物の中に見いだされる．SiO_3^{2-} イオンはメタケイ酸塩として知られている．$Si_2O_7^{6-}$ イオンを含む鉱物にはトルトベイト石（$Sc_2Si_2O_7$）や異極鉱（$Zn_4(OH)_2Si_2O_7$）などがある．

もう一つの重要なケイ酸塩の構造は Si 原子と O 原子を交互に含んだ六員環に基づく

ものであり，$Si_3O_9^{6-}$ の化学式をもっている．

$P_3O_9^{3-}$ イオンはトリメタリン酸イオンとして知られているが，これと SO_3 の三量体，$(SO_3)_3$ もまた同じ構造をもっている．トリメタリン酸イオンはメタリン酸（HPO_3）の

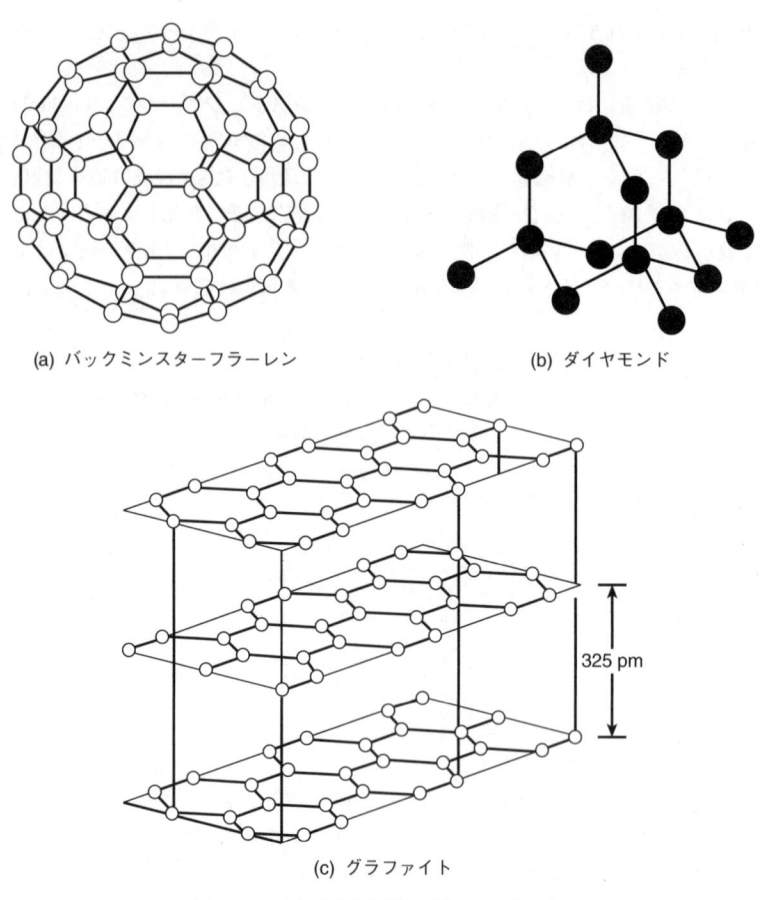

(a) バックミンスターフラーレン

(b) ダイヤモンド

325 pm

(c) グラファイト

図 4・3　炭素原子の構造（第13章をみよ）

4・3 複雑な構造

三量体であるトリメタリン酸 ($H_3P_3O_9$) の陰イオンと考えられる．この酸は形式上，以下の反応式でトリポリリン酸 ($H_5P_3O_{10}$) と関係していることに注意する必要がある．

$$H_3P_3O_9 + H_2O \rightleftharpoons H_5P_3O_{10} \qquad (4・17)$$

六員環は $Na_3B_3O_6$ の陰イオンにも存在する．これには架橋酸素があり，さらにそれぞれのホウ素原子に末端酸素原子が結合している．

この構造の完全な描写はここでは示さないが，ホウ酸 $B(OH)_3$ はシート構造であり，それぞれのホウ素原子は酸素原子のつくる三角平面内にある．OH 基と隣の分子の間には水素結合がある．

多くのケイ酸塩があるが，その構造は SiO_4 四面体に基づく繰返しのパターンでできているので，簡単な図示が発展してきた．たとえば，SiO_4 ユニットは以下のように示される．

図 4・4 の複雑な構造はこのユニットの組合わせから構成されている．これらの構造は角や端を共有する SiO_4 四面体に基づいている．この図で，黒丸はケイ素原子を表し，そのまわりの白丸は紙面の上にある酸素原子を表している．基本的な SiO_4 ユニットの組合わせから，図 4・4 に示されるような幅広い複雑な構造ができている．

塩化ベリリウムの化学式は $BeCl_2$ である．この化合物は固体では鎖構造で存在している．結合は共有結合であり，それぞれの Be のまわりの環境は基本的に隣同士の Be 原子間が 263 pm 離れて，塩素架橋をされて四面体になっている．

$BeCl_2$ 単量体では，Be に 2 個の結合があり，それが原子のまわりに 4 個の電子だけ与

えている。架橋構造では Cl 上の非共有電子対が Be のまわりのオクテットを満たすように供与されている。

本章では分子構造の描き方の手順が示され，構造無機化学の概観が示された。示された構造にはいろいろな種類があるが，まだ他にも多くの構造がある。概観することで導入部を与えて，VSEPR や混成軌道や形式電荷や共鳴などの話題にふれることができた。議論された法則や示された構造はあとで多くの他の種の構造に適用されるであろう。

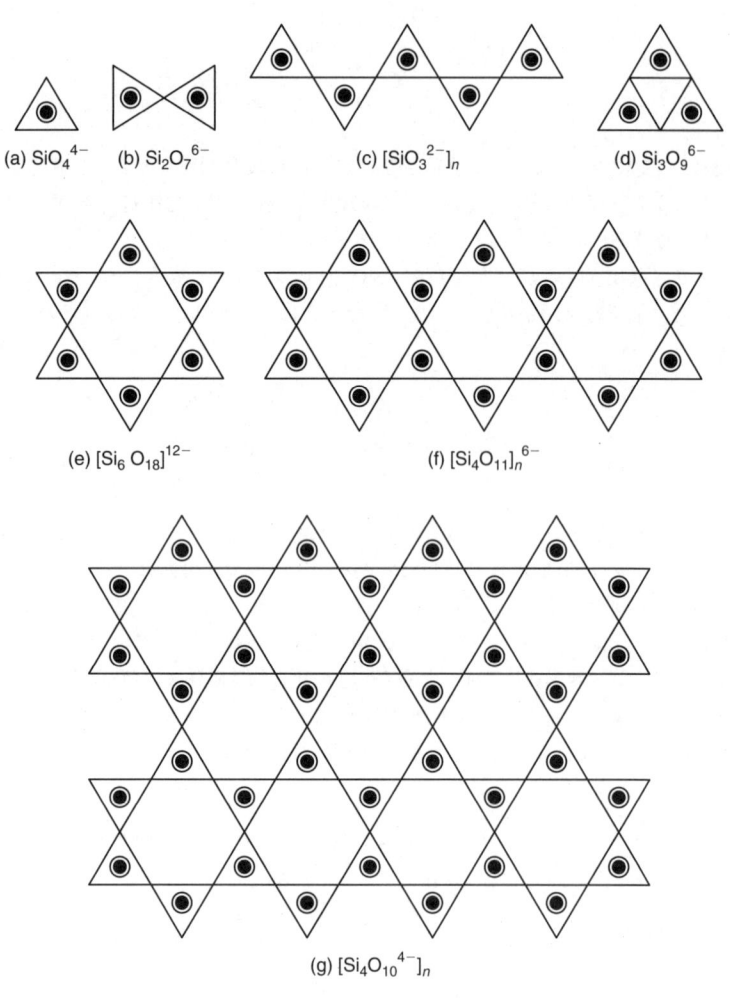

(a) SiO_4^{4-}　(b) $Si_2O_7^{6-}$　(c) $[SiO_3^{2-}]_n$　(d) $Si_3O_9^{6-}$

(e) $[Si_6O_{18}]^{12-}$　(f) $[Si_4O_{11}]_n^{6-}$

(g) $[Si_4O_{10}^{4-}]_n$

図 4・4 ケイ酸塩の構造

4・4 電子不足分子

分子の構造と結合に関連した基本的な法則については多くがすでに示されてきた．しかし，これまでに紹介した法則では満足に記述できないもう一つの種類の化合物群がある．この種の最も簡単な分子はジボラン B_2H_6 である．問題点はこの分子の結合には使える価電子が10個しかないということである．

BH_3 分子は単体として不安定である．この分子はもう一つの分子と結合することにより安定化されるが，これはオクテット則を満たすためにホウ素原子に電子対（：と記す）を供与することができるからである（第9章をみよ）．たとえば，ピリジンと B_2H_6 の反応は $C_5H_5N:BH_3$ を生じる．もう一つの安定な付加物はカルボニルボラン $OC:BH_3$ であるが，電子対は CO から供与され，それはボランを安定化している．CO では，炭素原子は負の形式電荷をもっており，そのために分子の電子過剰端である．安定な化合物は BH_3 よりは B_2H_6 であるけれども，その分子の結合を説明しなければならない．

$B_2H_4^{2-}$ を通して B_2H_6 の骨格を考えよう．$B_2H_4^{2-}$ は C_2H_4 と等電子である．C_2H_4 のように π 結合をもっているであろう $B_2H_4^{2-}$ から出発すると，結合は C_2H_4 と同様に図示できる．

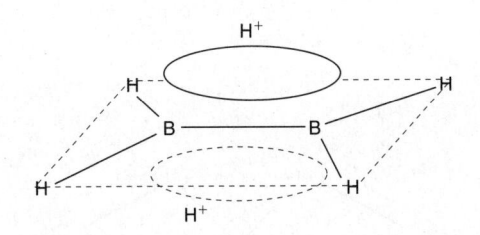

図示されているように平面の骨格には σ 結合があるが，それはホウ素原子上の sp^2 混成軌道を含んでおり，平面に垂直方向に混成していない1個の p 軌道を残している．B_2H_6 分子は C_2H_4 と等電子的である仮想的な $B_2H_4^{2-}$ イオンに2個の H^+ イオンが付加することによってつくられていると考えられる．なぜならそれぞれの炭素原子はホウ素原子よりも1個多く電子をもっているからである．$B_2H_4^{2-}$ イオンにおいて，2個の余分の電子が，示された構造の面の上下にある π 結合上にある．2個の H^+ イオンが加えられると，π 結合の電子雲に結合して以下に図示されるような構造を生じる．

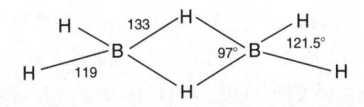

B-H-B 架橋のいずれでも，2個の電子だけでホウ素の軌道と水素の1s軌道が重なって

一緒に3原子を結合している．この種の結合は**二電子三中心結合**（two-electron three-center bond）として知られている．分子軌道の観点では，結合は2個のホウ素の軌道と1個の水素軌道が3個の分子軌道をつくるように記述され，最低エネルギーの軌道にだけ存在している．

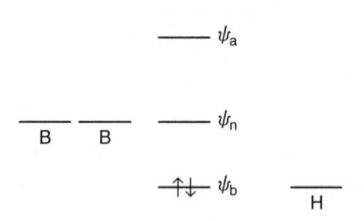

$$\begin{array}{ccc} & \overline{}\ \psi_a & \\ \underline{}\ \underline{} & \overline{}\ \psi_n & \\ \text{B} \quad \text{B} & & \\ & \underline{\uparrow\downarrow}\ \psi_b & \overline{} \\ & & \text{H} \end{array}$$

水素架橋のある二電子三中心結合分子や水素化ホウ素の結合は第13章で議論される．

アルキルアルミニウム（経験式 AlR_3）は二量化して Al_2R_6 構造となるが，二電子三中心結合架橋基としてアルキル基を含んでいる．たとえば，$Al_2(CH_3)_6$ の構造は以下に示されるような配置と次元性である．

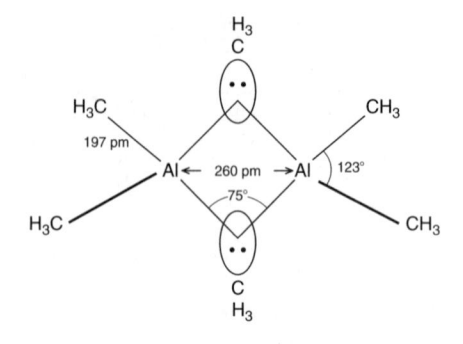

（Al-C 197 pm, Al-Al 260 pm, 角度 75°, 123°）

他のアルキルアルミニウムもアルキル基が架橋して二量体化している．示された構造において，非架橋の4個の CH_3 と架橋の2個の CH_3 がある．2個以上のアルキル基を含むアルキルアルミニウムが合成されたとすると，どのタイプのアルキル基が架橋基となるかを決めることができる．そのような化合物は $Al_2(CH_3)_2(t\text{-}C_4H_9)_4$ である．この場合，メチル基が架橋基であることがわかるが，末端にはない．したがって，メチル基は2個のアルミニウム原子との間に t-ブチル基よりも強い架橋をつくると結論づけられる．この種の他の化合物が合成され，架橋基間の可能性が競合した場合には，アルミニウム原子間との架橋の強さは $CH_3 > C_2H_5 > t\text{-}C_4H_9$ のように変化する．アルキルアルミニウムの関連する性質については第12章で詳しく議論をする．塩化物イオンも架橋して Al_2Cl_6 二量体をつくる．事実，二量体はアルミニウムが多くの原子や基に架橋したと

きに存在する．架橋の安定性は H>Cl>Br>I>CH$_3$ の順番で変化する．

ポリマー構造はジメチルベリリウムで示されるが，実際は [Be(CH$_3$)$_2$]$_n$ であり，LiCH$_3$ は四量体 (LiCH$_3$)$_4$ として存在する．四量体の構造は四面体のそれぞれの面上にあるメチル基をもつ四面体 Li からなっている．分子の電子不足は集合体をつくりやすく，そのような多くの化合物がある．

4・5 不飽和環を含む構造

これまでに紹介した構造に加えて，興味深くかつ重要ないくつかの化合物群がある．そのうちの一つは不飽和環を含んでいる．R-C≡N はニトリルとよばれ，-P≡N を含む化合物は元々ホスホニトリルよばれていた．化学式：N-PH$_2$ をもつ不安定な分子はホスファジンとして知られている．この分子は不安定であるけれども，水素原子を塩素で置換したこの単量体を含むポリマーはよく知られている．C$_6$H$_5$Cl や HCl$_2$C-CHCl$_2$ の中で PCl$_5$ と NH$_4$Cl の溶液を加熱すると以下のような反応が起こる．

$$n\,\mathrm{NH_4Cl} + n\,\mathrm{PCl_5} \rightarrow (\mathrm{NPCl_2})_n + 4n\,\mathrm{HCl} \qquad (4\cdot18)$$

(NPCl$_2$)$_n$ の化学式をもついくつかの化合物が知られているが，これらのうちで最も研究されているのは環状三量体 (NPCl$_2$)$_3$ であり，その構造は以下のようなものである．

このタイプの化合物は**ホスファジン**（phosphazine）として知られ，π 結合のために，平面環状構造をしている．(NPCl$_2$)$_3$ において，P-N の距離は 158 pm であるが，P-N 単結合に特徴的な距離（175 pm）よりもかなり短い．これらの化合物が厳密に芳香族性を示すかどうかは明らかではない．(NPCl$_2$)$_3$ の結合はベンゼンの結合よりもかなり複雑である．なぜなら，炭素原子上の非混成軌道の p 軌道の重なりから非局在化した π 軌道をもつベンゼンと違い，P-N 結合は p$_\pi$-d$_\pi$ 結合を与える p$_N$-d$_P$ 重なりを含んでいるからである．ベンゼンのときのような非局在化はホスファジンでは現れない．環のリン原子上の 2 個の基を置換すると 3 種の化合物が得られる．置換が同じリン原子上で起きるならば，生成物は *geminal* であるが，置換が異なるリン原子で起きると，生成物は 2 個のグループが環の同じ側か反対側かに依存して，シス配置とトランス配置をもつ．

geminal

シス   トランス

この化合物の化学は第 14 章で詳しく紹介する.

炭素原子は 4 個の価電子をもっている. ホウ素原子や窒素原子はそれぞれ 3 個と 5 個の価電子をもっているので, 1 個のホウ素原子と 1 個の窒素原子は形式上, 2 個の炭素原子に等しい. したがって, 偶数 n の炭素原子を含む化合物では $n/2$ 個のホウ素原子と $n/2$ 個の窒素原子を含む構造と類似している. 最もよく知られているのは $B_3N_3H_6$ の化学式をもつベンゼンの類似体である. この化合物は**ボラジン** (borazine) とよばれ, "無機ベンゼン" ともよばれる. その構造は以下の図のように, ベンゼンを描くときに使われる共鳴構造を使って示される.

したがって, ボラジン分子は芳香族と考えられる. ボラジンはベンゼンに似た性質をもっているが, B-N 結合が純粋な共有結合よりもいくらか極性が強いので, より反応性が強い.

塩素原子がホウ素原子のそれぞれに結合したトリクロロ誘導体は B-トリクロロボラジンとして知られている. ボラジンの合成にはいくつかの方法がある. その一つはトリ

クロロ化合物の還元である．

$$6\,NaBH_4 + 2\,Cl_3B_3N_3H_3 \rightarrow 2\,B_3N_3H_6 + 6\,NaCl + 3\,B_2H_6 \qquad (4\cdot19)$$

ボラジンはまたジボランとアンモニアから直接の反応で得られる．

$$3\,B_2H_6 + 6\,NH_3 \rightarrow 2\,B_3N_3H_6 + 12\,H_2 \qquad (4\cdot20)$$

この興味ある化合物の化学については第13章で紹介する．

4・6 結合エネルギー

化学結合に関連したエネルギーは分子構造に密接に関連している．結合の種類に基づいて，別の構造の安定性について決定することもしばしば可能である．しかし，SF_4 は4個の S-F 単結合をもっているので，三角両錐形か歪んだ四面体形のどちらが安定なのかを決めるのは，不可能である．しかし，多くの場合，結合エネルギーは有効な手法を

表 4・1 平均結合エネルギー

結合	エネルギー [kJ mol^{-1}]	結合	エネルギー [kJ mol^{-1}]	結合	エネルギー [kJ mol^{-1}]
H-H	435	O-O	142	O-Cl	205
H-O	459	O=S	523	C=N	615
H-F	569	O-N	201	Ge-Ge	188
H-Cl	431	O-P	335	Ge-H	285
H-Br	368	O-As	331	Ge-F	473
H-I	297	O-C	360	P-P	209
H-N	389	O=C	799	P-F	498
H-P	326	O≡C	1075	P-Cl	331
H-As	297	O-Si	464	P-Br	268
H-Sb	255	O=Si	640	P-I	215
H-S	368	O≡Si	803	Si-F	598
H-Se	305	O-Ge	360	Si-Cl	402
H-Te	241	S-S	264	As-As	180
H-C	414	S=S	431	As-F	485
H-Si	319	S-Cl	272	As-Cl	310
H-Ge	285	S-Br	212	As-Br	255
H-Sn	251	S-C	259	C-C	347
H-Pb	180	N-F	280	C=C	611
H-B	389	N-Cl	188	C≡C	837
H-Mg	197	N-N	159	C-N	305
H-Li	238	N=N	418	C-F	490
H-Na	201	N≡N	946	C-Cl	326
H-K	184	N=O	594	C-Br	272
H-Rb	167	N-Ge	255	O-F	213
O=O	498	N-Si	335	O-S	364

与えてくれる（表 4・1）．

$N(OH)_3$ のような化合物を考えると，1個の窒素原子と3個の酸素原子と3個の水素原子の配置としては安定とはいえない．そのような分子の反応は以下のようになる．

$$H-O-\underset{\underset{O-H}{|}}{\overset{\bar{N}}{|}}-O-H \longrightarrow \underset{H-O}{N}=O + H\overset{O}{\diagup\diagdown}H$$

この反応は $N(OH)_3$ のすべての結合が切れて，HNO_2 と H_2O の結合をつくるときに起こると考えられる．$N(OH)_3$ の結合の分解は3個の N-O 結合（それぞれ $201\ kJ\ mol^{-1}$）と3個の H-O 結合（それぞれ $459\ kJ\ mol^{-1}$）の分解を意味している．そのエネルギーは $3\times201\ kJ\ mol^{-1}+3\times459\ kJ\ mol^{-1}=1980\ kJ\ mol^{-1}$ である．生成物が得られたとき，形成された結合は水の2個の H-O 結合と，HNO_2 の中の1個の H-O 結合と，1個の N-O 結合（$201\ kJ\ mol^{-1}$）と1個の N=O 結合（$607\ kJ\ mol^{-1}$）である．これらの結合は結合生成に際して $2185\ kJ\ mol^{-1}$ の総エネルギーを与える．これは，総放出エネルギーの量である．したがって，全プロセスにおいて，エネルギー変化は $1980\ kJ\ mol^{-1}-2185\ kJ\ mol^{-1}=-205\ kJ\ mol^{-1}$ である．そのため，$N(OH)_3$ は HNO_2 や H_2O といった生成物と比べて不安定である．そのような計算は反応速度について何も情報を与えない．なぜなら，反応速度は過程に依存しているし，熱動力学的安定性は最初と最後の状態にだけ依存しているからである．エネルギー的に好ましい反応でさえ，低エネルギーの経路がないのでゆっくり起こるかもしれない．

結合エネルギーの使用例をもう一つみよう．本章の最初の方で，OCN^- イオンの構造について考察した．構造は以下のようになっている．

$$\underset{I}{\bar{\bar{O}}=C=\bar{N}} \qquad \underset{II}{\bar{\bar{O}}=N=\bar{C}}$$

構造の相対的な安定性について予想できる．先に紹介した議論から，構造 II で窒素原子上に正の形式電荷があるために，構造 I の方が安定であることがわかった．必要な結合エネルギーは以下のようになる．

    C=O $799\ kJ\ mol^{-1}$ N=O $594\ kJ\ mol^{-1}$
    C=N $615\ kJ\ mol^{-1}$

原子から始めて，結合をつくるならば，構造 I は $-1414\ kJ\ mol^{-1}$ の総エネルギーを放出するのに対して，構造 II は $-1209\ kJ\ mol^{-1}$ のエネルギーを放出する．したがって，イオンの構造は ONC^- よりは OCN^- であると正しく予想することができる．しかし，以下の構造は1個の N=O 結合（$594\ kJ\ mol^{-1}$）と1個の C=O 結合（$799\ kJ\ mol^{-1}$）を

4・6 結合エネルギー

もっており，結合エネルギーからは構造Ⅰと同じくらい安定であると考えられる．

$$\overline{\text{N}}=\text{O}=\overline{\text{C}}$$

しかし，この構造では酸素原子上に+2の形式電荷があることになり，それは結合の原則に反する．安定性を決めるときは結合エネルギーだけでなく，形式電荷や電気陰性度のような他の情報と結びつけて使うことが最良である．

結合エネルギー法は必ずしも適切ではない，なぜならそれは自由エネルギー変化ΔG（これは平衡定数に関連している）だからである．自由エネルギーは以下の式で与えられる．

$$\Delta G = \Delta H - T\Delta S \tag{4・21}$$

したがって問題となる構造に対するエントロピーの違いはまた，ある場合はその因子になるかもしれない．これにもかかわらず，結合エネルギーは構造を比較する基礎となる．この手法を使うには，多くの結合エネルギーの値が必要になり，それらを表4・1に示した．

結合エネルギーは通常，分子のいくつかのタイプの結合エネルギーに基づく平均の値であるということは常に心に留めておく必要がある．ある分子において，結合は表で与えられたエネルギーの値とは異なるエネルギーをもつかもしれない．したがって，結合エネルギーに基づいて二つの構造の間の安定性の違いを決めるには，決定的でない小さな差を考える必要がある．

結合エネルギーの興味ある，かつ重要な応用は，CO_2とSiO_2の性質において大きな違いを含んでいる．CO_2の場合，構造は2個の二重結合を含む単分子である．

$$\overline{\text{O}}=\text{C}=\overline{\text{O}}$$

SiO_2の場合，構造は酸素原子がケイ素原子の間を架橋したネットワークであり，それぞれのケイ素は4個の酸素原子で囲まれている．

CO_2中のπ結合は2個のC-O単結合よりも実際に強い二重結合となる（C=Oは745 kJ mol^{-1}であり，C-Oは360 kJ mol^{-1}である）．SiとOの間はπ結合は，2個の原子の

軌道の大きさが異なっているために強くはない．結果として，Si-O 単結合は 464 kJ mol^{-1} であり，より大きな極性のために C-O よりも強いが，一方，Si=O 結合は 640 kJ mol^{-1} にすぎない．したがって，エネルギー的に炭素原子が 2 個の C=O 二重結合をつくることはより好ましいが，4 個の Si-O 単結合は 2 個の Si=O 結合よりもエネルギー的により好ましい．二酸化炭素は単量体の気体であり，SiO_2 は 1600 ℃ 以上で融解する固体である．

エネルギーを放出して変形する化合物よりもより不安定な化合物は，不安定な構造に閉じ込められるかもしれないが，それはその変形の際の好ましくない動力学のためである．以下のような反応は熱力学的には好ましい．

$$A \rightarrow B \qquad (4 \cdot 22)$$

この反応経路の速度が非常に遅いならば，A は熱力学的な安定さより動力学的な不活性のために，反応しないかもしれない．そのような状況は熱力学的安定性よりも動力学的安定性として知られている．同じような状況は以下のような系を考えると存在する．

$$A \begin{array}{c} \nearrow B \text{（形成速度は速いが不安定）} \\ \searrow C \text{（形成速度は遅いが安定）} \end{array} \qquad (4 \cdot 23)$$

この場合，反応のおもな生成物はたとえ C よりも不安定であっても，反応速度の違いのために B である．B は動力学的生成物とよばれ，C は熱力学的生成物とよばれる．

この章では，無機化学の中で幅広い応用をもっている結合の原則について基本的な議論をした．無機物の研究で出会う重要な構造をたくさん示すことができた．これらの構造については後の章でまた紹介されるが，そこでは多くの異なった構造のタイプとそれらの関係を説明する．共鳴，反発，電気陰性度と形式電荷を使って結合について説明した．また，それらは構造を理解するのにも有効である．

参 考 文 献

Bowser, J. R. (1993). *Inorganic Chemistry*. Brooks/Cole Publishing Co, Pacific Grove, CA. ［無機化学の優れた教科書］

Cotton, F. A., Wilkinson, G., and Murillo, C. A. (1999). *Advanced Inorganic Chemistry*, 6th ed. John Wiley, New York. ［約 1400 ページの無機化学の優れた教科書］

DeKock, R. L., and Gray, H. B. (1980). *Chemical Bonding and Structure*. Benjamin Cummings, Menlo Park, CA. ［分子の結合と構造について幅広く書かれた優れた入門書］

問　題

Douglas, B. E., McDaniel, D., and Alexander, J. (1994). *Concepts and Models of Inorganic Chemistry*, 3rd ed. John Wiley, New York. [無機物質の構造の情報が多く掲載された有名な教科書]

Greenwood, N. N., and Earnshaw, A. (1997). *Chemistry of the Elements*, 2nd ed. Butterworth-Heinemann, New York. [化学の標準的な教科書．結合に関する情報を多く掲載している]

Huheey, J. E., Keiter, E. A., and Keiter, R. L. (1993). *Inorganic Chemistry: Principles of Structure and Reactivity*, 4th ed. Benjamin Cummings, New York. [人気のある教科書]

Lide, D. R., Ed. (2003). *CRC Handbook of Chemistry and Physics*, 84th ed. CRC Press, Boca Raton, FL. [無機分子の構造と熱力学データを多く掲載している]

Mackay, K., Mackay, R. A., and Henderson, W. (2002). *Introduction to Modern Inorganic Chemistry*, 6th ed. Nelson Thornes, Cheltenham, UK. [無機化学の標準的な教科書]

Pauling, L. (1960). *The Nature of the Chemical Bond*, 3rd ed. Cornell University Press, Ithaca, NY. [刊行が古いが，化学結合の情報を掲載している]

Sharpe, A. G. (1992). *Inorganic Chemistry*, 3rd ed. Longman, New York. [無機分子と多くの他のトピックで結合概念をカバーしている]

Shriver, D. F., and Atkins, P. W. (2006). *Inorganic Chemistry*, 4th ed. Freeman, New York. [無機化学の高レベルの教科書]

問　題

1. 以下の分子の正しい幾何構造とすべての価電子を示せ．
 (a) OCS　(b) XeF_2　(c) H_2Te　(d) ICl_4^+　(e) $BrCl_2^+$　(f) PH_3

2. 以下の分子の正しい幾何構造とすべての価電子を示せ．
 (a) SbF_4^+　(b) ClO_2^-　(c) CN_2^{2-}　(d) ClF_3　(e) $OPCl_3$　(f) SO_3^{2-}

3. 2個のリン原子と1個の酸素原子からできている分子を想定し，分子の二つの可能な異性体を示せ．より安定な構造に対しては，共鳴構造も示せ．重要でない構造はどれか．

4. 以下の分子の正しい幾何構造とすべての価電子を示せ．
 (a) Cl_2O　(b) ONF　(c) $S_2O_3^{2-}$　(d) PO_3^-　(e) ClO_3^-　(f) ONC^-

5. ONCl の結合角は116°である．これは混成の観点では何を意味しているか．窒素の軌道のどのような混成が π 結合をつくっているか．

6. なぜ HNO_3 の N と O の 2 箇所の距離が，NO_3^- の距離より短いのか，説明せよ．

7. NO_2^+ 中の N-O 結合距離は 115 pm であるが，NO_2 分子の N-O 結合距離は 120 pm である．この違いを説明せよ．

8. H_3PO_4 において，1個の P-O 結合は他の3個の結合とは異なる距離である．それは他より長いか，それとも短いか．説明せよ．

9. P-N 単結合は通常，約 176 pm の距離である．$(PNF_2)_3$ において（P と N が交互に並んだ六員環を含んでいる），P-N 結合は 156 pm である．この結合距離の違いについて説明せよ．

10. C-O 結合距離は 113 pm であり，それは二原子分子で見いだされた最も強い結合である．なぜその結合 N_2 の結合よりも強いのか．

11. $CaC_2 + N_2 \rightarrow CaCN_2 + C$ の反応でシアン化カルシウムが生成され，これは肥料として広く使われている．シアン化物イオンの構造を描いて結合を示せ．

12. O=O と S=S 結合エネルギーはそれぞれ 498 と 431 kJ mol^{-1} である．O-O と S-S 結合エネルギーはそれぞれ 142 と 264 kJ mol^{-1} である．カテネーションをもつ硫黄を含む構造を推定できるが，酸素に対しては期待できないのはなぜか．説明せよ．

13. P_4O_{10} 中には 2 個の異なる長さの P-O があるのはなぜか．また，なぜそれらはそのような大きな差があるのか．

14. NO_2^- (124 pm) と NO_3^- (122 pm) 中のわずかな N-O 距離の違いについて説明せよ．

15. 化合物 ONF_3 において，O-N 結合距離は 116 pm である．N-O 単結合の距離は 121 pm である．ONF_3 の共鳴構造を描いて，短い結合距離について説明せよ．

16. C-O の結合エネルギーは 360 kJ mol^{-1}，C=O の結合エネルギーは 799 kJ mol^{-1}，Si-O の結合エネルギーは 464 kJ mol^{-1}，Si=O の結合エネルギーは 640 kJ mol^{-1} である．SiOSi 鎖を含む拡張構造が安定であり，C-O-C 結合を含む拡張構造が不安定であるのはなぜか．説明せよ．

17. マロン酸 HO_2C-CH_2-CO_2H の脱水反応は C_3O_2（二酸化三炭素）を生成する．C_3O_2 の構造を書いて，共鳴構造の観点から結合を記述せよ．

18. なぜ N-O 結合距離は $NO_2^- > NO_2 > NO_2^+$ の順で短くなるのか．説明せよ．

19. 固体において，PBr_5 は $PBr_4^+Br^-$ として存在するが，PCl_5 は $PCl_4^+PCl_6^-$ として存在する．この違いについて説明せよ．

20. 第 15 族元素のオキシアニオンの安定性は $PO_4^{3-} > AsO_4^{3-} > SbO_4^{3-}$ の順で減少する．安定性に関するこの傾向について説明せよ．

21. フッ素の電子親和力は塩素よりも小さいが，F_2 は Cl_2 よりも反応性が高い．反応性に関するこの違いについて説明せよ．

22. H_5IO_6 の構造を図示せよ．ヨウ素は H_5IO_6 を生成するのに，塩素は H_5ClO_6 を生成しないのはなぜか．

23. $N(OH)_3$ と $ONOH$ の構造を図示せよ．結合エネルギーを使ってなぜ $N(OH)_3$ が安定に存在しないのかを示せ．

24. 結合エネルギーを使って，H_2CO_3 は CO_2 と H_2O に分解することを予想せよ．

25. ほとんどの炭素の *gem* ジオール化合物（同じ炭素原子に 2 個の OH 基をもっているもの）は不安定である．結合エネルギーを使ってこのことが予想されることを説明せよ．

26. アンチモンを含む以下の化合物が知られている．

$$SbCl_3 \quad SbCl_4^- \quad SbCl_5 \quad SbCl_5^{2-} \quad SbCl_6^-$$

それぞれの化合物の構造を描いて，VSEPR 法を用いて結合角を予想せよ．それぞれの場合にアンチモンのどういうタイプの混成軌道が使われているか．

問題

27. アジ化シアンとして知られている NCN_3 を生成する反応は以下のようになっている.

$$BrCN + NaN_3 \rightarrow NaBr + NCN_3 (アジ化シアン)$$

アジ化シアンの構造を描け．またこの分子の安定性について予想せよ．

28. チオシアン $(SCN)_2$ の2種類の可能な構造を描き，相対的な安定性について説明せよ．

29. なぜ OF_2 中の F-O-F 結合角は $102°$ であり，OCl_2 中の Cl-O-Cl 結合角が $115°$ であるかを説明せよ．

5

対称と分子軌道

前の章では分子やイオンの構造に関して,電子の配置を示すことによって描写してきた.しかし,分子構造の記述には,もう一つの方法がある.その方法は,いままでとは異なる言語や記号を使って,効率よく明確に構造についての情報を伝える.この方法では,分子やイオンの構造を**対称性**(symmetry)という言葉で表現する.対称性は目的物の空間的な配置と,それらが相互に関係した様式を示さなければならない.たとえば,文字"T"には"縦棒"に沿って文字を二等分する平面がある.しかし,文字"R"には二等分するような面はない.このような単純な例は対称面として知られている対称性を示している.分子構造を対称性で扱うことはよくあるので,本章ではこの重要な話題に焦点を当てる.

5・1 対称要素

分子構造に関連して対称性を理解するには,原子同士の空間的配置によって分子を見ることを学ぶ必要がある.ある分子を三次元の集合体として可視化することは,対称要素に特有な言葉を使ってなしとげられる.対称要素は構造に特別な関係のある線や面や点である.先に,文字"T"には二等分する面があることを指摘した.その面は対称面すなわち**鏡映面**(mirror plane, σ として示される)とよばれる.文字"H"にも二等分する面があり,その面は横棒を半分に切る紙面に垂直な面である.文字Hには,回転

5・1 対称要素

すると元と同じになるような線（軸）がある．たとえば，Hの横棒の中点を通る紙面にある線である．Hの横棒の中点を通って紙面に垂直な線もある．またHには回転して元と同じ構造を与える3番目の線として，横棒に沿って紙面にある線がある．これらの3本の線のいずれを軸にしても180°回転すると元のHと同じになる．線のいずれかを軸にしてHを回転させると，同じ文字が得られる．

ここで記した線は文字Cと示される対称要素であり，**回転軸**（rotation axis）として知られている．この場合，Hを元と同じにする回転角は180°であり，そのため，この軸をC_2軸という．下付き数字は，元の構造と同じになるような回転角で360°を割ることにより得られる指数である．この場合，360°/180°=2であり，C_2軸である．正確には，この軸のことを固有回転軸という．固有回転軸自体と実際に分子を回転する操作の違いを見分けることは重要である．もちろん，どのような物質も360°回転すると元と同じになるので，C_1軸は，どの物質にも存在する．回転は連続的に行われ，分子がC_n軸のまわりをm回回転するとC_n^mと示される．

H_2O分子について考えると，原子の配置は以下の図のようになる（対称性を決める際には電子は局在していないものとする）．

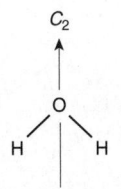

$$C_2$$
$$\text{H} \quad \overset{\text{O}}{} \quad \text{H}$$

180°回転しても分子が変化しないような，H-O-H角度を二等分する酸素原子を通る線がある．この線はC_2軸である．この構造を通るどの線もC_1軸であるが，C_2軸が元の構造に戻る最も小さな回転であるので，最も高い対称性をもつ軸である．**ある構造の最も高い対称性をもつ軸はz軸と定義される**．

水分子の構造には，H_2Oを同じ部分に分割する二つの面がある．一つはこの紙面であり，もう一つはこの紙面に垂直であり，酸素原子を二等分して両サイドに1個の水素原子がある．対称面（鏡映面）はσと表示される．通常はz軸を縦にとるので，対称面はいずれもz軸を含む垂直の面である．これらはσ_vと表示される．このようにH_2O分子には一つのC_2軸と二つの垂直な面（σ_v）があるので，その対称性を**点群**（point group）で記すとC_{2v}である．このような表記については後に詳しく説明する．

ClF_3分子の構造は中心原子のまわりに10個の電子がある．内訳はClからの7個の価電子と，それぞれのF原子から1個ずつである．先に見たように，電子の非共有電子対は面内にあるので，その構造は以下のようになる．

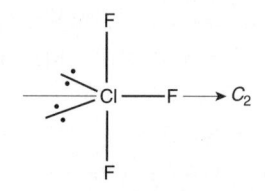

面内の塩素原子とフッ素原子を通る線は C_2 軸であることは容易にわかる．この軸のまわりに 180° 回転するとこの 2 個の原子は変化しないが，軸位のフッ素原子は交代する．分子を二等分する二つの面がある．一つはこの紙面であり，すべての原子を半分に切っている．もう一つは面内の塩素原子とフッ素原子を二等分する面に垂直な面である．この対称要素は一つの C_2 軸と二つの垂直な面（σ_v）からなっており，ClF_3 分子は C_{2v} 対称である．

ホルムアルデヒド分子 H_2CO は以下のような構造である．

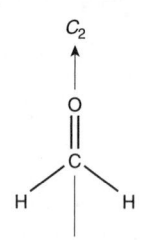

炭素原子と酸素原子を通る線は C_2 軸であり，その軸を 180° 回転すると炭素原子と酸素原子はそのままで，2 個の水素原子の位置は交代する．さらに，分子を二等分する二つの面がある．一つはこの紙面に垂直であり，炭素原子と酸素原子を二等分し水素原子を両サイドにもっている．もう一つの面はすべての 4 個の原子を二等分するこの紙面である．したがって，ホルムアルデヒド分子も C_{2v} 対称である．ここで述べたそれぞれの分子には，一つの C_2 軸と，C_2 軸を含む二つの σ_v 面があることがわかる．これらの特徴は，C_{2v} として知られる対称性であり，ここで述べた分子が属する点群でもある．

アンモニア分子は以下のような構造である．

この三角錐形分子には C_3 軸があり，それは窒素原子を通って，3 個の水素原子がつく

る三角形の面の中心を通っている．この軸を120°回転すると，窒素原子はそのままであるが，水素原子は交代する．C_3軸を上から見下ろすとアンモニア分子は以下の図のようになる．

$$
\begin{array}{c}
H_2 \\
N \\
H_1 \quad H_3
\end{array}
$$

水素原子の下付き数字はそれらの位置を見分けるためのものである．C_3軸を時計回りに120°回すと分子の向きは以下の図のようになる．

$$
\begin{array}{c}
H_1 \\
N \\
H_3 \quad H_2
\end{array}
$$

それぞれのN-Hに沿って分子を二等分する三つの鏡映面がある．したがって，NH_3分子には一つのC_3軸と三つのσ_v面があり，この分子の点群はC_{3v}である．

BF_3分子は以下に示すように，分子の平面に垂直にC_3軸をもった平面構造である．

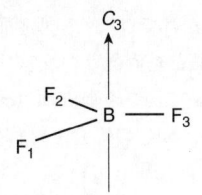

分子を120°回転するとフッ素原子は交代するが，以下に示すように同じ形になる．

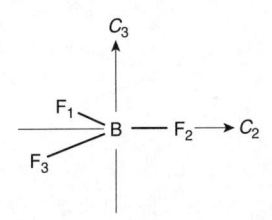

C_3軸に加えて，図5・1に示すように三つの垂直な対称面もある．それらは分子の面に垂直であり，それぞれのB-Fに沿って分子を二等分している．分子が平面なので4

個のすべての原子を二等分する水平な対称面（σ_h）もある．

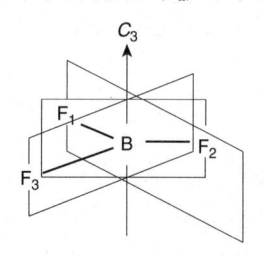

図 5・1 BF$_3$ 分子の対称面

それぞれの B-F 結合は C_2 軸であり，そのまわりに回転すると分子は同じになり，フッ素の位置が交代する．C_2 軸の一つは上の図に示されており，この軸を 180° 回転すると以下の図のようになる．

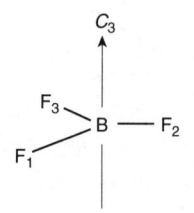

C_2 軸は B-F 結合と一致しているだけではなく，垂直面の一つと水平面が交差したところにできている．一般的に水平面と垂直面との交差は C_2 軸を生じる．BF$_3$ 分子で見いだされた対称要素は一つの C_3 軸，三つの垂直面（σ_v），三つの C_2 軸，一つの水平面（σ_h）である．H$_2$O，ClF$_3$，H$_2$CO，NH$_3$ の場合，対称要素は C_n 軸と n 個の垂直面だけである．これらの分子は C_{nv} の点群に属している．一つの C_n 軸とまた C_n 軸に垂直な n 個の C_2 軸をもっている分子は D_n の点群に属している．

XeF$_4$ 分子は非共有電子対を面の上下にもった平面構造である．

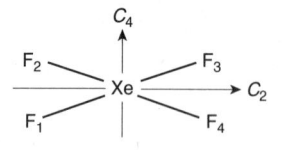

Xe 原子を通る分子の面に垂直な線は C_4 軸である．C_4 軸に沿って交差する四つの垂直面がある．そのうちの二つは F$_1$-Xe-F$_3$ に沿って分子を切るものと F$_2$-Xe-F$_4$ に沿って分子を切るものである．他の二つは F-Xe-F 角を二等分するように分子を切るものである．これらの面の一つは図に示してあるように C_2 軸に沿って分子の水平面を切るものである．もちろん水平面は σ_h である．水平面に対して四つの垂直面の交差は C_4 軸に垂

直な四つの C_2 軸を生じる.

XeF_4 分子にはさらにもう一つの対称要素がある. Xe 原子の中心点を通って, それぞれのフッ素原子を同じ距離動かすことで元のものと同じものになる. この操作を XeF_4 分子で行うと, 生じる分子は以下のようになる.

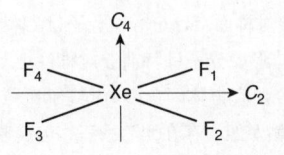

$$
\begin{array}{c}
C_4 \\
\uparrow \\
F_4 \diagdown \quad \diagup F_1 \\
\text{Xe} \longrightarrow C_2 \\
F_3 \diagup \quad \diagdown F_2
\end{array}
$$

この中心点を対称心といい i と表記される. XeF_4 には C_4 に垂直に四つの C_2 軸があり, D_{4h} の点群に属する.

線形の分子には 2 種類の点群がある. まず HCN をみてみると, その構造は以下のようになる.

$$\text{H}-\text{C}\equiv\text{N} \longrightarrow C_\infty$$

結合に沿った軸をどのような角度で回転させても分子は同じ形を生じる. 回転は無限小の角度でもよい. そのような小さな角度で 360° を割ると無限の値を生じ, その軸は C_∞ と知られている. 分子を分割する面は C_∞ 軸に沿って無限にある. C_∞ と無限の σ_v をもつ点群は $C_{\infty v}$ である. ほかに, この対称をもつ分子やイオンには N_2O, OCS, CNO^-, SCN^- や HCCF などがある.

もう一つの対称性をもつ線形の分子は CO_2 であるが, その構造を以下に示す.

$$
\begin{array}{c}
C_2 \\
\uparrow \\
\text{O}=\text{C}=\text{O} \longrightarrow C_\infty
\end{array}
$$

この場合, HCN と同じように C_∞ 軸があり, この C_∞ 軸に沿って交差する無限の σ_v がある. しかし, この分子にはまた炭素原子を二分する対称面をもっており, 酸素分子は両サイドにある. その面は C_∞ 軸に対して直交しているので, それは水平面である. 水平面に対して無限の縦の面が交差しているので無限の C_2 軸を生じているが, そのうちの一つは上図に示している. さらに, この分子には対称心があり, それは炭素原子である. 対称心はそれぞれの原子が, 分子の同じ方向になるように最初の点から同じ距離だけ移動される点である. 一つの C_∞ 軸と, 無限の σ_v 面と, 一つの水平面 σ_h と, C_∞ に垂直な無限の C_2 軸と, 対称心をもつ点群は $D_{\infty h}$ である. 対称心をもつ線形の分子はこの点群に属している. ほかにも XeF_2, ICl_2^-, CS_2, BeF_2 などが $D_{\infty h}$ である.

これまでに議論した対称性をもつ分子に加えて, いくつかの特別な対称性をもつ分子

がある．その一つは ONCl 分子であり，その構造を以下に示す．

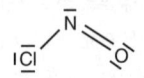

$$\text{Cl}-\text{N}=\text{O}$$

この分子は C_1 よりも高い対称の回転軸はない．しかし，3 個の原子を二等分している一つの対称面がある．一つの対称面だけをもつ分子は C_s と表示される．

CH_4 や SiF_4 のような四面体形の分子は特別な対称性を示す．CH_4 の構造は図 5・2 に示されているが，四つの結合が直方体の角の方向を向いている．それぞれの C-H 結合が C_3 軸をもち，そのような軸が四つ存在する．三つの鏡映面が C_3 軸に沿って交差するので，12 個の鏡映面が存在すると考えられる．しかし，このタイプのそれぞれの面はもう一つの C-H 結合を二等分しているので，実際には六つの鏡映面だけ存在する．四面体には幾何学的な対称の中心があるが，対称心ではない．しかし，座標軸のそれぞれは C_2 軸であり，それが三つある．この C_2 軸は H-C-H 結合角の対を二等分している．四面体構造を考えると，これまでに見たものと違う対称要素があることがわかる．

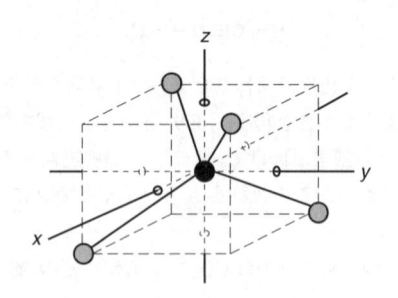

図 5・2　直方体と四面体 CH_4 分子の関係

図 5・2 に示されている四面体構造の z 軸を考えてみよう．分子がこの軸のまわりに時計回りに 90° 回転し，それぞれの原子が xy 面を通して射影されるならば，得られた構造は元の分子と同じである．軸のまわりに分子を回転して，その後，その回転軸に垂直な面にそれぞれの原子を鏡映する操作は**回映軸**（improper rotation axis）と定義され，S 軸と表示される．四面体形分子に対して座標系の三つの軸のそれぞれが回映軸である．元のものと同じようにするための回転をする角度は 90° なので，この軸は S_4 軸である．

まとめると，正四面体形分子にある対称要素は三つの S_4 軸と，四つの C_3 軸と，三つの C_2 軸と六つの鏡映面から構成されている．これらの対称要素は T_d で表される点群として定義される．

CH_4 構造の z 軸上の 1 個の水素原子が F で置換されたならば，CH_3F はもはや T_d 対称性をもたない．事実，C-F 結合に沿って通る C_3 軸があり，その軸に沿って交差する

5・1 対 称 要 素

三つの垂直の面は対称性を C_{3v} へと落とす.元の分子と同じ数の対称要素がないならば,対称性は落ちるといえる.

シクロヘキサン分子のいす形構造は以下のように示されるが,回映軸の性質を示す.

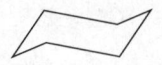

この構造はまた図 5・3 に示されるようにも見える. z 軸は紙面から垂直に伸びている.黒丸で示された原子は紙面の手前にあるが,白丸で示された原子は紙面の奥にある. z 軸は C_3 軸であるが,それはまた S_6 軸でもある.紙面に通してそれぞれの原子を鏡映して z 軸のまわりに $360°/6$ の回転をすると,同じ形の分子が得られる.この場合, z 軸のまわりの $120°$ 回転は S_6 操作と同じである.

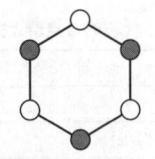

図 5・3 シクロヘキサン分子 黒丸の原子は紙面の手前,白丸の原子は紙面の奥にある

前の議論から, S_6 軸と行われた操作は以下のように書ける.

$$C_6 \cdot \sigma_{xy} = S_6$$

これは z 軸のまわりに $60°$ 回転して, xy 面を通してそれぞれの原子を鏡映したものである.その操作を 2 回すると以下のようになる.

$$S_6^2 = C_6 \cdot \sigma_{xy} \cdot C_6 \cdot \sigma_{xy} = C_6^2 \cdot \sigma_{xy}^2 = C_3 = C_3 \cdot E$$

ここで, E は恒等操作である.

もう一つの特殊な対称は八面体である.これは SF_6 分子のような構造である. $180°$の結合を互いに貫く線は C_4 軸であり,四つある.八面体は構造の上半分と下半分にそれぞれ四つの三角面をもっている.構造の上半分の三角面の中心を通って,反対側の下半分の三角形の中心から出る線は S_3 軸であるが,この種の軸が四つある.結合角の反対の対を二等分する線は C_2 であるが,八つある.合計九つの鏡映面があり,八面体構造をもつ分子には,さらに対称心 i がある.これらの対称要素を合わせると O_h という点群になる.

第 4 章で二十面体の B_{12} 分子が描かれていた.この構造をもつ分子の対称要素のすべては列挙しないが,点群は I_h という.

構造の対称要素に載っていないが,恒等操作 E もある.この操作は分子を元のもの

から変化させずにそのままにしておくことである．この操作は群論と関連した性質を考えるときに必須である．C_n 操作が n 回行われると元の構造に戻る．したがって以下のように書ける．

$$C_n^n = E$$

無機化学の学習の間，多くの分子やイオンの構造に出会うであろう．構造を可視化して，それを対称性の観点で考えるようにしよう．このようにして，Pt^{2+} が錯体 $PtCl_4^{2-}$ の中に見いだされ，D_{4h} 対称であるとわかるとき，すぐにこの錯体がどのような構造かがわかるであろう．この速記術的な命名法は有効な方法として，正確な構造の情報を伝えるために使われる．表 5・1 はこれらの構造の対称要素と点群と分子の構造の例を紹介している．

表 5・1 代表的な点群と対称要素

点群	構造	対称要素	例
C_1	—	なし	CHFClBr
C_s	—	一つの平面	ONCl, $OSCl_2$
C_2	—	C_2	H_2O_2
C_{2v}	曲がった AB_2 または平面の XAB_2	$C_2, 2\sigma_v$	NO_2, H_2CO
C_{3v}	角錐の AB_3	$C_3, 3\sigma_v$	NH_3, SO_3^{2-}, PH_3
C_{nv}	—	$C_n, n\,\sigma_v$	$BrF_5 (C_{4v})$
$C_{\infty v}$	直線形 ABC	$C_\infty, \infty\,\sigma_v$	OCS, HCN, HCCH
D_{2h}	平面	$3\,C_2, \sigma_h, 2\,\sigma_v, i$	C_2H_4, N_2O_4
D_{3h}	三角形 AB_3 または AB_5 三方両錐形	$C_3, 3\,C_2, 3\sigma_v, \sigma_h$	$BF_3, NO_3^-, CO_3^{2-}, PCl_5$
D_{4h}	平面 AB_4	$C_4, 4\,C_2, 4\sigma_v, \sigma_h, i$	$XeF_4, IF_4^-, PtCl_4^{2-}$
$D_{\infty h}$	直線形 AB_2	$C_\infty, \sigma_h, \infty\,\sigma_v, i$	CO_2, XeF_2, NO_2^+
T_d	四面体 AB_4	$4\,C_3, 3\,C_2, 3\,S_4, 6\,\sigma_v$	CH_4, BF_4^-, NH_4^+
O_h	八面体 AB_6	$3\,C_4, 4\,C_3, 6\,C_2, 4\,S_6, 9\sigma_v, i$	$SF_6, PF_6^-, Cr(CO)_6$
I_h	二十面体	$6\,C_5, 10\,C_3, 15\,C_2, 20\,S_6, 15$ の平面	$B_{12}, B_{12}H_{12}^{2-}$

5・2 軌道の対称性

点群を操作する法則を与える数学は群論として知られている．分子軌道や分子構造について対称性を使ってどのように扱うかを述べる前に，群論に関する基本的な考え方について簡単に紹介しよう．点群は対称要素ととり行われる操作から構成されている．この点について，以下の指示に従うことが必要である．それは，後に詳しく述べられる定義としてみなされうるものである．

5・2 軌道の対称性

- A は主軸のまわりの対称な非縮退軌道または状態を示している.
- B は主軸のまわりの反対称な非縮退軌道または状態を示している.
- E と T はそれぞれ二重または三重に縮退した状態を示している.

下付き文字 1 と 2 はそれぞれ対称または反対称を意味しているが，これは対称の主軸に対してよりはむしろ回転軸に対してである.

第 3 章では二原子分子の結合を記述するために分子軌道法が使われた. より複雑な分子を考えると，分子軌道法もより複雑になるが，対称性を使えばエネルギー準位図をつくる手順は簡単になる. 対称性を使う重要な視点の一つは，中心原子による結合で使われた軌道の対称性が周辺の原子の軌道の対称性と合致していることである. たとえば，2 個の水素原子の 1s 波動関数の結合, $\phi_{1s}(1) + \phi_{1s}(2)$ は A_1 (分子軌道を記述するときは a_1) に変換されるし, $\phi_{1s}(1) - \phi_{1s}(2)$ は B_1 (分子軌道を記述するときは b_1) に変換される. 指標表から, A_1 と記述された核間軸については一重縮退状態が対称で, B_1 と記述された核間軸については一重縮退状態が反対称であることがわかる. 第 3 章で示したように軌道結合の $\phi_{1s}(1) + \phi_{1s}(2)$ と $\phi_{1s}(1) - \phi_{1s}(2)$ は H_2 分子の結合性と反結合性軌道を表している. したがって, H_2 分子の定量的な分子軌道は図 5・4 のようになる.

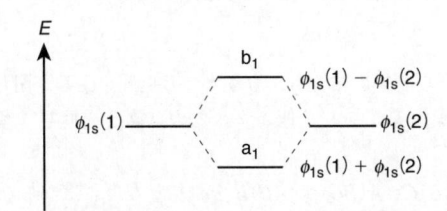

図 5・4 1s 波動関数の二つの結合が異なる対称性を与える

ここでは証明しないが，どの群の既約表現も直交している. **同じ既約表現をもつ軌道の結合だけがゼロではない要素を与える**. 2s 軌道に対して, C_2 群の 4 個の操作はいずれも 2s 軌道を変化させない. したがって, 2s 軌道は A_1 に変換される. p_x 軌道の符号は E や σ_{xy} の操作のもとでは変化しないが, C_2 や σ_{yz} 操作では軌道の符号を変化させるし, それは B_1 に変換されることを意味している. p_z 軌道は C_2 や E や σ_{xy} や σ_{yz} の操作では符号を変えないので, A_1 に変換される. この操作に従って, p_y 軌道は B_2 に変換されることがわかる. 酸素原子の原子価殻軌道の対称性を以下の表にまとめた.

軌道	対称性
2s	A_1
$2p_z$	A_1
$2p_x$	B_1
$2p_y$	B_2

原子軌道の結合が分子の対称性に従う点群の既約表現と同じであるように分子軌道は構成される．分子が属する点群の指標表はこれらの結合を示している．H_2O は C_{2v} 分子なので，この章の後で示される指標表は，酸素の軌道の対称性に従って A_1, A_2, B_1, B_2 と示されている．両方の水素原子からの軌道は酸素原子軌道の対称性と一致するように結合されなければならない．水素原子軌道の結合は**群軌道**（group orbital）として知られている．それらが中心原子の軌道の対称性と一致するように結合されるので，**対称性適用線形結合**（symmetry adapted linear combination, SALC）といわれる．

水素原子軌道の 2 個の結合は $\phi_{1s}(1)+\phi_{1s}(2)$ と $\phi_{1s}(1)-\phi_{1s}(2)$ であり，それぞれ A_1 対称性と B_1 対称性である．表から 2s と $2p_z$ 酸素軌道は A_1 対称性をもっているので，水素軌道との結合で a_1 分子軌道と b_1 分子軌道を生じる．もっと複雑な分子を扱うために，s 軌道や p 軌道が異なる対称性の環境下でどのように変換されるかを知る必要がある．いくつかの構造タイプの中心原子の s 軌道や p 軌道に対する指標が後で示される．

5・3 群論の概観

対称操作の組合わせを扱う数学的な手法は群論として知られている数学の分野である．数学的な群論は以下のルールに従って取扱われる．群はこれらのルールに従うべき要素や操作をまとめたものである．

1. 点群のどのような 2 個の結合も，もう一つの点群を生じ，閉じる．
2. 点群には恒等操作 E があり，他のすべての点群と交換して多様性を示す（$EA=AE$）．
3. 結合法則は $(AB)C=A(BC)=(AC)B$ を維持しなければならない．
4. 点群のあらゆるものは $B \cdot B^{-1}=B^{-1} \cdot B=E$ のような相補関係をもっている．このとき B^{-1} を逆元という．B^{-1} もまた点群のメンバーである．

図 5・5 の水分子の構造を使って，これらのルールの使い方を示そう．

最初に xz 面を通る鏡映は σ_{xz} と示され，H′ を H″ に変換する．もっと正確にいうと，

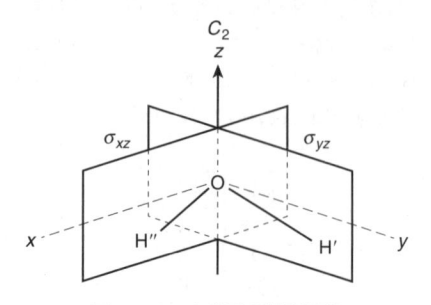

図 5・5 水分子の対称要素

5・3 群論の概観

H′とH″は鏡映によって変換されるといえる．z軸はC_2回転軸を含んでいるので，分子のz軸まわりの180°回転はH′をH″に，H″をH′にするが，yz面に対してそれぞれの交換の半分に対応している．同じ結果がxz面の鏡映とその後yz面の鏡映によって得られる．したがって，この一連の対称操作を以下のように表すことができる．

$$\sigma_{xz} \cdot \sigma_{yz} = C_2 = \sigma_{yz} \cdot \sigma_{xz}$$

ここでC_2はz軸まわりの360°/2の回転である．C_2とσ_{xz}はいずれもこの分子の点群のメンバーである．ルール1に従って点群の2個の結合はもう一つの点群C_2を与えるということがわかる．

xz面の鏡映をしてから，この操作をまたすると，分子は図5・5に示される同じものに戻る．記号的にはこの操作の結合は以下のように示される．

$$\sigma_{xz} \cdot \sigma_{xz} = E$$

また，図から以下の式もわかる．

$$\sigma_{yz} \cdot \sigma_{yz} = E$$

そして，

$$C_2 \cdot C_2 = E$$

である．

図5・5をさらに調べると，yz面（σ_{yz}）を通した鏡映は，yz面（σ_{yz}）の両サイドにあるH′とH″の半分を交換させるであろう．もし，その操作をして，C_2軸のまわりに360°/2回転すると，xz面の鏡映によって生じる結果と全く同じになる．このようにして

$$\sigma_{yz} \cdot C_2 = \sigma_{xz} = C_2 \cdot \sigma_{yz}$$

である．

同じようにして，xz面に鏡映してその後C_2操作をすると同じσ_{yz}が生じる．最後に，σ_{xz}とσ_{yz}の鏡映をどちらの順番で行ってもC_2操作から得られる同じものが得られる．

$$\sigma_{xz} \cdot \sigma_{yz} = C_2 = \sigma_{yz} \cdot \sigma_{xz}$$

ルール3がまたここで示された．ほかにも以下のような式を与える．

$$E \cdot E = E$$
$$C_2 \cdot E = C_2 = E \cdot C_2$$
$$\sigma_{yz} \cdot E = \sigma_{yz} = E \cdot \sigma_{yz}, \text{ etc.}$$

これらの操作のあらゆる組合わせを表5・2にまとめることができる．表5・2は，操作

の組合わせがこの節の初めに示された四つのルールに従っている.

表 5・2 H_2O 分子 (C_{2v}) 対称操作の組合わせ

	E	C_2	σ_{xz}	σ_{yz}
E	E	C_2	σ_{xz}	σ_{yz}
C_2	C_2	E	σ_{yz}	σ_{xz}
σ_{xz}	σ_{xz}	σ_{yz}	E	C_2
σ_{yz}	σ_{yz}	σ_{xz}	C_2	E

異なる構造（対称要素や操作）をもつ分子では異なる表が必要になる.

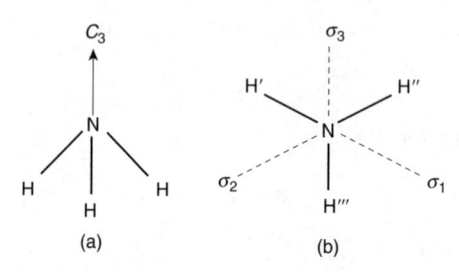

図 5・6 (a) 三角錐 NH_3 分子は C_{3v} 対称である.
(b) C_3 軸は窒素原子を通って紙面に垂直である

さらに対称要素や操作を使う方法を示すために，アンモニア分子 NH_3 をみてみよう（図 5・6）．図 5・6 は NH_3 分子には窒素を通る一つの C_3 軸とこの軸を含む三つの鏡映面があることを示している．恒等操作 E と $C_3{}^2$ 操作は NH_3 分子の対称操作を満たしている．以下のようにまとめられる．

$$C_3 \cdot C_3 = C_3{}^2$$
$$C_3{}^2 \cdot C_3 = C_3 \cdot C_3{}^2 = E$$
$$\sigma_1 \cdot \sigma_1 = E = \sigma_2 \cdot \sigma_2 = \sigma_3 \cdot \sigma_3$$

σ_2 を通る鏡映は H″ を変えずに，H′ と H‴ を交換する．σ_1 を通る反映は H′ を変えずに，H″ と H‴ を交換する．これらの操作を以下のようにまとめられる．

$$H' \xleftrightarrow{\sigma_2} H'''$$

$$H''' \xleftrightarrow{\sigma_1} H''$$

$C_3{}^2$ は H′ を H‴ に，H″ を H′ に，H‴ を H″ に動かすが，σ_2 のあとで σ_1 の操作をするこ

とと同じである．したがって，以下のようになる．

$$\sigma_2 \cdot \sigma_1 = C_3^2$$

この操作はすべての対称操作が終わるまで続く．表5・3に C_{3v} 点群の対称操作の組合わせを示した．これは NH_3 のような三角錐形分子が属する点群である．

表 5・3　C_{3v} 点群の対称操作の組合わせ

	E	C_3	C_3^2	σ_1	σ_2	σ_3
E	E	C_3	C_3^2	σ_1	σ_2	σ_3
C_3	C_3	C_3^2	E	σ_3	σ_1	σ_2
C_3^2	C_3^2	E	C_3	σ_2	σ_3	σ_1
σ_1	σ_1	σ_2	σ_3	E	C_3	C_3^2
σ_2	σ_2	σ_3	σ_1	C_3^2	E	C_3
σ_3	σ_3	σ_1	σ_2	C_3	C_3^2	E

指標表は他の点群に対して対称操作を組合わせるためにつくられる．しかし，興味深いのはそのような指標表ではない．C_{2v} に対する操作の組合わせが表5・2に示してある．もし，E と C_2 と σ_{xz} と σ_{yz} を+1で置き換えると，数は表に従うことがわかる．たとえば，

$$C_2 \cdot \sigma_{xz} = \sigma_{yz} = 1 \cdot 1 = 1$$

このように，操作の値をすべて+1にすると，C_{2v} 点群の法則を満たす．この四つの数字（すべて+1）は点群の表現を提供している．もう一つは以下のような関係が与えられる．

$$E = 1, \ C_2 = 1, \ \sigma_{xz} = -1, \ \sigma_{yz} = -1$$

これらはまた，表に示されたルールに従っている．他の関係から，指標表は C_{2v} 点群の4個の**既約表現**（irreducible）を集約している．表5・4の左側の指標は点群の既約表現の対称性を与えている．この指標の意味について簡単に説明する．

表 5・4　C_{2v} 点群の指標表

	E	C_2	σ_{xz}	σ_{yz}
A_1	1	1	1	1
A_2	1	1	-1	-1
B_1	1	-1	1	-1
B_2	1	-1	-1	1

図5・7に示すように x 軸に一致するようにある単位ベクトルがあることを想定する．恒等操作はベクトルの方向を変えない．xz 面の鏡映はベクトルをそのままにしているが yz 面の鏡映は単位ベクトルを $-x$ の方向に変える．同じように，z 軸まわりの C_2 操

作は同じようにベクトルの向きを変える．したがって，ベクトルは操作 E や σ_{xz} に対しては+1として変換されるが，C_2 や σ_{yz} に対しては−1として変換される．表5·4は B_1 として表記されるこれらの数字を含む横列を示している．他の横列を同じようなやり方でどのように得るかについては簡単に示すことができる．四つの表記 A_1 と A_2 と B_1 と B_2 は C_{2v} 点群の既約表現である．これら四つの既約表現は他の表現に分解したりすることはできない．

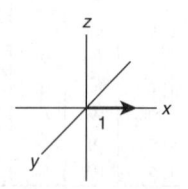

図 5·7 x 軸に沿った単位ベクトル

ある点群に属する分子が与えられると，分子の振舞いを指示するようなさまざまな対称操作を考えることが可能である．後で示されるように，原子軌道の組合わせが，点群の指標表を満たさなければならないので，原子軌道が分子軌道を生み出すような組合わせができるようにこれらの種は決定することになる．このような種の A_1, B_1 などの分子構造に関連した意味付けをする必要がある．

さまざまな点群の指標表の指標を表すのに以下のような方法が使われる．

1. A は主軸のまわりに対称な非縮退系を表記するのに使われる．
2. B は主軸に対して反対称の非縮退系を表記するのに使われる．
3. E と T はそれぞれ二重と三重に縮退している指標のことを表している．
4. 分子が対称心をもつならば，下付き文字 g は中心に対して対称を示しており，下付き文字 u は中心に対して反対称を意味している．
5. 主軸以外に回転軸をもつ分子に対して，この軸に対して対称あるいは反対称はそれぞれ下付き文字1あるいは2を付ける．主軸以外に回転軸がないときはこの下付き文字は縦面の σ_v に対して対称かあるいは反対称を示すために使われる．
6. ′ と ″ は水平面 σ_h に対して対称か反対称かを示すために使われる．

指標 A_1 と A_2 と B_1 と B_2 がどのようにして生じるかについては明らかになった．指標表はできあがって，共通の点群は表に示されている．ここですべての表を示すことは本書で使われる対称性や群論の議論の範疇を超える．共通の点群の表を付録 B に示した．

対称性の重要な話題をごく簡単に説明した．ここで紹介した入門は対称性の概念と命名法の紹介に役立つと同時に，もっと重要な点群を認識するのに役立つであろう．このように T_d や D_{4h} といった記号は群論の言葉で意味を正確に表している．群論の応用は

分子振動の座標変換や分子軌道の構築も含んでいる．このうち分子軌道の構築については次節で示される．群論のもっと詳しい応用は参考文献にある Cotton や Bertolucci の本を参照するとよい．

5・4 分子軌道の構築

対称性の概念や群論の応用は分子軌道の構築を大いに単純化する．たとえば，2 個の水素の 1s 波動関数の組合わせ $\phi_{1s}(1)+\phi_{1s}(2)$ は A_1 に変換され，組合わせ $\phi_{1s}(1)-\phi_{1s}(2)$ は B_1 に変換される．指標表の記号の表記に従って，A_1 は核間軸のまわりに対称な一重縮退状態を表している．また，B_1 は核間軸のまわりに反対称な一重縮退状態を表している．したがって，$\phi_{1s}(1)+\phi_{1s}(2)$ と $\phi_{1s}(1)-\phi_{1s}(2)$ の組合わせによって記述される状態は図 5・4 に示された H_2 分子のそれぞれ結合性（a_1）と反結合性（b_1）軌道を表している．

どの群においても既約表現は直交していなければならない．したがって，同じ既約表現をもつ軌道の相互作用のみ，要素決定の非ゼロ因子となる．そこで，いろいろな軌道が異なる対称群のもとでどのように変換されるかを決めることが残っている．H_2O の座標系は図 5・5 に示されている．C_{2v} に対して可能な 4 個の操作のどのような施行でも 2s 軌道は変化しない．したがって，その軌道は A_1 として変換される．同じように，p_x 軌道は E や σ_{xz} の操作に対して，符号を変えないが，C_2 や σ_{yz} の操作に対して，符号を変える．この軌道は B_1 として変換される．同じようにして，p_z は A_2 として変換される．簡単には明らかにならないけれど，p_y 軌道が B_2 として変換される．C_{2v} 点群に対する 4 個の対称操作を使うと酸素の原子価殻軌道は以下のようになる．

軌道	対称性
2s	A_1
$2p_z$	A_1
$2p_x$	B_1
$2p_y$	B_2

分子の分子軌道の可能な波動関数は分子の対称性を与える群論の既約表現から構成される．これらは容易に適切な点群の指標表の中から見いだせる．水は C_{2v} 点群であるが，指標表（表 5・4）は A_1, A_2, B_1, B_2 表現だけが C_{2v} 対称をもっている分子に対して起こることを示している．

この情報を図 5・8 に示されている H_2O 分子の定性的な分子軌道図をつくり上げるのに使うことができる．このようにすると，2 個の水素の 1s 軌道があり，酸素原子からの軌道が 2 個の水素と相互作用しなければならないということがわかる．したがって，使われる水素原子の 1s 軌道はそれぞれ独立にではなくて，むしろ 2 個の組合わせである．この組合わせは群軌道とよばれて，この場合にこの組合わせは，$\phi_{1s}(1)+\phi_{1s}(2)$ と

$\phi_{1s}(1)-\phi_{1s}(2)$ である．この場合，2s と $2p_z$ 軌道は A_1 対称性をもっており，A_1 対称の水素原子 1s と混合して，A_1 対称性をもつ 3 個の分子軌道をつくる（1 個の結合性軌道と，1 個の非結合性軌道と，1 個の反結合性軌道である）．

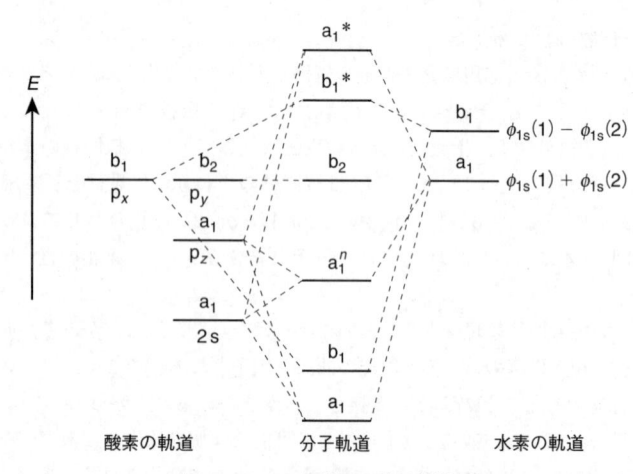

図 5・8　H_2O 分子の分子軌道図

$2p_x$ 軌道は B_1 対称性をもっており，水素軌道の同じ対称性の $\phi_{1s}(1)-\phi_{1s}(2)$ と結合をつくる．$2p_y$ 軌道は水素軌道のいかなる組合わせとも相互作用するような正しい対称性をもっていないので，非結合性のままである．したがって，それは b と表示される非結合性 π 軌道として残る．H_2O の場合，原子は総計 8 個の価電子をもっているので，低い方のエネルギーの 4 個の軌道が占有される．したがって，結合は以下のように示される．

$$(a_1)^2 (b_1)^2 (a_1^n)^2 (b_2)^2$$

原子軌道と分光状態（第 2 章）の場合に，**下付き文字は軌道や配置を示し，上付き文字は**

表 5・5　異なる対称性での中心原子の s 軌道と p 軌道の変換

点群	構　造	軌　道			
		s	p_x	p_y	p_z
C_{2v}	曲がった三原子	A_1	B_1	B_2	A_1
C_{3v}	角錐形	A_1	E	E	A_1
D_{3h}	三角形	A_1'	E'	E'	A_2''
C_{4v}	角錐形	A_1	E	E	A_1
D_{4h}	四角形	A_1'	E_u	E_u	A_{2u}
T_d	四面体形	A_1	T_2	T_2	T_2
O_h	八面体形	A_1	T_{1u}	T_{1u}	T_{1u}
$D_{\infty h}$	直線形	Σ_g	Σ_u	Σ_u	Σ_g^+

5・4 分子軌道の構築

状態を示す. a_1 軌道と b_1 軌道は σ 結合軌道であり, b_2 分子軌道は非結合性 π 軌道である.

H_2O 分子を考えると, 他の構造をもつ分子の定性的な分子軌道図をつくるために同じような手順を使うことができるであろう. このためには, 対称性が異なるとき, 中心原子の軌道がどのように変換されるかを知ることが要求される. 表 5・5 は s 軌道と p 軌道がどのように変換されるかを示しているが, これをさらに拡張した表はこの章の参考文献に紹介されている本で見られる.

今, BF_3 のような D_{3h} 対称の平面分子を考えると, z 軸は C_3 軸と定義される. 図 5・9 に示されるように x 軸に沿って B-F 結合の一つがある. この分子の対称要素は C_3 軸, 三つの C_2 軸 (B-F 結合に沿って C_3 軸に垂直なもの), C_2 軸と C_3 軸を含む三つの鏡映面と恒等操作である. このように, この分子には操作することのできる 12 個の対称操作がある. p_x 軌道と p_y 軌道が両方とも E' として変換されるし, p_z 軌道は A_2'' として変換される. s 軌道は A_1' である (σ_h に対する重要な対称性である). 同じように, フッ素の p_z 軌道は A_1, E_1, E_1 であることがわかる. 定性的分子軌道図が図 5・10 に示されるようにつくられる.

三つの σ 結合は a_1' と e' 分子軌道に 6 個の結合電子をもつことができるということは明らかである. π 結合の可能性は a_2'' 軌道を使う結果として, 分子軌道図の中に見るこ

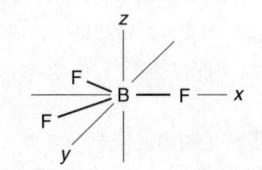

図 5・9 BF_3 分子の座標系

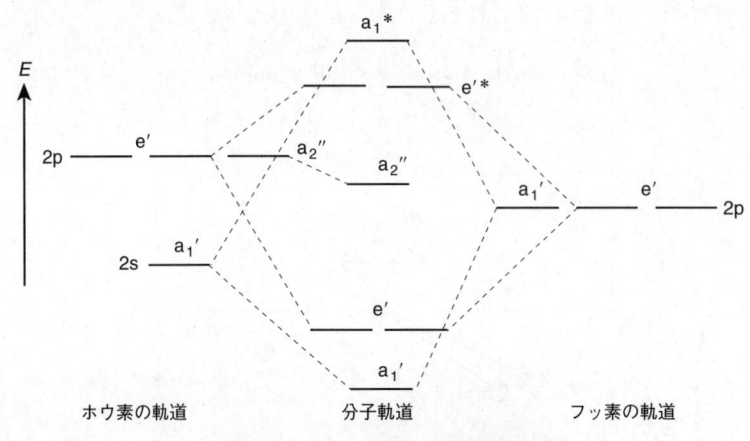

図 5・10 BF_3 分子の分子軌道図

とができるし，事実，この種の相互作用に対する実験的証拠がある．ホウ素原子とフッ素原子の共有結合半径の和は 152 pm であるが，BF_3 中の実験的な B-F 結合距離は 129.5 pm である．この結合共有の一部は π 結合から生じる部分的な二重結合のためであるかもしれない．これを示す方法は以下に示すような三つの共鳴構造による．

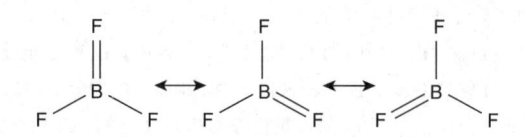

これらの共鳴構造から，B-F の結合次数を 1.33 と決めることができるが，これは観測された結合距離の短さを予言している．しかし，短い B-F 結合のもう一つの説明は B と F の間の電気陰性度の差はおよそ 2.0 であることに基づいており，結合が実質的なイオン性をもつようにしている．事実，計算では，ホウ素上の正電荷が 2.5 から 2.6 くらいまで高くなっており，結合はおもにイオン性であることを示唆している．B^{3+} イオンは非常に小さく，第 7 章で示されるように陽イオンと陰イオンの相対的な大きさは結晶中で陽イオンのまわりにおくことができる陰イオンの数を決めている．BF_3 の場合，3 個だけの F^- が B^{3+} を取り囲むことができ，結晶格子の中に拡張したネットワークをつくる可能性はない．したがって，BF_3 は事実，"イオン分子"である単量体として考えるのがベストである．

　AB_2 と AB_3 分子に対する分子軌道図の展開を見てきたが，いまから CH_4 や SiH_4 や SiF_4 のような四面体形分子を検討しよう．この対称性では中心原子の s 軌道は A_1 と変換され，p_x 軌道と p_y 軌道と p_z 軌道は T_2 に変換される（表 5・5 参照）．メタンに対して A_1 に変換される水素軌道の組合わせは

$$\phi_{1s}(1) + \phi_{1s}(2) + \phi_{1s}(3) + \phi_{1s}(4)$$

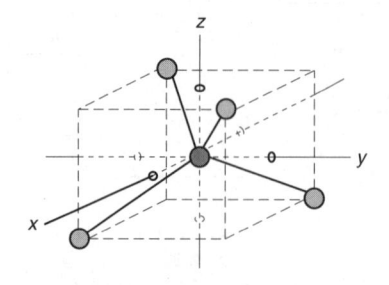

図 5・11　通常の四面体構造

5・4 分子軌道の構築

そして，T_2 に変換される組合わせは

$$\phi_{1s}(1) + \phi_{1s}(2) - \phi_{1s}(3) - \phi_{1s}(4)$$

ここで，座標系は図 5・11 に示されている．

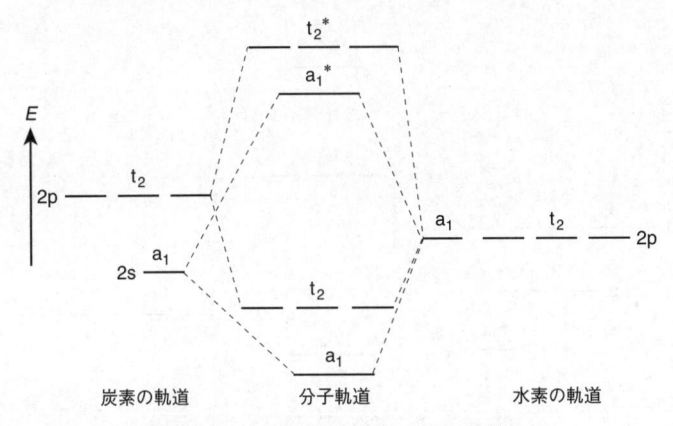

図 5・12 四面体 CH_4 分子の分子軌道図

炭素原子軌道を使い，4個の水素原子からの群軌道と組合わせると，図 5・12 に示すような分子軌道図を得ることができる．

水素群軌道は対称適用線形結合（SALC）として参照されている．これらの展開はここでは示されないが，四面体分子に対する分子軌道図も同様である．

SF_6 のような八面体 AB_6 分子に対して，原子価殻軌道は中心原子の s, p, d 軌道である．八面体は対称心があり，g と u が中心に対して対称と反対称にそれぞれ記すために使われることがわかる．明らかに s 軌道は A_{1g} に変換される．p 軌道は八面体の角の方向を向いているが，縮退しているし，対称心を通る反映に対して符号を変える．このようにして T_{1u} がつくられる．d 軌道の組から，d_{z^2} 軌道と $d_{x^2-y^2}$ 軌道は八面体の角の方向を向いているし，対称心に対する反転に対して符号を変えない．これらの軌道は E_g と表示される．残った d_{xy}, d_{yz}, d_{xz} は T_{2g} で示される三重縮退した非結合性軌道をつくる．

σ結合だけを考えるならば，T_{1u} と E_g と A_{1g} 軌道は 6 個の群によって使われることがわかる．結果的なエネルギー準位は図 5・13 に示される．

この節では，いくつかの共通な構造をもっている分子の定性的な分子軌道図を求めるために，対称性をどのように使うかについて見てきた．C_{2v}, C_{3v}, D_{3h}, T_d, O_h 対称をもっている分子やイオンは実に多い．この節で示されたこれらのエネルギー準位図は，広く構造やスペクトルや他の性質を記述するのに使われる．しかし，実際に何かを計算するためのものではない．第 17 章で分子軌道法の配位化合物の結合へのアプローチの概観を紹介する．これ以上に洗練された分子軌道計算の数学的な取扱いは本書の範囲を越えているし，分子軌道図の対称性の基礎的な応用を理解するには必要ない．

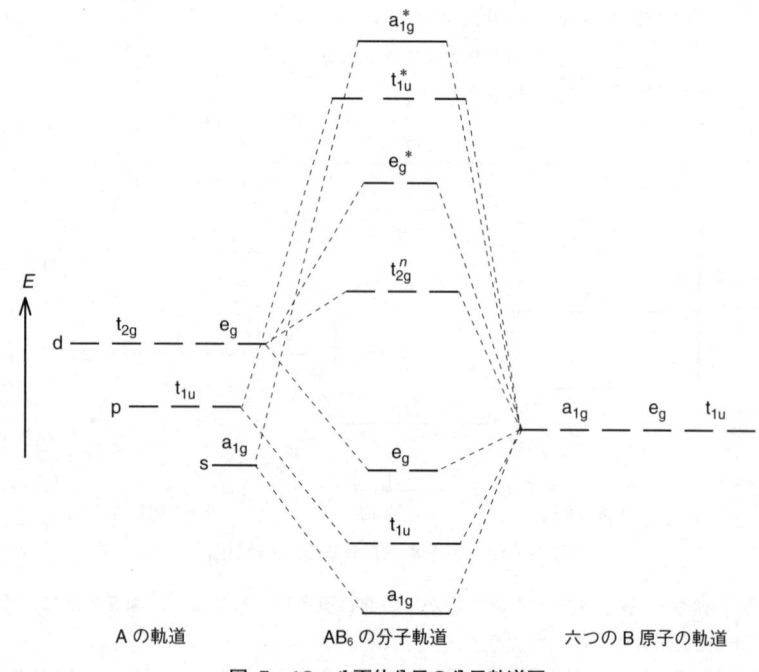

図 5・13 八面体分子の分子軌道図

5・5 軌道と角度

ここまで，すでに構造が知られている分子の分子軌道の記述をすることを進めてきた．直感的にみて，H_2O 分子は折れ曲がった構造をもっているが，BeH_2 分子は直線であるということがわかる．これまでの経験から，H_2O の中心原子のまわりには 8 個の電子があるが，BeH_2 の Be 原子のまわりには 4 個だけしかないことを知っている．分子軌道的アプローチを使って構造の違いを説明する．

包括的な分子軌道計算の最も単純なアプローチは拡張ヒュッケル法である．この方法は 1960 年代に Roald Hoffman（ホフマン）によって展開されたが，それは炭化水素分子に適用された．第 2 章と第 3 章で紹介された議論から，最初にすべきことは計算に使われる原子波動関数を選ぶことである．波動関数で最も広く使われるのはスレーター波動関数として知られている（§2・4 参照）．拡張ヒュッケル法において，分子波動関数は以下のように近似される．

$$\psi_i = \sum_j c_j \phi_j \qquad (5・1)$$

5・5 軌道と角度

ここで，$j=1, 2, \cdots, n$ である．化学式 C_nH_m をもつ炭化水素分子に対して，m 個の水素の 1s 軌道と，n 個の炭素の 2s 軌道と $3n$ 個の炭素の 2p 軌道がある．詳細はここでは示さないが，軌道の組合わせは $(4n+m)$ 次元の行列決定に導かれる．隣接する原子間を除いてすべての相互作用を無視する Erich Hückel によって展開された元の方法と異なり，拡張ヒュッケル法は非対角要素を残しており，それは分子の原子間の付加的な相互作用を考慮している．第 3 章で述べたように，評価すべきクーロン積分と交換積分があり，また重なり積分は近似される．

クーロン積分は H_{ii} と記されるが，原子 i の電子の結合エネルギーを表している．クープマンスの理論によって，これらのエネルギーは軌道から電子を取るイオン化エネルギーに等しい．したがって，使われる値 (eV) は以下のようになる．H(1s), -13.6; C(2s), -21.4; C(2p), -11.4. つぎに交換積分 H_{ij} を表すことが重要であるが，最も普通の方法は Wolfsberg–Helmholtz 近似を使うことである．

$$H_{ij} = 0.5 K (H_{ii} + H_{jj}) S_{ij} \tag{5・2}$$

ここで K はおよそ 1.75 の値をもつ定数であり，S_{ij} は原子 i と j の軌道の波動関数の重なり積分である．

二つの 1s 波動関数の重なり積分は核間距離の関数であるが，状況は p 軌道が含まれるときとは異なる．これらの角度の性質のために，p 軌道と 2 個の水素の 1s 軌道の重なりは，H-X-H 結合によってつくられる角度に依存した値をもつであろう．したがって，結合角に依存する調整は重なり積分の値に対して行われなければならない．分子軌道エネルギーが計算されるときに，それらは結合角に依存して変化するということがわかるだろう．事実，結合角は調整パラメーターとして取扱われるし，分子軌道のエネルギーは結合角を 90° から 180° まで変えながら，結合角の関数としてプロットされることができる．分子軌道は対称に依存して異なる表示をもつことを思い出さなければならない．直線の H-X-H 分子は σ_g と σ_u と 2 個の縮退した π_u 分子軌道（これらは分子の軸に対して垂直である）を生じる．この章の初めの方で紹介したように，結合角が 90° であるならば，分子軌道はエネルギーが増加する順に a_1, b_2, a_1, b_1 であろう．

エネルギーの観点で軌道の並べ方がわかると，結合角が 90° から 180° まで変化するときに軌道のエネルギーを示す定性的な図をつくることができる．この種の図は半世紀前に Arthur D. Walsh によってつくられ，今では Walsh 図として知られている．図 5・14 は三原子分子の図を示している．この図を理解するには，結合角が 90° から 180° まで変化するときに 2 個の水素の 1s 軌道が中心原子の s 軌道と p 軌道とのように相互作用するかを知ることが必要である．

BeH_2 のように中心原子のまわりに 2 組の電子対がある場合，最も低いエネルギーは，結合角が 180° で 2 組の電子対が a_1 と b_2 軌道を占有しているときになし遂げられる．BH_2^+ や CH_2^{2+} のような 3 組の電子対が最低エネルギーの軌道を占有しているときに，

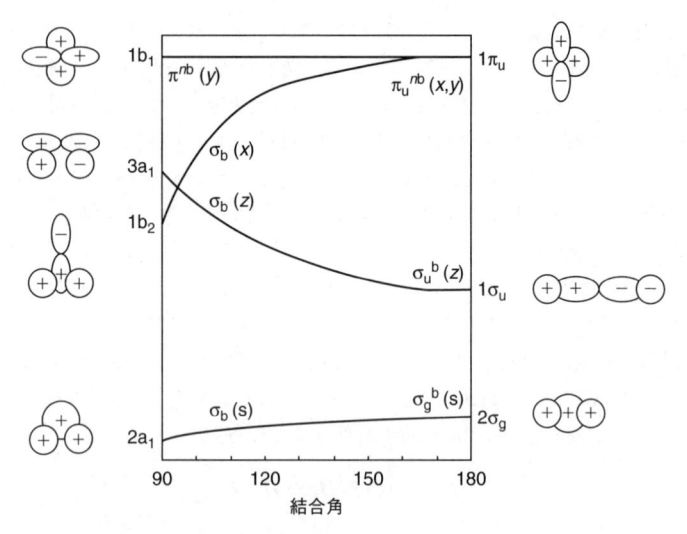

図 5・14　XH_2 分子の Walsh 図　エネルギー準位は共通に使われる記号で書かれている．左上の図で折れ曲がりは水素 1s 軌道を中心原子の p_y 軌道に対して非結合性にしている．右上の図では水素 1s 軌道の組合わせは p_x 軌道と p_y 軌道に対して非結合性軌道である

　最低エネルギーは構造が折れ曲がっているときに得られる．H_2O 分子のように4組の電子対があるときに最低エネルギーは 90°のときではなくて，180°に近くなっている．これらは定性的な図の応用であることを心に留めておく必要がある．もちろん結果は，第4章で記述した単純な価電子結合から得られるものと一致している．しかし，Walsh の分子軌道アプローチがあることを知ることは重要である．

　煩雑さが増すが，Walsh 図は XY_3 三方錐や XY_4 四面体や XY_6 八面体や他の分子に対してはつくられないということに対して理由はない．事実，それらはつくられたが，その応用はここでは記述しない．これらの図は定性的な理解には受け入れられるので，予想は実験的証拠や価電子結合法と一致している．

5・6　ヒュッケル法による単純計算

　これまでに対称に関する原則や分子軌道法を記述する際のその使用法について紹介してきたが，基礎レベルであっても何か計算できることは，頼もしい．そのような単純なアプローチは 1930 年代に Erich Hückel によって展開された．それは分子軌道計算を有機分子に対して展開させたし，その方法は今では HMO 法とよばれている．この関係で，興味ある読者は John D. Roberts 著，"Notes on Molecular Orbital Calculations" を調べるとよい．ヒュッケル法を炭素だけでなく他の原子を含む系へ拡張することは可能であり，無機分子に対する単純な記述が示されるであろう．基本的な考え方は，σ 結合

5・6 ヒュッケル法による単純計算

と π 結合が分けられ，そのエネルギーが以下の式で与えられるということである．

$$E_{\text{total}} = E_\sigma + E_\pi \tag{5・3}$$

炭素原子を扱うとき，クーロン積分 H_{ii} は α として表され，交換積分 H_{ij} は β として表される．もし，$|i-j| \geq 2$ ならば $H_{ij}=0$ なので，隣接していない電子間の相互作用は無視できると推定される．最後に単純な HMO において，重なり積分は $S_{ij}=0$ のように完全に無視される．

エチレンのような単純な分子から始めると，σ 結合した構造は以下のように混成軌道 sp^2 をもって表される．

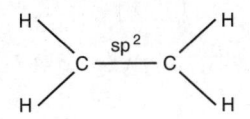

H   H
 \\ sp² /
  C======C
 /   \\
H   H

これには分子に垂直な p 軌道が残っており，それが π 結合をつくっている．これらは明白には計算の中に含まれてはいないけれども，σ 結合に対する波動関数は以下のように書ける．

$$\psi_{\text{CH}} = a_1\psi_1 + a_2\psi_2 \tag{5・4}$$

$$\psi_{\text{CC}(\sigma)} = a_3\psi_{sp^2(1)} + a_4\psi_{sp^2(2)} \tag{5・5}$$

ヒュッケル法の計算の有用な部分は π 結合に対してである．

$$\psi_{\text{CC}(\pi)} = a_5\psi_{p(1)} + a_6\psi_{p(2)} \tag{5・6}$$

先に示したように，行列式は以下のように書ける．

$$\begin{vmatrix} H_{11}-E & H_{12}-S_{12}E \\ H_{12}-S_{12}E & H_{22}-E \end{vmatrix} = 0 \tag{5・7}$$

$H_{12}=H_{21}$ であり，$S_{12}=S_{21}$ であると仮定するが，これは 2 個の結合原子が等しいからである．すでに記述したように $S_{12}=S_{21}=0$ のとき，$H_{11}=H_{22}=\alpha$ で $H_{12}=H_{21}=\beta$ とした後で，行列式は以下のようになる．

$$\begin{vmatrix} \alpha-E & \beta \\ \beta & \alpha-E \end{vmatrix} = 0 \tag{5・8}$$

各要素を β で割ると以下の式が与えられる.

$$\begin{vmatrix} \dfrac{\alpha-E}{\beta} & 1 \\ 1 & \dfrac{\alpha-E}{\beta} \end{vmatrix} = 0 \qquad (5\cdot 9)$$

この表現を扱いやすくするように単純化するために, $x=(\alpha-E)/\beta$ とする. したがって, 行列は以下のように書ける.

$$\begin{vmatrix} x & 1 \\ 1 & x \end{vmatrix} = 0 \qquad (5\cdot 10)$$

ここで, $x^2-1=0$ で, $x^2=1$ である. この式から $x=1$ か -1 であり, 以下の式が導かれる.

$$\dfrac{\alpha-E}{\beta} = 1 \quad \text{と} \quad \dfrac{\alpha-E}{\beta} = -1 \qquad (5\cdot 11)$$

この式から, エネルギー値 $E=\alpha+\beta$ と $E=\alpha-\beta$ が得られる. α と β はともに負の量を表しているし, それぞれの炭素原子が π 結合に対して1個の電子を寄与しているし, それでエネルギー準位図は図 5・15 のように示される.

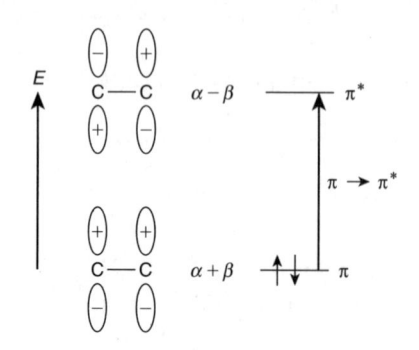

図 5・15 エチレンの分子軌道 基底状態から励起状態への1電子の励起は π-π^* 遷移として知られているし, スペクトルで紫外領域に吸収が観測される.

分子軌道図から, $\pi \to \pi^*$ タイプの電子遷移が可能であることが予想される. 事実, 空の π^* 軌道をもっているほとんどの炭化水素分子は 200〜250 nm の紫外領域に吸収がある.

2個の電子が離れた2個の炭素原子上の p 軌道に残っているならば, 全エネルギーは 2α である. しかし, それらが π 軌道であるならば, それらのエネルギーは $2(\alpha+\beta)$ で

ある．その差は以下のようになるが，これは非局在化エネルギーである．
$$2(\alpha + \beta) - 2\alpha = 2\beta \tag{5・12}$$
C-C 結合は 347 kJ mol^{-1} で C=C はおよそ 619 kJ mol^{-1} であるので，付加的な安定は π 結合のエネルギーであるが，およそ，272 kJ mol^{-1} であり，それで β は約 136 kJ mol^{-1} である．炭素原子のイオン化エネルギーは 1086 kJ mol^{-1} であるから，この値は α 値である．H_{12} は H_{11} の値のおよそ 15% であることはしばしば見られるが，示された値はこれに一致している．

その単純さにもかかわらず，ヒュッケル法は他の有効な性質を求めることを可能にしている．たとえば，結合性分子軌道の波動関数は以下の式のようになる．
$$\psi_b = a_1\phi_1 + a_2\phi_2 \tag{5・13}$$
ここで定数 a_1 と a_2 を見積もることができる．
$$\int \psi_b^2 \, d\tau = \int (a_1\phi_1 + a_2\phi_2)^2 d\tau \tag{5・14}$$
§3・1 で示されたように省略形を使うと以下のようになる．
$$a_1^2 S_{11} + a_2^2 S_{22} + 2a_1 a_2 S_{12} = 1 \tag{5・15}$$
$S_{11}=S_{22}=1$ であり $S_{12}=S_{21}=0$ と仮定したので，この式は以下のように導かれる．
$$a_1^2 + a_2^2 = 1 \tag{5・16}$$
行列方程式と最低エネルギー（式 3・17 と式 3・18 参照）から，以下のような式になる．
$$a_1(\alpha - E) + a_2\beta = 0 \tag{5・17}$$
$$a_1\beta + a_2(\alpha - E) = 0 \tag{5・18}$$
β で割って，$x=(\alpha-E)/\beta$ とすると，以下の式が得られる．
$$a_1 x + a_2 = 0 \tag{5・19}$$
$$a_1 + a_2 x = 0 \tag{5・20}$$
結合状態に対して $x=-1$ であり，そこで $a_1^2+a_2^2=1=2a_1^2$ であるから，以下の式が得られる．
$$a_1 = \frac{1}{\sqrt{2}} = 0.707 = a_2 \tag{5・21}$$
$$\psi_b = 0.707\phi_1 + 0.707\phi_2 \tag{5・22}$$

$a_1^2=a_2^2=1/2$ であるので,結合性電子対の半分(1 電子)はそれぞれの原子上に残っている. したがって,**電子密度**(electron density, *ED*)は $2(1/2)=1$ である. 2 原子間の結合次数は以下の式によって得られる.

$$B_{XY} = \sum_{i=1}^{n} a_x a_y p_i \tag{5・23}$$

ここで,a は先に計算した荷重因子であり,p_i は軌道 i の密度である. 合計がすべての n 密度軌道すべてに対して行われる. エチレン分子に対して,炭素原子間の結合次数は $B_{CC}=2(0.707)(0.707)=1$ で,π 結合の次数は 1 である. σ 結合が含まれると,炭素原子間の結合次数は 2 である.

3 個の炭素原子からなる直線形ではクーロン積分は同じである.

$$H_{11} = H_{22} = H_{33} = \alpha \tag{5・24}$$

隣の原子間の相互作用だけが考慮されるので,以下のようになる.

$$H_{13} = H_{31} = 0 \tag{5・25}$$

相互作用する隣接原子間の交換積分は以下のようになる.

$$H_{12} = H_{21} = H_{23} = H_{32} = \beta \tag{5・26}$$

以前のように重なり積分は無視され,直接,行列式に進むことができる. 置換が行われ,それぞれの要素が β で割られると,結果は以下のようになる(ここで $x=(\alpha-E)/\beta$).

$$\begin{vmatrix} H_{11}-E & H_{12} & 0 \\ H_{21} & H_{22}-E & H_{23} \\ 0 & H_{32} & H_{33}-E \end{vmatrix} = \begin{vmatrix} \alpha-E & \beta & 0 \\ \beta & \alpha-E & \beta \\ 0 & \beta & \alpha-E \end{vmatrix} = \begin{vmatrix} x & 1 & 0 \\ 1 & x & 1 \\ 0 & 1 & x \end{vmatrix} = 0 \tag{5・27}$$

行列式を解いて以下のような式が得られる.

$$x^3 - 2x = 0 \tag{5・28}$$

ここで根は $x=0$, $x=-(2)^{1/2}$, $x=2^{1/2}$ である. $(\alpha-E)/\beta$ に等しくなるようにすると以下の式が得られる.

$$\frac{\alpha-E}{\beta} = -\sqrt{2} \qquad \frac{\alpha-E}{\beta} = 0 \qquad \frac{\alpha-E}{\beta} = \sqrt{2}$$
$$E = \alpha + \sqrt{2}\beta \qquad E = \alpha \qquad E = \alpha - \sqrt{2}\beta$$

5・6 ヒュッケル法による単純計算

アリルラジカル, 陽イオン, 陰イオンの電子密度も含めたエネルギー準位図を図5・16に示した. また, アリル系に対する軌道図とエネルギー準位を図5・17に示した.

アリル系の分子軌道の配置は金属錯体のこの配位子の結合を議論するときに有効である (第16章と第21章をみよ).

行列式から以下の式が得られる.

$$\begin{vmatrix} a_1 x & a_2 & 0 \\ a_1 & a_2 x & a_3 \\ 0 & a_2 & a_3 x \end{vmatrix} = 0 \qquad (5・29)$$

$$a_1 x + a_2 = 0 \quad a_1 + a_2 x + a_3 = 0 \quad a_2 + a_3 x = 0$$

$x = -(2)^{1/2}$ の根から出発すると, 以下の式が得られる.

$$-a_1 2^{1/2} + a_2 = 0 \quad a_1 - a_2 2^{1/2} + a_3 = 0 \quad a_2 - a_3 2^{1/2} = 0$$

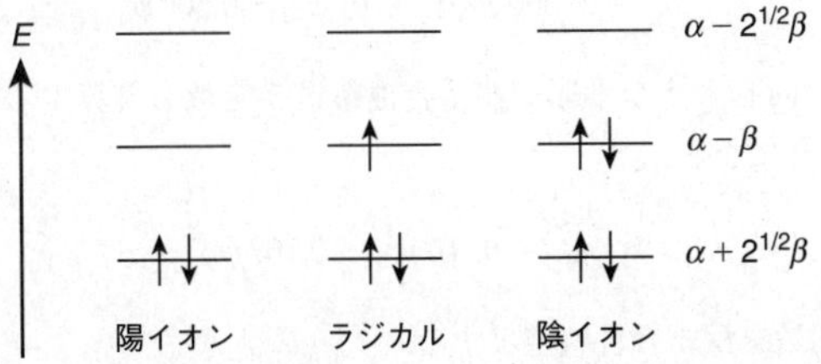

図 5・16 アリルラジカル, アリル陽イオン, アリル陰イオン種のエネルギー準位図

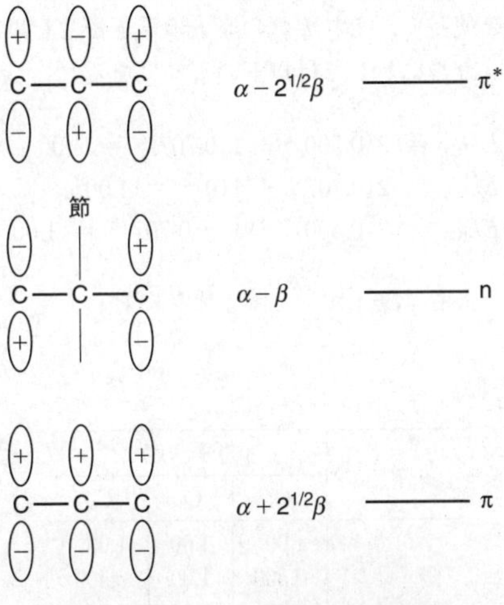

図 5・17 アリル種の分子軌道図

これらの式の最初のものから，$a_2=a_1 2^{1/2}$ であることがわかり，最後のものから $a_2=a_3 2^{1/2}$ であることがわかる．したがって，$a_1=a_3$ であり，これを第2式に代入すると，以下の式が得られる．

$$a_1 - a_2 2^{1/2} + a_1 = 0 \tag{5・30}$$

$a_2=a_1 2^{1/2}$ であり，以下の式がわかる．

$$a_1^2 + a_2^2 + a_3^2 = 1 \tag{5・31}$$

先に見いだされた値をこの式に置換すると，以下の式が得られる．

$$a_1^2 + 2a_1^2 + a_1^2 = 4a_1^2 = 1 \tag{5・32}$$

したがって，$a_1^2=1/4$，$a_1=1/2$ であり，a_3 も $1/2$，$a_2=2^{1/2}/2=0.707$ である．結合性軌道の波動関数は以下のようになる．

$$\psi_b = 0.500\psi_1 + 0.707\psi_2 + 0.500\psi_3 \tag{5・33}$$

根 $x=0$ を使うと，同じような手順で非結合性軌道の定数を計算することができて，波動関数は以下のようになる．

$$\psi_n = 0.707\psi_1 - 0.707\psi_3 \tag{5・34}$$

根 $x=2^{1/2}$ は波動関数を反結合性軌道とする．

$$\psi_b = 0.500\psi_1 - 0.707\psi_2 + 0.500\psi_3 \tag{5・35}$$

軌道の荷重係数と密度を使って，それぞれの原子の電子密度を以前のように計算することができる．アリルラジカルに対しては以下のようになる．

$$ED_{C_1} = 2(0.500)^2 + 1(0.707)^2 = 1.00 \tag{5・36}$$
$$ED_{C_2} = 2(0.707)^2 + 1(0)^2 = 1.00 \tag{5・37}$$
$$ED_{C_3} = 2(0.500)^2 + 1(-0.707)^2 = 1.00 \tag{5・38}$$

同じような方法で，電子密度は陽イオンと陰イオンに対して見いだされる．結果は以下の表にまとめている．

	電子密度		
	C_1	C_2	C_3
ラジカル	1.00	1.00	1.00
陽イオン	0.500	1.00	0.500
陰イオン	1.50	1.00	1.50

計算は示されないが,軌道密度の差が非結合性軌道の中に起こるので,原子間の結合次数は同じである.C=C-Cの並びに対して,π結合はエチレンのように2個の原子の間で局在している.したがって,そのエネルギーは$2(\alpha+\beta)$である.π結合が分子全体に広がっているならばC…C…C,エネルギーは$2(\alpha+2^{1/2}\beta)$であるが,前の構造よりも-0.828βだけ低い.このエネルギーは,非局在電子密度をもった構造はπ結合が炭素間に局在しているものよりも安定であることを示す値である.この安定化エネルギーは**共鳴エネルギー**(resonance energy)として知られている.

炭素原子が環状構造をもつとすると,$H_{13}=H_{31}=\beta$なので,問題は異なってくる.行列式は以下のように書ける.またこれから以下の方程式が導かれる.

$$\begin{vmatrix} x & 1 & 1 \\ 1 & x & 1 \\ 1 & 1 & x \end{vmatrix} = 0 \tag{5・39}$$

$$x^3 - 3x + 2 = 0 \tag{5・40}$$

根は$x=-2$,$x=1$である.したがって,$E=\alpha+2\beta$と$E=\alpha-\beta$である.後者のエネルギーは2個あるので,縮退した軌道は同じである.三員環系のエネルギー準位図を図5・18に示した.

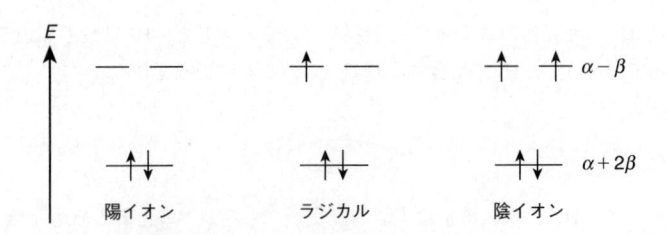

図5・18 三員環系のエネルギー準位図

陽イオンに対して,局在化したπ結合のエネルギーは$2(\alpha+\beta)$となるが,一方,非局在化したπ結合のエネルギーは$2(\alpha+2\beta)$となる.共鳴エネルギーは2βである.陰イオンに対して,全エネルギーは$2(\alpha+2\beta)+2(\alpha-\beta)$であり,$4\alpha+2\beta$となる.局在したπ結合と2個の炭素原子上に局在した2個の電子があるならば,エネルギーは$2(\alpha+\beta)+2\alpha$であり,それは$4\alpha+2\beta$である.このことはπ結合が非局在化している場合の結果と同じであり,陰イオンの共鳴安定化はないことになる.共鳴安定化を基に環状構造は陰イオンよりも陽イオンの方がより安定であるということを予言する.シクロプロペンの分子軌道図を図5・19に示した.

H_3^+はガス放出や質量分析中に観測されるが,これが直線構造か環状構造かということは興味深い.エネルギー準位図は図5・16と図5・18に示したC_3系と同じである.

ただし，実際の α 値と β 値は異なっているだろう．

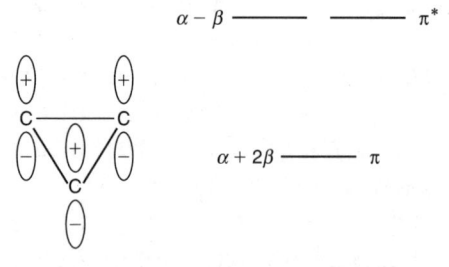

図 5・19 シクロプロペンの分子軌道図

[H-H-H]$^+$の配置に対して，エネルギー準位は $\alpha+2^{1/2}\beta$, α, $\alpha-2^{1/2}\beta$ である．環状構造に対してエネルギー準位は $\alpha+2\beta$, $\alpha-\beta$, $\alpha-\beta$ である．したがって，2電子に対して総エネルギーは，直線構造に対して $E_L=2(\alpha+2^{1/2}\beta)$ であり，環状構造に対して $E_R=2(\alpha+\beta)$ である．この計算から環状構造が -1.2β だけ安定であると予想される．

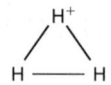

H_3^+ が H_2 と H^+ の相互作用によってつくられているとすると，H^+ は最も高い電子密度で付加するであろうし，H_2 に結合するので，このことが予測される．

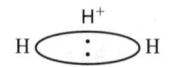

このようにして，H_3^+ の環状構造は実験的証拠からも高レベル計算からも示唆される．H_n^+ (n は奇数) として表されるいくつかの種が同じであった．それらは H_3^+ に H_2 分子を環状の角（多分，環に垂直）に加えることによって導かれた．n が偶数の種は安定ではない．

半世紀以上前に，Arthur Frost と Boris Musulin (1953) は環状の系の分子軌道のエネルギーを得るための興味ある手法を発表した．最初のステップは 2β と定義されるような都合の良い半径をもつ環状を描くことである．つぎに，構造に炭素原子の数に等しい端をもつ正多角形を描くことである．多角形の頂点を環状の底に置く．それぞれの頂点が環と接触する底の高さは分子軌道のエネルギーを与える．これは図 5・20 に，3，4，5，6，7，8 炭素原子を含む環に対して示されている．最も低いエネルギー準位の上に，最も高いエネルギー準位に達するまで，縮退したエネルギー対がある．この単純な手法から，エネルギー準位がいくつかの環状系に対して見いだされたものが表 5・6 にまとめられている．

5・6 ヒュッケル法による単純計算

詳細は示されないが，五つの炭素原子をもつシクロペンタジエン (Cp) の環の安定性を決定する共鳴エネルギーを計算することは容易である．これが行われると，$Cp^- > Cp > Cp^+$ であることがわかるが，シクロペンタジエニル陰イオンを含む幅広い化学があるという事実と一致している．

Frost と Musulin の手法は以下のような方法で π 結合をもつ一次元系に適用される．

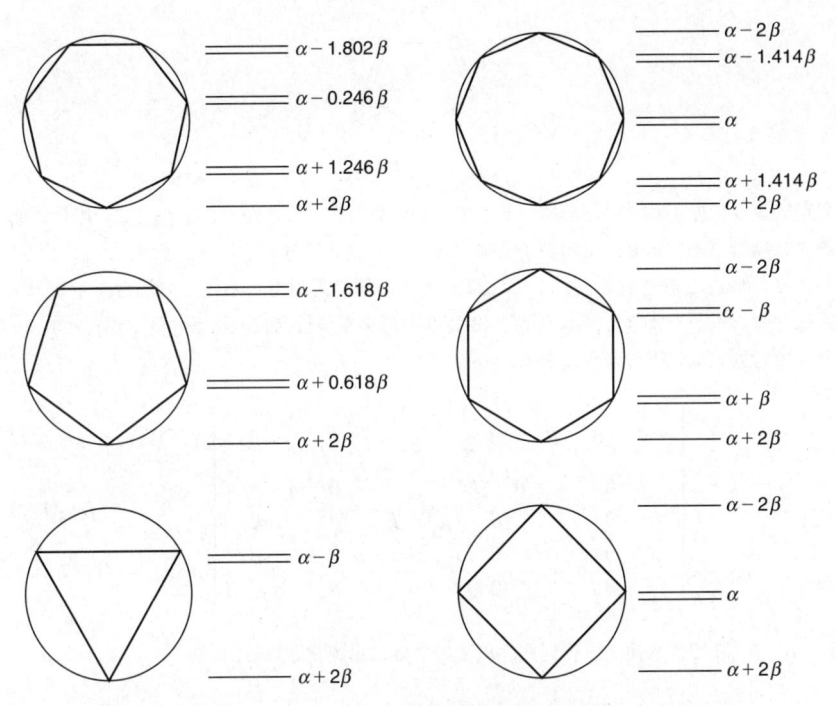

図 5・20 三，四，五，六，七，八員環の Frost–Musulin ダイヤグラム

表 5・6 環状系のエネルギー準位

原子数	軌道エネルギー					
	3	4	5	6	7	8
E_8	—	—	—	—	—	$\alpha-2\beta$
E_7	—	—	—	—	$\alpha-1.802\beta$	$\alpha-1.414\beta$
E_6	—	—	—	$\alpha-2\beta$	$\alpha-1.802\beta$	$\alpha-1.414\beta$
E_5	—	—	$\alpha-1.618\beta$	$\alpha-\beta$	$\alpha-0.246\beta$	α
E_4	—	$\alpha-2\beta$	$\alpha-1.618\beta$	$\alpha-\beta$	$\alpha-0.246\beta$	α
E_3	$\alpha-\beta$	α	$\alpha+0.618\beta$	$\alpha+\beta$	$\alpha+1.246\beta$	$\alpha+1.414\beta$
E_2	$\alpha-\beta$	α	$\alpha+0.618\beta$	$\alpha+\beta$	$\alpha+1.246\beta$	$\alpha+1.414\beta$
E_1	$\alpha+2\beta$	$\alpha+2\beta$	$\alpha+2\beta$	$\alpha+2\beta$	$\alpha+2\beta$	$\alpha+2\beta$

m 原子をもつ鎖に対して，以前のように $m+2$ の端をもつことを除いて，多角形を描く．上と下の頂点を無視し，エネルギー準位を決定するために環と接触する多角形の一端だけを使う．

ヒュッケル法は有機分子に対してよく適用されるけれども，議論されたように H_3^+ の場合はある種の無機化合物にも適応されることを示している．ピロール分子を考えてみよう．

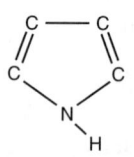

以前のように原子軌道の線形結合として波動関数を書くことができるが，この場合，原子1は窒素原子であり，炭素原子とは異なるクーロン積分 H_{11} をもっている．したがって，H_{11} は α_N と表されるが，しばしば，炭素の値で近似される．この場合，窒素は π 系に2個の電子を寄与し，$\alpha_N = \alpha_C + (3/2)\beta$ の形をもつ行列式の結果の修正が行われる．そこで行列式は以下のようになる．

$$\begin{vmatrix} \alpha + \frac{3}{2}\beta - E & \beta & 0 & 0 & \beta \\ \beta & \alpha - E & \beta & 0 & 0 \\ 0 & \beta & \alpha - E & \beta & 0 \\ 0 & 0 & \beta & \alpha - E & \beta \\ \beta & 0 & 0 & \beta & \alpha - E \end{vmatrix} = 0 \quad (5 \cdot 41)$$

$x = (\alpha - E)/\beta$ で置き換え，行列式は以下のように単純化される．

$$\begin{vmatrix} x + \frac{3}{2} & 1 & 0 & 0 & 1 \\ 1 & x & 1 & 0 & 0 \\ 0 & 1 & x & 1 & 0 \\ 0 & 0 & 1 & x & 1 \\ 1 & 0 & 0 & 1 & x \end{vmatrix} = 0 \quad (5 \cdot 42)$$

以下の高次の方程式が得られる．

$$x^5 + \frac{3}{2}x^4 - 5x^3 - \frac{9}{2}x^2 + 5x + \frac{7}{2} = 0 \quad (5 \cdot 43)$$

このような方程式は，計算機が発達する以前には，図を使って解かれていた．数学的な

手法を使って，根は $x=-2.55$, -1.15, -0.618, 1.20, 1.62 である．三つの低いエネルギー状態には6個の電子が占有されている．したがって，共鳴エネルギーは $6\alpha+7.00\beta-(6\alpha+8.64\beta)=-1.64\beta$ である．定数 a_1……a_5 が見積もられたのち，波動関数は以下のように書ける．

$$\psi_{MO(1)} = 0.749\psi_1 + 0.393\psi_2 + 0.254\psi_3 + 0.254\psi_4 + 0.393\psi_5 \quad (5\cdot 44)$$
$$\psi_{MO(2)} = 0.503\psi_1 - 0.089\psi_2 - 0.605\psi_3 - 0.605\psi_4 - 0.089\psi_5 \quad (5\cdot 45)$$
$$\psi_{MO(3)} = 0.602\psi_2 + 0.372\psi_3 - 0.372\psi_4 - 0.602\psi_5 \quad (5\cdot 46)$$
$$\psi_{MO(4)} = 0.430\psi_1 - 0.580\psi_2 + 0.267\psi_3 + 0.267\psi_4 - 0.580\psi_5 \quad (5\cdot 47)$$
$$\psi_{MO(5)} = 0.372\psi_2 - 0.602\psi_3 + 0.602\psi_4 - 0.372\psi_5 \quad (5\cdot 48)$$

三つの最低レベルだけが占有されている．先に示した手順に従って，それぞれの位置での電子密度は以下のように計算される（窒素の位置は1である）．

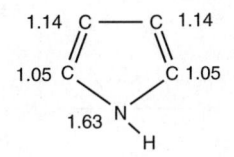

```
      1.14  C ——— C  1.14
           /       \
   1.05  C           C  1.05
           \       /
              N
         1.63 |
              H
```

電子密度は6であり，π 電子の数である．最も高い電子密度は窒素原子上であるが，最も高い電気陰性度をもっている．

明らかなように，炭素以外の原子を含む構造を扱う問題の一部は，α と β の値にどのようなものを使うかである．示唆された値は他の知られている値で計算された性質と関係のあるものに基づいている．ヒュッケル法は分子の性質を計算するときの定量的なものではないけれども，α と β の値をこれ以上に正しくする方法を述べることは，ここではしない．

NCN 分子の解析をすると，窒素原子がそれぞれ1個の電子を寄与しているが，$\alpha_N = \alpha + 1/2\beta$ である．ヒュッケル法に従って，以下のような行列式にたどり着く．

$$\begin{vmatrix} x+\dfrac{1}{2} & 1 & 0 \\ 1 & x & 1 \\ 0 & 1 & x+\dfrac{1}{2} \end{vmatrix} = 0 \quad (5\cdot 49)$$

これから，高次方程式は根 $x=-1.686$, -0.500, 1.186 であることを示すことができる．したがって，分子軌道のエネルギーに対して計算値は $\alpha+1.686\beta$, $\alpha+0.500\beta$, $\alpha-1.186\beta$ である．これらの最初のものは二重に占有されており，一方，二番目のものは

一重に占有されている．最初の二つの準位の波動関数は以下のようになる．

$$\psi_{MO(1)} = 0.542\psi_1 + 0.643\psi_2 + 0.541\psi_3 \qquad (5\cdot50)$$
$$\psi_{MO(2)} = 0.707\psi_1 - 0.707\psi_3 \qquad (5\cdot51)$$

前の節で，分子軌道のエネルギーは係数 a_i とクーロン積分と交換積分で表すことができることを知った．二番目の波動関数に対して，これは以下のように表される．

$$E_2 = a_1^2(\alpha + \tfrac{1}{2}\beta) + a_2^2(\alpha) + a_3^2(\alpha + \tfrac{1}{2}\beta) + 2a_1a_3\beta + 2a_2a_3\beta \qquad (5\cdot52)$$

最後の2個の項はゼロであり，係数を置換すると以下の式が得られる．

$$\begin{aligned}E_2 &= 0.707^2(\alpha + \tfrac{1}{2}\beta) + 0(\alpha) + (-0.707)^2(\alpha + \tfrac{1}{2}\beta) \\ &= 0.500\alpha + 0.250\beta + 0 + 0.500\alpha + 0.250\beta = \alpha + 0.500\beta\end{aligned} \qquad (5\cdot53)$$

それは軌道に対して見いだされるエネルギーである．計算された電子密度は以下のようになる．

$$\begin{array}{ccc} 1.09 & 0.827 & 1.09 \\ N_1 \!\!\!\!-\!\!\!\!-\!\!\!\!- & C & \!\!\!\!-\!\!\!\!-\!\!\!\!- N_2 \end{array}$$

計算が定量的であることに対して問題はないけれども，得られた値が原子の性質や電気陰性度について知っていることと一致していることは何となく励みになる．これは初歩的なものであるが，ヒュッケル法は小さな無機物（H_3^+ のような）に対して興味ある課題を提供している．この方法が配位化合物の配位子として働く有機分子の軌道について与える理解はこれらの化合物を議論する第16章と第21章で有効である．

本章では，分子軌道法を分子構造に適応する際の，対称性とその重要性についての概観を紹介した．厳密さや完璧さからはほど遠いが，ここで述べられた論理は学部生の無機化学の勉強には十分である．もっと詳細なものは，参考文献から見つけだすことができる．コンピュータープログラムは，単純ヒュッケルや拡張ヒュッケルやもっと高度な計算のタイプを含む分子軌道の計算をするのに役立つ．

参考文献

Adamson, A. W. (1986). *A Textbook of Physical Chemistry*, 3rd ed., Chapter 17. Academic Press College Division, Orlando, FL. ［物理化学の教科書で対称性を扱った良書］

Cotton, F. A. (1990). *Chemical Applications of Group Theory*, 3rd ed. Wiley, New York. ［化学での群論について書かれた標準的教科書］

DeKock, R. L., and Gray, H. B. (1980). *Chemical Bonding and Structure*. Benjamin Cummings, Menlo Park, CA. ［基礎レベルの群論を使って結合について書かれた優れた入門書］

Drago, R. S. (1992). *Physical Methods for Chemists.* Saunders College Publishing, Philadelphia. [第1章と第2章は化学の群論と実験手法の理解への基礎を紹介している]

Fackler, J. P. (1971). *Symmetry in Coordination Chemistry.* Academic Press, New York. [対称性の入門書]

Frost, A., and Musulin, B. (1953). *J. Chem. Phys.* **21**, 572. [多角形によって分子軌道のエネルギーを示している]

Harris, D. C., and Bertolucci, M. D. (1989). *Symmetry and Spectroscopy.* Dover, New York. [第1章で対称性と群論について紹介している]

問 題

1. 以下の化合物の正しい幾何構造とすべての価電子を図示せよ．また，すべての対称要素を書き，点群を決めよ．

(a) OCN^-　　(b) IF_2^+　　(c) ICl_4^-　　(d) SO_3^{2-}　　(e) SF_6　　(f) IF_5
(g) ClF_3　　(h) SO_3　　(i) ClO_2^-　　(j) NSF

2. 以下の化合物の正しい幾何構造とすべての価電子を図示せよ．また，すべての対称要素を書き，点群を決めよ．

(a) CN_2^{2-}　　(b) PH_3　　(c) PO_3^-　　(d) $B_3N_3H_6$　　(e) SF_2　　(f) ClO_3^-
(g) SF_4　　(h) C_3O_2　　(i) AlF_6^{3-}　　(j) F_2O

3. 中心原子に非共有電子対をもたない AX_3Y_2 を考える．この化合物のすべての可能な異性体を描き，それぞれがどの点群に属するかを決めよ．

4. 左側に列挙したそれぞれの特徴を，右側のふさわしい化合物と合致させよ．

三つの C_2 軸	OCN^-
$C_{\infty v}$ 対称	BrO_3^-
一つの C_3 軸	SO_4^{2-}
ただ一つの鏡映面	XeF_4
対称心	$OSCl_2$

5. CCl_4 中の何個の塩素原子を水素原子で置換すると C_{3v} や C_{2v} 対称性をもつ分子になるか．

6. 以下の化合物の正しい幾何構造を描き，それぞれ対称要素をすべて示せ．

(a) SCN^-　　(b) $S_2O_3^{2-}$　　(c) H_2S　　(d) IF_4^-　　(e) ICl_3　　(f) ClO_2^-
(g) NO_2^-　　(h) IF_5

7. 以下の化合物の正しい幾何構造を描き，それぞれ対称要素をすべて示せ．

(a) C_6H_6　　(b) SF_2　　(c) ClO^-　　(d) OF_2　　(e) XeF_4　　(f) SeO_3
(g) Cl_2CO　　(h) NF_3

8. 中心原子の原子軌道の対称性を用いて，以下の化合物の分子軌道図を作成せよ．
(a) BeH_2 (b) HF_2^- (c) CH_2 (d) H_2S

9. 中心原子の原子軌道の対称性を用いて，以下の化合物の分子軌道図を作成せよ．
(a) AlF_3 (b) BH_4^- (c) SF_6 (d) NF_3

10. Cl_2B-BCl_2 分子について以下の問に答えよ．
(a) 構造が平面ならば，この分子の点群は何か．
(b) S_4 軸をもつ Cl_2B-BCl_2 の構造を描け．

11. 解説された手順を用いて，C_{4v} 点群の指標表を作成せよ．

12. C_{2v} 点群の指標表と解説された手法を用いて，C_{3v} 点群の指標表を作成せよ．

13. 本章で示された手法を用いて，ピロール分子のそれぞれの位置の電子密度を計算せよ．

14. 3原子を含む炭素系を参考にして，I_3^- のようなハロゲン間化合物の構造 (15章参照) を描け．p軌道だけが使えると仮定して，この種の結合を記述せよ．

15. 図 5・20 に示された図から，シクロプロペン陽イオンとシクロペンタジエンとベンゼンの最も低いエネルギースペクトル遷移を予想せよ．

16. ヒュッケル法を用いて，H_3^- が直線構造か環状構造のいずれをもつかを決定せよ．それぞれの原子での電子密度と最も安定な構造の結合次数を計算せよ．

17. HFH^+ イオンに対して，どのようにヒュッケル計算を行うかを記述せよ．最も安定な構造はどれか．

18. 問17と同じように FHF^- イオンに対してもヒュッケル計算を記述せよ．

第 II 部

固 体 化 学

6

双極子モーメントと分子間相互作用

物質の研究では分子や固体を保持する力が支配的であるが，化学的あるいは物理的性質に影響を及ぼす他の力がある．これらは分子間相互作用の結果として生じる力である．物質は電荷を帯びた粒子から構成されているので，近接した2個の分子間には何らかの力が働くと予想するのは当然である．

分子間力には数種類がある．ある化合物は電荷をもち，互いに引き合う極性分子から構成されている．また，別の化合物は非極性分子から構成されているが，1個の分子内の電子は，非対称で，ある瞬間的な電子の寄与の結果として，他の原子核に弱く引きつけられている．さらに，別の分子は高い電気陰性度をもつ原子に結合している水素原子を含んでいるが，そのために残りの正の電荷をもつ水素をそのままにしている．結果的に，水素原子は，同じ分子または他の分子の原子上の非共有電子対に引きつけられる．この種の相互作用は水素結合として知られている．分子間に働く水素結合の力は10〜20 kJ mol^{-1}であるが，これらは物性に大きな影響を与えるし，場合によっては化学的挙動にも影響を与える．この種の力を理解することは，無機化合物の性質や挙動を予想したり，理解するために必須である．本章では分子間相互作用について取扱う．

6・1 双極子モーメント

原子の電気陰性度はそれぞれ異なるので，共有結合の電子対は必ずしも等価に共有されない．結果として，結合には一般的に高い電気陰性度をもつ原子上にある負電荷の中心に極性がある．2個の原子間の共有結合に対して，双極子モーメントμは以下の式で表せる．

$$\mu = q \times r \qquad (6\cdot1)$$

6・1 双極子モーメント

ここで，2個の原子は$+q$と$-q$の電荷をもち，rは電荷間の距離である．第3章で二原子分子の双極子モーメントと波動関数のイオン項の荷重係数の間の関係が決定された．分子の性質のうち，いくらかは極性に関係しているし，分子構造を理解するには有効なパラメーターでもあるので，この話題をもっと詳しく調べることが適切である．その前に，単位について述べることにする．電子の電荷は1.6022×10^{-19} C（クーロン）であり，原子核間の距離はm（メートル）で表すことができる．結果的に，双極子モーメントの単位はC mである．極性の単位はD（デバイ）として定義されるが，それはPeter Debye の名前から付けられている．Debyeは極性分子に関するパイオニア的な研究をした．SI単位での関係は以下のようになる．

$$1\,\text{D} = 3.33564 \times 10^{-30}\,\text{C m}$$

昔から，分離した電荷はesu単位で表されるが，この次元は$\text{g}^{1/2}\,\text{cm}^{3/2}\,\text{s}^{-1}$であり，多くの化学者が今も使用する単位である．電子の電荷は4.80×10^{-10} esuであるが，核間距離をcm（センチメートル）で表すと，以下のようになる．

$$1\,\text{D} = 10^{-18}\,\text{esu cm}$$

複数の極性結合をもつ分子に対して，全双極子モーメントの荒っぽい近似は，ベクトルとして**結合モーメント**（bond moment）を考慮して，ベクトルの合計を見いだして行われる．水分子を考えてみると，構造は以下のようになっているが，

H
  104.4° O
H

この全双極子モーメントは1.85 Dである．2個のO-H結合モーメントのベクトル和の値を考慮すると，以下のようになる．

$$1.85\,\text{D} = 2\cos 52.2 \times \mu_{\text{OH}} \tag{6・2}$$

μ_{OH}を解くと，1.51 Dの値となる．O-Hの双極子モーメントを求めるもう一つの式がある．

$$\text{イオン性パーセント} = 16|\chi_\text{A} - \chi_\text{B}| + 3.5|\chi_\text{A} - \chi_\text{B}|^2 \tag{6・3}$$

ここで，χ_Aとχ_Bは原子の電気陰性度である．イオン性のパーセントを計算することによって，原子の電荷を決めることができる．O-Hに対して，以下のようになる．

$$\begin{aligned}\text{イオン性パーセント} &= 16|3.5 - 2.1| + 3.5|3.5 - 2.1|^2 \\ &= 29.4\%\end{aligned} \tag{6・4}$$

O-H 結合の長さが 1.10×10^{-8} cm (110 pm) なので，以下の式のようになる．

$$\begin{aligned}\mu_{\text{OH}} &= 0.294 \times 1.6022 \times 10^{-19} \text{C} \times 1.10 \times 10^{-10} \text{ m} \\ &= 5.18 \times 10^{-30} \text{ C m} = 1.55 \text{ D}\end{aligned} \quad (6 \cdot 5)$$

この場合，二つの方法により計算された値の一致は比較的よいが，いつでもよく一致するわけではない．理由の一つは単純なベクトルの合計での手法は電子の非共有電子対の効果を無視しているからである．また，高い極性の結合は，分極していない結合に電荷分離を誘起することがある．ある場合には，結合は C-O 結合や C-H 結合の場合のように，必然的に非極性かもしれない．最後に，多くの分子は共鳴のために一つの構造では十分には表せない．結果的に，すべての，しかし単純な分子の双極子モーメントの計算はやっかいである．

　分子の幾何構造の効果を簡単な方法で評価することができる．四面体形の CH_4 分子を考えると，1 個の C-H 結合が上向きで，他の 3 個が三脚形をつくっている．

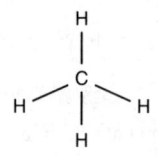

```
        H
        |
        C
      / | \
    H   H   H
        H
```

上を向いている結合はその方向に 1 個の C-H 結合があるが，一方，他の 3 個は 1 個の下向きの C-H の効果と正確に等しくなければならない．3 個の結合のそれぞれの下向きの成分は $\cos(180 - 109°28') = 1/3$ から得られる．したがって，3 個の結合は正確に上向きの 1 個の結合の効果と等しい．これはどのような四面体形分子に対して真実であり，双極子モーメントはゼロである．

　第 4 章で，高い電気陰性度のまわりの原子は低い程度の s 性をもって混成軌道へ結合する傾向があることを議論した．これに関連して考えると，分子 PCl_3F_2 は非極性であり，構造は以下のようになる．

```
        F
        |
   Cl   |
     \  P — Cl
   Cl/  |
        |
        F
```

この分子においてリンによって使われる軸位の軌道は dp 性として考えられるが（第 4 章をみよ），それらは s 性をもっていないことを意味しており，一方，面内は sp^2 混成である．予想されるように，フッ素原子は軸位に見られ，分子は非極性である．この図

は分子構造の詳細を予言することで双極子モーメントの値を示している．表6・1に無機化合物の双極子モーメントを示した．

表 6・1 無機分子の双極子モーメント

分子	双極子モーメント〔D〕	分子	双極子モーメント〔D〕
H_2O	1.85	NH_3	1.47
PH_3	0.58	AsH_3	0.20
SbH_3	0.12	$AsCl_3$	1.59
AsF_3	2.59	HF	1.82
HCl	1.08	HBr	1.43
HI	0.44	$SOCl_2$	1.45
SO_2Cl_2	1.81	SO_2	1.63
PCl_3	0.78	F_2NH	1.92
OPF_3	1.76	SPF_3	0.64
SF_4	0.63	IF_5	2.18
HNO_3	2.17	H_2O_2	2.2
H_2S	0.97	N_2H_4	1.75
NO	0.15	NO_2	0.32
N_2O	0.16	$PFCl_4$	0.21
NF_3	0.23	ClF_3	0.60

分子に対する双極子モーメントの興味深い見方の一つは，NH_3 と NF_3 が考察されるときにみられる．

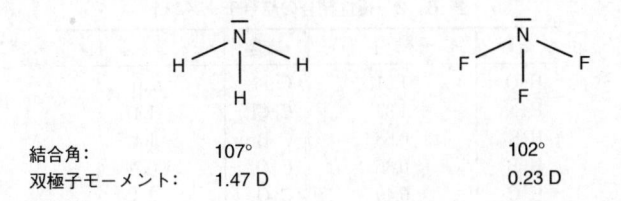

結合角：　　　　　　107°　　　　　　　　　　102°
双極子モーメント：　1.47 D　　　　　　　　　0.23 D

これら2個の分子において，構造はきわめて似ているし，原子の電気陰性度は N=3.0, H=2.1, F=4.0 であり，結合の極性も似ている．双極子モーメントの大きな違いは，NH_3 においては非共有電子対が双極子の負の端となってかなりの効果をもたらすという事実に起因している．N-H 結合は水素原子の方向に正の末端をもち，極性である．したがって，極性結合の効果は電子の非共有電子対の効果を加えて，大きな双極子モーメントを生じる．NF_3 において，電子の非共有電子対は分子のその領域に負電荷を生じるが，フッ素原子の電気陰性度は窒素原子よりも大きいので，極性の N-F 結合の負の末端はフッ素の方向を向いている．このようにして，電子の非共有電子対と極性のN-F 結合は互いに反対方向に働き，NF_3 分子は低い双極子モーメントになる．

ClF₃ や BrF₃ の双極子モーメントは電子の非共有電子対の効果をもう一つ提供している．分子を以下に示す．

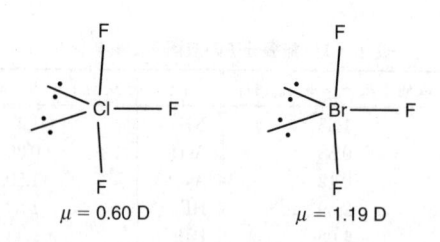

$\mu = 0.60$ D　　　　$\mu = 1.19$ D

電気陰性度の違いのために，Br-F 結合は Cl-F 結合よりも極性である．しかし，ClF₃ の非共有電子対は Cl 原子の方に引きつけられており，Cl-F の極性は 2 組の非共有電子対の結果として，反対方向にある．BrF₃ は面内の Br-F 結合が Cl-F 結合よりも少し極性が高いが，非共有電子対は Br 原子から離れたところにある．したがって，面内の Br-F 結合の極性を支配している BrF₃ の 2 組の非共有電子対によって生じる大きな効果がある．結果は BrF₃ の双極子モーメントが ClF₃ の双極子モーメントのおよそ 2 倍である．

分子の極性や分子の割当てを概算する方法があると便利である．この目的のために，特定の結合の極性がわかるとこの問題を解くことができる．表 6·2 にいろいろな結合の結合モーメントを示した．

表 6·2　極性結合の結合モーメント

結合	モーメント〔D〕	結合	モーメント〔D〕
H-O	1.51	C-F	2.0
H-N	1.33	C-Cl	1.47
H-S	0.68	C-Br	1.4
H-P	0.36	C-O	0.74
H-C	0.40	C=O	2.3
P-Cl	0.81	C-N	0.22
P-Br	0.40	C=N	0.9
As-F	2.0	C≡N	3.5
As-Cl	1.6	As-Br	1.3

分子の構造と結合モーメントがわかっているならば，おおよその双極子モーメントは，極性結合をベクトルとして扱うことによって得られる．図 6·1 にはベクトル図が示してあるが，そこから以下の式を用いて二つの結合の結果を得ることができる．

$$\mu = \sqrt{\mu_1^2 + \mu_2^2 + 2\mu_1\mu_2 \cos\theta} \qquad (6·6)$$

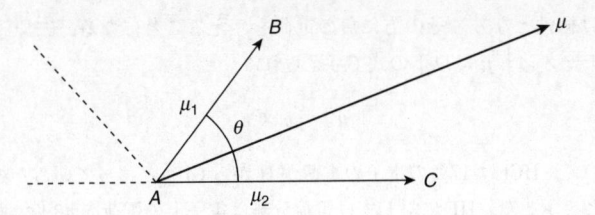

図 6・1 結合モーメントから双極子モーメントを計算するのに用いるベクトルモデル

角度が鈍角（図6・1の破線で示してあるような）ならば，関係式は以下のようになる．

$$\mu = \sqrt{\mu_1^2 + \mu_2^2 + 2\mu_1\mu_2 \cos(180 - \theta)} \qquad (6 \cdot 7)$$

この手法を塩化メチル CH_3Cl 分子にあてはめると，構造は以下の式のようになる．

それぞれの C-H 結合の極性は炭素原子の方に負の端が向くことになる．C-Cl 結合のモーメントを加えた 3 個の C-H 結合の結果は分子に全双極子モーメントを生じることになる．それぞれの C-H 結合は C-Cl 結合の反対の直線から $(180° - 109.5°) = 70.5°$ の角度であることがわかる．結果的に，3 個の C-H 結合に対して結果は以下のようになる．

$$3\mu_{CH} \times \cos 70.5° = 3\mu_{CH} \times 0.33 = 1\mu_{CH}$$

したがって，CH_3Cl の双極子モーメントは以下のように計算される．

$$\mu_{分子} = \mu_{CH} + \mu_{CCl} = 0.40 + 1.47 = 1.87 \, D$$

$CClF_3$ に対して，3 個の C-F 結合の極性は C-Cl 結合の反対にあり，以下のようになる．

$$\mu_{分子} = \mu_{CF} - \mu_{CCl} = 2.00 - 1.47 = 0.53 \, D$$

これは双極子モーメントの測定値 0.50 D にかなり近い値である．

6・2 双極子-双極子力

異なる電気陰性度である 2 個の原子が電子対を共有するとき，電子対は等しく共有されているわけではない．結果的に，電子は電気陰性度の高い原子の近くにあるので，原

子間の結合は極性となり，その方に負の電荷を与えることになる．二原子分子に対して，双極子モーメント μ は以下の式で与えられる．

$$\mu = q \times r \tag{6・8}$$

第3章において，HCl は17%の電子の電荷が H から Cl へと移っているかのように振舞うということを示した．HF に対しては電荷分離は電子上の電荷の43%である．電荷分離をしている分子が互いに近づくと，それらの間に静電的な力が働く．図 6・2 a, b に示すような，逆の電荷を近くに向ける配置は，エネルギーが低い（負の値，E_A）．

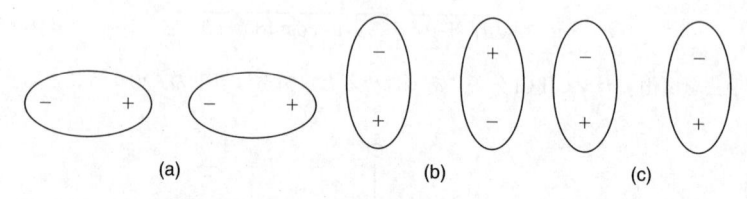

図 6・2 双極子の配置 (a), (b) は引力が働く．(c) は反発力が働く

図 6・2 c のような配置は反発を生じる（エネルギーは正である．E_R）．そのような配置は起こらないかもしれないが，これは正確には正しくない．これは，向きが反対の電荷をもつものが近くにあるものよりも，高いエネルギーを表しているが，高いエネルギー状態の占有率はボルツマン分布則に支配されている．先に述べた E_A と E_R で定義された2個のエネルギー状態に対して，状態の占有率（n_A と n_R）はそれらの間のエネルギー差 ΔE に関係している．

$$\frac{n_R}{n_A} = e^{-\Delta E/kT} \tag{6・9}$$

ここで，k はボルツマン定数であり，T は温度 (K) であり，他の量はすでに定義されている．したがって，反発状態はエネルギー的には高いが，温度と ΔE に依存して小さな占有率をもつことができる．引き合う状態の占有率は大きいので，2個の極性分子間の総引力がある．方向が限定された2個の双極子間の総引力 E_D は以下のようになる．

$$E_D = -\frac{\mu_1 \mu_2}{r^3}[2\cos\theta_1 \cos\theta_2 - \sin\theta_1 \sin\theta_2 \cos(\phi_1 - \phi_2)] \tag{6・10}$$

この式で，θ_1，θ_2，ϕ_1，ϕ_2 は極性分子1と2の方向を記述する角度座標である．μ_1 と μ_2 はそれらの双極子モーメントであり，r は分子間の平均距離である．2個の双極子が固体中で固定した方向を向いているならば，エネルギーは先に示したように，$1/r^3$ とし

て変化するし，この因子を含んだエネルギー表記はしばしば見られる．しかし，液体中では方向は変わり，反平行の引き合う配置から，平行な反発配置まで可能である．このことが考慮され，平均の配向が使われると，エネルギーは$1/r^6$で変化し，以下の式で表される．

$$E_\mathrm{D} = -\frac{2\mu_1^2\mu_2^2}{3r^6kT} \tag{6・11}$$

1種類のみの極性分子が存在すると，相互作用エネルギーは以下のように表すことができる．

$$E_\mathrm{D} = -\frac{2\mu^4}{3r^6kT} \tag{6・12}$$

モル表記では相互作用エネルギーは以下のようになる．

$$E_\mathrm{D} = -\frac{2\mu^4}{3r^6RT} \tag{6・13}$$

極性分子の会合は，わずか$2 \sim 5$ kJ mol^{-1}のエネルギー変化しか伴わないが，物理的性質への影響は大きい．

　双極子の会合する能力は環境によって影響される．双極子の会合に関する多くの研究は極性分子を含む溶液の中で行われてきた．溶媒分子が極性ならば，あるいは誘起された極性をもつならば（§6・3），溶質分子の会合は邪魔されるであろう．溶媒分子は極性の溶質分子で囲まれるであろうし，それらは他の溶質分子との相互作用を抑制するであろう．溶質分子は会合が起こる前に，少なくとも部分的に溶解していなければならない．Dとして極性分子を表すと，二量体をつくる会合反応は以下のような式になる．

$$2\mathrm{D} \rightleftharpoons \mathrm{D}_2 \tag{6・14}$$

あるいはより一般的な形として，会合がn個の分子を含む場合，その反応は以下のようになる．

$$n\mathrm{D} \rightleftharpoons \mathrm{D}_n \tag{6・15}$$

これらの反応の平衡定数は溶媒の性質に依存して$10 \sim 100$倍くらい変わるかもしれない．溶媒がヘキサンのような非極性ならば，極性の溶質分子間の相互作用は溶質と溶媒の間の相互作用よりはずっと強い．結果的に，双極子の会合に対する平衡定数は大きいであろう．一方，溶媒がメタノールのような極性の溶媒で構成されていると，溶質分子の会合が極性の溶質分子と極性溶媒分子との相互作用のために完全に妨げられるかもしれない．溶質分子は二量体や大きな会合をつくるために，部分的に溶けなければならな

い．クロロベンゼンやクロロホルムのような溶媒は極性の分子を完全には会合することを妨げるかもしれないが，平衡定数は，溶媒がヘキサンか四塩化炭素のような非極性分子から構成されているときよりもほとんどいつも小さいであろう．

厳密には双極子の会合を含まないが，いま記述された原則を示す興味深い例はアルキルリチウムの会合である．$LiCH_3$ に対して安定な会合の一つは，六量体 $(LiCH_3)_6$ である．トルエンのような溶媒では六量体は維持されるが，$(CH_3)_2NCH_2CH_2N(CH_3)_2$ のような溶媒中では，窒素原子上の非共有電子対のために強く相互作用して，メチルリチウムは溶媒和された単量体で存在する．第9章で示されるように，電子供与体と電子受容体の会合は溶媒が溶質分子と相互作用する能力によっても強く影響される．

6・3 双極子-誘起双極子力

分子や原子の電子分布と原子核が，電場の影響で変位することがある．結果として，電子雲は**分極率**（polarizability）をもち，それは α と表される．電子の総数は分子の分極率を決定する際の電子の移動度ほどは重要ではないだろう．結果的に，非局在化している π 電子系をもっている分子は，局在化している結合をもち，同じ数の電子をもつ分子より高い分極率となる．球状の電荷分布をもつ極性分子は極性分子に近づくとき，電荷分離がもともと非極性であった分子に誘起される．この相互作用は二つの分子の間に引力を生じる．

1分子の分極率ともう一つの分子の双極子モーメントの強度は相互作用の強さを決める大きな要因である．極性分子の双極子モーメント (μ) が大きければ大きいほど，また他の分子の分極率が高ければ高いほど，相互作用の強さは大きくなる．数学的には極性分子との双極子の相互作用のエネルギーは以下のように表される．

$$E_I = -\frac{2\alpha\mu^2}{r^6} \qquad (6 \cdot 16)$$

双極子-誘起双極子力の相互作用は，非極性である分子間でさえも引力をひき起こすロンドン力に加えて，存在する．双極子-誘起双極子力の最も驚くべきことの一つは水への希ガスの溶解度によって示される．溶質と溶媒の間の相互作用エネルギーが大きければ大きいほど，希ガスの溶解度は大きくなる．極性の水分子は希ガスの分極率を増加させ，希ガス分子に電荷分離を誘起させる．したがって，ヘリウムは水ととても弱く相互作用し，ラドンは分極率に従って，もっと強く相互作用すると予想される．結果的に，水への希ガスの溶解度は図6・3に明確に示されるように，以下の順で減少する．

$$Rn > Xe > Kr > Ar > Ne > He$$

もう一つの双極子-誘起双極子相互作用の重要な結果は，水への酸素と窒素の溶解度の差である．0℃で，100 g の水に溶ける気体をグラム数で表すと，溶解度はそれぞれ

0.006945 と 0.002942 である．ともに非極性分子であるが，酸素分子の分極率はより大きい．結果として，極性の水分子は酸素分子に大きな電荷を誘起させ，それが溶媒とより強い相互作用を生じさせ，より大きな溶解度となる．

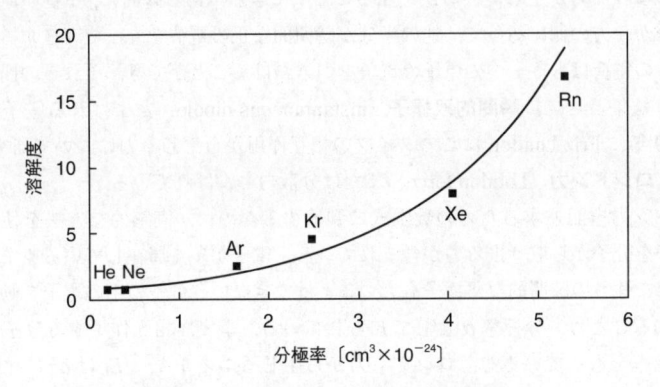

図 6・3　分極率と希ガスの水への溶解度

これらの考え方の重要な進展は，イオンが極性分子と相互作用する場合である（イオン–双極子力）．この場合，分子の極性はイオンにより誘起される効果により増加する．溶媒和の中のイオンを取り巻く極性溶媒分子はバルクの溶媒中の分子のようには同じ極性をもっていない．

6・4　ロンドン力

分子には永久双極子モーメントの結果として存在する分子間力に加えて，他の力がある．静電的なファンデルワールス力に関連して，その力が理想気体式からのずれをひき起こしている．この力は，分子が永久双極子モーメントをもっているかどうかには関係

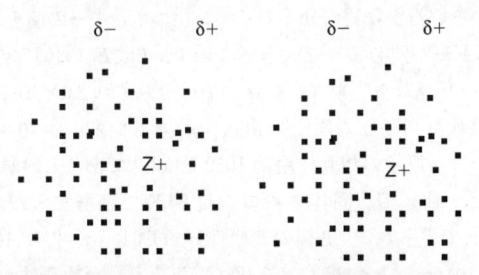

図 6・4　2個の原子の極性を導く電子の瞬時の分散　それらは極性ではないが原子間（分子間）の引力がある．電子の数と動かされる力は引力の大きさを決めるであろう

していないが、あらゆる分子間に存在する。さもなければ、CH_4 や O_2 や N_2 や希ガスのような物質を溶かすことは不可能である。多くの非極性化合物の液体や固体は存在しないであろう。図 6・4 に示されるように近接の 2 個の希ガス原子を考慮することにより、どのような力が生じているかを知ることができる。ある瞬間に、1 個の原子の電子の大部分が一方の側にあって、他の半分が瞬間的な正の電荷をもって存在するかもしれない。その電荷はもう一つの原子の電子を引きつけることができ、それらの間の全引力となる。結果として、**瞬間的双極子**（instantaneous dipole）とよばれる電子配置となる。1929 年に Friz London はこのタイプの相互作用から生じる力について研究したが、それらは**ロンドン力**（London force）または分散力とよばれている。

ロンドン力を記述するための数学式に到達するために、直感的な方法を使う。最初に、電子を分子から取り去る力が含まれている。電子が多く局在している原子や分子はどのような強さの瞬間的な双極子ももつことはできない。分子の中の電子を動かす能力を測定することは、分極率 α として知られている。事実、相互作用する分子のそれぞれは分極率をもっているし、ロンドン力から生じるエネルギー E_L は α^2 に比例している。ロンドン力は短い距離のときだけ重要であるが、距離は式の分母の中にある。事実、分母に r^2 をもつクーロン則とは違って、ロンドン力の表記は r^6 である。したがって、ロンドン力の結果として相互作用エネルギーは以下のように表せる。

$$E_L = -\frac{3h\nu_0\alpha^2}{4r^6} \qquad (6\cdot17)$$

ここで、α は分極率、ν_0 はゼロ点振動数、r は分子間の平均距離である。量 $h\nu_0$ は分子のイオン化エネルギー I である。したがって、ロンドン力は以下のように表せる。

$$E_L = -\frac{3I\alpha^2}{4r^6} \qquad (6\cdot18)$$

多くの異なるタイプの分子のイオン化エネルギーにあまり違いがないということは興味深い。表 6・3 にいろいろな物質の分子のイオン化エネルギーの値を示した。

イオン化エネルギーが同じような大きさなので、I は E_L の値で定数として置き換えることができる。ヘリウムやアルゴンの α の値はそれぞれ 2.0×10^5 pm^3 と 1.6×10^6 pm^3 である。300 pm 離れたヘリウム原子の相互作用エネルギーは 76.2 J mol^{-1} であるが、400 pm 離れたアルゴン原子の相互作用は 1050 J mol^{-1} であると計算される。これらのエネルギーの差と一致して、固体アルゴンは 84 K で融解するが、固体ヘリウムは 1.76 K で、29.4 atm で得られる。2 個の非極性分子 CCl_4（$\alpha=2.6\times10^7$ pm^3, b.p. 77 ℃）と C_6H_6（$\alpha=2.5\times10^7$ pm^3, b.p. 80 ℃）を比べてみると、分極率は沸点と同じように非常に近い値であることがわかる。これらの分子に対して、相互作用はロンドン力だけであり、沸点と分極率の比較は正当である。

6・4 ロンドン力

一般に，分子間力がロンドン力だけであるならば，沸点は分子が大きくなれば高くなり，電子の数が増えれば高くなる．たとえば室温で F_2 と Cl_2 は気体，Br_2 は液体，I_2 は固体である．$GeCl_4$ と $SnCl_4$ の沸点は，電子の数と分極率の違いに一致して，86.5℃と114.1℃である．炭化水素系 C_nH_{2n+2} において n が増加するにつれて，沸点が高くなることは，この原則と似たような振舞いである．

表 6・3 分子のイオン化エネルギー

分子	イオン化エネルギー〔eV〕	分子	イオン化エネルギー〔eV〕
CH_3CN	12.2	$C_2H_5NH_2$	8.86
$(CH_3)_2NH$	8.24	$(CH_3)_3N$	7.82
NH_3	10.2	HCN	13.8
H_2O	12.6	H_2S	10.4
CH_4	12.6	CS_2	10.08
HF	15.77	SO_2	12.34
CH_3SH	9.44	C_6H_5SH	8.32
C_6H_5OH	8.51	CH_3OH	10.84
C_2H_5OH	10.49	BF_3	15.5
CCl_4	11.47	PCl_3	9.91
AsH_3	10.03	$AsCl_3$	11.7
$(CH_3)_2CO$	9.69	$Cr(CO)_6$	8.03
C_6H_6	9.24	1,4-ジオキサン	9.13
$n\text{-}C_4H_{10}$	10.63	OF_2	13.6

1 eV = 98.46 kJ mol^{-1}

α_1 と α_2 の分極率をもつ2種の異なるタイプの分子が相互作用すると，それらの間のロンドン力は以下のように表すことができる．

$$E_L = -\frac{3h\alpha_1\alpha_2}{2r^6}\cdot\frac{\nu_1\nu_2}{\nu_1+\nu_2} = -\frac{3\alpha_1\alpha_2 I_1 I_2}{2r^6(I_1+I_2)} \tag{6・19}$$

第7章で固体のハロゲン化銀は共有結合的であるということが指摘されるであろう．この結果は，陽イオンと陰イオンが電荷分離を誘発したので，イオンが分極していることから生じている．AgI に対して，静電的引力は 808 kJ mol^{-1} であるが，ロンドン力は 130 kJ mol^{-1} である．示された例から，ロンドン力は化合物の物理的性質に大きな影響を与える．

分子量の増加を伴う電子数の増加の影響の一つは分子間のロンドン力が増加することである．非極性分子から構成されている一連の化合物の沸点は分子間にある大きな引力を反映するはずである．この傾向を示すために炭化水素のような一連の有機化合物の沸点が考察される．しかし，この傾向はまた，多数の無機化合物においても示される．図

6・5は第13族または第14族のハロゲン化物（化学式EX_3とEX_4）の沸点を示している．

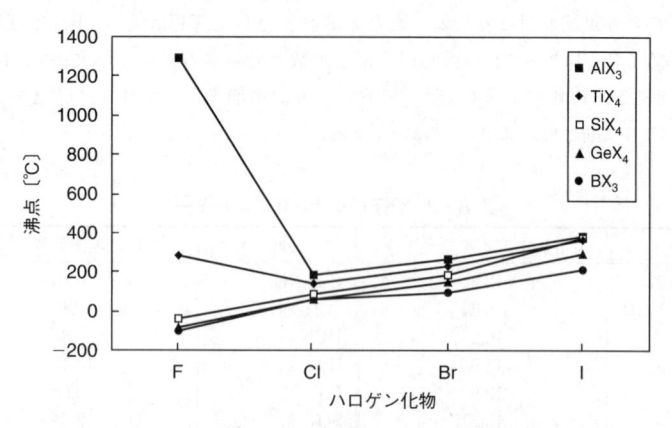

図 6・5 第13族と第14族のハロゲン化物の沸点

これらの化合物に対して，ほとんどのものは共有結合分子から構成されているが，分子量が増加するにつれて沸点の上昇が予想される．三角形BX_3と四面体形SiX_4やGeX_4化合物はXがFからIになるにつれて，予想される傾向に従う．AlF_3を除いて，アルミニウム化合物も基本的には共有結合的であり，アルキルアルミニウム$[AlR_3]_2$のように二量体として存在する．この構造については第4章で述べたが，本章の後ろの方でまた議論する．しかし，AlF_3について検討すると，顕著な違いが見られる．この場合，化合物は基本的にイオン性であり，そのために沸点はおよそ1300℃となる．Al^{3+}を生じるための総イオン化エネルギーは5139 kJ mol^{-1}であり，高い格子エネルギーがある場合だけは，化合物はイオン性である．このようにして小さいサイズのAl^{3+}とF^-は，Al^{3+}を生じるのに必要な高いイオン化エネルギーを埋め合わせるために，十分に安定な格子を構成することを可能にしている．AlF_3の高い沸点は他のハロゲン化アルミニウムに比べて，この化合物に存在する異なるタイプの結合を反映しているのである．共有結合性なものからイオン性なものまで結合に連続性があるということと，AlF_3中の結合はイオン性なもののきわめて端にあるということを覚えておくとよい．

分子が液体に溶けるときには，溶媒分子間の力が打ち負かされているはずである．溶質の個々の分子が考慮されないならば，溶媒分子間の力もまた，打ち負かされているはずである．溶質分子が十分な溶解度をもつことができるならば，溶質-溶媒間の相互作用が好ましいエネルギーに導くような，溶質分子の有効な溶解が必須である．非極性分子がそれらの間のロンドン力の結果として相互作用するので，非極性であるBI_3のような化合物がCCl_4やCS_2のような非極性溶媒に溶けるということは驚くべきことではない．同じように，$AlBr_3$とAlI_3はアルコールやエーテルや二硫化炭素に溶解するが，一方，AlF_3は基本的に非極性のイオンから構成されているので，溶けない．

6・5 ファンデルワールス式

1873年にJ. D. van der Waalsは理想気体の式に欠陥があることを見つけ出し、二つの問題点を排除する式を展開した。分子それ自体が何らかの体積をもっているので、容器の体積は気体分子が利用できる実際の体積ではない。理想気体の式に対する最初の修正は容器の容積Vから分子の体積を取り除くことであったが、それは分子が動くことができる総体積を与えた。モル数nを含むように修正され、正しい体積は$(V-nb)$とされた。ここでbは分子のタイプに依存する定数である。

理想気体の式から、1 molの気体に対して$PV/RT=1$であることが見いだされるが、これは**圧縮因子**（compressibility factor）として知られている。ほとんどの実在気体に対して、理想値からの大幅なずれがあるが、これは特に高い圧力下では気体分子は互いに近づけられているからである。前の節での議論から、非極性分子間でさえ引力があるので、気体分子は互いに独立して存在することはできない。双極子-双極子、双極子-誘起双極子およびロンドン力はファンデルワールス力として知られているが、このタイプの力のすべてが理想気体挙動からのずれを生じるからである。分子間の引力によって、気体が容器の壁に及ぼす圧力が減少されるので、van der Waalsは失われた圧力を補うために圧力に修正を加えた。この項はn^2a/V^2と書くことができ、nは物質量（モル数）、aは気体の性質に依存する定数、Vは容器の体積である。結果的に理想気体に対する状態方程式は、ファンデルワールス式として知られているが、以下のようになる。

$$\left(P+\frac{n^2a}{V^2}\right)(V-nb) = nRT \qquad (6\cdot20)$$

ファンデルワールス式において、n^2a/V^2の項は分子間力についての情報を与えるので議論するにあたって興味深い。特に、モル数nや体積Vよりも分子間力に関係しているのはパラメーターaである。パラメーターaは有機分子や無機分子の間に働く力に関連した他の物性との相関関係を示すものであると予想される。

最初は比較的、簡単な例を考察してみよう。この場合、分子間の相互作用がすべて同じタイプであり、ロンドン力の結果として相互作用する非極性分子である。液体に対して、沸点は液体状態の分子間の力の強さの程度を与えるが、これらの力は分子が蒸気として逃げさるのに打ち勝たなければいけない。図6・6に希ガスと、他のいくつかの物質のファンデルワールスパラメーターaの関数としての沸点を示した。

これらの非極性分子に対してこの相関は満足できる。この場合、液体状態の特徴（沸点）は気体の挙動を説明するために展開された式からパラメーターと相関がある。液体状態と気体状態は流体として関連があるが、ファンデルワールス式は変数を少なくして流体だけではなく気体にも適用する式として考慮されている。表6・4に非極性分子のファンデルワールスパラメーターaの値を示した。

液体の性質とファンデルワールス式のパラメーターaの間の相関は予想されるかも

しれないが，非極性分子に対して固相はロンドン力で一緒に保持されている．もちろん，固体を保持するエネルギーは格子エネルギーであり，非極性分子から構成されている固体の格子エネルギーとファンデルワールスパラメーター a の相関を調べてみる．そのような相関は図 6・7 に示されているが，希ガスと非極性物質の格子エネルギーがパラメーター a に対して，プロットしてある．固体の性質は，理想気体の分子の相互作用を考慮することから生じるパラメーターの関数として考慮されるが，直線関係があることがすぐに明らかになる．

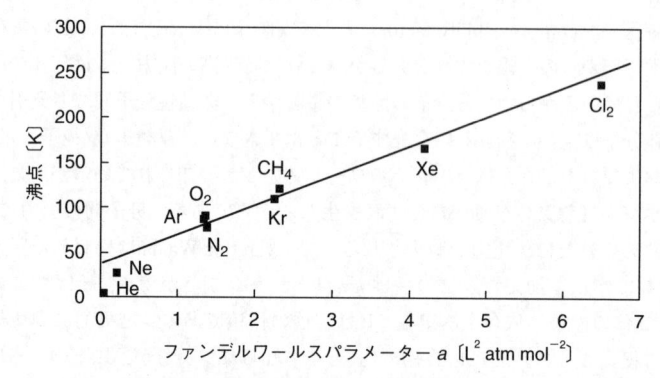

図 6・6 非極性分子の沸点とファンデルワールスパラメーター a

ファンデルワールスパラメーター a の有効性は，物質の物理的性質が関連づけられ理解されるときに，過小評価されるべきではない．このことはパラメーター b についてもいえる．なぜなら有効な分子の次元性に関係しているからであるが，このことは本章では扱わない．

表 6・4 分子のファンデルワールスパラメーター a

分子	a [L² atm mol⁻²]	分子	a [L² atm mol⁻²]
He	0.03412	C_2H_6	5.489
H_2	0.2444	SO_2	6.714
Ne	0.2107	NH_3	4.170
Ar	1.345	PH_3	4.631
Kr	2.318	C_6H_6	18.00
Xe	2.318	CCl_4	20.39
N_2	1.390	SiH_4	4.320
O_2	1.360	SiF_4	4.195
CH_4	2.253	$SnCl_4$	26.91
Cl_2	6.493	C_2H_6	5.489
CO_2	3.592	N_2O	3.782
CS_2	11.62	$GeCl_4$	22.60

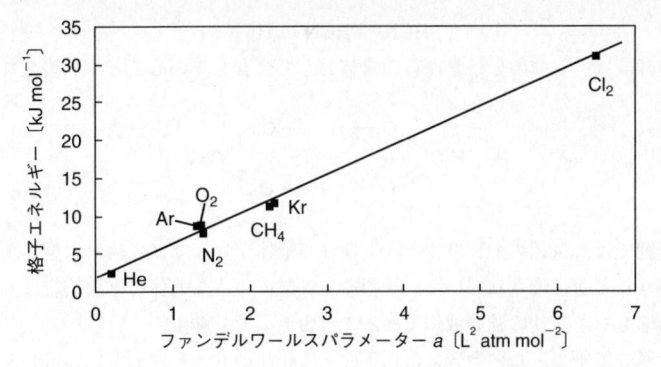

図 6・7 ファンデルワールスパラメーター a をもつ非極性分子の格子エネルギー変化

6・6 水素結合

水素結合に関するたくさんの論文と本が出されている．化学の多くの分野に関連する現象であるし，重要な分子相互作用である．水素結合とよばれるのは，水素がこの能力においてすばらしいからである．すべての原子の中で，水素だけが他の原子と単共有結合つくるときに，完全にむき出しの原子核になる．リチウムでさえ 2s の 1 個の電子が共有結合に使われても，核のまわりに満たされた 1s がある．水素原子が，電気陰性度 2.6 以上の元素（F，O，N，Cl，S）に結合したとき，結合の極性は，水素が他の原子上の電子対に引き寄せられるような正の電荷をもつのに十分である．その引力は水素結合として知られている（水素架橋ともいう）．この種の相互作用は以下のように示される．

$$X\text{-}H\cdots\cdots:Y$$

化学の多くの状況で水素結合がみられる．タンパク質やセルロースやデンプンや皮膚は水素結合の結果から生じる性質をもっている．NH_4Cl，$NaHCO_3$，NH_4HF_2 や氷のような固体物質でさえユニット間に強い水素結合をもっている．分子上に OH 基がある水や他の液体（例：アルコール）は広範囲にわたる水素結合をもっている．これらには以下のような 2 種類の水素結合がある．

分子間水素結合　　　分子内水素結合

いずれの水素結合も純粋な液体や溶液で起こる．多くの物質は水素結合をすると，蒸気相でさえ部分的に会合している．たとえば，シアン化水素は以下のような構造をして会合している．

$\cdots$ HCN $\cdots$ HCN $\cdots$ HCN $\cdots$

気体状の酢酸は，気体の分子量から二量体として会合していることが示唆されている．

$$\text{H}_3\text{C}-\overset{\text{O}-\text{H}-----\text{O}}{\underset{\text{O}-----\text{H}-\text{O}}{}}-\text{CH}_3$$

最近の研究では，気相の HF の会合は少量の四量体を含んで二量体か六量体が支配的であるということが示唆されている．硫酸やリン酸のような液体の水素結合は，それらが高い沸点をもち，粘性の強い液体であることの原因でもある．

液体状態のアルコールの会合には以下に示す鎖状のものを含めて，いろいろなタイプの水素結合があり，O-H$\cdots$O 結合距離はおよそ 266 pm である．

液体のアルコールはまたおもなユニットとして $(\text{ROH})_6$ をもった環を含んでいるが，それは以下のように図示できる．

気体の CH_3OH もいくらか環状四量体 $(\text{CH}_3\text{OH})_4$ を含んでおり，会合熱は 94.4 kJ mol^{-1} であることがわかったが，それぞれの水素結合は 23.6 kJ mol^{-1} である．

6・6 水素結合

気相のアルコールの平衡成分は，温度と圧力に依存している．ホウ酸 $B(OH)_3$ は水素結合をして，シート状の構造になる．

水素結合の物理的性質に関連する情報は膨大にある．要約を紹介するが，より完全な議論は本章の参考文献にある．水素結合の効果として最もよく知られている基礎的な例は，水の沸点が 100℃ であるのに対して，H_2S では −61℃ であるという事実である．図 6・8 には第 14 族から第 17 族までの元素の水素化物の沸点を示している．

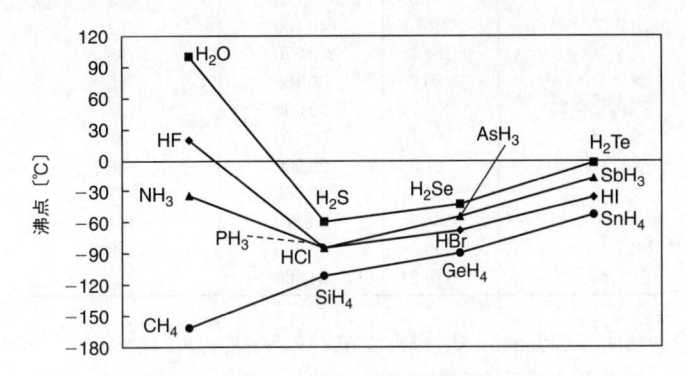

図 6・8 第 14 から第 17 族の水素化物の沸点

第 14 族元素の水素化物には水素結合はないので，CH_4, SiH_4, GeH_4, SnH_4 は分子量が増加するにつれて，沸点は予想通り上昇する．第 15 族の元素の水素化物に対して，NH_3 だけが顕著な水素結合を示し，その沸点（−33.4℃）は他の化合物の沸点から得られる直線から明らかにずれている（たとえば，PH_3 の沸点は −85℃ である）．水は明らかに強い水素結合の影響を示しており（事実，多重水素結合がある），わずか 18 の分子量をもつ化合物が 100℃ の沸点になっている．F は電気陰性度が高く，極性の H–F 結合は強い水素結合をつくりやすく，HF の沸点が 19.4℃ であるのに対して，HCl が −84.9℃ であることによっても明確に示される．

同じ分子量の化合物であっても，BF_3 の沸点は −101℃ であるのに対して，ホウ酸 $B(OH)_3$ は固体であり，185℃ で分解するなど，また興味深い．ジメチルエーテルとエタノールはともに化学式 C_2H_6O であるが，沸点はそれぞれ −25℃ と 78.5℃ である．アルコールの OH 基間の水素結合が，ジメチルエーテルにはない分子間力を導くからである．

液体が蒸気に変化するときの蒸発エントロピーは以下のように定義される．

$$\Delta S_{vap} = S_{vapor} - S_{liquid} \cong S_{vapor} \cong \Delta H_{vap}/T \qquad (6・21)$$

ここで，T は沸点（K）である．液体が，ロンドン力が分子間相互作用だけを与え，蒸気が完全にランダムならば，蒸発エントロピーは $\Delta H_{vap}/T$ と表すことができる．ラン

ダムな気体の 1 mol のエントロピーはおよそ 88 J mol^{-1} K^{-1} であり，液体の蒸発エントロピーの定数は**トルートン則**（Trouton's rule）として知られている．表 6・5 に，この法則をいろいろな液体に試したときのデータを示した．

表 6・5　液体の蒸発に関する熱力学的データ

液体	沸点〔℃〕	ΔH_{vap} 〔J mol^{-1}〕	ΔS_{vap} 〔J mol^{-1} K^{-1}〕
ブタン	-1.5	22,260	83
ナフタレン	218	40,460	82
メタン	-164.4	9,270	85
シクロヘキサン	80.7	30,100	85
四塩化炭素	76.7	30,000	86
ベンゼン	80.1	30,760	87
クロロホルム	61.5	29,500	88
アンモニア	-33.4	23,260	97
メタノール	64.7	35,270	104
水	100	40,650	109
酢酸	118.2	24,400	62

CCl$_4$ の蒸発熱は 30.0 kJ mol^{-1} で，沸点は 76.7 ℃ であり，ΔS_{vap} は 86 J mol^{-1} K^{-1} の値となるが，この値はトルートン則とよく一致している．一方，CH$_3$OH の蒸発熱は 35.3 kJ mol^{-1} で，沸点は 64.7 ℃ である．これらの値から ΔS_{vap} は 104 J mol^{-1} K^{-1} となる．トルートン則からのずれは，液体においては分子が強く会合した構造になっている（低いエントロピー）という事実からもたらされている．したがって，CH$_3$OH の蒸発は，液体分子と蒸気がランダムに配置しているとするならば，それよりも大きな蒸発エントロピーになる．

酢酸は異なる状況である．酢酸の沸点は 118.2 ℃ であり，蒸発熱は 24.4 kJ mol^{-1} である．これらの値はわずか 62 J mol^{-1} K^{-1} のエントロピーを生じる．この場合，液体は先に述べたように会合して二量体を生成するが，この二量体は蒸気でも存在する．したがって，構造は蒸気でも維持され，蒸発エントロピーは，ランダムに配置している単量体から構成されている蒸気が生成されているときよりも，ずっと低い．蒸発エントロピーのような性質が分子会合の程度に関する理解を与えるということは興味深い．

他の性質もまた水素結合から影響を受けている．たとえば，*o*–, *m*–, *p*–ニトロフェノール（NO$_2$C$_6$H$_4$OH）の溶解度は水素結合を受け，大きく異なる．*p*–ニトロフェノール（これは水のような溶媒と水素結合できる）の水に対する溶解度は，分子内水素結合をもっている *o*–ニトロフェノールより非常に大きい．一方，*o*–ニトロフェノールのベンゼンへの溶解度は *p*–ニトロフェノールより大きい．*o*–ニトロフェノールは分子内水素結合をもっているが，それが溶媒と溶質の環と相互作用して，支配的な要因となっている．結果的に，*o*–ニトロフェノールのベンゼンへの溶解度は *p*–ニトロフェノールより何倍も大きい．

6・6 水素結合

水素結合の形成はまた，化学的性質を異なるものとする．たとえば，アセチルアセトン（2,4-ペンタジオン）のエノール化反応は分子内水素結合の形成によって支援されている．

$$\text{CH}_3-\overset{:\ddot{\text{O}}:}{\overset{\|}{\text{C}}}-\text{CH}_2-\overset{:\ddot{\text{O}}:}{\overset{\|}{\text{C}}}-\text{CH}_3 \rightleftharpoons \text{CH}_3-\overset{:\ddot{\text{O}}:\cdots\text{H}-\ddot{\text{O}}:}{\overset{\|}{\text{C}}}-\text{CH}=\overset{}{\text{C}}-\text{CH}_3 \qquad (6\cdot 22)$$

粘性の液体ではエノール形が支配的であるが，溶液では平衡混合物の成分は溶媒に依存している．たとえば，溶媒が水の場合，溶媒と2個の酸素原子の間に水素結合があるが，これはケト形を84%まで安定化する．溶媒がヘキサンのときは92%のアセチルアセトンがエノール形で存在し，分子内水素結合がこの構造を安定化している．アセトンは極端に少ないエノール化となる（およそ10^{-5}%以下）が，エノール形において水素結合の可能性がないという結果である．

実験的に水素結合を研究する最も簡便な方法の一つは赤外分光によるものである．水素原子が他の分子の原子上の非共有電子対に引きつけられると，水素原子をもつ共有結合は少し弱くなる．結果的に，結合の伸縮振動に対応する吸収帯は$400\ \text{cm}^{-1}$まで低い方にシフトする．水素原子と他の分子の電子対の間の引力のために，水素原子をもつ共有結合の変角振動は妨げられる．したがって，変角振動は高周波数側へシフトする．水素結合自体は弱いが，水素結合形成前には存在しない結合に対する伸縮振動がある．水素結合は弱いので，伸縮振動は非常に低い波数で起こる（一般に$100\sim 200\ \text{cm}^{-1}$）．これらの振動と赤外スペクトルに観測される範囲は表6・6にまとめてある．

表 6・6 水素結合の赤外スペクトルの特徴

振 動	帰 属	スペクトル領域 〔cm^{-1}〕
← → X—H⋯B /	ν_s, X-H 伸縮振動	3500〜2500
↑ X—H⋯B / ↓	ν_b, 面内振動 [†1]	1700〜1000
⊕ X—H⋯B / ⊖	ν_t, 面外振動 [†2]	400〜300
← → X—H⋯B /	ν_s, H⋯B 伸縮振動 [†3]	200〜100

†1 水素結合はより高い ν_b をもたらす．
†2 水素結合はより高い ν_t をもたらす．
†3 水素結合の強さとともに増加する．

CCl₄ を溶媒にした CH_3OH の希薄溶液では，アルコール分子は遠く離れており，その平衡は左にずっと偏っている．

$$n\,CH_3OH \rightleftarrows (CH_3OH)_n \qquad (6\cdot23)$$

このような希薄溶液の赤外スペクトルはフリーの OH 伸縮振動に対応する $3642\,cm^{-1}$ の単一のバンドを示す．アルコールの濃度が増加すると，$3504\,cm^{-1}$ と $3360\,cm^{-1}$ に他のバンドが現れるが，これらは先に示したように OH 基間の分子間水素結合から生じる高い会合のためである．図 6・9 は CCl₄ 中の CH_3OH 溶液の 0.05 M，0.15 M，0.25 M の赤外スペクトルである．

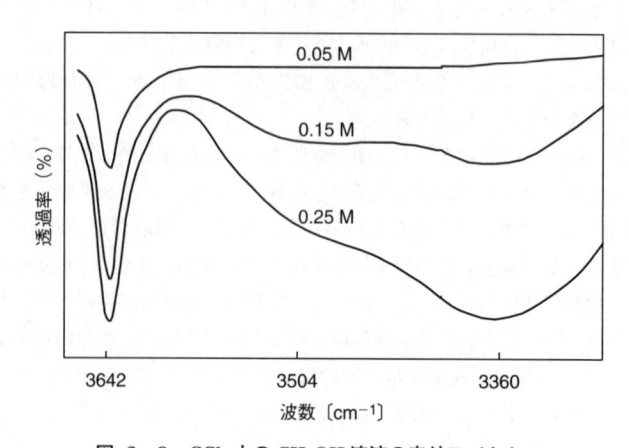

図 6・9 CCl₄ 中の CH_3OH 溶液の赤外スペクトル

スペクトルはあらゆる濃度において，フリーの OH 基があることを示しているが，$3360\,cm^{-1}$ の非常に幅広いピークは，濃度が 0.25 M のときはアルコールの大部分が会合していることを示している．先に示した環状の構造に加えて，これらの会合体は以下のような構造をもつと考えられている．

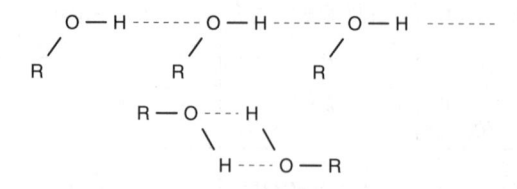

先に示したように，この会合には鎖構造と環状構造をともに含む複雑な平衡があることは疑いもない．

分子会合を含む平衡に対しての溶媒の効果は双極子会合との関係で議論してきた．し

かし，また溶媒の性質は，たとえOH基が水素結合に関与していなくても，OH伸縮振動バンドが赤外スペクトルに観測される位置に影響をもっている．OH基を溶媒和する溶媒の能力は，たとえ相互作用が水素結合であると実際に考えられなくても，振動エネルギー準位に影響を与える．気相のCH_3OHのO-H伸縮振動による吸収帯は3687 cm^{-1}に見られる．n-C_7H_{16}とCCl$_4$とCS$_2$中において，その吸収帯はそれぞれ3649，3642，3626 cm^{-1}に見られる．炭化水素分子はO-H結合とたとえ弱くても相互作用する非共有電子対をもたないので，伸縮振動はn-C_7H_{16}が溶媒のときにこれらの溶媒の中で最も高い位置に観測される．3626 cm^{-1}に現れるバンドは，溶媒がCS_2のときに，溶媒に非常に弱い水素結合を示唆している．溶媒がベンゼンのときには希薄溶液でのCH_3OHのOH伸縮振動の位置は3607 cm^{-1}であるが，これはOH基とベンゼン環のπ電子系との明らかな相互作用を示唆している．ベンゼンはルイス塩基として振舞う可能性があるためにルイス酸と錯体を形成することが知られている（第9章参照）．水素結合を研究すると，ベンゼンは明らかに選択される非活性溶媒ではない．

アルコールのO-H伸縮振動バンドの位置と溶媒の電気的性質に関する研究が展開されてきた．その式は，振動している電気双極子は誘電定数εの溶媒と相互作用しているという仮定に基づいており，以下のように表せる．

$$\frac{\nu_g - \nu_s}{\nu_g} = C\frac{\varepsilon - 1}{2\varepsilon + 1} \qquad (6\cdot24)$$

ここで，ν_gとν_sは気相と溶液の伸縮周波数であり，Cは定数である．高周波数での誘電定数は通常は屈折指数nの二乗として近似される．これが実行されたときに，伸縮バンドの位置のシフト$\Delta\nu=(\nu_g-\nu_s)$は以下の式で表すことができる．

$$\frac{\Delta\nu}{\nu_g} = C\frac{n^2 - 1}{2n^2 + 1} \qquad (6\cdot25)$$

これはKirkwood-Bauer式として知られている．図6・10はヘプタン，CCl$_4$，CS$_2$およびベンゼン中のCH_3OHのO-H伸縮振動バンドの位置の関係を示している．

最初の三つの溶媒は明らかに通常の方法でメタノールに溶媒和しているように見え，Kirkwood-Bauer式に従っているが，ベンゼンは明らかに異なる方法で相互作用している．先に述べたように，ベンゼンは金属と錯体を形成するように電子供与体である．図6・10からベンゼンは水素結合に関して決して不活性溶媒ではない．

水素結合エネルギーは，結合の強さに基づいて，弱い，通常な，あるいは強いと記述されることがある．弱い水素結合はおよそ12 kJ mol^{-1}よりも弱いものであるが，2-クロロフェノールの分子内水素結合が典型的なものである．通常の水素結合は（多くの場合であるが），10～40 kJ mol^{-1}のエネルギーをもつものである．この結合の典型的なものはアルコールとアミンの間で起こるものである．対称な二フッ化物イオン［F…H…F］$^-$

に見いだされた強い水素結合はおよそ 142 kJ mol^{-1} の結合エネルギーをもっている.このイオンはフッ化物イオン間が 226 pm の距離であり,F⋯H それぞれが 113 pm であり,結合次数が 1/2 であることと一致している.この場合,水素結合の強さは F-F,I-I,O_2^{2-} 中の O-O のような弱い共有結合に匹敵する.

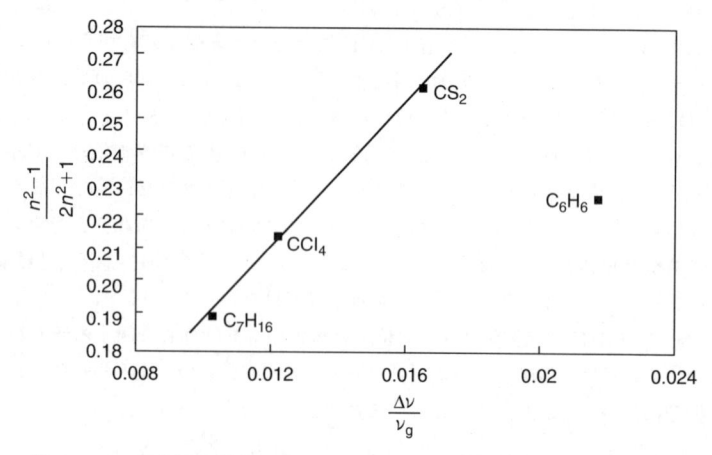

図 6・10 異なる溶媒中のメタノールの O-H の伸縮バンドの溶媒効果を示す Kirkwood–Bauer プロット

化学結合の強さは気相の分子の結合エンタルピーに対応しているが,この種の相互作用の水素結合のエンタルピーを測定することが望まれる.しかし,ほとんどの水素結合系は供与体と受容体を蒸気化するのに要求される温度では安定には存在しない.したがって,水素結合の強さは通常は供与体と受容体を含む溶液を混合することにより熱力学的に決定される.式 (6・25) によって示される溶媒の影響が考慮されると,測定されたエンタルピーが実際に水素結合によるものかどうかに関して疑問が生じてくる.このような状況は熱化学的なサイクルによって示されるが,B は電子対供与対であり,-X-H は水素結合を形成する種である.

$$:B(gas) + -X-H(gas) \xrightarrow{\Delta H_{HB}} [-X-H \cdots B](gas)$$

$$\uparrow \Delta H_1 \qquad \uparrow \Delta H_2 \qquad \qquad \uparrow \Delta H_3$$

$$:B(solv) + -X-H(solv) \xrightarrow{\Delta H_{HB}'} [-X-H \cdots B](solv)$$

水素結合の実際の強さ ΔH_{HB} は,必ずしも溶液中で測定された反応のエンタルピー $\Delta H_{HB}'$ によって与えられるものと同じではない.理想溶液は混合の熱が 0 の系であり,-X-H と B は溶媒と理想溶液を形成するかどうかという疑問が生じる.溶媒がベンゼンのようなものであるならば,これは -X-H の弱い水素結合を形成するが,これらの結合

は B への水素結合が形成される前に壊される．したがって，溶液中で測定されるエンタルピーは，気相の反応に対応するものと同じではない．溶媒が B と相互作用するのであれば，同じような状況が存在する．数学的に，気相と溶液相のエンタルピーが等しいということは，$|\Delta H_1 + \Delta H_2| = |\Delta H_3|$ である．溶媒がその過程に関与する程度が，フリーの O-H 伸縮バンドの位置によって示されるならば，ヘプタンはここで議論された最も不活性な溶媒であるということがわかる．事実，不活性化は，ヘプタン>CCl_4>CS_2≫C_6H_6 の順に減少する．この順番は図 6・10 で示された傾向と一致する．水素結合における溶液の役割を評価する良い指標は，測定されるエンタルピーが同じであるかを見るために，異なる溶媒中で水素結合形成のエンタルピーを決定することである．水素結合の研究に最も広く使われる溶媒は，CCl_4 であるが，ヘキサンあるいはヘプタンもよい選択である．

アルコールといろいろな塩基との間の水素結合形成に関する多くの研究があった．塩基は同じタイプ（たとえば，アミンの窒素供与原子）であるとするならば，しばしば O-H 伸縮バンドのシフトと他の性質との間によい関係がある．たとえば，アルコールの OH 結合の伸縮波数シフトは電子対供与体の塩基の強さと関連づけられてきた．塩基が同じような構造をもっている限り，関係は一般によいといえる．図 6・11 はトリメチルアミン，トリエチルアミン，および一連のメチル置換ピリジンに対してそのような関係を示している．

関係はよくて，以下のように書けることは明らかである．

$$\Delta\nu_{OH} = a\,pK_b + b \tag{6・26}$$

ここで a と b は定数である．塩基分子の供与原子上の電子の有効性は，H^+ に結合する能力だけではなく，水素結合を形成する際に水素原子を引き付ける能力を決める．結果的に，塩基の強さと水素結合能力との間に存在する何らかの関係を期待することができ

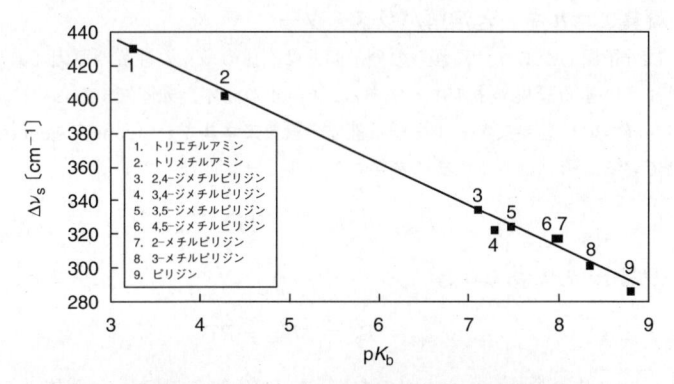

図 6・11 塩基へのメタノールの水素結合に対する OH 伸縮バンドのシフトと塩基強度

る．

　伸縮波数シフトと水素結合エンタルピーの間の関係も確立されている．その関係は以下の式で表される．

$$-\Delta H = c\Delta\nu_s + d \qquad (6\cdot27)$$

ここで c と d は定数である．塩基の構造のタイプによって，定数は異なる値をとる．このタイプの多くの関係は研究展開されてきたし，それらのいくつかは有効であり，経験的関係である．

　水素結合は典型的な酸-塩基相互作用である（第9章参照）．水素結合の強さに関する最も重要な式はドラゴの4パラメーター式として知られている．

$$-\Delta H = C_A C_B + E_A E_B \qquad (6\cdot28)$$

これは酸-塩基相互作用の多くのタイプに適用できる．この式は水素結合を含む結合が共有部分と静電的部分から成り立っていると仮定することに基づいている．結合エンタルピーに対する共有結合の寄与は酸と塩基の共有結合力（C_A と C_B）を与えるパラメーターの生成によって得られ，静電的パラメーター（E_A と E_B）の生成は結合へのイオン的な寄与を与える．必要とされるパラメーターを与える表を利用すると，計算された相互作用のエンタルピーは実験値とよく一致する．必要なパラメーターを与える表が使えるとき，相互作用の計算されたエンタルピーは実験値と非常によく一致する．ほかの酸塩基相互作用において，ドラゴ式をより広く使用するので第9章で十分に議論する．

　ここで紹介された課題への短い導入として，水素結合は化学のあらゆる分野の中でとても重要である．水素結合を研究する実験法の議論を含む付加的なトピックは本章の参考文献にある．

6・7　凝集エネルギーと溶解パラメーター

　分子には分子間力があり，これらの分子間力は液体の多くの性質の原因である．分子をつなげようとする凝集エネルギーがある．1 mol の液体を気体にするために，これらの力に打ち勝つのに必要なエネルギーは液体の**凝集エネルギー**（cohesive energy）として知られている．それは以下の式の蒸発エンタルピーに関連している．

$$\Delta H_{vap} = \Delta E_{vap} + \Delta(PV) \qquad (6\cdot29)$$

ここで，$\Delta(PV)=RT$ であるので，

$$\Delta E_{vap} = E_c = \Delta H_{vap} - RT \qquad (6\cdot30)$$

ここで，E_c は液体の凝集エネルギーである．量 E_c/V_m（ここで V_m は液体のモル体積）は凝集エネルギー密度として知られている．有用な熱力学的関係は以下のように書け

る.

$$dE = TdS - PdV \tag{6・31}$$

この式は以下のように書ける.

$$\frac{\partial E}{\partial V} = T\left(\frac{\partial S}{\partial V}\right)_T - P = T\left(\frac{\partial P}{\partial T}\right)_V - P \tag{6・32}$$

ここで,Pは外圧である.内圧P_iは以下のように与えられる.

$$P_i = T\left(\frac{\partial P}{\partial T}\right)_V \tag{6・33}$$

これはまた,以下のように書ける.

$$P_i = \left(\frac{(\partial V/\partial T)_P}{(\partial V/\partial P)_T}\right) \tag{6・34}$$

量$(\partial V/\partial T)_P$は熱膨張率であり,$(\partial V/\partial P)_T$は液体の圧縮率である.多くの液体において,内圧は2000〜8000 atm である.内圧は外圧よりもかなり大きいので,以下のようになる.

$$E_c = P_i - P \approx P_i \tag{6・35}$$

溶解パラメーターδは以下の式で単位体積当たりの凝集エネルギーの項で表せる.

$$\delta = \sqrt{\frac{E_c}{V}} \tag{6・36}$$

ここでVはモル体積である.δの次元は(エネルギー/体積)$^{1/2}$であり,(cal/cm^3)$^{1/2}$あるいは cal$^{1/2}$ cm$^{-3/2}$ の単位をもつ.単位 h は Joel Hildebrand に由来して hildebrand として知られている.溶解パラメーターを与える標準表の値の多くは,これらの単位を使っている.1 cal=4.184 J なので,cal$^{1/2}$ cm$^{-3/2}$ から J$^{1/2}$ cm$^{-3/2}$ への変換係数は 4.184$^{1/2}$=2.045 である.どちらの単位も使われるが,より古い文献で見られる表のほとんどはcal$^{1/2}$ cm$^{-3/2}$ の値である.代表的な液体の溶解パラメーター(J$^{1/2}$ cm$^{-3/2}$)を表 6・7 に示した.

液体の凝集エネルギーはそれらの互いの溶解度を決める.2種類の液体の凝集エネルギーが大きく異なるならば,それぞれの液体は他の液体のものよりそれ自身の分子に対するより大きな親和性のために,混合しない.水(δ=53.2 h)と四塩化炭素(δ=17.6 h)はこの原則を示す例である.逆に,メタノール(δ=29.7 h)とエタノール(δ

表 6・7 液体の溶解パラメーター 〔$J^{1/2}\,cm^{-3/2}$〕

液 体	溶解パラメーター	液 体	溶解パラメーター
C_6H_{14}	14.9	CS_2	20.5
CCl_4	17.6	CH_3NO_2	25.8
C_6H_6	18.6	Br_2	23.5
$CHCl_3$	19.0	$HCON(CH_3)_2$[†2]	24.7
$(CH_3)_2CO$	20.5	C_2H_5OH	26.0
$C_6H_5NO_2$	23.7	H_2O	53.2
$n\text{-}C_5H_{12}$	14.5	CH_3COOH	21.3
$C_6H_5CH_3$	18.2	CH_3OH	29.7
XeF_2	33.3	XeF_4	30.9
$(C_2H_5)_2O$	15.8	$n\text{-}C_8H_{18}$	15.3
$(C_2H_5)_3B$	15.4	$(C_2H_5)_2Zn$	18.2
$(CH_3)_3Al$[†1]	20.8	$(C_2H_5)_3Al$[†1]	23.7
$(n\text{-}C_3H_7)_3Al$[†1]	17.0	$(i\text{-}C_4H_9)_3Al$[†1]	15.7

[†1] 二量体として知られる.
[†2] N,N-ジメチルホルムアミド

=26.0 h) は完全に混ざり合う.

多くの液体に対する溶解パラメーターの大規模な表がある (本章の参考文献参照). 液体の溶解パラメーターを決めるために, 蒸発熱を知る必要がある. 適切な温度範囲で, 液体の蒸気圧と温度の間には以下の関係がある.

$$\ln p = -\frac{\Delta H_{vap}}{RT} + C \tag{6・37}$$

ここで, p は蒸気圧, ΔH_{vap} は蒸発熱, T は温度 (K), C は定数である. 蒸気圧がいくつかの温度で知られているなら, 蒸気圧の自然対数を $1/T$ に対してプロットすると, その線の傾きから蒸発熱が得られる. したがって, 蒸気圧データが使えて, 密度がわかって, モル体積が計算することができるならば, 液体に対する溶解度パラメーターを見積もることができる.

式 (6・37) が共通に温度の関数として蒸気圧を表すために使われるが, この目的のために最も良い式とはいえない. 多くの化合物に対して, 蒸気圧のより正確な値は, 以下の Antoine 式で与えられる.

$$\log p = A - \left(\frac{B}{C+t}\right) \tag{6・38}$$

この式で, A, B, C はそれぞれの液体によって異なる定数である. t は ℃単位の温度である. 蒸気圧がいくつかの温度で知られているなら, 液体の A, B, C の値を決めるための数学的方法がある. 以下の式を使って,

6・7 凝集エネルギーと溶解パラメーター

$$E_c = \Delta H_{vap} - RT \qquad (6 \cdot 39)$$

$(C+t)$ に対する $\ln p$ のプロットから蒸発熱を決めた後で，凝集エネルギーは以下の式のように表すことができる．

$$E_c = RT\left(\frac{2.303\,BT}{(C+t)} - 1\right) \qquad (6 \cdot 40)$$

この式は，液体の凝集エネルギーを計算するためによく用いられるものの一つである．液体の物質量（モル数）と密度から，モル体積が求められ，式 (6・36) を用いて δ の値を求められる．いくつかのタイプの相互作用を理解するための溶解パラメーターの重要性を今から紹介する．

溶解パラメーターは液体内の凝集の程度を評価する方法を与える．相対的に弱い分子間力がある非極性液体に対する値は 15～18 h（$J^{1/2}\,cm^{-3/2}$）という典型的な範囲にある．これは，CCl_4 や C_6H_6 やアルカンのような化合物を含んでいる．これらの液体分子はロンドン力だけで相互作用するので，分子の強い会合はない．アルカンのような一連の分子に対して，δ の値は分子量が増加すると，少し増加するということが予想される．この傾向は n-ペンタンの溶解パラメーターが 14.5 h であるのに対して，n-オクタンは 15.3 h であることで，見いだされる．一方，メタノールとエタノールの分子はロンドン力だけでなく，双極子-双極子力や水素結合によって相互作用する．結果的に，これらの化合物の溶解パラメーターは 25～30 h の範囲である．溶解パラメーターは液体の分子間力の性質に対する有効な洞察力を与えてくれる．

物理的性質を予想する際に，溶解パラメーターを使うことに加えて，ある場合には分子間相互作用の他のタイプを研究することも可能である．たとえば，トリエチルボラン $(C_2H_5)_3B$ の溶解パラメーターは 15.4 h であるが，トリエチルアルミニウム $(C_2H_5)_3Al$ は 23.7 h である．トリエチルボランは他の研究から会合しないと知られているが，トリエチルアルミニウムは二量体として存在する．

溶解パラメーターのもう一つの重要な使い方は，反応速度に対する異なる溶媒の効果を理解することにある．化学反応において，それは反応速度を決定する遷移状態の濃度である．遷移状態の特徴に依存して，使われる溶媒はその形成を助長するか，妨害するかである．たとえば，大きくてほとんど電荷分離のない遷移状態は，高い δ 値をもつ溶媒を使うことによりその形成が妨害される．活性化体積は，溶媒の拡張を要求する遷移状態のような形成に対して，通常は正となる．この種の反応は無水酢酸とエチルアルコールのエステル化である．

$$(CH_3CO)_2O + C_2H_5OH \rightarrow CH_3C(O)OC_2H_5 + CH_3COOH \qquad (6 \cdot 41)$$

遷移状態は低い電荷分離をもった大きな会合であるので，速度は溶媒の δ が増加するに

つれて，減少する．反応速度はニトロベンゼン（$\delta=23.7\,h$）に比べて，ヘキサン（$\delta=14.9\,h$）ではおよそ100倍程度の大きさである．

二つの反応種がイオンを形成するように遷移状態を形成するとき，活性化体積はしばしば負である．そのような遷移状態の形成は，高い溶解パラメーターをもつ溶媒によって支援される．この反応は以下のようになるが，電荷が分離する遷移状態を通る．

$$(C_2H_5)_3N + C_2H_5I \rightarrow (C_2H_5)_4N^+I^- \qquad (6\cdot42)$$

そのような遷移状態の形成は大きな溶解パラメーターをもつ溶媒によって支援される．この反応に対して，速度定数はいくつかの溶媒に対して，δの直線関数としておおむね増加する．この反応において，遷移状態は以下のように示される．

$$CH_3I + Cl^- \rightarrow CH_3Cl + I^- \qquad (6\cdot43)$$

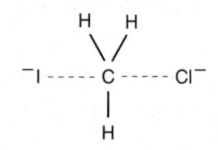

$$^-I\text{-----}\underset{\underset{H}{|}}{\overset{\overset{H\quad H}{\diagdown\diagup}}{C}}\text{-----}Cl^-$$

ここで-1価は大きな構造上に広がっている．結果的に，高いδの溶媒は遷移状態の形成を抑制するが，反応の速度定数はジメチルホルムアルデヒド（$\delta=24.7\,h$）が溶媒のときに，メタノール（$\delta=29.7\,h$）のときよりも10^6倍以上である．

ここで述べた例は，反応速度を溶媒の溶解パラメーターに関連づける二つの重要な原則を示している．最初に，大きなδ値をもつ溶媒は，高い分極または電荷分離をもつ遷移状態の形成を支援している．第二に，大きなδ値をもつ溶媒は大きな非極性構造である遷移状態の形成を妨げる．しかし，溶媒の多くの性質は，溶媒を変えることは反応速度をどのように変えるかと関係し理解しようとするときに使われてきた．溶解パラメーターは，反応動力学において溶媒の役割を理解し，反応溶媒として溶媒を選ぶときは，一つの重要な考察である．本書ではこの話題をこれ以上議論することは，しないが，参考文献を見ていただきたい．

参 考 文 献

Atkins, P. W., and de Paula, J. (2002). *Physical Chemistry*, 7th ed. Freeman, New York.［よく知られた物理化学の教科書．第21章で分子間力について入門的に紹介している］

Connors, K. A. (1990). *Chemical Kinetics: The Study of Reaction Rates in Solution*. Wiley, New York.［反応の溶媒効果について書かれている］

Dack, M. J. R. Ed. (1975). *Solutions and Solubilities*, Vol. VIII, in A. Weissberger Ed., *Techniques of Chemistry*. Wiley, New York.［溶液理論と溶媒の効果の詳細な議論］

Hamilton, W. C., and Ibers, J. A. (1968). *Hydrogen Bonding in Solids*. W. A. Benjamin, New York. [固体構造における水素結合の重要性を紹介している]

Hildebrand, J., and Scott, R. (1962). *Regular Solutions*. Prentice Hall, Englewood Cliffs, NJ. [溶液の理論についての標準的な参考書]

Hildebrand, J., and Scott, R. (1949). *Solubility of Non-Electrolytes*, 3rd ed. Reinhold, New York. [溶液の理論の古典]

House, J. E. (2007). *Principles of Chemical Kinetics*, 2nd ed. Elsevier/Academic Press, San Diego, CA. [第5章と第9章で溶液中の反応に及ぼす因子と反応速度に対する溶媒の溶解度パラメーターの影響を議論]

Israelachvili, J. (1991). *Intermolecular and Surface Forces*, 2nd ed. Academic Press, San Diego, CA. [分子間力について]

Jeffrey, G. A. (1997). *An Introduction to Hydrogen Bonding*. Oxford University Press, New York. [水素結合とその効果を扱った優れた本]

Joesten, M. D., and Schaad, L. J. (1974). *Hydrogen Bonding*. Marcel Dekker, New York. [水素結合を概観した本]

Parsegian, V. A. (2005). *Van der Waals Forces: A Handbook for Biologists, Chemists, Engineers, and Physicists*. Cambridge University Press, New York. [化学のすべての分野にふれた参考書]

Pauling, L. (1960). *The Nature of the Chemical Bond*, 3rd ed. Cornell University Press, Ithaca, NY. [結合理論の古典．水素結合に関する多くの情報を掲載]

Pimentel, G. C., and McClellan, A. L. (1960). *The Hydrogen Bond*. Freeman, New York. [水素結合のすべての観点に関する古典．古い文献を多く含んでいる]

Reid, R. C., Prausnitz, J. M., and Sherwood, T. K. (1977). *The Properties of Gases and Liquids*. McGraw-Hill, New York. [気体と液体の性質について多くの情報を掲載している推薦できる本]

問　題

1. OF_2 と H_2O の結合角はそれぞれ，103°と104.5°である．しかし，これらの分子の双極子モーメントはそれぞれ 0.30 D と 1.85 D である．分子の双極子モーメントにおいてそのような大きな差をひき起こす要因について説明せよ．

2. C_6H_5OH と R_2O の間の相互作用の熱が，R_2S と相互作用する C_6H_5OH に比べてかなり大きいのはなぜか．説明せよ．

3. なぜ，m-$NO_2C_6H_4OH$ と p-$NO_2C_6H_4OH$ は異なる酸強度なのか説明せよ．どちらが強いか．なぜか．

4. ある溶媒（A）において，メタノールの O-H 伸縮振動バンドは 3642 cm^{-1} である．その溶媒中で，メタノールとピリジンの反応熱は -36.4 kJ mol^{-1} である．別の溶媒（B）において，O-H 伸縮振動バンドは 3620 cm^{-1} である．ピリジンとの反応熱は -31.8 kJ mol^{-1} である．

(a) メタノールとピリジンの間の相互作用の式を書け．

(b) 完全に表示された熱化学サイクルを使って，熱力学データを議論して説明せよ．

5. メタノールとシクロヘキサンの沸点はそれぞれ，64.7℃と80.7℃であり，蒸発熱は 34.9 kJ mol^{-1} と 30.1 kJ mol^{-1} である．これらの液体の蒸発エントロピーを求めよ．またそれらの間の違いについて説明せよ．

6. メタノールの沸点は 64.7℃で，CH_3SH の沸点は 6℃である．この違いを説明せよ．

7. さまざまな温度における 3 個の液体の粘性は以下のようになる．

温度〔℃〕	10	20	30	40	60
C_8H_{18}: h, cP	6.26	5.42	4.83	4.33	2.97
CH_3OH: h, cP	6.90	5.93	—	4.49	3.40
C_6H_6: h, cP	7.57	6.47	5.61	4.36(50°)	—

(a) メタノール（分子量32）の粘性は，オクタン（分子量114）とほとんど同じである．このことについて説明せよ．
(b) C_6H_6 の粘性は，分子量の差にもかかわらず，C_6H_{18} よりも高い．説明せよ．
(c) 粘性流の活性化エネルギーを求めるために，それぞれの液体の適切な図を作成せよ．
(d) 分子間力の項を用いて，粘性流の活性化エネルギーの値を説明せよ．

8. さまざまな温度における 3 種類の液体の粘性が表に示されている．

温度〔℃〕	粘度〔cP〕		
	C_6H_{14}	$C_6H_5NO_2$	i-C_3H_7OH
0	4.012	28.2	45.646
20	3.258	19.8	23.602
35	—	15.5	—
40	2.708	—	13.311
60	2.288	—	—
80	—	—	5.292

(a) C_6H_{14} の粘性はニトロベンゼンよりずっと低いのはなぜか．説明せよ．
(b) 分子量に顕著な違いがあるにもかかわらず，i-C_3H_7OH の粘性は C_6H_{14} よりも高いのはなぜか．説明せよ．
(c) 粘性流の活性化エネルギーを求めるためにそれぞれの液体の適切な図を作成せよ．
(d) 分子間力の項を用いて，粘性流の活性化エネルギーの値を説明せよ．

9. ベンゼンが溶媒のときに，酢酸は希薄溶液でも極端に二量化しているが，水が溶媒のときはそうではない．説明せよ．

10. (a) フェノールはジエチルエーテルとジエチルスルフィドの両方に水素結合する。一方は、OH 伸縮バンドは 280 cm^{-1} シフトし、もう一方は、250 cm^{-1} シフトする。バンドシフトを電子対供与体に釣り合わせ、説明せよ。

(b) フェノールと二つの電子対供与体の間の水素結合の強さは 15.1 kJ mol^{-1} と 22.6 kJ mol^{-1} である。結合の強さを供与体に釣り合わせ、説明せよ。

11. メタノールへの NaCl の溶解度は、溶媒 100 g に対して 0.237 g である。一方、エタノールでは溶媒 100 g に対してわずか 0.0675 g しか溶けない。説明せよ。また、i-C$_3$H$_7$OH への NaCl の溶解度を求めよ。

12. SF$_4$ は -40 ℃ の沸点であるが、SF$_6$ は -63.7 ℃ で昇華する。構造を議論して説明せよ。

13. Br$_2$ 分子と ICl 分子はともに 70 電子をもっているが、この物質の一方は沸点が 97.4 ℃ であり、他方は 58.8 ℃ である。どちらが高い沸点か、説明せよ。

14. H$_2$S 分子と Ar 分子と HCl 分子は 18 電子をもっている。これらの物質の沸点は -84.9 ℃、-60.7 ℃、-185.7 ℃ である。それぞれの化合物に沸点を当てはめ、それを説明せよ。

15. ヒドラジン N$_2$H$_4$ は 20 ℃ で、0.97 cP の粘性であるが、ヘキサン C$_6$H$_{14}$ は同じ温度で 0.326 cP の粘性である。これについて説明せよ。

16. フルオロベンゼンとフェノールはほとんど同じ式量であるが、一方は 60 ℃ で 2.61 cP の粘性であるが、他方は同じ温度で 0.398 cP の粘性である。粘性を物質に当てはめて、それを説明せよ。

17. 25 ℃ で水への NO の溶解度は CO の 2 倍である。分子構造の違いからこの違いを説明せよ。

18. 水への気体の溶解度に関する以下の傾向を分子構造の観点から説明せよ。

$$C_2H_2 \gg C_2H_4 > C_2H_6$$

溶解度の傾向は他の化学的性質をどのように反映しているか。

19. Xe 原子へ近づいて行く水分子を図示せよ。それは Xe 原子の電子雲にどのように影響しているか。Xe-H$_2$O 対はもう一つの水分子とどのように相互作用しているか説明せよ。

20. NH$_4$Cl のようなアンモニウム塩は融点以下のある温度で比熱（そしてエントロピー）が急激に変化することが観測される。このような観測に対してありうる過程を記述せよ。

21. 表 6・2 に示されている分子の結合モーメントと、H$_2$S の結合角が 92.2° であることを使って、H$_2$S 分子の双極子モーメントを計算せよ。

22. 分子構造と分子間力の原則を使って、液体 BrF$_3$ は 20 ℃ で BrF$_5$ のおよそ 3 倍の粘性をもつ理由を説明せよ。

23. 45 ℃ で m-ClC$_6$H$_4$OH と p-ClC$_6$H$_4$OH の粘性はほとんど等しいが、o-ClC$_6$H$_4$OH の粘性はおよそ半分である。説明せよ。

24. 2-ペンタノンの蒸発熱は 33.4 kJ mol^{-1} であるが,2-ペンタノールのそれは 41.4 kJ mol^{-1} である.説明せよ.

25. 1-クロロプロパンの粘性は 1-プロパノールのおよそ 1/7 である.分子間力の観点からこの違いを説明せよ.

7

イオン結合と固体の構造

　共有結合性分子の幾何構造や結合は無機化学を含む化学のさまざまなコースで詳細にふれられる．これらの話題を完全に理解することは無機化合物の性質を理解するため，そしてそれらの反応を予測するために必須である．しかし，多くの無機化合物が固体であるという事実を見失うべきではない．共有結合性固体は第4章で簡単に記述していたが，他の多くのものは金属やイオン性の結晶である．これらの化合物を取扱うために，基本的な結晶構造と，それらが保持される力を知ることは必須である．この章ではイオン結合を概観し，代表的な結晶構造を記述し，金属の構造を説明する．結晶は決して規則的ではなく，イオン結晶や金属の構造に見られる欠陥のタイプを議論することもまた必須である．

　イオン結晶は静電的な力で保持されているが，固体が溶けるとイオンは離されてしまう．イオンは反対の電荷をもったものに強く引かれている．固体の溶解はそれらの化学的性質に関係しているので，イオン固体を溶解するためのエネルギー相関も議論される．さらに，陰イオンのプロトン親和力はこの章で記述されるように，固体の分解に関する熱力学的研究によって決められる．この章では無機固体の構造と結合について，いくつかの視点を概観する．固体状態での物質の変形は重要な分野であるが，第8章でその速度とメカニズムの視点から固体の挙動を取扱う．

7・1　結晶形成のエネルギー論

　イオンが電子移動によって形成されるときに，生じた電荷をもつ種はクーロン則に従って相互作用する．

$$F = \frac{q_1 q_2}{\varepsilon r^2} \qquad (7\cdot1)$$

この式で，q_1 と q_2 は電荷，r は電荷間の距離，ε は誘電率（真空では 1）である．この力の法則は方向性の成分をもたず，どの方向にも等しく作用する．したがって，格子中のイオンの配置はかなり重要であるが，おもな関心はイオン結合形成のエネルギーにある．

塩化ナトリウムは $-411\,\mathrm{kJ\,mol^{-1}}$ の生成熱をもって標準状態の元素から形成される．

$$\mathrm{Na(s)} + 1/2\,\mathrm{Cl_2(g)} \rightarrow \mathrm{NaCl(s)} \quad \Delta H_\mathrm{f}^\circ = -411\,\mathrm{kJ\,mol^{-1}} \quad (7\cdot2)$$

この過程は，一連の過程で起こるものとして表すことができ，それぞれよく知られたエンタルピーがある．ヘスの法則の適用は，これが過程には依存しないので，全体の過程のエンタルピーを得るために有効な方法を与える．

化合物を形成するエンタルピーはいわゆる熱力学状態関数であり，その値は系の最初と最後の状態にだけ依存する．元素から NaCl 結晶の形成を考慮するとき，ボルン–ハーバーサイクルとして知られている熱力学的サイクルにまとめられる一連のステップとして過程を考えることができる．全体の熱の変化は，最初と最後の間にある過程がどのようであるかにかかわらず，同じである．反応の速度は過程に依存しているが，エンタルピー変化は最初と最後の状態だけの関数であり，それらの間の過程には関係しない．塩化ナトリウムの生成のボルン–ハーバーサイクルを以下に示す．

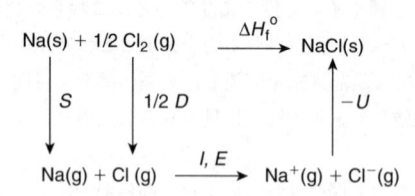

$$\begin{array}{ccc}
\mathrm{Na(s)} + 1/2\,\mathrm{Cl_2(g)} & \xrightarrow{\Delta H_\mathrm{f}^\circ} & \mathrm{NaCl(s)} \\
\downarrow S \quad \downarrow 1/2\,D & & \uparrow -U \\
\mathrm{Na(g)} + \mathrm{Cl(g)} & \xrightarrow{I,\,E} & \mathrm{Na^+(g)} + \mathrm{Cl^-(g)}
\end{array}$$

このサイクルにおいて，S は Na の昇華エンタルピー，D は $\mathrm{Cl_2}$ の解離エンタルピー，I は Na のイオン化エネルギー，E は電子が Cl 原子に付くときに放出されるエネルギー，U は格子エネルギーである．

サイクルの中で未知の量は格子エネルギー U である．熱変化は NaCl(s) が生成されるときにどの過程によるかにかかわらず同じなので，ここに示されたサイクルから以下の式がわかる．

$$\Delta H_\mathrm{f}^\circ = S + 1/2\,D + I + E - U \quad (7\cdot3)$$

U に対してこの式を解くと，以下の式が得られる．

$$U = S + 1/2\,D + I + E - \Delta H_\mathrm{f}^\circ \quad (7\cdot4)$$

塩化ナトリウムの生成のために適切なデータを使って，$U(\mathrm{kJ\,mol^{-1}}) = 109 + 121 + 496 - 394 - (-411) = 743\,\mathrm{kJ\,mol^{-1}}$ である．これは結晶の格子エネルギーを決めるために有効

な方法であるが,電子を受取る原子の電子親和力を実験的に測定するのは難しい.2電子を得る原子に関与した熱を測定することは不可能で,電子親和力の値を計算で得るのが唯一の方法である.結果として,ボルン-ハーバーサイクルはこのようにしばしば使われ,ボルン-ハーバーサイクルの適用についてはこの章の後で説明される.事実,原子の電子親和力はこのような手法で計算された値としてだけ使われ,実験的には決められたことはなかった.

1 mol の $Na^+(g)$ と 1 mol の $Cl^-(g)$ が通常の三次元格子をつくるよりもむしろ,1 mol のイオン対を生成するように相互作用するという過程を考えてみよう.正と負の電荷が互いに近づくにつれて,エネルギーが放出されるであろう.この場合,核間距離が結晶の場合(279 pm)と同じとき,放出されるエネルギーは生成されるイオン対の mol 当たり,およそ -439 kJ である.しかし,もし 1 mol の $Na^+(g)$ と 1 mol の $Cl^-(g)$ が 1 mol の固体結晶を形成するなら,放出されるエネルギーはおよそ -743 kJ である.**格子エネルギー**(lattice energy)という言葉は 1 mol の結晶が気体状のイオンに分離する過程に適用される.したがって,もし 1 mol の結晶が気体状のイオンから生成されるときに,放出されるエネルギーが -743 kJ であるならば,1 mol の結晶が気体状態のイオンに分離されるならば,吸収されるエネルギーは $+743$ kJ であろう.このような方法は共有結合エネルギーに適応するものと正確に同じである.もし,イオン対が生成されるときに放出されるエネルギーによって格子エネルギーを分割するならば,-743 kJ mol^{-1}/-439 kJ mol^{-1}=1.69 となる.この比は結晶エネルギーを考慮するときには特に重要であるし,**マーデルング定数**(Madelung constant)として知られており,後ほど議論する.

これまで見てきたように,いくつかの原子の性質は結晶生成に関係するエネルギーを考慮するときには重要である.金属のイオン化エネルギーと昇華熱,非金属の電子親和力と解離エネルギー,アルカリハロゲン化物の生成熱を表 7・1 と 7・2 に示した.

$+1$ 価の電荷をもつ 1 個のイオンと -1 価の電荷をもつ 1 個のイオンが互いに近づいたときに,相互作用の静電的エネルギーは以下の式のように表すことができる.ここで

表 7・1 アルカリ金属のイオン化エネルギーと昇華熱とアルカリハロゲン化物の生成熱

元素	$I^{\dagger 1}$ [kJ mol^{-1}]	$S^{\dagger 2}$ [kJ mol^{-1}]	ハロゲン化物 MX の ΔH_f° [kJ mol^{-1}]			
			X=F	X=Cl	X=Br	X=I
Li	518	160	605	408	350	272
Na	496	109	572	411	360	291
K	417	90.8	563	439	394	330
Rb	401	83.3	556	439	402	338
Cs	374	79.9	550	446	408	351

†1 金属のイオン化エネルギー
†2 金属の昇華熱

表 7・2 ハロゲンの電子親和力と解離エネルギー

元素	電子親和力 [kJ mol^{-1}]	解離エネルギー [kJ mol^{-1}]
F$_2$	333	158
Cl$_2$	349	242
Br$_2$	324	193
I$_2$	295	151

e は電子の電荷,r は電荷間の距離である.

$$E = -\frac{e^2}{r} \quad (7 \cdot 5)$$

それぞれのイオンの数がアボガドロ数 N_0 まで増加するならば,放出されるエネルギーは1個のイオン対に対するエネルギーの N_0 倍になるであろう.

$$E = -\frac{N_0 e^2}{r} \quad (7 \cdot 6)$$

1 mol の Na$^+$(g) と 1 mol の Cl$^-$(g) が距離 2.79 Å (279 pm) で相互作用するときに,どのくらいの引力エネルギーであるかを決めるにはこの式を使うと簡単である.最初に erg 単位で計算し,その後,結果を kJ 単位に変換する.電子の電荷は 4.8×10^{-10} esu であり,1 esu=1 g$^{1/2}$ cm$^{3/2}$ s^{-1} なので,引力は以下のようになる.

$$E = \frac{(6.02\times10^{23})(4.8\times10^{-10}\,\mathrm{g^{1/2}\,cm^{3/2}\,s^{-1}})^2}{2.79\times10^{-8}\,\mathrm{cm}}$$
$$= 4.97\times10^{12}\,\mathrm{erg} = 4.97\times10^{5}\,\mathrm{J} = 497\,\mathrm{kJ}$$

塩化ナトリウムに対して,結晶格子が生成されるとき,イオン対が生成されるときのおよそ 1.69 倍のエネルギーが放出されるということをすでに述べた.この値,すなわち塩化ナトリウム格子のマーデルング定数 (A) は,1 mol の塩化ナトリウム結晶が気体状の Na$^+$ と Cl$^-$ イオンから生成されるとき,放出される全エネルギーを予測するために,組込まれる.結果は以下のようになる.

$$E = -\frac{N_0 A e^2}{r} \quad (7 \cdot 7)$$

ここで得られたイオン対に対して得られた結果に 1.75 倍すると,格子エネルギーは 875 kJ mol^{-1} となるが,実際の値は 743 kJ mol^{-1} である.疑問はなぜ結晶を生成することが予想値よりも少ないエネルギーを放出するかである.

ナトリウムイオンの核のまわりには 10 個の電子があり,塩化物イオンには 18 個の電子がある.ナトリウムイオンには正の電荷があり,塩化物イオンには負の電荷がある

が，イオンが互いに近づき，2個のイオンの電子雲間には反発がある．結果として，計算して得られた引力は格子エネルギーよりも大きくなる．格子エネルギーの式についてはイオン間の距離が短くなるとイオン間の反発が大きくなるということを考慮すべきである．距離の関数として反発を考慮した項を引力エネルギーに付け加えることによってこのことはなされる．反発の項は以下の式で表されるが，ここで B と n は定数であり，r はイオン中心間の距離である．

$$R = \frac{B}{r^n} \tag{7・8}$$

n の値はイオンのまわりの電子数に依存しており，通常はそれぞれ He, Ne, Ar, Kr, Xe の電子配置をもったイオンに対して，5, 7, 9, 10, 12 となる．たとえば，結晶が NaF ならば，n は 7 が適切である．結晶が陽イオンがある希ガスの電子は 1 であるが，陰イオンが異なる希ガスの電子配置であるとするならば，n の平均値が選ばれる．たとえば，Na^+ は Ne ($n=7$) の電子配置であるが，Cl^- は Ar ($n=9$) の電子配置である．したがって，NaCl に対する計算の際には 8 の値が使われる．反発が含まれるときには，格子エネルギー U は以下のように表される．

$$U = -\frac{N_0 A e^2}{r} + \frac{B}{r^n} \tag{7・9}$$

この式では B を除いてすべての量の値がわかっている．

　正と負のイオンが比較的離れているときは，全体の静電的電荷（引力となる）は相互作用を支配している．もしイオンが非常に近くに引き寄せられると，反発が生じる．ある距離で，エネルギーは最も好ましくなるが，これは全エネルギーが図 7・1 で示されるように極小となっている．極小エネルギーがどこで起こるかを見いだすために，積分

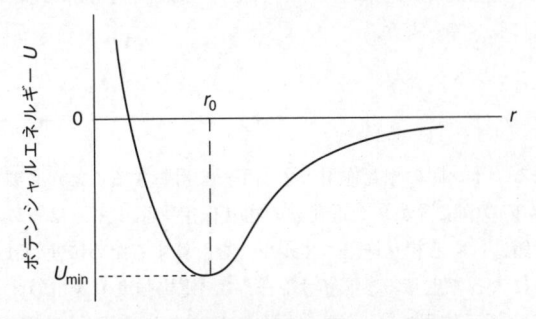

図 7・1 陽イオンと陰イオンの離れている距離に対するポテンシャルエネルギーの変化

dU/dr をとり,ゼロになるようにする.

$$\frac{dU}{dr} = 0 = \frac{N_0Ae^2}{r^2} - \frac{nB}{r^{n+1}} \qquad (7\cdot10)$$

B を解くと,以下の式が得られる.

$$B = \frac{N_0Ae^2r^{n-1}}{n} \qquad (7\cdot11)$$

イオンから生成される格子の項を用いてこの問題を解いてきた.しかし,格子エネルギーはそれを気体状イオンに分離するのに必要なエネルギーの項で定義されている.したがって,式 (7・9) で使われたように,U の値は,引力エネルギーが通常の核間距離では反発エネルギーよりずっと大きいので負である.B の値を式 (7・9) に代入して気体状イオンへの結晶の解離を示すために符号を変えると,以下の式が得られる.

$$U = \frac{N_0Ae^2}{r}\left(1 - \frac{1}{n}\right) \qquad (7\cdot12)$$

この式はボルン-ランデ式として知られているが,A と r と n の値がわかっているときに,結晶の格子エネルギーを計算するためには非常に有効である.もし,$+1$ や -1 とは異なる電荷をもつイオンが格子を形成するとき,陽イオンと陰イオンの電荷 Z_c, Z_a は前出の $(1-1/n)$ 因子を分子に入れて,$(Z_cZ_aN_0Ae^2/r)(1-1/n)$ となる.

7・2 マーデルング定数

1 mol の結晶が気体状イオンから生成するときの放出エネルギーと,イオン対が生成されるときの放出エネルギーの比として,マーデルング定数を定義した.これが何を意味するかを理解するために,以下の例を考えてみる.1 mol の Na$^+$ と 1 mol の Cl$^-$ が 1 mol のイオン対を生成することを考えてみよう.このとき,核間距離は r である.先に示したように,相互作用エネルギーは $-N_0e^2/r$ である.1 mol の Na$^+$ と 1 mol の Cl$^-$ を一次元の鎖状に並べてみよう.

$$\begin{array}{cccccccccc} & r & r & r & r & r & r & r & r & r \\ - & + & - & + & - & +^* & - & + & - & + & - \end{array}$$

この並びにおけるイオン間の相互作用エネルギーを計算することが必要である.反対の電荷をもつ電場 V の中に置かれた電荷 q の相互作用エネルギーは $-Vq$ で与えられる.イオンの一次元鎖に対する相互作用エネルギーを計算するために使われる手順は,すべての他のイオンによって生じる参照イオン $+^*$ で,電場強度 V を計算することを含んでいる.そして,全相互作用エネルギーは Ve で与えられるが,e は電子の電荷である.ここに示したイオンの並びにおいて,$+^*$ とラベルされている陽イオンは 2 個の陰イオ

7・2 マーデルング定数

ンからrの距離だけ離れているので，+*における電場ポテンシャルに対する寄与は$-2e/r$である．しかし，2個の陽イオンは+*から$2r$の距離のところにあるが，これは電場強度に対して$+2e/2r$の寄与を与える．+*からより外へと続けて行くと，$3r$の距離にある2個の陰イオンを見いだすが，電場強度への寄与は$-2e/3r$である．参照イオン+*からより外側に作業を続けて行くと，電場強度の寄与は以下の式に示されるように連続的なものとして表すことができる．

$$V = -\frac{2e}{r} + \frac{2e}{2r} - \frac{2e}{3r} + \frac{2e}{4r} - \frac{2e}{5r} + \frac{2e}{6r} - \cdots \quad (7\cdot13)$$

$-e/r$でくくると電場Vは以下の式のように表すことができる．

$$V = -\frac{e}{r}\left(2 - 1 + \frac{2}{3} - \frac{2}{4} + \frac{2}{5} - \frac{2}{6} + \cdots\right) \quad (7\cdot14)$$

かっこの中の級数の式は$2\ln 2$あるいは1.38629の値になる．この値はNa^+とCl^-から構成される仮想的な鎖に対するマーデルング定数である．このようにして，イオンからなる鎖に対して全相互作用エネルギーは$-1.38629\,N_0 e^2/r$であり，鎖の方がイオン対よりもマーデルング定数1.38629だけ，より安定である．もちろん，NaClは鎖状態では存在しないし，それでもっと安定にイオンを並べる方法があるに違いない．

　前の図で級数は合計がわかっているものにたまたまなった．しかし級数がはっきりした合計にならない項から構成されるかもしれないし，すぐに収束しないかもしれない．その場合，級数が収束する値を見いだすための数学的な手法が使えるし，前述の例を使うことによって記述されるであろう．この手法は最初の項を合計し（ただ1個の値，2.0000）その後でそれぞれ各項を加えていくことによって，連続的に総計を見いだしていくことからなる．いくらかの項の総計（A）を見いだした後で，平均は隣との合計に対して得られるし，もう一つの列に対して記入される．その後，前の平均に対する平均値は得られるし，異なる列に記入される．それぞれの過程において，得られた合計の数より小さい1個の平均値がある．結局，ただ1個の平均値が決まるし，それは級数の合計の近似値を与える．この手続きは以下の図に示されている数学的な収束法であるが，Aの下つき数字は総計の中に含まれる項の数を与えている．たとえば$A_{1,2,3}$は総計が級数の項1, 2, 3に関している．

　この場合，5個だけの項が部分総計に含まれていたが，平均する手続きは1.3896の値におおよそ収束することに注意する必要がある．この値はほんのわずか，正確な総計1.38629から異なっているが，この値は先に$2\ln 2$の値として得られたものである．三次元格子をもっている結晶に対するマーデルング定数を見いだすことは決してこのよう

		平均			
A_1	$=2.0000$				
		1.5000			
$A_{1,2}$	$=1.0000$		1.4167		
		1.3384		1.3959	
$A_{1,2,3}$	$=1.6667$		1.3751		1.3896
		1.4167		1.3834	
$A_{1,2,3,4}$	$=1.1667$		1.3917		
		1.3917			
$A_{1,2,3,4,5}$	$=1.5667$				

に容易ではない．しかし，ここに示されて数学的に収束する手法は，これが適用された場合には非常に有効な手法である．三次元格子に対して，電場強度を決める最初のポイントとして使われる参考とするイオンからイオンの距離を決めることが，大変難しくなる．仮想的な鎖構造は実際の結晶に対応していないが，マーデルング定数がどのようにして得られるかを示すためには便利なモデルを提供する．しかし，格子が三次元をもつときは難しい．

　三次元結晶格子がイオンからつくられているとき，それぞれのイオンはいくつかの隣接するイオンに囲まれており，その数や幾何構造分布は結晶構造のタイプに依存している．マーデルング定数は，反対の電荷の1個だけのイオンよりは，他のすべてのイオンとの相互作用を考慮する．結果として，結晶の構造に依存した数学的な値となる．塩化ナトリウムの配置を示している図7・2に示されているイオンの層を考えてみよう．示

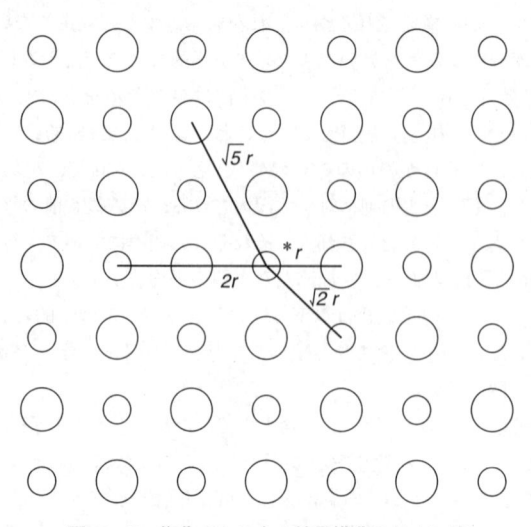

図7・2　塩化ナトリウム結晶構造のイオン層

7・2 マーデルング定数

されている層の下の層は反対の電荷のイオンをもっているし,示されている層の上の層は,示されている層の下の層と同じように配列している.参照イオン+*から始め,この点における電場強度への寄与を決めるように外側へと向かっていく.

最初に距離rで,+*を取巻く6個の負イオンがある.示された層に4個,ページの上の層に1個,下の層に1個ある.これらの6個の負イオンは$-6e/r$のポテンシャルを生じている.つぎに,距離$2^{1/2}r$に12個の陽イオンがある.示された層に4個,ページの下の層に4個,上の層に4個ある.示された層の上下にある8個の陽イオンは+*に最も近い4個の陰イオンの直接,上下にある.これらの12個の陽イオンは$12e/2^{1/2}r$によって表される場に寄与している.+*から外へ動いていって,$3^{1/2}r$の距離につぎの8個の陰イオンがあり,$-8e/3^{1/2}r$として表される場の寄与を生じている.$2r$の距離に6個の陽イオンがあるが,$6e/2r$の寄与が生じる.外側へ進んでいって,級数の多くの他の項を得ることができる.Vを表す級数は以下のように書くことができる.

$$V = -\frac{6e}{r} + \frac{12e}{\sqrt{2}\,r} - \frac{8e}{\sqrt{3}\,r} + \frac{6e}{2r} + \cdots \qquad (7\cdot15)$$

それから以下の式が得られる.

$$V = -\frac{e}{r}\left(6 - \frac{12}{\sqrt{2}} + \frac{8}{\sqrt{3}} - 3 + \cdots\right) \qquad (7\cdot16)$$

この級数において,項は認識できる級数にはならないし,急速には収束しない.事実,総計を求めるのはむしろ手ごわい過程であるが,得られた値は1.74756である.この値は,結晶がつくられたときと,イオン対だけがつくられたときの,放出されるエネルギー比に対して,得られた値にほぼ等しい.先に述べたように,マーデルング定数は正確にこの値である.

結晶の共通したタイプのマーデルング定数の計算の詳細はこの本の範囲を超えてい

表 7・3 結晶格子のマーデルング定数

結 晶	マーデルング定数[†]
塩化ナトリウム	1.74756
塩化セシウム	1.76267
閃亜鉛鉱	1.63806
ウルツ鉱	1.64132
ルチル	2.408
ホタル石	2.51939

[†] ルチルとホタル石には陽イオンの2倍の陰イオンがある.

る．イオンの配列がNaClの配列と異なっているとき，出発点として選ばれたイオンを取巻くイオンの数や，それらの間の距離は決めることが難しいかもしれない．それらは，陽イオンと陰イオンの間の基本的な距離の単純な因子として表すためには，かなり難しいだろう．したがって，イオンのそれぞれの配置（結晶タイプ）はマーデルング定数に対する異なる値をもつであろう．結晶のいくつかのタイプに対するマーデルング定数を表7・3に示した．

7・3 カプスティンスキー式

ボルン-ランデ式は多くの結晶の格子エネルギーを見積もる簡便な方法を提供するが，この式にはある種の限界がある．最初に，結晶構造は適切なマーデルング定数が選ばれることができるように知られなければならない．二番目に，いくつかのイオンは球状でない（たとえばNO_3^-は平面であり，SO_4^{2-}は四面体である）ので，イオン中心間の距離は異なる方向では異なっているかもしれない．格子エネルギーを計算するほかの方法が必要である．多くの結晶に対して格子エネルギーを計算するのに最もうまくいった方法の一つは，カプスティンスキー式で与えられる．

$$U(\text{kJ mol}^{-1}) = \frac{120{,}200 m Z_c Z_a}{r_c + r_a}\left(1 - \frac{34.5}{r_c + r_a}\right) \qquad (7\cdot 17)$$

この式で，r_cとr_aは陽イオンと陰イオンのpm単位での半径，Z_aとZ_cはそれらの電荷，mは化合物の化学式におけるイオンの数である．マーデルング定数はカプスティンスキー式には現れないし，イオン半径の合計（イオン中心間の距離）だけが必要であり，個々の半径ではない．カプスティンスキー式を使うために，結晶構造（そしてマーデルング定数）を知る必要はない．式は結晶に対して信頼性の高い計算値を与えるが，ここで結合はほとんど完全にイオン性である（NaClやKIなどのような場合のように）．共有結合性が強いと（AgIやCuBrの場合のように），計算された格子エネルギーは実際の値とはうまく一致しない．この種の化合物の大きなイオンは極性であるが，それらはかなりの引力をもっており，それは歪みのために電荷分離をもっていることから生じている．第6章で記述されたように，ファンデルワールス力はこの種のイオン間に顕著である．これらの限界にもかかわらず，カプスティンスキー式は結晶エネルギーを計算するための有効な方法を提供する．

もっと重要なカプスティンスキー式の使い方がある．多くの結晶に対して，他の熱力学的データあるいはボルン-ランデ式から格子エネルギーを求めることは可能である．これが行われたとき，イオン半径の合計r_a+r_cに対するカプスティンスキー式を解くことは可能である．1個のイオンの半径が知られているとき，そのイオンを含む一連の化合物に対して計算することは，カウンターイオンの半径を決めることを可能にする．言

い換えると，他の測定や計算からNa^+の半径がわかれば，また NaF や NaCl や NaBr の格子エネルギーがわかれば，F^-やCl^-やBr^-のイオン半径を決定することは可能である．事実，$NaNO_3$の格子エネルギーがわかれば，NO_3^-の半径を決めることができる．熱力学的データに基づいてこの方法を使って，イオン半径を決めることは熱化学半径として知られている値を与える．NO_3^-やCO_3^{2-}のような平面のイオンに対して，それは一種の平均あるいは有効半径であるが，それは非常に有用な量でもある．表7・4に示された多くのイオンについて，半径はこの手法によって正確に得られた．

表 7・4 単原子イオンと多原子イオンの半径

1価		2価		3価	
イオン	半径〔pm〕	イオン	半径〔pm〕	イオン	半径〔pm〕
Li^+	60	Be^{2+}	30	Al^{3+}	50
Na^+	98	Mg^{2+}	65	Sc^{3+}	81
K^+	133	Ca^{2+}	94	Ti^{3+}	69
Rb^+	148	Sr^{2+}	110	V^{3+}	66
Cs^+	169	Ba^{2+}	129	Cr^{3+}	64
Cu^+	96	Mn^{2+}	80	Mn^{3+}	62
Ag^+	126	Fe^{2+}	75	Fe^{3+}	62
NH_4^+	148	Co^{2+}	72	N^{3-}	171
F^-	136	Ni^{2+}	70	P^{3-}	212
Cl^-	181	Zn^{2+}	74	As^{3-}	222
Br^-	195	O^{2-}	145	Sb^{3-}	245
I^-	216	S^{2-}	190	PO_4^{3-}	238
H^-	208	Se^{2-}	202	SbO_4^{3-}	260
ClO_4^-	236	Te^{2-}	222	BiO_4^{3-}	268
BF_4^-	228	SO_4^{2-}	230		
IO_4^-	249	CrO_4^{2-}	240		
MnO_4^-	240	BeF_4^{2-}	245		
NO_3^-	189	CO_3^{2-}	185		
CN^-	182				
SCN^-	195				

7・4 イオンの大きさと結晶環境

イオンの大きさに大きな差があることは表7・4に示されているデータから明らかである．たとえば，Li^+のイオン半径は60 pm であるが，Cs^+のイオン半径は169 pm である．これらのイオンが181 pm のイオン半径をもつCl^-と結晶をつくるときに，LiCl と CsCl がともに化学式において同じ数の陽イオンと陰イオンをもっていても，結晶中のイオンの幾何配置は異なるかもしれない．

球状のものが三次元配列（結晶格子）を生み出すように重なっているときに，球の相

対的な大きさはどのようなタイプの配列が可能であるかを決める．イオン構造を安定化するように導くのは静電的力による陽イオンと陰イオンの相互作用である．したがって，それぞれの陽イオンがいくつかの陰イオンで囲まれており，それぞれの陰イオンがいくつかの陽イオンで囲まれているということが重要である．この局所的な配置はイオンの相対的な大きさによって決められる．結晶中のあるイオンを囲む反対の電荷のイオンの数は**配位数**（coordination number）とよばれている．これは，結合が配位結合（第16章を参照）ではないので，実際は良い言葉ではない．特別な陽イオンに対して，陰イオンは互いに触れ合っているので，陽イオンを囲むことができる陰イオンの数は限界があるだろう．その反対のこともまた真実であるが，ほとんどの陰イオンはほとんどの陽イオンよりも大きいので，触れている陰イオンにおいてその問題は大きいだろう．

図7・3に示してあるように6個の陰イオンが陽イオンを取り囲んでいるようなイオンの配列を考えてみよう．この配置において，中心に陽イオンをもった八面体の角に，6個の陰イオンは中心をもっている．面の上下にそれぞれ1個の陰イオンをもって，陽イオンの中心として同じ面内にある角を占めている4個の陰イオンがある．

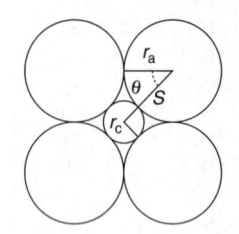

図 7・3　八面体配置の陽イオンを取り囲む陰イオン
面内の4個だけが示されている．

陰イオンが互いに触れ合っているようにして6個の陰イオンと接触することができる陽イオンの最小の大きさを計算することは単純な問題である．重要な因子はイオンの相対的な大きさであり，それは半径の比 r_c/r_a として表される．その発展として，イオンは固い球であると考えられるが，それは，本当は正しくない．

図7・3に示された配置の幾何構造は，θ は45°である．この配置で示された4個の陰イオンは陽イオンに触れており，かつ互いに触れている．$S=r_c+r_a$ であるので，距離の間の関係は以下のようになる．

$$\cos 45° = \frac{\sqrt{2}}{2} = \frac{r_c}{S} = \frac{r_c}{r_c+r_a} \qquad (7\cdot 18)$$

この式の最右辺は展開することができ，r_c/r_a を解くと0.414の値を与える．この値の重要性は，もし陽イオンが $0.414 r_a$ より小さいならば，この配置は安定ではないであろ

7・4 イオンの大きさと結晶環境

う。なぜならば，陰イオン同士が陽イオンと触れることなく互いに触れ合っているからである．すべての陰イオンが触れるのに，最低 0.414 の半径比が必要である．4 個の陰イオンが陽イオンを四面体配置で取り囲むような配置を考えることは可能である．ここで記述した方法で計算すると，r_c が最低 $0.225\,r_a$ のときだけ 4 個の陰イオンが陽イオンに触れるであろうという結論になる．先に，陰イオンと陽イオンが固い球として考慮されるとき，陽イオンのまわりに 6 個の陰イオンがフィットするためには，最低 0.414 の半径比が必要であるということが示された．したがって，$0.225 < r_c/r_a < 0.414$ であるとき，それぞれの陽イオンのまわりに陰イオンの四面体の配置が生じるということがわかる．同じような計算が r_c/r_a に対する値を決めるために容易に行われるが，他の結晶環境におけるイオンの他の安定な配置を導く．イオンは，実際は固い球ではないので，このことは目安にすぎないことは気に留めておく必要がある．計算の結果は表 7・5 にまとめている．

表 7・5 半径比の値から安定であると予測されるイオンの配置

r_c/r	陽イオンの環境	最近接イオンの数	例
1.000	fcc または hcp	12	Ni, Ti
0.732〜1.000	立方体	8	CsCl
0.414〜0.732	八面体	6	NaCl
0.225〜0.414	四面体	4	ZnS
0.155〜0.225	三方錐	3	—
0.155	直線	2	—

イオン半径に基づくと，9 個のアルカリハロゲン化物は塩化ナトリウム構造をもつべきではない．しかし，CsCl と CsBr と CsI の 3 個だけが塩化ナトリウム構造をもたない．このことは，イオンの配置に対して固い球を考えるアプローチが適切ではないことを意味している．それは多くの場合に正しいイオンの配置を予測できないというべきである．それは目安であって，絶対に確実なルールではない．含まれていない因子の一つは，イオンの電子雲は分極されるように何らかの能力があるということに関係している．この電子的分極は，前の章で議論されたタイプの付加的な力を導く．陰イオンの電子雲が分極していることは，電子雲の一部がそのまわりの陽イオンの方へ引っ張られていることになる．要するに，結果的に電子雲のいくらかの共有がある．このようにして結合は部分的に共有性をもつようになる．

　CsCl の構造は NaCl の構造とは全く異なっているが，CsCl でさえ 445 ℃ 以上の温度まで熱されると，NaCl 構造へと変形する．他のアルカリハロゲン化物のいくつかも常圧下では NaCl 構造ではないが，高圧下で NaCl 型構造に変化する．多くの固体物質はこの種の多形を示すが，それは外場の条件に依存している．ある構造から別の構造への

物質の変化は**相転移**(phase transition)として知られている．

イオン半径比が二つの予想される構造の極限値に近いときに，正しい構造を予測できない．たとえば 0.405 の r_c/r_a の値は配位数の 4 と 6 の極限値にきわめて近い．配位数 4 を予測しても，微妙な因子が陽イオンのまわりの環境を 4 あるいは 6 にしてしまう．対照的に，r_c/r_a が 0.550 であるならば，陽イオンに対して配位数 6 を期待するが，ほとんどの場合，正しい．イオン半径比が必ずしも正しい結晶構造を予測するものではないけれども，イオン半径比が極限値に近いときを除いて，構造の予測はうまく合う．

ハロゲン化銀について，イオンの分極がどのように格子エネルギーに影響を与えるかを見てみよう．カプスティンスキー式を使って格子エネルギーを計算するとき，計算値は表 7・6 のデータに示されているように，実験値よりもかなり低い．この違いは分極効果や部分的な共有結合や大きなロンドン力によるものである（第 6 章参照）．

表 7・6 ハロゲン化銀の格子エネルギー

化合物	格子エネルギー〔$kJ\,mol^{-1}$〕	
	計算値（式 7・17）	実験値
AgF	816	912
AgCl	715	858
AgBr	690	845
AgI	653	833

分極の効果が大きい場合を考慮することによって，イオンの分極の効果について示してきたが，イオンの組合わせに対して何らかの分極の効果があるに違いない．しかし，もっと重要なことがある．与えられたイオンの半径はイオンの環境に何らかの依存性があるということは知られている．たとえば，4 個の最近接で囲まれたイオンは，反対の電荷の 6 個のイオンで囲まれたイオンと大きさにおいて少し異なっているであろう．イオン半径がどのような結晶の環境でも同じである固定された値であるかのように取扱ってきたが，この場合はあてはまらない．さらに，イオン半径はイオン中心間の距離を実際に決める X 線回折実験によって決められる．たとえば，イオン中心間の距離が NaF に対して決められ，F^- イオンの半径が他の実験によってわかっているなら，Na^+ イオンの半径を推定することができる．イオン半径は他のイオンの値に依存して，変化する．表 7・4 に示されたイオン半径はある結晶構造において，あるイオンに対しては正確ではないかもしれない．

結晶格子において，陽イオンはある数の陰イオンによって取り囲まれている．静電力は反対に電荷されたイオン間に存在する．+1 イオンが-1 の電荷をもつ 6 個の陰イオン（ほとんどの+1 陽イオンは比較的大きい）によって取り囲まれているならば，それぞれの陰イオンは他の陽イオンに付き，硬い格子が生じる．そのような格子は高い融点

によって特徴づけられる．より小さな，より高電荷の陽イオンに対して，配位数はより小さく，それぞれの陰イオンはより小さな数の陽イオンに付いている．陽イオンの配位数がその価数に等しくなると，陽イオンとその最近接イオンは孤立した中性の構造を構成する．したがって，強い広がった力はないし，格子はずっと緩く保たれるが，それは低い融点になる．たとえば，NaF や MgF_2 や SiF_4（分子固体）の融点はそれぞれ 1700 ℃ と 2260 ℃ と -90 ℃ である．

7・5 結晶構造

単純な結晶のイオンのまわりの局所的な環境についてイオン半径比を用いて記述してきた．たとえば，塩化ナトリウム型構造において（NaCl だけに限定していない），それぞれの陽イオンのまわりに 6 個の陰イオンがある．NaCl 結晶構造は図 7・4 に示されている．

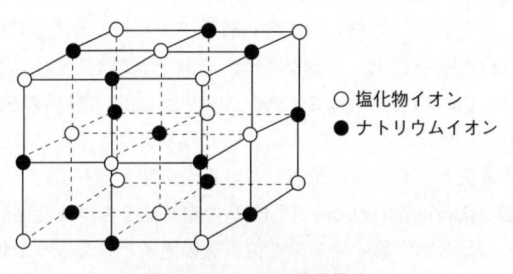

図 7・4 NaCl 結晶構造

○ 塩化物イオン
● ナトリウムイオン

NaCl 結晶に対して，半径比は 0.54 であるが，それぞれの陽イオン（0.414〜0.732）のまわりの陰イオンの八面体配置の範囲内である．しかし，これは 1：1 化合物なので，同じ数の陽イオンと陰イオンがある．このことはそれぞれの陰イオンのまわりに陽イオンが同じように配置しなければならないことを意味している．事実，1：1 化合物に対して，それぞれのイオンのまわりの環境は同じでなければならない．このことは静電的結合性として知られている重要な概念からきたものである．6 個の Cl^- がそれぞれの Na^+ を取り囲んでいると仮定すると，Na^+ イオンと Cl^- イオンの間のそれぞれの結合は 1/6 の結合性をもたなければならない．なぜならナトリウムは +1 であり，6 個の結合は Na^+ の価数まで付け加えなければならないからである．それぞれの結合が 1/6 の性質をもっているならば，それぞれの Cl^- に 6 個の結合があるに違いない．なぜなら，塩化物イオンは -1 価だからである．考察しているイオンにかかわらず，それぞれの結合は単一の大きさだけをもっている．

静電的結合性は結晶構造を理解するために非常に有用な性質である．CaF_2 について考えると，それぞれの Ca^{2+} は図 7・5 に示されるように立方体の配置の 8 個の F^- イオ

ンで取り囲まれている．

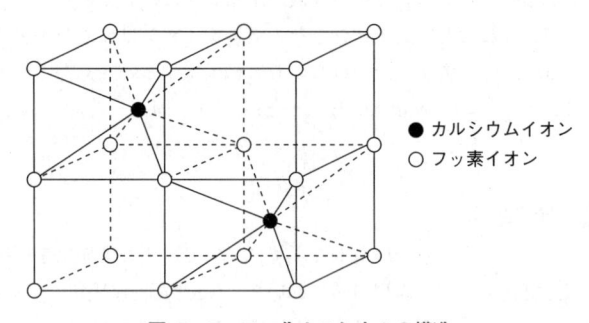

図 7・5　フッ化カルシウムの構造

● カルシウムイオン
○ フッ素イオン

CaF_2 中のカルシウムは2価であるので，フッ化物イオンへの8個の結合が2個の静電結合となり，それでそれぞれの結合は 1/4 の性質をもつ．しかし，Ca^{2+} と F^- の間のそれぞれの結合は 1/4 結合，F^- は -1 価なので，それぞれの F^- への4個だけの結合がありうる．結果的に，Ca^{2+} の配位数は8であり，一方，CaF_2 の結晶の F^- イオンの配位数は4である．これらの配位数が，化学式においてカルシウムイオンの2倍のフッ化物イオンがあるという事実とどのように対応しているかを考えてみよう．

ホタル石型構造 (fluorite structure) は 1:2 の定量比をもつ化合物に対して共通している．非常に多くの化合物が陰イオンの2倍の数の陽イオンをもった化学式をもっている．例としては Li_2O や Na_2S のような化合物がある．これらの化合物はホタル石と同じような結晶構造をもっているが，陽イオンと陰イオンの役割は逆である．この構造は**逆ホタル石型構造** (antifluorite structure) として知られているが，これにおいてはそれぞれの陰イオンを取り囲む8個の陽イオンと，それぞれの陽イオンを取り囲む4個の陰イオンがある．逆ホタル石構造は陰イオンの2倍の陽イオンを含む化学式をもつ化合物に対して最も共通する構造である．

図7・6に示されているような CsCl 構造の場合，陽イオンの配位数は8である．これは 1:1 の化合物なので，陰イオンの配位数もまた8である．

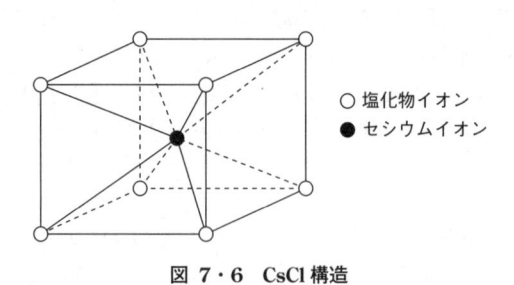

○ 塩化物イオン
● セシウムイオン

図 7・6　CsCl 構造

7・5 結晶構造

静電的結合性の観点からは，陽イオンと陰イオンの間のそれぞれの結合は1/8の結合性をもたなければならない．なぜなら8個の結合が1価のCsに結合しているからである．CsCl中のClの価数も1価である．それでそれぞれのCl^-に8個の結合がある．このことと一致して，CsCl構造はそれぞれのCs^+まわりの立方体の角に8個の陰イオンが配置されている．8個の立方体の互いの角を共有しており，それぞれの立方体は1個のCs^+イオンを含み，それぞれのCl^-イオンを取り囲んで8個のCs^+イオンがある．

硫化亜鉛にはウルツ鉱と閃亜鉛鉱として知られている構造をもつ2種の多形がある．これらの構造は図7・7aと7・7bに示されている．

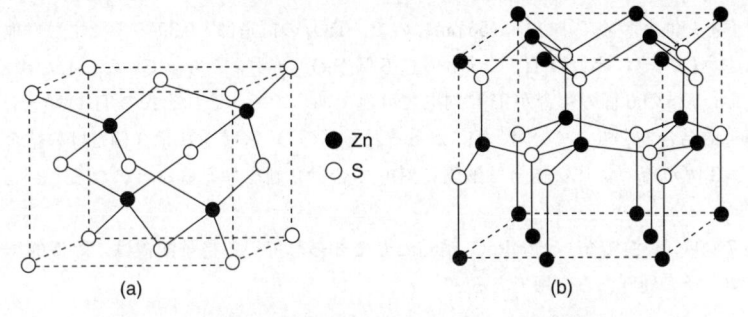

図 7・7 硫化亜鉛の閃亜鉛鉱構造 (a) とウルツ鉱構造 (b)

表7・4に示されたイオン半径を使って，ZnSの半径比が0.39であると求められるが，予想されるようにそれぞれの亜鉛のまわりに四面体配置で4個の硫黄がある．硫化亜鉛中の亜鉛は2価であり，4個の結合が2価を満たしているので，それぞれの結合は1/2価の性質をもっている．硫化物イオンも2価なので，それぞれの硫化物イオンには4個の結合があるはずである．したがって，硫化亜鉛に対して知られている両方の構造はそれぞれの陰イオンのまわりに四面体配置の陽イオンがあり，それぞれの陽イオンのまわりに四面体配置の陰イオンがある．これらの構造の違いは，異なる構造をもった層にイオンが配置していることによる．

これまでに述べた結晶構造は二成分化合物だけに適応できるというように判断すべきではない．陽イオンか陰イオンの一方が多原子種かもしれない．たとえば，多くのアンモニア化合物は対応するルビジウム化合物やカリウム化合物と同じ構造をもっている．なぜなら，NH_4^+の半径（148 pm）はK^+の半径（133 pm）やRb^+の半径（148 pm）に似ているからである．NO_3^-とCO_3^{2-}はともに（それぞれ189 pmと185 pm）Cl^-のイオン半径（181 pm）に非常に近いイオン半径をもっている．それで，多くの硝酸塩や炭酸塩は対応する塩化物と同じような構造をもっている．これまでに示した構造は，必ずしも二成分系化合物一般に限定したわけではないということを気に留めておく必要がある．

ルチル（金紅石），TiO_2 は図 7・8 に示したような構造をもっているが，光沢のない白い塗料として莫大な量が使われている．

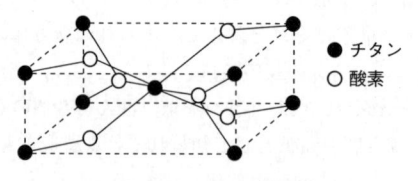

図 7・8 ルチル構造

Ti^{4+} イオンはきわめて小さい（56 pm）ので，TiO_2 の構造は，0.39 の半径比から推定されるように，それぞれの Ti^{4+} のまわりに 6 個の O^{2-} イオンをもっている．したがって，O^{2-} イオンへの 6 個の結合が Ti に対して 4 価であるので，それぞれの Ti-O 結合は 2/3 の静電的結合性をもっている．Ti^{4+} からそれぞれの O^{2-} イオンには 3 個だけの結合があるが，3 個のそのような結合は酸素に対して合計 2 価を与えることになる（3×2/3＝2）．

図 7・9 に示されるような ReO_3 構造として知られている格子配置は，静電的結合性アプローチの興味ある応用である．

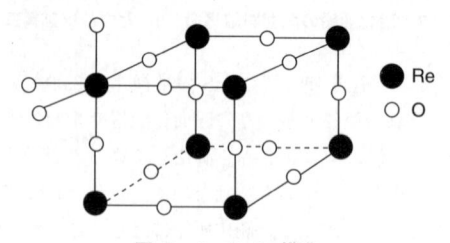

図 7・9 ReO_3 構造

ReO_3 において，Re の価数は 6 であり，ReO_3 構造においてそれぞれの Re は 6 個の酸素イオンで囲まれている．したがって，6 個の結合が Re に対する 6 価に合計されるので，それぞれの Re-O 結合は 1 の結合性をもつに違いない．構造はそれぞれの Re を八面体形で取り囲む 6 個の酸素イオンがあるが，2 個の Re^{6+} イオンが直線状配置でそれぞれの酸素イオンを取り囲んでいる．これはまた AlF_3 の結晶構造でもあり，この化合物ではそれぞれ Al^{3+} は 6 個の F^- イオンによって八面体形に取り囲まれて，それぞれの F^- イオンは Al^{3+} イオンの両側にある．

BeF_2 と BF_3 の性質の違い（それぞれ融点が 800 ℃ と －127 ℃）および AlF_3 と SiF_4 の性質の違い（それぞれ融点が 1040 ℃ および －96 ℃）は著しい．BF_3 は圧倒的にイオン性であるが，B^{3+} イオンは BF_4^- イオンに見られるように，4 個以上の F^- イオンで囲まれるには小さすぎる．拡張した構造をつくるためには，B が合計で ＋3，F が合計で －1

になるように静電的結合性に対して，B^{3+}イオンは6個のF^-イオンで取り囲まれなければならない．B^{3+}の小さいサイズがこのことを妨げるが，BF_3はたとえ圧倒的にイオン性であったとしても単核である．BeF_2の場合，Be^{2+}イオンを取り囲む4個のフッ化物イオンはその価数を満たしているし，それぞれのフッ化物イオンは2個のBe^{2+}イオンの間を架橋している．したがって，BeF_2は拡張格子を形成しているが，これはその高い融点によって反映されている．SiF_4に対して，格子を形成するためにはSi^{4+}を取り巻く8個のF^-が必要であろうが，それは小さすぎるので無理である．その結果，SiF_4は圧倒的にイオン的な分子として存在する．再び，ポーリングの静電的結合性アプローチの偉大な有効性がわかる．静電的結合性を使わないけれども，R. J. Gillespieは，今議論したフッ化物の性質の違いに関して，うまく記述している (*J. Chem. Educ.* **75**, 923, 1998).

酸化アルミニウムはコランダムという鉱物名をもっているが，いろいろな用途がある固体である．これは非常に高温にも耐えるので，耐火性の材料であり，またその硬さのために普通は研磨剤として使われる．コランダムはしばしば結晶に色を付ける他の少量の金属を含んでおり，宝石として価値あるものにしている．たとえば，ルビーは少量の酸化クロムを含んでいるし，それが結晶に赤色の色を付けている．安定な少量の金属酸化物を加えることによって，いろいろな色をもつ宝石を生み出すことが可能となる．

アルミニウムは商業的には氷晶石，Na_3AlF_6の電気化学的手法により生産されており，ボーキサイト，Al_2O_3は，天然にある金属源である．この酸化物はルイス酸として機能する表面をもつ触媒として広く使われている．活性アルミナとして知られている酸化物の系にはガスを吸着したり，有効に取り除く能力がある．この酸化物はほかにもセラミックスや触媒や化合物を磨くことや研磨剤や電気的絶縁体として使われる．

アルミニウムは一般にAB_2O_4の化学式をもって他の金属と混合酸化物を形成するが，ここでAは+2価のイオンであり，一方Bは+3価の金属イオンである．化合物$MgAl_2O_4$はスピネルとして知られている鉱物で，一般式AB_2O_4をもった化合物が一般名スピネルとよばれる理由である．この一般式は$AO \cdot B_2O_3$として書くことができ，それで$MgAl_2O_4$はまた$MgO \cdot Al_2O_3$と書くことができる．Fe^{2+}，Zn^{2+}，Co^{2+}，Ni^{2+}や他の+2イオンとMg^{2+}を入れ替えた多くの化合物が知られている．たとえば花崗岩 ($ZnAl_2O_4$) やヘルシナイト ($FeAl_2O_4$) やガレスタイト ($MnAl_2O_4$) などが知られている．

スピネルの結晶構造はO^{2-}イオンの体心立方配置である．陽イオンがそれを取り囲む陰イオンの八面体配置か四面体配置をもつ2種類の構造がある．スピネル構造において，+3イオンは八面体ホールの中にあり，四面体ホールは+2イオンによって占められているということがわかる．これらのイオンに対して異なる構造の可能性がある．その構造は四面体ホールに位置する+3金属イオンの半分があり，一方，他の半分のイオンと+2イオンは八面体ホールに位置している．2種類の格子サイトの占有を示すため

に，化合物の化学式は最初に指示された四面体ホール占有でグループ化され（通常は+2イオンで占有される位置，A），その後に八面体ホールを占有するグループが従う．このようにして，化学式AB_2O_4は格子中のイオンの場所を正しく示唆するために$B(AB)O_4$となる．格子中の+2イオンと+3イオンの役割の逆転のために，構造は逆スピネル型構造とよばれる．

NH_4^+，NO_3^-，CO_3^{2-}などの多くの四元系化合物は二元系化合物と同じ構造をもっているが，鉱物ペロブスカイト$CaTiO_3$は異なった構造である．事実，他の多くの化合物によって示される重要な構造系である．ペロブスカイト構造は図7・10に示されている．

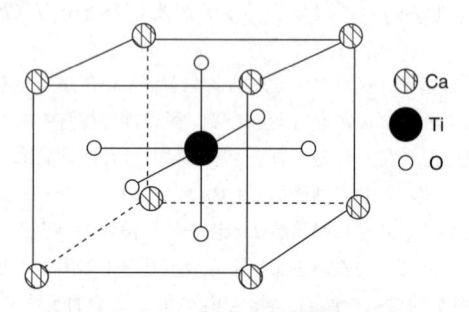

図7・10 ペロブスカイトの構造，$CaTiO_3$

構造を調べると，Ti^{4+}イオンは立方体の中心にあり，それぞれの角はCa^{2+}イオンがあることがわかる．酸素イオンは立方体の6個の面の中心にある．Ti^{4+}への結合は最近接の6個のO^{2-}からのものだけである．したがって，6個の結合がTiの+4の合計となるので，それぞれのTi-O結合は4/6である．

ペロブスカイト構造におけるそれぞれのO^{2-}イオンへの結合を考えてみよう．最初に，4/6の結合性をもつTi^{4+}への2個の結合があるが，そのために合計4/3となる．しかし，酸素イオンがある立方体の面の角に4個のCa^{2+}イオンがある．それぞれのCa-O結合が1/6の結合性になるならば，4個のそのような結合は酸素の価数を完成するために2/3の結合を必要とする．このことから，それぞれのCa^{2+}イオンは12個の酸素イオンで囲まれなければいけないし，その結果，カルシウムの価数の$12(1/6)=2$となる．静電的結合性の概念は結晶構造を理解するために非常に重要な方法である．

一般式ABO_3をもつ酸化物である多くの三元系化合物があるが，ここでA=Cs，Sr，Baなどであり，B=Ti，Zr，Al，Fe，Cr，Hf，Sn，ClまたはIである．多くのものはペロブスカイト構造であり，これは重要な構造である．

7・6 イオン性化合物の溶解

多くの化学反応が，溶媒に溶けたイオン性化合物から構成された溶液の中で行われて

7・6 イオン性化合物の溶解

いる．それらが保持されている格子からイオンを分離するために，イオンと溶媒分子の間に強い相互作用があるに違いない．イオン性化合物に共通する溶媒は水であり，この節の議論のためにはふさわしい溶媒である．

イオン性化合物が溶媒に溶けるときに結晶格子はばらばらに壊れる．イオンが離れるにつれて，イオン-双極子力によってイオンは溶媒分子に強く引かれる．イオンを取り巻く水分子の数は**水和数**（hydration number）として知られている．しかし，イオンのまわりの水分子クラスターは，第一溶媒和殻を構成している．水分子は動いており，クラスターを取り囲むバルクの溶媒に付いている．このために，溶媒分子は溶媒和殻を出入りするように動いていて，必ずしも溶媒和数は一定ではない．したがって，イオンに対して平均の水和数について述べる．

エネルギーの観点から結晶格子を分離し，イオンを溶媒和する過程はボルン-ハーバー熱化学サイクルを用いて関係づけられる．イオン化合物 MX に対して，サイクルは以下のように表される．

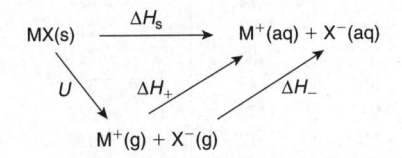

$$
\begin{array}{ccc}
MX(s) & \xrightarrow{\Delta H_s} & M^+(aq) + X^-(aq) \\
{\scriptstyle U} \searrow & {\scriptstyle \Delta H_+} \nearrow & \nearrow {\scriptstyle \Delta H_-} \\
& M^+(g) + X^-(g) &
\end{array}
$$

このサイクルにおいて，U は格子エネルギー，ΔH_+ と ΔH_- はそれぞれ気体状陽イオンと陰イオンの水和熱，ΔH_s は溶解熱である．このサイクルから以下の式が明らかである．

$$\Delta H_s = U + \Delta H_+ + \Delta H_- \tag{7・19}$$

以前に定義されたように，格子エネルギーは正であるが，一方，イオンの溶媒和エネルギーは強く負である．したがって，溶液の全熱は，格子を気体状イオンに分離するエネルギーと，イオンが溶媒和されるときに放出されるエネルギーのどちらがより大きいかによって，正か負になる．表7・7にイオンの水和熱 ΔH_{hyb} を示した．

表7・7に示されているデータは陽イオンに対して，水和エンタルピーはイオンとその大きさに依存していることを表している．同じ電荷をもつイオンに対して，水和熱はイオンの大きさが増加するにつれて増加している．これは極性溶媒分子が電荷が小さな空間に局在している小さくて密なイオンにより強く付いているので，道理に合っている．水和熱はイオンの電荷が増加するにつれて極端に増加する．静電的な単純な原理は，極性の水分子の負の端がクーロン則によってより高い正のイオンにより強く付いている場合であろうと示唆している．電荷と大きさの比によって得られる電荷密度はイオンの水和熱を決める際の因子である．

あるイオンに対する水和エンタルピー (H) は以下の式で表される.

$$H = -\frac{Ze^2}{2r}\left(1 - \frac{1}{\varepsilon}\right) \tag{7·20}$$

ここで, Z はイオンの電荷, r はイオンの半径, ε は溶媒の誘電率である (水に対して 78.4). 水和エンタルピーはイオンの電荷が増加するにつれて増加するが, イオンの大きさが増加するにつれてそれは減少する. F^- のような小さなイオンが高い水和エンタルピーをもっている理由は, それらが, 水素原子である水分子中の正の電荷の中心に付いているためである. 結果的に非常に小さな距離で水分子の正の中心から負のイオンを分離している.

表 7·7 イオンの水和エンタルピー

イオン	半径 [pm]	$\Delta H°_{hyd}$ [kJ mol^{-1}]
H^+	—	-1100
Li^+	74	-520
Na^+	102	-413
K^+	138	-321
Rb^+	149	-300
Cs^+	170	-277
Mg^{2+}	72	-1920
Ca^{2+}	100	-1650
Sr^{2+}	113	-1480
Ba^{2+}	136	-1360
Al^{3+}	53	-4690
F^-	133	-506
Cl^-	181	-371
Br^-	196	-337
I^-	220	-296

イオンと溶媒分子の相互作用はおもに静電的なものであり, そのため溶媒の双極子モーメントが重要である. しかし, 溶媒分子の構造もまた重要である. たとえばニトロベンゼンは 4.22 D という高い双極子モーメントをもっているが, それは水の 1.85 D よりかなり大きい. このようにニトロベンゼンは大きな双極子モーメントをもっているが, NaCl のようなイオン塩に対しては貧溶媒である. 高い双極子モーメントは長く離れた電荷から生じる. また, ニトロベンゼンは大きすぎるので, 小さなイオンに有効にパッキングすることができない. それで溶媒和数が小さすぎるので強く溶媒和することができない. ニトロベンゼンの双極子モーメントはイオン性化合物に対してふさわしいかのように示唆しているが, 上記の理由により, そうではない.

Al^{3+} の水和エンタルピーは非常に大きく (-4690 kJ mol^{-1}), 結果的に興味深い効果が生じる. NaCl が水に溶け, 溶媒が蒸発したら, 固体の NaCl は回収される. もし,

7・6 イオン性化合物の溶解

AlCl$_3$が水に溶けたら，水を蒸発し固体のAlCl$_3$は得られない．Al^{3+}イオンは強く溶媒和するので，溶媒を取り去るよりも他の反応がもっとエネルギー的に好まれる．これは以下の式で表される．

$$AlCl_3(s) \xrightarrow{H_2O} Al^{3+}(aq) + 3\,Cl^-(aq) \qquad (7\cdot21)$$

溶媒が蒸発したときに，水和したアルミニウムイオンと塩化物イオンを含む固体が得られる．水分子の数は条件に依存するけれども，この固体は $[Al(H_2O)_6]Cl_3$ と記述される．この固体が加熱されると，成分が $[Al(H_2O)_3Cl_3]$ に近づくまで，水は失われる．もっと高い温度まで加熱されると，この化合物は水よりもHClを失う．

$$[Al(H_2O)_3Cl_3](s) \rightarrow Al(OH)_3(s) + 3\,HCl(g) \qquad (7\cdot22)$$

もっと高い温度まで加熱するとAl(OH)$_3$はH$_2$Oを失ってAl$_2$O$_3$を生じる．

$$2\,Al(OH)_3(s) \rightarrow Al_2O_3(s) + 3\,H_2O(g) \qquad (7\cdot23)$$

このような挙動の本質はAl^{3+}と酸素の間の結合が非常に強いために，脱水反応よりも他の反応がエネルギー的に好まれる．ベリリウム化合物が水に溶けると，Be^{2+}イオンは非常に強く溶媒和するためにこれも同じように振舞う．Al^{3+}とBe^{2+}の電荷と大きさの比はほとんど等しくて（それぞれ+3/53と+2/30），同じような化学的挙動を生じる．これは**対角線関係**（diagonal relationship）として知られており，周期表ではアルミニウムはベリリウムの右下のカラムにあるためである．

NaClの溶解を考えると，格子エネルギーは743 kJ mol^{-1}，Na$^+$の溶解熱は-413 kJ mol^{-1}であり，Cl$^-$は-371 kJ mol^{-1}である．これらのデータを使って，NaClの溶解熱はわずか4 kJ mol^{-1}と計算される．これはNaClが水に溶けるときに本質的に熱の吸収や放出がないことを示唆している．結果的に，温度を変えることが水に対するNaClの溶解度への効果がほとんどない．温度の関数として水に対するNaClの溶解度のグラフをつくると，傾きはほとんど0である．事実，0℃の水100 gへのNaClの溶解度は35.7であるが，100℃の水100 gに対して39.8である．一方，いくつかの固体に対しては，結晶格子を分離するには，イオンが水和するときに放出する熱よりも多くの熱を必要とすることがある．この場合，全過程が熱を吸収し，温度を上げることが溶解過程を高めるし，化合物の溶解度のグラフは温度の関数に対して温度が上がるにつれて，溶解度の線が上昇することになる．イオンが溶媒和するときに放出する熱が，格子を分離するときの吸収される熱よりも多い化合物では，溶解熱は負であり，化合物は温度が増加するにつれて溶けなくなる．図7・11にこれらの3種の挙動が示してある．

イオンに強く溶媒和しない溶媒が使われるなら，格子エネルギーがイオンの溶媒和エネルギーの合計よりも大きいので，結晶は溶けない．この議論から，固体化合物の溶解挙動はまた，結晶がどのくらい強く保持されているかに関係している．しかし，イオン

の溶媒和熱は幅広い温度領域で一定ではないということを気に留めておかなければいけない．それらは変化するし，幅広い温度を考えたときには溶解挙動は単純なアプローチから正確には予測できない．

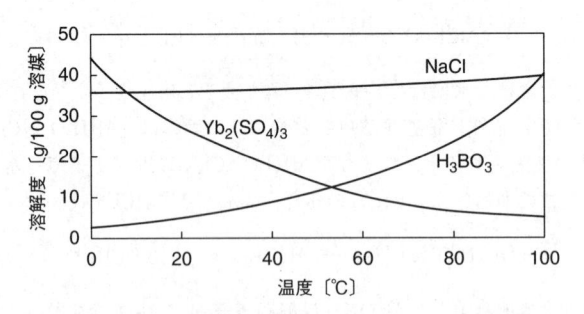

図 7・11　3種の無機化合物の温度に対する溶解度の変化

溶解度に対する温度の効果の単純なアプローチは図 7・12 に示されている場合を考慮することによって図示できる．平衡で系の温度を上げることは吸熱の方向にシフトさせる．図 7・12 a において，吸熱の方向は溶液相の方であり，温度を上げることは溶質の溶解度を増加させる．図 7・12 b に示されている場合，温度を上昇させることは，系を溶質と溶媒の量を増加する方向へシフトさせ，その結果，溶解度は減少する．図 7・12 c に示されている場合，溶解度は温度が変化してもあまり変化しない．

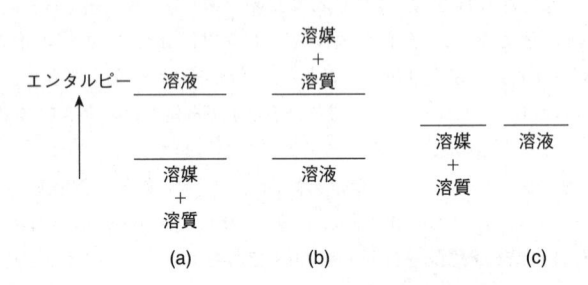

図 7・12　固体が液体に溶解する際の熱変化

定量的に溶解度に対する温度の効果は，等しくないエネルギーの状態の量によって表されるような溶解過程を考慮することによって説明されうる．等しくないエネルギーである E_1 と E_2 の状態に対する量 n_1 と n_2 に関連したボルツマン分配則は以下のような式で表される．

$$\frac{n_2}{n_1} = \mathrm{e}^{-\Delta E/kT} \qquad (7\cdot24)$$

7・6 イオン性化合物の溶解

ここで k はボルツマン定数,ΔE は 2 個の状態間の差,T は温度(K)である.溶解熱が ΔH_s である mol 単位で表されるとき,温度に対する溶解度の変化の式は以下のようになる.

$$\frac{n_2}{n_1} = e^{-\Delta H_s/RT} \qquad (7\cdot25)$$

式の両辺の自然対数をとると以下のようになる.

$$\ln n_2 - \ln n_1 = -\frac{\Delta H_s}{RT} \qquad (7\cdot26)$$

図 7・12 a に示されているように溶解過程を考慮して,溶質の量は飽和溶液を与えるに十分な限り,重要ではない.したがって,$\ln n_1$ 項は定数 C として扱われ,量 n_2 は溶解度 S で置き換えられ,以下のような式を与える.

$$\ln S = -\frac{\Delta H_s}{RT} + C \qquad (7\cdot27)$$

この式から $1/T$ に対する $\ln S$ のプロットは傾き $-\Delta H_s/R$ をもつ直線となる.いくつかの温度における化合物の溶解度を決定することは,溶解熱をこのように決めることを可能にしている.図 7・12 a に示された過程に対して,溶解熱は正であるので,直線の傾きは負である.図 7・12 b に示されている過程に対して,溶解熱は負であるので,正の傾きをもった直線が得られる.図 7・11 に示されるように,NaCl に対して溶解熱は 0 に非常に近いので,結果的に溶解度は温度範囲 0 ℃～100 ℃の範囲でほとんど一定である.図 7・13 は水へのホウ酸の溶解度に対する式 (7・27) の応用を示している.

逆直線は傾き $-2737\,\mathrm{K}^{-1}$ を与えるが,これは $-\Delta H/R$ に等しい.したがって,溶解度のデータからホウ酸の溶解熱に対する値は $22.7\,\mathrm{kJ\,mol^{-1}}$ である.

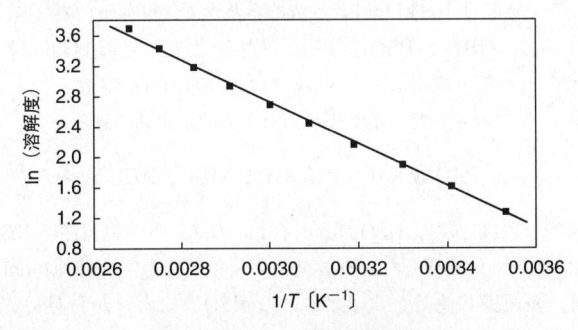

図 7・13 水へのホウ酸の溶解

7・7 プロトンと電子の親和性

いくつかの陽イオンは水素イオンを受取った中性分子と考えることができる。たとえば、アンモニウムイオンは NH_3 へ H^+ が付加して生じる。酸・塩基化学の主題は第9章で議論されるが、この章で関連した話題を議論することが適切である。なぜならそれは固体の挙動を扱っているからである。その話題は塩基のプロトン親和性である。塩基のプロトン親和性は原子の電子親和力に似ているが、これは第1章で議論した。電子親和力は電子を得た気体状の原子から電子を取り去るのに必要なエネルギーであるのに対して、プロトン親和力はプロトンを得た気体状の塩基からプロトンを取り去るのに必要なエネルギーである。これは、しばしば溶媒によってひき起こされる複雑な効果を取り除いた気体状の種の本質的な塩基性の計量法である。

アンモニウム化合物は加熱されるといろいろな分解をする。分解熱は示差熱走査法によって簡単に測定される。カプスティンスキー式は格子エネルギーを決めるために用いられる。この情報と NH_3 に対する知られているプロトン親和性 ($866 \, kJ \, mol^{-1}$) を使うことによって、アンモニウム化合物の陰イオンのプロトン親和性を決めることが可能である。このことは多くの化合物に対して行われてきたが、硫酸水素アンモニウムと硫酸アンモニウムで手順を示そう。

NH_4HSO_4 の分解と $HSO_4^-(g)$ のプロトン親和性を決めるための適切な熱化学サイクルは以下に示される。

$$NH_4HSO_4(s) \xrightarrow{\Delta H_{dec} = 169 \, kJ \, mol^{-1}} H_2SO_4(g) + NH_3(g)$$

$$\downarrow U_2 \qquad \qquad \uparrow -PA(HSO_4^-)$$

$$NH_4^+(g) + HSO_4^-(g) \xrightarrow{PA(NH_3)} NH_3(g) + H^+(g) + HSO_4^-(g)$$

このサイクルにおいて、ΔH_{dec} は分解熱、U_2 は NH_4HSO_4 の格子エネルギー、$PA(NH_3)$ は $NH_3(g)$ のプロトン親和性、$PA(HSO_4^-)$ は硫酸水素イオンのプロトン親和性である。NH_4HSO_4 の分解熱は $169 \, kJ \, mol^{-1}$ と決められたが、$NH_3(g)$ のプロトン親和性は $866 \, kJ \, mol^{-1}$ である。NH_4^+ と HSO_4^- のイオン半径はそれぞれ $143 \, pm$ と $206 \, pm$ であり、カプスティンスキー式によって計算された NH_4HSO_4 の格子エネルギーは $641 \, kJ \, mol^{-1}$ である。今、示されたサイクルから以下の式が求められる。

$$PA(HSO_4^-) = U_2 + PA(NH_3) - \Delta H_{dec} \tag{7・28}$$

既知の量を入れることにより、$HSO_4^-(g)$ イオンのプロトン親和性は $1338 \, kJ \, mol^{-1}$ の値が得られる。他の -1 価のイオンのプロトン親和性は I^- の $1309 \, kJ \, mol^{-1}$ から CH_3^- の $1695 \, kJ \, mol^{-1}$ の範囲にある。したがって、HSO_4^- イオンから見いだされた $1338 \, kJ \, mol^{-1}$ の値は -1 価の電荷をもつ他のイオンの値とよく一致している。

7・7 プロトンと電子の親和性

今示された手順は，気体状の SO_4^{2-} イオンのプロトン親和性を決定するために，$(NH_4)_2SO_4$ の分解に応用できる．SO_4^{2-} のイオン半径は 230 pm であるので，カプスティンスキー式は $(NH_4)_2SO_4$ の格子エネルギーの 1817 kJ mol^{-1} の値を導くことになる．$(NH_4)_2SO_4(s)$ が熱されたときには 195 kJ mol^{-1} の分解熱をもって $NH_4HSO_4(s)$ と NH_3 を生じる．使われる熱化学サイクルは以下のように示される．

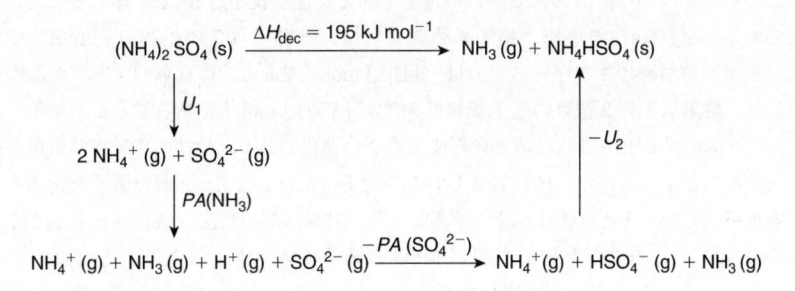

$$
\begin{array}{c}
(NH_4)_2SO_4(s) \xrightarrow{\Delta H_{dec} = 195 \text{ kJ mol}^{-1}} NH_3(g) + NH_4HSO_4(s) \\
\downarrow U_1 \qquad\qquad\qquad\qquad\qquad \uparrow -U_2 \\
2\,NH_4^+(g) + SO_4^{2-}(g) \\
\downarrow PA(NH_3) \\
NH_4^+(g) + NH_3(g) + H^+(g) + SO_4^{2-}(g) \xrightarrow{-PA(SO_4^{2-})} NH_4^+(g) + HSO_4^-(g) + NH_3(g)
\end{array}
$$

このサイクルから以下の式が明らかになる．ここで U_2 は NH_4HSO_4 の格子エネルギーであり，先に 641 kJ mol^{-1} と示された．

$$PA(SO_4^{2-}) = U_1 + PA(NH_3) - \Delta H_{dec} - U_2 \qquad (7・29)$$

この値を式 (7・29) に入れると，$SO_4^{2-}(g)$ のプロトン親和性は 1847 kJ mol^{-1} の値となる．ほとんどの他の -2 価のイオンのプロトン親和性はこの値より高いが，ほとんどのイオンは大きさが小さい（第9章参照）．SO_4^{2-} イオンには硫黄と酸素原子間に広く二重結合があるが（第4章参照），これが酸素原子上の電子対の H^+ イオンへの攻撃能力を減少させるかもしれない．結局，H_2SO_4 は非常に強い酸であり，プロトンを容易に放つ．

第1章において，原子の電子親和性と，それらが周期表の位置でどのように変化する

$$
\begin{array}{c}
Mg(s) + 1/2\,O_2(g) \xrightarrow{\Delta H_f} MgO(s) \\
\downarrow S \qquad \downarrow 1/2\,D \qquad\qquad \uparrow -U \\
Mg(g) \quad O(g) \\
\downarrow I_1 \quad \downarrow +e^-\, E_1 \\
Mg^+(g) \quad O^-(g) \\
\downarrow I_2 \quad \downarrow +e^-\, E_2 \\
Mg^{2+}(g) + O^{2-}(g)
\end{array}
$$

かについて議論した．また，エネルギーを放出して2個の電子を受取る原子はないことが述べられた．結果として，O^- に2番目の電子を加えることによるエネルギーの値は，ある方法で計算されたものである．この過程に対するエネルギーが見積もられる方法は，それが従う熱化学サイクルを使うことによってであり，MgOの生成を導く過程を示した．

このサイクルから，酸素に2番目の電子を加える電子親和力 E_2 を計算することは可能である．MgO(s) の生成と格子エネルギーは，それぞれ738と1451 kJ mol^{-1} であり，O_2(g) の解離エネルギーの半分は -141 kJ mol^{-1} である．これらのすべての値がわかると，酸素原子の2番目の電子親和性の値が $+750$ kJ mol^{-1} であることがわかる．エネルギー的に見ると，これは非常に好ましくない過程である．最初の電子が酸素原子に付加することがエネルギー的に好ましいものであったとしても，2個の電子を付加するエネルギーの合計が $+609$ kJ mol^{-1} である．この計算は高い精度の値を与えるようなものではない．この式の支配的な項はMgOの格子エネルギーであり，それはおよそ3800 kJ mol^{-1} であるが，この値が確かであるかはわからない．たとえば，格子エネルギーがカプスティンスキー式によって計算されるならば，共有結合性の寄与は考慮されていないということを思い出すべきである．酸素に対する2番目の電子親和性が不正確だとしても，2個の電子を付加することはエネルギー的に好ましくないということは疑う余地がない．万が一，2価の酸化物イオンを含む格子が極端に安定であるという事実がないならば，O^{2-} を含む化合物は得られないということはあり得ないだろう．この状況はまた，-1 価よりも大きな負の電荷をもつ（たとえば S^{2-}）他のイオンに対してもありうることである．

7・8 金属の構造

金属は三次元格子に並んだ球状の原子から構成されている．図7・14に示されている5種の構造だけでほとんどすべての金属中の原子の配列を示すことができる．

これらの配置は**最密充塡**（closest packing）という．球状原子の詰め方の一つの方法は，立方体のそれぞれの角に1個の原子を置くことである．この構造は単純立方構造として知られている．金属中の原子が互いに結合していることを実現すると，単純立方構造に対して問題があることがわかる．それぞれの原子は6個だけの他の原子（配位数）で取り囲まれているし，原子が触れているときでさえ，大きな自由な空間がある．立方に詰めたときに，8個の立方は互いにそれぞれの角にあり，原子があるそれぞれの立方に8個の角がある．したがって，8個の立方が共通の角を共有しているので，それぞれの原子の1/8が1個の立方に属している．立方の総占有率は 8(1/8)=1 であり，単位立方当たり1個の原子がある．図7・14aは単純立方構造を示している．

原子半径の2倍の端間の長さ l をもつと考えて，単純立方構造（図7・15に示されている空間充塡モデル）の空の空間の量を決めることができる．

したがって，原子の半径は $l/2$ であり，1個の原子の体積は $(4/3)\pi(l/2)^3 = 0.524l^3$ であるが，立方体の体積は l^3 である．これから，立方体は52.4％を占める1個の原子だけを含んでいるので，47.6％の空の空間がある．低い配位数と大きな空の空間のために，単純立方構造は空間の有効な使用をしていないし，互いに結合する金属原子の数を最大限にしているわけではない．結果的に，単純立方構造は金属にとって共通のものではない．

体心立方構造（bccと略）は立方体の中心に1個の原子をもっているが，中心の原子に触れている立方体のそれぞれの角に1個の原子ももっている．この構造において，図

単純立方
(a)

体心立方
(b)

面心立方
(c)

六方最密充填
(d)

立方最密充填
(e)

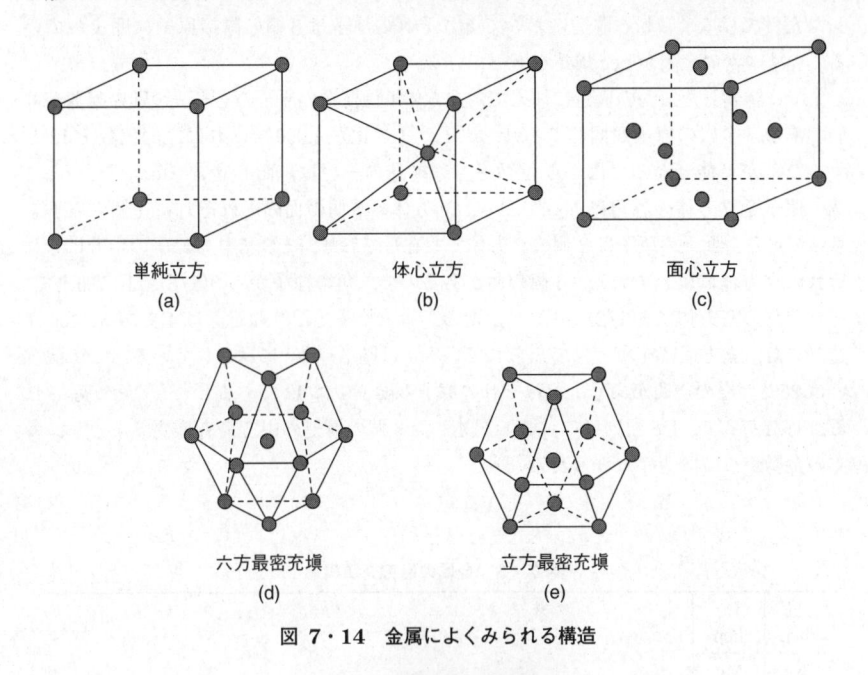

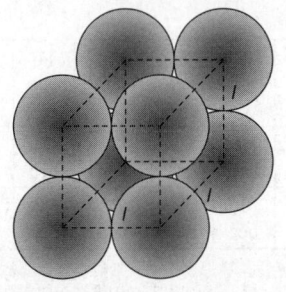

図 7・14 金属によくみられる構造

図 7・15 単純立方構造に配置された球の空間充填モデル

7・14bに示されるように，単位格子当たり2個の原子がある．中心の原子は全体的に立方体の中心にあり，角の1/8の原子は立方体の中にある．原子が触れ合っていることを実現すると，立方体の対角線は1個の原子の直径と原子半径の2倍を足したものであるということがわかる．立方体が端間距離lをもっているならば，斜線の長さは$3^{1/2}l$であり，これは原子半径の4倍に等しい．したがって，原子の半径は$3^{1/2}l/4$であり，2個の原子の体積は$2(4/3)\pi r^3$または$2(4/3)(3^{1/2}l/4)^3=0.680l^3$である．このようにして，立方体の68.0%は単位体積中の2個の原子によって占められている．言い換えれば単位体積中の32.0%が空の空間である．このことは空間利用の観点から単純立方構造を改善しただけではなく，bcc構造においてそれぞれの原子は8個の隣接原子に囲まれている．いくつかの金属がbcc構造をもっている．

すでに議論した二つの構造に加えて，立方体単位構造の原子のもう一つ別の配置が可能である．金属の原子が同じであり，原子サイズ比が1.000であれば，配位数を12とすることが可能となる．12の配位数をもつ構造の一つは，面心立方（fcc）であり，1個の原子を立方体の各角にもっており，立方体の6個の面のそれぞれに1個の原子をもっている．面上の原子は2個の立方体で共有しており，それぞれの原子の半分はぞれぞれの立方体に属している．6個の面があるので，角の原子から$8(1/8)=1$に加えて，それぞれの立方体に$6(1/2)=3$原子がある．単位格子当たりの総数は4である．fcc構造（また，立方最密充塡として知られている）は図7・14cに示されている．この配置では26%の空の空間があり，それぞれの原子の配位数は12であるということが示される．したがって，fcc配列はこれまで記述した3個の構造の中で最も重要であるし，多くの金属がこの構造である（表7・8）．

表 7・8　金属の最密充塡構造

Li bcc	Be hcp									
Na bcc	Mg hcp									
K bcc	Ca fcc[1]	Sc hcp fcc	Ti hcp	V bcc	Cr bcc	Mn hcp[2]	Fe bcc	Co fcc hcp	Ni fcc	Cu fcc	Zn hcp[3]
Rb bcc	Sr fcc[1]	Y hcp	Zr hcp	Nb bcc	Mo bcc	Tc hcp	Ru hcp	Rh fcc	Pd fcc	Ag fcc	Cd hcp[3]
Cs bcc	Ba bcc	La hcp	Hf hcp	Ta bcc	W bcc	Re hcp	Os hcp	Ir fcc	Pt fcc	Au fcc	Hg —

[1] カルシウムとストロンチウムは温度によって他の構造もとりうる．
[2] マンガンのhcpは歪んでおり，他にも二つの構造が知られている．
[3] 亜鉛とカドミウムは歪んだhcp構造をもっているが，同じ平面内の6個の最近接のものは一つの距離にあり，面の上と下にある原子は離れている．

六方最密充塡 (hcp) も配位数は12である (図7・14d). 原子のまわりの環境を調べてみると, 六方パターンにおいてそのまわりに並んだ他の6個の原子がある. これらの6個の原子はそれらが互いに触れ合うように角の1個に触れている. 同じ層のこの原子に加えて, それぞれの原子はまた層の上下の層に含まれる原子によって取り囲まれている. この層のそれぞれから3個の原子が六角形の中心にある原子に触れている. hcp において, 考慮している原子の上下の層に3個の原子が並んでいる. ほとんどの場合, 考慮している原子は, 同じ層にある6個の原子よりさらに離れているが, その上下の層は正確に等しい. 層をAとBというようによぶとするならば, hcp の繰返しのパターンは …ABABAB… である. この配置において, 配位数は12であり, fcc の構造と同じように26%の空の空間がある. 事実, hcp と fcc の間の違いは, それぞれが同じ面内に6個の原子によって取り囲まれた原子をもっているのに, その面の上下が異なっている点である. fcc において, 繰返しパターンは …ABCABCABC… であるが, C層はA層の原子と並んでいない原子をもっている. 図7・14e は fcc 構造における層の配列を示している. 多くの金属が原子の安定な配置として, fcc か hcp をもっている. 非常に多くの金属に対する最も共通の構造は表7・8にまとめられている.

配位数と空の空間の割合は fcc と hcp で同じなので, それらはほぼ等しいエネルギーをもった原子の配列であると結論づけられる. 結果として, 金属がある構造から別の構造へと変形することは可能であるということが予想される. そのような変形はいくつかの金属で観測され, 一例は以下の式で表される.

$$\text{Co(hcp)} \xrightarrow{417℃} \text{Co(fcc)} \qquad (7・30)$$

パッキング配置が異なる変形も可能である. たとえばチタンでは hcp から bcc への変化が起こる.

$$\text{Ti(hcp)} \xrightarrow{883℃} \text{Ti(bcc)} \qquad (7・31)$$

金属において構造の多型はごく普通に見られる. 一般的に, fcc 構造をもつ金属 (たとえば, Ag, Au, Ni, Cu) は他の構造をもったものより展性であり, 延性である. hcp 構造をもつ金属 (たとえば, W, Mo, V, Ti) はよりもろく, 延性が低いために望む形に変形することが難しい. このような性質の違いは金属原子の面の動きやすさに関連している. 本書ではこれ以上この話題には触れないが, 金属の構造や性質は材料科学の分野では非常に重要である.

7・9 結晶欠陥

格子のタイプがイオン結晶や金属に対して記述されたが, 完全な結晶はない. 結晶構造の不規則性や欠陥は一般的に二つのタイプがある. まず, 格子の特定のサイトで起こ

る欠陥から構成されている**点欠陥**（point defect）がある．つぎに結晶のより大きな範囲に影響を与える**拡張欠陥**（extended defect または dislocation）である．はじめに点欠陥について議論する．

固体化合物から完全には取り除くことができない点欠陥は**置換イオン欠陥**（substituted ion defects）または**不純物欠陥**（impurity defect）である．たとえば，99.99 mol％純品 NaCl と 0.01 mol％の KBr 不純物を含む 1 mol の NaCl の大きな結晶を考えてみよう．K^+ イオンと Br^- イオンがともに 0.0001 mol であるとすると，1 mol の NaCl に存在するそれぞれのイオンは $6.02×10^{19}$ 個である．NaCl の純度は高いけれども，格子には多くの不純物イオンがある．NaCl が 99.9999 mol％の純度であったとしても，1 mol の結晶中には $6.02×10^{17}$ 個の不純物陽イオンと陰イオンがある．換言すれば，置換イオン欠陥あるいは不純物欠陥には Na^+ や Cl^- 以外のイオンがあるわけである．K^+ は Na^+ より大きいし，Br^- は Cl^- より大きいので，格子にはなんらかの緊張や歪みがある．

同じような状況がイオン性ではない結晶でも存在する．たとえば，高純度の金属は 99.9999 mol％の金属を含んでいるが，まだ 0.0001 mol％の別のものを含んでいる．格子の特定サイトに金属不純物原子があり，格子の構造を少し変えるであろう．

異なるタイプの欠陥は，原子やイオンが格子点からなくなったり，結晶の表面に移動したときに，特定のサイトで起きる．反対の電荷をもったイオン対が比較的近距離でなくなることもありうるし，結晶はその領域では電気的に中性になることを可能にする．イオン欠損タイプの欠陥は**ショットキー欠陥**（Shottky defect）として知られている（図 7・16）．

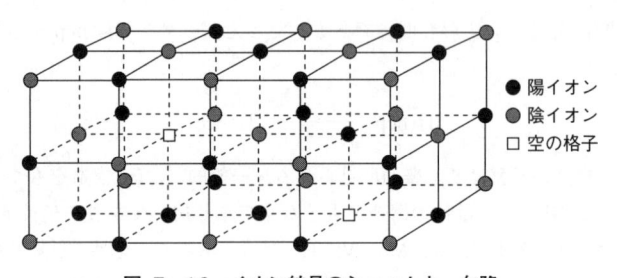

図 7・16　イオン結晶のショットキー欠陥

格子サイトからイオンや原子を取り去ることはサイトを取巻く原子間に不釣り合いな力を残すことになり，そのような欠陥は高エネルギーサイトをつくる．ある温度で，サイトの数が n_1 のときに，高エネルギーサイトの数は n_2 である．実際に，占有されるサイトの数は n_1-n_2 であるが，空間の数は格子のサイトの総数よりは少ないので，n_1 は基本的には定数である．ボルツマン分配則はサイトの数の間に以下のような関係式を与

える.

$$\frac{n_2}{n_1} = e^{-\Delta E/kT} \tag{7・32}$$

ここで，ΔE は占有されたサイトと空いているサイトの間のエネルギーの差であり，k はボルツマン定数であり，T は温度（K）である．欠陥の量は温度が上がるにつれて増加する．しかし，空きサイトをつくるエネルギーは 0.5～1.0 eV（50～100 kJ mol^{-1}）の範囲にあるので，空きサイトの量は高温でも少ない．たとえば，ショットキー欠陥をつくるのに必要なエネルギーは 0.75 eV であり，温度は 750 K であるとすると，格子サイトの総数に比べてショットキー欠陥の部分 n_2/n_1 は以下のようになる．

$$\frac{n_2}{n_1} = \exp\left(\frac{-0.75 \text{ eV} \times 1.60 \times 10^{-12} \text{ erg/eV}}{1.38 \times 10^{-16} \text{ erg/K} \times 750 \text{ K}}\right) = 9.2 \times 10^{-5}$$

これは小さな部分であるけれども，1 mol の格子サイトに対してこの量は 5.6×10^{18} 個のショットキー欠陥になる．イオンをそのサイトから動かす能力や，そうすることによって新しい空きサイトをつくることはイオン結晶の伝導度の大きな原因になる．

式（7・32）を基に得られた平衡量よりも多くのショットキー欠陥をつくることは可能である．結晶が高温まで熱せられたならば，格子振動はより顕著になるし，結果的にイオンはその格子サイトから動き始める．結晶が急激に冷却されたら，イオンの動きの程度は急激に減少し，格子から動いたイオンは戻ることができない．結果として，結晶はより低温での平衡量より多くのショットキー欠陥を含むであろう．KCl の結晶がつくられると，それはいくらかの CaCl$_2$ を不純物として含むが，K$^+$ サイトにおける結晶中の Ca^{2+} イオンは，加えられた Cl$^-$ イオンが陰イオンサイトを占めることができるが，電気的中性を維持するためにもう 1 個の K$^+$ サイトが空いていることを要求する．しかし，Ca と K の原子量は非常に似ている．空き空間の結果として，CaCl$_2$ を含む KCl の結晶は，それぞれの陽イオンサイトが K$^+$ を含む純粋な KCl より密度は低い．

やや異なった状況が**フレンケル欠陥**（Frenkel defect）として知られている点欠陥において見いだされる．この場合，原子やイオンは図 7・17 に示されるような通常の格子サイト中ではなく隙間に見いだされる．原子やイオンを隙間の位置に置くために，他の格子種に近づくことができる．

これはハロゲン化銀や金属の場合のように結合においてある程度の共有結合性があるときに助長される．したがって，フレンケル欠陥はこの種の固体においてよくみられる欠陥である．

ハロゲン化アルカリ結晶に，アルカリ金属蒸気をあてると，ハロゲン化アルカリ結晶に色がつく．これは光の吸収する欠陥が結晶中につくられたためである．そのような欠陥は F 中心として知られている（ドイツ語：Farbe 色）．F 中心のある欠陥は電子が通

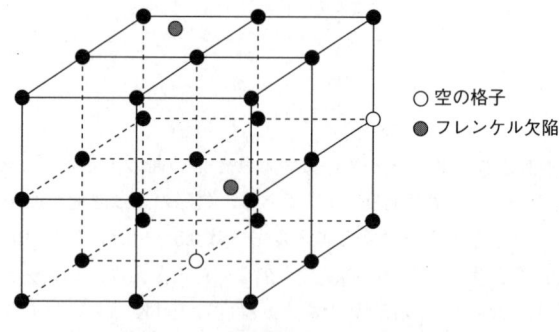

図 7・17　結晶構造のフレンケル欠陥

○ 空の格子
● フレンケル欠陥

常陰イオンで占められているサイト（陰イオンホール）を占有するときに生じる．このことは以下のような反応として表される．

$$K(g) \rightarrow K^+(陽イオンサイト) + e^-(陰イオンサイト) \qquad (7・33)$$

生じたカリウムイオンは陽イオン格子サイトを占めているが，陰イオンは生じないので，電子は陰イオンサイトを占有する．この状況で，電子は三次元箱中で動くことに限定された粒子として振舞うが，それが励起状態に促進されるときにエネルギーを吸収する．吸収帯の最大値の位置が LiCl に対して 4000 Å (400 nm, 3.1 eV) 以下であるが，CsCl に対しておよそ 6000 Å (600 nm, 2eV) であることは興味深い．この観測は，三次元箱中の粒子に対してエネルギー準位間の差は，LiCl のように，箱の大きさがより小さくなるにつれて増加するということで説明される．ショットキー欠陥，フレンケル欠陥および F 中心欠陥は最も普通にかつ重要な点欠陥である．

　特殊な格子サイトで起こる点欠陥に加えて，拡張欠陥として知られている欠陥もあるが，これは結晶のある領域全体に広がっている．拡張欠陥では**積層欠陥** (stacking fault) と**端置換** (edge displacement) と**らせん脱臼** (screw dislocation) の三つが重要である．積層欠陥は構造において余分な原子層があったり，原子層がなかったりするものである．たとえば，原子層が A, B, C と表されるならば，fcc 構造における通常の層の連続は …ABCABCABC… である．この構造における積層欠陥は …ABCABABC…（C 層がない）や …ABCBABCABC…（過剰な B 層）である．積層欠陥は通常はすべての原子が同じであるが，層は異なっている金属中に見られる．

　端置換は原子の面や層が余分に結晶中に割りこんだときに起きるが，これは結晶のその領域の原子に圧力をかけるが，一方，余分の面が入っていない領域では広がっている．端置換は図 7・18 a に示されている．これは結晶全体に広がっていない積層欠陥のようなものである．端置換では，欠陥箇所に垂直な面に沿ってずれたり動いたりすることが起こりやすくなる．原子間の結合は結晶のその領域でやや延ばされている．

らせん脱臼は図7・18bに示されているように，結晶の一つのサイドに原子の面が整列したときに生じる．本の外側の端から半分ほど綴じた方向にページが切られるように想像してみよう．その後，本の上半分の最初のページが本の下の半分の2ページ目に並ぶように切られた端をずらすと，上半分の2ページ目が下半分の3ページ目に重なり，n番目の上半分のページが $(n+1)$ 番目の下半分のページと並ぶ．しかし，綴じられているところでは，脱臼は本（結晶）からの一部分的であるために，まだ整列している．このことは結晶のらせん脱臼に似ている．

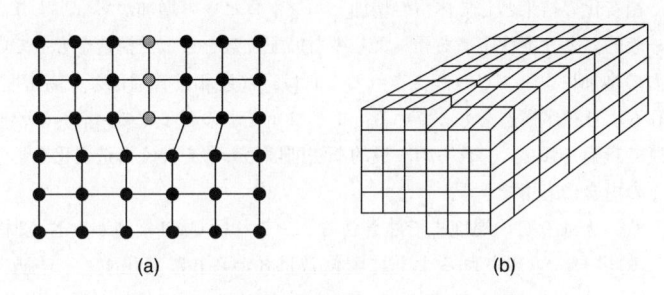

図 7・18　結晶中の端置換 (a) とらせん脱臼 (b)

7・10　固体の相転移

この章では多くの無機固体の構造が記述されてきたが，ある物質はある構造から別の構造に相転移することが指摘された．事実，無機化学では多型がよく起こる．たとえば，炭素はダイヤモンドやグラファイトや C_{60} として存在することが第13章で記述される．多くの金属がある構造から別の構造に相転移をする．多くの化合物（KSCN，$NaNO_3$，AgI，SiO_2，NH_4Cl，$NH_4H_2PO_4$ など）は構造変化を起こす．このような相転移は普通は温度や圧力の変化によってひき起こされる．無機化学における相転移の重要性や観点について簡単に紹介する．

相転移はいくつかの要因を考慮することで分類される．相転移の一つは，構造単位（原子，分子，イオン）の再配列に基づく**再構築**（reconstructive）として知られている．たとえば，炭素においてグラファイトの共役環状構造が四面体配置に結合したダイヤモンドに変換することは，構造と結合様式にラジカル変化を要求する．これは極限条件下でゆっくり起きる再構築相転移である．グラファイトとダイヤモンドの熱的安定性には大きな差はないが（$C_{(グラファイト)} \rightarrow C_{(ダイヤモンド)}$ の ΔH はわずか $2\,kJ\,mol^{-1}$），転移には低エネルギーの過程はない．この過程は通常は 1000～2000 ℃で 105 bar の圧力下で行われる．

相転移が結合を切らずに構造単位の位置の変化によって起きるならば，それは**ずれ相転移**（displactive phase transition）として知られている．通常，結合に大きな変化はな

いのでずれ相転移は，再構築相転移をひき起こすのに必要な条件よりも穏やかな条件で起こる．たとえば，CsClは479℃に熱することによって，CsCl構造からNaCl構造に変わる．金属の相転移の多くは金属間結合が移動するが完全には壊れないので，穏やかな温度で金属を熱することによってひき起こされる．

無機化合物において知られている何百もある相転移を完全に議論することはこの本の範囲を明らかに超えている．しかし，構造変化に関する一般的な観測をすることは可能である．先に行った熱力学的法則から，相転移が固体の温度を上げるときにひき起こされるとき，相変化の結果として体積の増加とエントロピーの増加がある．より高温で安定な相は一般的により不秩序であり，より少ない配位数をもった構造をもっている．相転移が圧力の増加によってひき起こされるならば，高圧相は普通はより高密度であり，低圧相よりもより秩序構造をもっている．グラファイトのダイヤモンドへの転換はすでにこの関連で議論された．これらの一般的な法則は相転移を伴う構造変化を予想するときに，多くの場合に応用できる．

塩化セシウムが479℃の温度まで熱されると，これはCsCl構造からNaCl構造に変化する．この場合，予想されるように配位数が8から6に変化する．一方，KClに19.6 kbarの圧力をかけると，NaCl構造（配位数6）からCsCl構造（配位数8）に変化する．この種の挙動をする多数の例がある．金属の相転移を含む例はこの章の前半で行われた．相転移の速度は固体状態過程の動力学の興味ある問題の一つであるし，この主題は第8章で考察される．この全体を考慮すると，相転移は固体無機化学や材料科学を理解するのに関連している．

7・11 熱 容 量

単原子理想気体の熱容量は，三つの自由度をもつエネルギーを吸収することができる分子の結果である．それぞれの自由度は$(1/2)R$を吸収することができ，およそ$3(1/2)R$という熱容量を生じる．二原子分子から構成されている気体に対しては，回転エネルギーと振動エネルギーを変化するためにも熱吸収がある．二原子分子に対して，ただ一つの振動の自由度があるが，これはRを熱容量に寄与させる．振動の自由度の数は直線分子に対して$3N-5$で与えられ，直線でない分子では$3N-6$である．ここでNは原子の数である．

結晶の格子数は気体分子のように空間を動きまわることはないが，固体の格子振動は非常に低い温度でも始まり，室温では熱エネルギーを吸収して十分に活性化される．1 molの単原子種，たとえばAgやCuに対して，格子のそれぞれの粒子に対して三つの振動の自由度があるので，熱容量は$3R$で与えられる．多くの粒子に対しては，$3N-6 \approx 3N$である．したがって，ある金属に対して，熱容量C_Pはおよそ$3R$または6 cal mol^{-1}℃$^{-1}$（25 J mol^{-1}℃$^{-1}$）であるべきである．モル熱容量は比熱に原子量を掛け合わせたものである．

7・11 熱容量

$$比熱\left(\frac{\text{cal}}{\text{g K}}\right) \times 原子量\left(\frac{\text{g}}{\text{mol}}\right) = C_P\left(\frac{\text{cal}}{\text{mol K}}\right)$$

$$比熱 \times 原子量 \approx 6\,\text{cal mol}^{-1}\,℃^{-1} \approx 25\,\text{J mol}^{-1}\,\text{K}^{-1}$$

この法則は Dulong と Petit によって 1819 年に提唱されたが,原子量を掛け合わせた金属の比熱は一定である.この関係は金属の比熱がわかれば,原子量を計算する方法を与えてくれる.この法則がいかによく保持されているかについては表 7・9 に示されている金属の比熱によって示唆されている.

表 7・9 室温における金属の比熱

金属	$C_P\,[\text{J mol}^{-1}\,\text{K}^{-1}]$	金属	$C_P\,[\text{J mol}^{-1}\,\text{K}^{-1}]$
Sb	25.1	Bi	25.6
Cd	25.8	Cu	24.5
Au	25.7	Ag	25.8
Sn	25.6	Ni	25.8
Pt	26.5	Pd	26.5

表に示されたデータは Dulong と Petit の法則が金属に対して驚くほどにうまく保持されていることを示している.1 mol の NaCl に対して,2 mol の粒子があるが,比熱はおよそ $12\,\text{cal mol}^{-1}\,℃^{-1}$ あるいは $50\,\text{J mol}^{-1}\,\text{K}^{-1}$ である.固体の比熱は一定ではないが,むしろ銅に対して図 7・19 に示されているようにより低い温度で急激に減少する.つぎに概観するように固体の比熱のより完全な説明は Einstein によって展開された.

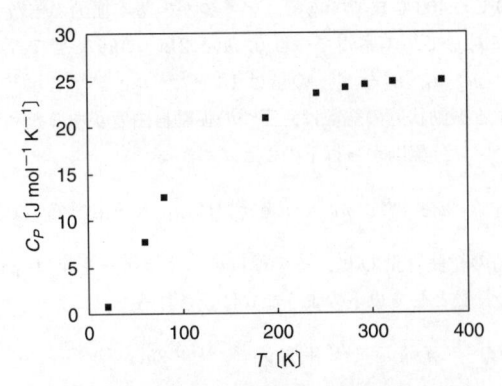

図 7・19 温度の変化に対する銅の熱容量の変化
熱容量は低温では T の 3 乗で増加するが,室温近くで Dulong と Petit の法則で予言された値に近づくことに注視する必要がある.

調和振動子に対して，平均エネルギーは振動数 ν の項で以下のように与えられる．

$$E = \frac{1}{2}h\nu + \frac{\sum_n nh\nu e^{-nh\nu/kT}}{\sum_n h\nu e^{-nh\nu/kT}} \quad (7\cdot34)$$

ここで，h はプランク定数，k はボルツマン定数である．単純化すると以下の式を与える．

$$E = \frac{1}{2}h\nu + \frac{h\nu}{e^{h\nu/kT} - 1} \quad (7\cdot35)$$

これは時間を超えた特殊な原子の平均エネルギーとして，あるいはある特定の時間のすべての原子の平均エネルギーとして考慮される．二つの特別な場合を考慮することは有効である．低温では，$h\nu > kT$ であり，平均エネルギーはおよそ $(1/2)h\nu$ である．高温では，$h\nu < kT$ であり，$e^{h\nu/kT}$ はおよそ $1 + h\nu/kT$ である．

$$E = \frac{1}{2}\frac{h\nu}{kT} \approx kT \quad (7\cdot36)$$

これは $h\nu$ の項で表されたエネルギーが振動子の平均エネルギーよりずっと小さいので古典限界である．

温度が $h\nu \approx kT$ であるとき，先に記述した限界の場合は使うことができない．多くの固体で格子振動の振動数は 10^{13} Hz の桁であり，それで熱容量の値が $3R$ から実質的にずれる温度は 300℃〜400℃ までである．いくつかの基本振動の倍数である一連の振動エネルギー準位に対して，エネルギーは 0, $h\nu$, $2h\nu$, $3h\nu$ などである．これらの準位に対して，状態（n_0, n_1, n_2 など）の量は $1 : e^{-h\nu/kT} : e^{-2h\nu/kT} : e^{-3h\nu/kT}$ などの比である．N 原子に対する振動状態の総数は，三つの振動自由度があるために $3N$ である．したがって，ボルツマン分配則から以下のことがわかる．

$$n_1 = n_0 e^{-h\nu/kT}; \quad n_1 = n_0 e^{-2h\nu/kT}; \quad n_1 = n_0 e^{-3h\nu/kT} \text{ など} \quad (7\cdot37)$$

したがって，結晶の総熱容量 Q は，その準位のエネルギーを掛け合わせたそれぞれの準位にある粒子の総数として以下のような式に表される．

$$Q = n_0(h\nu e^{-h\nu/kT} + 2h\nu e^{-2h\nu/kT} + 3h\nu e^{-3h\nu/kT} + \cdots) \quad (7\cdot38)$$

原子の総数 N は状態の量の総数であるので以下のようになる．

$$N = n_0 + n_1 + n_2 + n_3 + \cdots \quad (7\cdot39)$$

したがって，以下のようになる．

$$Q = \frac{3Nh\nu}{e^{h\nu/kT}-1} \tag{7・40}$$

熱容量は$\partial Q/\partial T$であるので，C_Vは以下のように表される．

$$C_V = \frac{\partial Q}{\partial T} = 3Nk\left(\frac{h\nu}{kT}\right)^2 \frac{e^{h\nu/kT}}{e^{h\nu/kT}-1} \tag{7・41}$$

$x=h\nu/kT$とし，θを$k\theta=h\nu_{\max}$とするならば（ここで$\nu_{\max}$は最高振動数），総熱エネルギーは以下のように表される．

$$Q = \frac{9NkT^4}{\theta^3}\int_0^{x_{\max}} \frac{x^3}{e^x-1}dx \tag{7・42}$$

ここで，$x_{\max}=\theta/T$であり，$x=h\nu/kT$である．θはデバイ温度として知られている．このようにして熱容量の表現は以下のようになる．

$$C_V = 9R\left(\frac{T}{\theta}\right)^3 \int_0^{x_{\max}} \frac{e^x x^4}{(e^x-1)^2}dx \tag{7・43}$$

高温では積分はおよそ$\int x^2 dx$であり，エネルギーは$3RT$として計算され，それで$C_V=3R$であり，これはDulongとPetitの古典的な値である．低温では（ここではxは大きい），xを∞に等しくすることによって概算することができるが，積分は$\pi^4/15$に等しくなる．この場合，$C_V=463.9(T/\theta)^3$ cal mol^{-1}℃$^{-1}$であり，C_VはT^3として変化することがわかる．これは熱容量曲線が急に上昇する領域で，温度とともにC_Vが実験的に変化することと一致している．異なる金属は異なるデバイ温度をもっており，代表的な金属の値を表7・10に示した．

表7・10 金属のデバイ温度 θ 〔℃〕

金属	θ	金属	θ
Li	430	Ca	230
Na	160	Pt	225
K	99	Be	980
Au	185	Mg	330
Pb	86	Zn	240
Cr	405	Cd	165

原子の完全な集合が，全体として振動する連結系として振動するならば，ある特定のエネルギーが許される．系のエネルギーは$h\nu$のいくつかの倍数によって変化するし，振動エネルギーの量子性はすべての原子のずれを含んでいる．振動状態の変化に対応す

るエネルギーの量子性は**フォノン**（phonons）とよばれている．温度が増加するにつれて，原子振動の程度は大きくなり，それはフォノンの数が増加していることになる．固体の振動は縦波（圧縮）と横波（垂直）である．同じ位相で動く隣同士の原子はいわゆる**音響モード**（acoustic mode）よばれるし，およそ180°離れた位相で動く隣同士の原子は**光学モード**（optical mode）とよばれる．

　金属において，イオン化エネルギーの下にある電子に対して励起状態がある．これは伝導帯の中の電子と正孔（ホール）は相互作用して，それらの結合が中性となるが最低エネルギーではないと考えられる．励起子は電子-正孔対の拡散や，分子励起子の他の分子への移動によって移動する．励起子のより低いエネルギーへの復帰は，寿命が格子緩和過程の時間より長くなるように十分に遅い．

7・12　固体の硬さ

　固体の硬さは重要な考察であり，特に鉱物学の分野では重要である．基本的に硬さは固体が変形や傷に対して耐える能力の尺度である．正確に測定することは難しい性質であるが，ある化合物に対しては値の範囲は報告されている．硬さの性質のために，比較ができるような参照種をもつ必要がある．しばしば使われる硬さの尺度は，1824 年にオーストリアの鉱物学者 F. Mohs（モース）によって展開されたものである．この尺度はモース硬さとして知られている．表 7・11 は尺度が根拠づけられた固定点を示している．

表 7・11　モース硬さに対する参照化合物

鉱物	モース硬さ	修正値	鉱物	モース硬さ	修正値
滑石	1	1.0	正長石	6	6.0
グラファイト	2	2.0	水晶	7	7.0
方解石	3	3.2	トパーズ	8	8.2
ホタル石	4	3.7	コランダム	9	8.9
リン灰石	5	5.2	ダイヤモンド	10	10.0

　モース硬さはいくつかの理由で十分に満足できるものではない．一つの理由は，いくつかの鉱物が結晶の異なる表面において，異なる傷や変形に対する抵抗をもつことである．たとえば，方解石は調べられた面に依存して 0.5 単位も異なる面をもっている．また，いくつかの鉱物は決められた成分をもっていない．たとえば，リン灰石は塩素とフッ素のいろいろな量を含んだリン酸カルシウムである．フルオロアパタイトは $Ca_5(PO_4)_3F$ であり，クロロアパタイトは $Ca_5(PO_4)_3Cl$ である．天然に存在するリン灰石はその成分を示すために，$Ca_5(PO_4)_3(F,Cl)$ と書かれる．これらの難しさを考慮して，修正されたモース硬さが提案され，表 7・11 はモース硬さの参照物である鉱物の値を示している．値はそれほど違わないことが容易にわかる．

　硬さが結晶の他の性質に関連しないことは直感的に明らかである．一般的に，高い硬

さの値をもつ化合物は，高い融点や格子エネルギーをもっている．イオン結晶に対して，硬さはまたイオン間の距離が減少するにつれて，増加する．この傾向は，表7・12にある，2族金属の酸化物や硫化物のデータによって示されている．

表 7・12 2族酸化物および硫化物の硬さ

陽イオン	酸化物		硫化物	
	半径〔pm〕	h	半径〔pm〕	h
Mg^{2+}	210	6.5	259	4.5
Ca^{2+}	240	4.5	284	4.0
Sr^{2+}	257	3.5	300	3.3
Ba^{2+}	277	3.3	318	3.0

また，イオン中心間の距離が本質的に同じ場合，硬さとイオン上のより高い電荷の間に荒い相関がある．表7・13に示されたように，化合物のいくつかのペアのイオン中心間の距離がおよそ等しいならば，この相関は明らかである．

表 7・13 代表的なイオン結晶の硬さ（モース硬さ）

	半径〔pm〕	モース硬さ h		半径〔pm〕	モース硬さ h
LiF	202	3.3	NaCl	281	2.5
MgO	210	6.5	CaS	284	4.0
NaF	231	3.2	LiBr	275	2.5
CaO	240	4.5	CuBr	246	2.4
LiCl	257	3.0	ZnSe	245	3.4
SrO	257	3.5	GaAs	244	4.2
MgS	259	4.5-5	GeGe	243	6.0

　LiFやMgOのような化合物を考えると，核間距離がほぼ等しくても化合物の硬さには大きな差があることをこのデータは示している．もちろん，化合物の融点と格子エネルギーの差は非常に異なっている．同じような状況がCaSと比較したNaClに対しても存在する．ここで核間距離はいずれもおよそ280 pmであるが，硬さはそれぞれ2.5と4.0である．このデータは硬さや他の性質に関して一般性を可能にしたが，定量的な関係を展開することはできなかった．

　遷移金属の硬さは幅広く変わる．表7・14はいくつかの金属に対する値を融点と一緒に示している．

　このデータは多くの金属の硬さとそれらの融点との間には荒い相関があることを示している．しかし，硬さの尺度はそれほど高い精度ではないので，よい定量的な相関を展開することは不可能である．その限界にもかかわらず，無機化合物の硬さを一般的に理解することと，その性質がどのように多くの他の性質と相関しているかを知ることはし

ばしば価値がある．この章では固体の構造と性質の概観が紹介された．固体化学は科学の重要な分野としてそれほど専門的ではないが，この分野の研究の多くは無機物質を扱っている．この重要な分野のより多くの情報については，章末の参考文献を参照されたい．

表 7・14 金属の硬さと融点

金属	モース硬さ h	融点 [K]	金属	モース硬さ h	融点 [K]
カドミウム	2.0	594	パラジウム	4.8	1825
亜鉛	2.5	693	プラチナ	4.3	2045
銀	2.5〜4.0	1235	ルテニウム	6.5	2583
マンガン	5.0	1518	イリジウム	6.0〜6.5	2683
鉄	4.0〜5.0	1808	オスミウム	7.0	3325

参 考 文 献

Anderson, J. C., Leaver, K. D., Alexander, J. M., and Rawlings, R. D. (1974). *Materials Science*, 2nd ed. Wiley, New York. [固体化学に関連した固体の性質に関する多くの情報を紹介]

Borg, R. J., and Dienes, G. J. (1992). *The Physical Chemistry of Solids.* Academic Press, San Diego, CA. [固体科学の話題をよく網羅]

Burdett, J. E. (1995). *Chemical Bonding in Solids.* Oxford University Press, New York. [固体の化学と物理に関するハイレベルな本]

Douglas, B., McDaniel, D., and Alexander, J. (1994). *Concepts and Models of Inorganic Chemistry*, 3rd ed. Wiley, New York. [第5章と第6章は固体化学の良い入門を紹介]

Gillespie, R. R. (1998). *J. Chem. Educ.* **75**, 923. [結合の観点でフッ化物の性質を議論]

Julg, A. (1978). *Crystals as Giant Molecules.* Springer Verlag, Berlin. [講義ノートシリーズの第9巻である．固体の性質の情報の重要性とそれを理解する貴重な方法を紹介]

Ladd, M. F. C. (1979). *Structure and Bonding in Solid State Chemistry.* Wiley, New York. [固体化学の優れた本]

Pauling, L. (1960). *The Nature of the Chemical Bond*, 3rd ed. Cornell University Press, Ithaca, NY. [固体の結晶構造と結合をよく記述した古典]

Raghavan, V., and Cohen, M. (1975). "Solid-State Phase Transformations," Chapter 2, in N. B. Hannay, Ed., *Treatise on Solid State Chemistry Changes in State*, Vol. 5. Plenum Press, New York. [相転移の動力学の取扱いを含む主題の数学的取扱い]

Rao, C. N. R. (1984). " Phase Transitions and the Chemistry of Solids. *Acc. Chem. Res.* **17**, 83-89. [相転移の一般的な概観]

Rao, C. N. R., and Rao, K. J. (1967). "Phase Transformations in Solids", Chapter 4, in H. Reiss, Ed., *Progress in Solid State Chemistry*, Vol. 4. Pergamon Press, New York. [この分野の2人の優れた研究者による相転移の話題に関する入門書]

Smart, L., and Moore, E. (1992). *Solid State Chemistry*. Chapman & Hall, London. [固体化学の入門書]

West, A. R. (1984). *Solid State Chemistry and its Applications*. Wiley, New York. [固体化学の入門書の最も良い本の一つである．12 章には相転移が書かれている]

問 題

1. イオン中心間の距離が 281 pm である 2 個の Na^+Cl^- イオン対が頭-尾で配置している，あるいは逆平行に並んでいることを考えて，この配置のエネルギーを求めよ．

2. (a) Li^+ の水和数がおよそ 5 であるのに対して，Mg^{2+} はそのほぼ 2 倍であることを説明せよ．

(b) Mg^{2+} の水和数がおよそ 10 であるのに対して，Ca^{2+} がおよそ 7 であることを説明せよ．

3. カプスティンスキー式を用いて以下の化合物の格子エネルギーを求めよ．

(a) RbCl   (b) NaI   (c) $MgCl_2$ (d) LiF

4. 問題 3 の解答と表 7・7 のデータを使って，これらの化合物の溶解熱を求めよ．

5. $RbCaF_3$ は単位格子の中心に Ca をもったペロブスカイト構造をしている．それぞれの Ca-F 結合の静電的結合性は何か？ それぞれの Ca^{2+} イオンを何個のフッ化物イオンが取り囲まなければいけないか？ それぞれの Rb-F 結合の静電的結合性は何か？ それぞれの Rb^+ イオンを何個の F^- イオンが取り囲んでいるか？

6. ニッケル結晶は端間の距離が 352.4 nm で立方最密充填構造である．ニッケルの密度を求めよ．

7. PdO において，それぞれの Pd は 4 個の酸素原子で囲まれているが，平面シートは存在しない．それらがなぜ想定されないかを説明せよ．

8. 塩化ナトリウム格子の中にフッ化カリウムは結晶化する．単位格子間の長さは KF に対して 267 pm である．

(a) 1 mol の KF に対して存在する引力を求めよ．

(b) カプスティンスキー式を使って，KF の格子エネルギーを求めよ．イオン半径は K^+ と F^- に対してそれぞれ，138 pm と 133 pm である．

(c) (a) と (b) の値がなぜ違うかを説明せよ．

(d) (a) と (b) で得られた値を使って，ボルン-ランデ式の n の値を求めよ．

9. $PdCl_2$ の構造は以下に示すような鎖状構造をもっている．構造がイオン的であることを考えて，鎖間になぜ強い引力がないかを説明せよ．

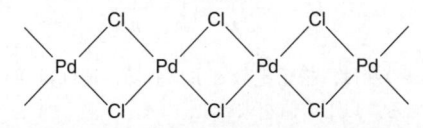

10. イオン半径を使って以下の化合物の結晶の型を予想せよ．

(a) K_2S (b) NH_4Br (c) CoF_2 (d) TiF_2 (e) FeO

11. $KBrO_3$ の水に対する溶解度 (S) は（水 100 g に対するグラム数である）以下のように温度とともに変化する．これを使って $KBrO_3$ の水に対する溶解熱を求めよ．

温度〔℃〕	10	20	30	50	60
S〔g/100 g H$_2$O〕	4.8	6.9	9.5	17.5	22.7

12. Na_2O（逆ホタル石構造）の単位格子の長さは 555 pm である．Na_2O に関して，以下の値を求めよ．
 (a) ナトリウムイオン間距離
 (b) ナトリウムと酸素イオン間距離
 (c) 酸素イオン間距離
 (d) Na_2O の密度

13. NaCl の結晶において，塩化物イオン間に接触があり，ナトリウムと塩化物イオン間にも接触がある．NaCl 結晶中のからの空間のパーセントを求めよ．

14. CaF_2 はホタル石構造であるけれども，MgF_2 はルチル構造である．この違いを説明せよ．

15. マグネシウム原子から 2 個の電子を取り去ることは，酸素原子に 2 個の電子を付加するときのように，高い吸熱性である．これにもかかわらず MgO は元素から容易に形成される．MgO の形成の熱化学サイクルを書いて，関与するエネルギーの観点からその過程を説明せよ．

16. 水溶液中の陽イオンは結晶学的半径より大きなおよそ 75 pm をもっている．75 pm の値はおよそ水分子の半径である．陽イオンの水和熱は Z^2/r' の線形関数である．ここで，r' は有効イオン半径であり，Z はイオンの電荷である．表 7・4 に示されているイオン半径と表 7・7 の水和エンタルピーを用いて，この相関の正当性を調べよ．

17. KBr は NaCl 格子中で 314 pm の格子長をもって結晶化する．
 (a) 1 mol の KBr の総引力を求めよ．
 (b) カプスティンスキー式や熱化学サイクルを用いて実際の格子エネルギーを求めよ．
 (c) (a) と (b) で決められた値がなぜ違うかを説明せよ．
 (d) (a) と (b) から得られた結果を用いて，以下の式に従ってこの場合に正しい n の値を求めよ．

$$U = \frac{N_0 A e^2}{r}\left(1 - \frac{1}{n}\right)$$

18. 結晶の単位格子の端は，格子定数とよばれる．K_2O は逆ホタル石構造であり，格子定数は 644 pm である．以下の値を求めよ．
 (a) K^+ イオン間の距離   (b) K^+ と O^{2-} イオン間の距離
 (c) O^{2-} イオン間の距離   (d) K_2O の密度

8

無機固体の動的過程

　気相の反応と溶液の反応は分子レベルではよく理解されており，固体の反応にも共通であり有効である．多くの無機化合物が固体なので，無機化学には多くの固体科学が含まれている．しかし，固体の反応には気相や溶液で行われる反応に関連性のない因子もある．固体の反応の研究は無機化学の発表の中ではほとんど注目を集めないが，その過程について多くのことが知られている．無機固体の反応のいくつかは経済的に重要であり，他の反応は無機材料の挙動を明らかにしてきた．この章では固体の反応に関する基本的な考え方を紹介し，無機化学で使われる方法について議論する．

8・1　固体の反応の特徴

　固体の反応をひき起こすにはいくつかの方法がある．熱や電磁放射や圧力や超音波や他のエネルギーが固体の変形をひき起こす．何世紀にもわたって，固体材料の熱安定性を決定するために，物性を研究するために，またある物質を他の物質へ変換するために固体材料を加熱することがよく行われた．重要な工業反応は石灰をつくるときの反応で，大規模に行われている（第13章参照）．

$$CaCO_3(s) \xrightarrow{\Delta} CaO(s) + CO_2(g) \qquad (8 \cdot 1)$$

　固体の反応はしばしば溶液の反応とは大きく異なる．固体反応の多くは無機材料を含んでいるので，本章では無機化学の固体反応にあてはまる法則を示すために重要な話題の入門を紹介する．いくつかの反応が強調されるが，固相で起こる数百の反応を網羅することはしない．いくつかの反応には二つの固体相が含まれるが，おもに1成分系を取扱う．式 (8・1) に示されたように，この種の反応は固体が分解し，異なる固体や揮発性の物質を生成する．

溶液の反応速度は、反応種の濃度の関数として表される。固体の反応では、同じ密度の粒子ならば単位体積当たりに同じ物質量（モル数）があるので、溶液と同じ速度論を用いるのは適切ではない。ここで反応の変数として反応の割合を示す α が選ばれる。反応の始めは $\alpha=0$ であり、反応の完了時は $\alpha=1$ である。残っている反応剤の割合は $(1-\alpha)$ であり、速度論は一般に量で示される。固体の反応速度論はしばしば、試料の幾何構造や活性サイトの形成や拡散や他の因子によって決められる。結果として、固体の反応速度論の多くはこれらのことを考慮して導かれる。多くの場合、固体の反応速度論を通常の結合破壊と結合生成に関する考え方で理解することは不可能である。さらに、反応の速度定数がアレニウス式に従って変化するとしても、計算された活性化エネルギーは、分子の変化というよりむしろ拡散のような過程に対してであろう。遷移過程は、伸びたり折れ曲がったりする分子よりはむしろ、結晶中のポテンシャル場を通してのイオンの運動であろう。

速度論を調べるために、適切な実験手法を用いて α を時間の関数として求めなければならない。式 (8・1) に示されているように反応が揮発性の生成物を失うならば、反応の程度は、連続的な質量の損失を求めることによるか、またはある時間における試料の質量から得られる。他の手法は異なる反応に適応できる。いくつかの反応時間での α が求められた後、速度論に従ってデータを分析する前に、時間に対する α のグラフをつくることがしばしば有益である。後で示されるように、これを行うと時間に対する α の形が一般的なものなら、速度論の考察が簡単になる。

図 8・1 に、気体状の生成物が生成される場合によくみられる固体反応の時間に対する α の曲線を 3 種類示した。

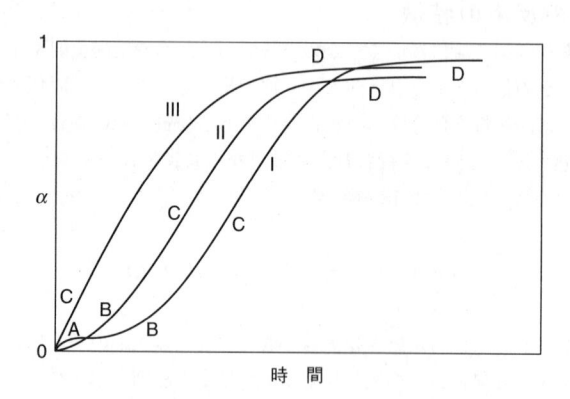

図 8・1　固体状態での仮想的な反応の時間に対する α の変化　曲線Ⅰは気体の生成 (A) とその後に誘導期間 (B) を示している。曲線Ⅱは最高速度に達する前に誘導期間 (B) を示す反応を表している。曲線Ⅲは最高速度で始まる反応を表している。

8・1 固体の反応の特徴

固体反応によっては，気体は反応が始まる前に固体に吸着されるかもしれないし，反応が始まるとすぐに消えるかもしれない．時間 t に対する α の値が調べられるときに，図 8・1 の曲線 I の A では吸着された揮発性物質がなくなるために，最初の変化があるということがわかる．吸着された気体の損失は，反応が気体生成物の損失が起きていることを示唆しており（曲線 I），そのためグラフは水平軸から最初の逸脱を示している．この最初の応答は化学反応の一部ではない．そのような条件はむしろめずらしいが，一般的な場合はそれがありうるように思える．揮発物が失われずに，誘導期間（曲線 II に示されている）があるならば， α の値は曲線 I と II 上の B に示されているように，より急激に増加する．この範囲において，反応速度は増加する（普通は非直線）．これは加速度領域として知られている．3 番目の範囲 C（曲線 I，II，III に示されている）では，反応速度は最高であり，その後で速度は減少（減速または減衰，範囲 D）し，反応の完了や平衡が近づくにつれてゼロに近づく．曲線 III の反応では加速度領域はなくて，反応は最高速度で始まる．固体反応の大部分はこれらの特徴を必ずしも示さないが，多くの反応は曲線 III で表され，気体の急激な損失や誘導期間のような複雑な特徴はない．

多くの反応では，反応が始まると反応速度は最大になる（反応物の最大量は $t=0$ のときである）．固体が反応するにつれて，表面張力が働いて，物質の表面積を最小にするため，表面物質が融合する．温度を上げると，表面が丸くなるように構造単位（原子やイオン）の運動が増加する．この過程は**焼結**（sintering）として知られているが，空孔の閉鎖や個々の粒子の溶接を導くことができる．結果として，揮発性物質が反応固体から逃げにくくなる．気体状生成物が吸着や吸収によって**保持**（retention）されることもある．保持のために，反応は一部の気体状生成物が得られず完結しないこともある．

固体反応の多くは図 8・1 の曲線 I 上に示されているすべての特徴を必ずしも示すわけではなく，しばしば一つの速度論が反応の全領域のデータと必ずしも関連しない場合がある．誘導領域のデータに合うような異なる関数が必要となり，反応速度が最大になる領域や減衰する領域にもそれぞれ別な関数が必要になることもある．反応の特徴は，データの数値だけを見たときよりもグラフを見たときの方がわかりやすいということを，思い出さなければならない．

このような複雑さに加えて，他の因子が特殊な反応において重要となる．反応が固体の表面で起きるならば，粒子の大きさを小さくすること（すり潰したり，挽いたり，振動したり）は表面積を大きくすることになる．このようにして処理された固体の試料は，処理されなかった試料よりも速く反応するかもしれないが，粒子の大きさを変えても速度が変わらないこともある．このことは，幅広い α の範囲で粒子の大きさに依存しない $CaC_2O_4 \cdot H_2O$ の脱水反応で確かめられた．

第 7 章では，固体中の欠陥が，固体を加熱し，その後冷やすことによりどのようにして生じるかについて示された．一方，欠陥は結晶を加熱することにより取り去ることが

でき,また,ゆっくり冷やすと粒子の再配列により欠陥が取り去ることができる.欠陥は反応が始まる可能性のある高エネルギーサイトである.欠陥の濃度を増やすと固体が反応する速度も増加するであろう.これらの観測は固体の反応性が試料の前処理に依存していることを示す.

8・2 固体反応の動的モデル

固相で起こる反応の動的モデルと気体や溶液で起きる動的モデルの間には大きな違いがある.この節では無機固体中の反応に特に応用できると判明した動的モデルについて簡単に述べる.

8・2・1 一次反応

この章の最初の方で議論したように,反応次元の概念は分子から構成されていない結晶に適用しない.しかし,反応速度が存在する物質量に比例する多くの場合がある.この速度論は単純な方法で得られる.ある時間 t の物質量が W として表され,W_0 を最初に存在する物質量とするならば,ある時間に反応する物質量は (W_0-W) に等しい.一次反応において,反応速度は物質量に比例する.したがって,反応速度は以下のように表される.

$$-\frac{dW}{dt} = kW \qquad (8\cdot2)$$

反応の量が $t=0$ で W_0,ある時間 t で W であるとして積分すると,結果は以下のようになる.

$$\ln\frac{W_0}{W} = kt \qquad (8\cdot3)$$

速度式を,反応した割合 α を含む式に変形するため,以下の関係を用いる.

$$\alpha = \frac{W_0-W}{W} = 1 - \frac{W}{W_0} \qquad (8\cdot4)$$

したがって,$(1-\alpha)=W/W_0$ であり,式 (8・3) に代入すると以下の式になる.

$$-\ln(1-\alpha) = kt \qquad (8\cdot5)$$

反応した割合が α ならば,反応していない割合は $(1-\alpha)$ であり,$-\ln(1-\alpha)$ を時間に対してプロットすると傾き k の直線となる.反応のある部分が一次であるということは驚くことではないが,反応の後半では反応は制御された拡散となる.

8・2・2 放物線速度論

気体や液体の固体表面での反応は,無機化学においてはよくみられる.固体の表面に層として形成された生成物は,他の反応物が固体に接触することを妨害する.生成物層が反応物の動きに対して与える影響についてはいくつかの挙動が考えられるが,ここでは,反応速度は生成物層の厚さに反比例するということが推定される.速度論を反応層の厚さ x で示すと,以下のようになる.

$$反応速度 = \frac{dx}{dt} \tag{8・6}$$

x が増加するにつれて,反応速度は減少するので,反応速度は $1/x$ に比例して,以下のようになる.

$$\frac{dx}{dt} = k\frac{1}{x} \tag{8・7}$$

変形すると以下のようになる.

$$x\,dx = k\,dt \tag{8・8}$$

$t=0$ で $x=0$,より遅い時間 t で層の厚さは x となる.これらの極限の間で積分すると以下のようになる.

$$\frac{x^2}{2} = kt \tag{8・9}$$

この式における速度論は二次方程式であるので,速度論は放物線速度論として知られている.生成物層の厚さ x に対して解くと,以下の式が得られる.

$$x = (2kt)^{1/2} \tag{8・10}$$

これは,生成物層が事実上保護されているときに,応用される速度論である.

生成物層が保護されていないときには動きのある反応物が固体の表面に到達する.この場合,速度論が以下のように式に表される.

$$x = kt \tag{8・11}$$

反応のもう一つのタイプは,動きのある反応物の浸透は $1/x^3$ として変化し,いわゆる三次の速度論が以下のような式で得られる.

$$x = (3kt)^{1/3} \tag{8・12}$$

後で記述される,金属の酸化反応(腐食)はこの式に従う.

8・2・3 収縮体積速度論

固体反応の特徴を示す速度論について述べる.球状の形をもつ固体粒子は表面だけで反応すると推定される.この速度論は固体粒子の表面で起きる他の反応と同様に,エーロゾール中の固体粒子が収縮するということから見いだされた.

このモデルで,反応速度は表面積 $S=4\pi r^2$ によって求められるが,反応物の量は体積 $V=4\pi r^3/3$ で求められる.固体反応の量は $-dV/dt$ で与えられ,これは表面積から求められる.速度論は以下のように表される.

$$-\frac{dV}{dt} = kS = k(4\pi r^2) \qquad (8\cdot 13)$$

体積を表す式から r^2 が $(3V/4\pi)^{2/3}$ であることがわかる.これを式 (8・13) に代入して,以下の式が得られる.

$$-\frac{dV}{dt} = k(4\pi)\left(\frac{3V}{4\pi}\right)^{2/3} = k(4\pi)\left(\frac{3}{4\pi}\right)^{2/3} V^{2/3} = k'V^{2/3} \qquad (8\cdot 14)$$

ここで,$k'=k(4\pi)(3/4\pi)^{2/3}$ である.したがって,以下のようになる.

$$-\frac{dV}{dt} = k'V^{2/3} \qquad (8\cdot 15)$$

これは,この種の過程が2/3次の反応として知られているが,これは反応の次元ではないので不適切である.積分した後,速度論は以下のようになる.

$$V_0^{1/3} - V^{1/3} = \frac{k't}{3} \qquad (8\cdot 16)$$

α を含む形で速度論を得るために,反応する粒子の体積を元の体積で割ると $\alpha=(V_0-V)/V_0$ が得られる.これにより $\alpha=1-(V/V_0)$ であり,$(V/V_0)=1-\alpha$ となる.

式 (8・16) の両辺を $V_0^{1/3}$ で割ることにより以下の式が得られる.

$$\frac{V_0^{1/3} - V^{1/3}}{V_0^{1/3}} = 1 - \frac{V^{1/3}}{V_0^{1/3}} = \frac{k't}{3V_0^{1/3}} \qquad (8\cdot 17)$$

$(1-\alpha)=(V/V_0)$ なので以下の式が得られる.

$$1 - (1-\alpha)^{1/3} = \frac{k't}{3V_0^{1/3}} \qquad (8\cdot 18)$$

この式を以下のように表す.

$$1 - (1-\alpha)^{1/3} = k''t \tag{8・19}$$

ここで, $k''=k'/3V_0^{1/3}$ であり, $k'=k\cdot 4\pi(3/4\pi)^{2/3}$ である. 観測される速度定数 k'' は試料の幾何構造に関連しているが, 遷移状態の量には関連していない. 反応が立方体の固体の表面で起きると仮定すると, この速度論は, 観測された速度論に他の幾何的要素が含まれているということを除いては一致することがわかる. 導出は省略するが, 反応物が減少する領域があれば, 速度論の項は $(1-\alpha)^{1/2}$ になることもあるだろう.

式 (8・15) に示されるように, 反応は 2/3 次元であるが, それは分子性の概念を含まない. 表面積は反応の始めに最大なので, 反応速度は反応の始めに最大になり, その後で減少する. この種の速度論は減速速度論として知られている. 後で示されるように, この性質を示すいくつかの速度論がある.

8・2・4 核形成を含む場合の速度論

固体は一般に試料全体に等しく反応するわけではない. 固体反応の多くが活性サイトから始まり, 外側に進んで行く. たとえば, 固体が相転移をする場合, 変化は点欠陥を含む活性サイトで始まる. 固体がそのような活性サイトから外側に構造を変化させ, ここで考察された速度論に従うかもしれない. 結晶化と同じように固体反応の多くは活性サイトから進むので, このタイプの速度論はしばしばみられる. 微視的な研究や他の手法が活性サイトからの反応の広がりを調べるために使われる.

固体の反応が広がる活性サイトは**核** (nucleus) として知られている. 核は一次元, 二次元, 三次元的に成長するということが知られているが, それぞれの場合, 異なる形の速度論になる. 固体のランダムなサイト (多分, 表面) で核形成が起こるならば, 速度論は以下の式をもつような**ランダム核形成** (random nucleation) として知られている.

$$[-\ln(1-\alpha)]^{1/n} = kt \tag{8・20}$$

ここで, n は反応の指数である. 明らかに, これらの場合には秩序の概念はふさわしくない. この速度論は Avrami-Erofeev 速度論として知られており, 反応が核から広がる方法について最初の仮定は 1.5, 2, 3 または 4 の n の値を生じる. これらの速度論はそれぞれ A1.5, A2, A3, A4 として参照される. 証明なしに述べるが, $n=1.5$ の場合, 拡散制御過程に対応している. Avrami-Erofeev 速度論 (単に Avrami 速度論ともいう) の誘導は長くなるが, 興味のある読者は章末の参考文献 (特に Young, 1966) を参照するとよい.

t に対する α のデータを調べるとき, 目的は速度定数が計算された後で, n の適切な値を求めることであり, いくつかの温度における速度定数がわかれば, 活性化エネルギーを求めることができる. 式 (8・20) の両辺の自然対数をとることにより以下の式

が得られる．

$$\frac{1}{n}\ln[-\ln(1-\alpha)] = \ln(kt) = \ln k + \ln t \quad (8\cdot21)$$

この式は，n の値が正しくデータにフィットするならば，$\ln t$ に対する $\ln[-\ln(1-\alpha)]$ のグラフが直線であり，傾き $1/n$，切片 $-(\ln k)$ になることを示している．一連の (α, t) データに対して，どのような値が直線を与えるかを見るために，試みとして n にさまざまな値を入れて，プロットを作成してみる．数学的な特徴のために，n の値を調べるために，時間に対する $[\ln(1/(1-\alpha))]^{1/n}$ をプロットすることにより式 $(8\cdot20)$ を使ってグラフをつくることが一般的にはよい．データ解析には，n の値が 1～4 まで変えることができるようにコンピューターを使って計算が行われる．最も高い相関係数が望む正確さが得られるまで，n が増えるように変化させて，繰返し，回帰分析が行われる．これによって Avrami 速度論にデータをベストフィットさせる n の値を見つけることができるであろうが，2.38 あるいは 1.87 といった n の値に対して，ほとんど化学的な意味や理解はない．

固体の反応のデータ解析の方法は，他の動的研究で使われた方法と異なっている．Avrami 速度論のデータ解析の数学的な例を示す．使われるデータは表 $8\cdot1$ に示されているが，それらは A3 速度論と $k=0.025\,\text{min}^{-1}$ を仮定して計算された (α, t) 対から構成されている．

表 $8\cdot1$　$n=3$，$k=0.020\,\text{min}^{-1}$ で Avrami-Erofeev 速度論に従う反応の時間と α

時間〔min〕	α	時間〔min〕	α	時間〔min〕	α
0	0.000	35	0.387	70	0.859
5	0.010	40	0.473	75	0.895
10	0.039	45	0.555	80	0.923
15	0.086	50	0.632	85	0.944
20	0.148	55	0.702	90	0.960
25	0.221	60	0.763	95	0.973
30	0.302	65	0.815	100	0.982

表 $8\cdot1$ に示されているデータを使って図 $8\cdot2$ をつくった．相関は自触媒作用か核形成過程の特徴をもった S 型形状をしている．グラフは示さないが，これらのデータの時間に対する $[-\ln(1-\alpha)]^{1/3}$ のプロットは期待されるように直線になる．n にいろいろな値を使って時間に対する $[-\ln(1-\alpha)]^{1/n}$ のグラフをつくると，n の値が正しいグラフだけが直線を得るだろう．n の値が正しい値より大きいならば，下方にくぼんだ曲線が得られるだろう．また，n の値が正しい値より小さいならば，上に突き出た曲線になるであろう．固体の反応に対してデータを解析するときに，S 型曲線が時間に対する α

に対して得られるならば,反応速度は核形成過程によって制御されているということが示唆される.

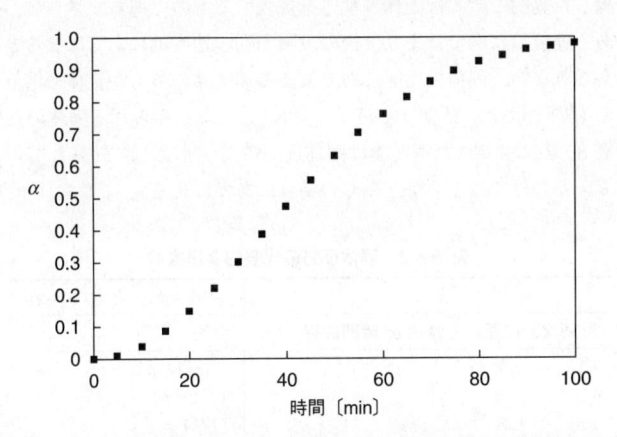

図 8・2 $n=3$, $k=0.020\ \mathrm{min}^{-1}$ での Avrami 速度論の時間に対する α

多くの無機化合物が水和物として結晶化する.最もよく知られている例の一つは $CuSO_4 \cdot 5H_2O$ である.ほとんどの水和化合物と同様に,この物質は加熱されると水を失うが,すべての水分子がそれぞれ異なる方法で結合しているので,容易に失われる水分子もある.固体が加熱されると,最初に観測される反応は以下のようになる.

$$CuSO_4 \cdot 5H_2O(s) \rightarrow CuSO_4 \cdot 3H_2O(s) + 2H_2O(g) \quad (8 \cdot 22)$$
$$CuSO_4 \cdot 3H_2O(s) \rightarrow CuSO_4 \cdot H_2O(s) + 2H_2O(g) \quad (8 \cdot 23)$$

この反応は最初に試料が 47〜63℃ の範囲で加熱されたときに起き,つぎに 70.5〜86℃ の範囲で起きる.これらの過程の速度論を決めるためにデータ解析すると,反応の範囲が $\alpha = 0.1$〜0.9 の間では,反応はともに 2 の指数をもって Avrami 速度論に従うことがわかった.Avrami 速度論によくあてはまるもう一つの反応は以下の通りである.

$$[Co(NH_3)_5H_2O]Cl_3(s) \xrightarrow{\Delta} [Co(NH_3)_5Cl]Cl_2(s) + H_2O(g) \quad (8 \cdot 24)$$

この反応で,最もよくあてはまる速度論は A1.5 で与えられる.

$$1 - (1-\alpha)^{2/3} = kt \quad (8 \cdot 25)$$

固体錯体化合物の興味ある反応は以下の通りである.

$$K_4[Ni(NO_2)_6] \cdot xH_2O(s) \rightarrow K_4[Ni(NO_2)_4(ONO)_2](s) + xH_2O(g) \quad (8 \cdot 26)$$

ここでは,脱水と二つのニトリト配位子の結合異性が起こる.この反応に対して,Avrami 速度論は動的データによくフィットしたが,データの不確かさによって,A1.5

とA2の間のあいまいさが生じ，特定することができなかった．この議論の本質は，固体の多くの反応がAvrami速度論に従うことを示すことである．

ここで議論した動的モデルは固体の反応を代表するものである．さらに，反応の初期過程では，ある速度論にあてはまり，後の段階で別の速度論にあてはまるということがみられるかもしれない．固体の反応にあてはまる速度論の多くが気体や溶液の反応の研究でみられるものとは全く異なっており，表8・2によくみられる固体の反応速度論をまとめた．表8・2に示された速度論は固体反応のモデルとして知られているすべてのものを含んでいるわけではないが，多くの場合にあてはまる．

表8・2 固体反応の代表的な速度論

過程		$f(\alpha)=kt$ のときの $f(\alpha)$
反応次元に基づく減速 α-時間曲線		
F1	一次	$-\ln(1-\alpha)$
F2	二次	$1/(1-\alpha)$
F3	三次	$[1/(1-\alpha)]^2$
幾何モデルに基づく減速 α-時間曲線		
R1	一次元収縮	$1-(1-\alpha)^{2/3}$
R2	収縮領域	$1-(1-\alpha)^{1/2}$
R3	収縮体積	$1-(1-\alpha)^{1/3}$
拡散に基づく減速 α-時間曲線		
D1	一次元拡散	α^2
D2	二次元拡散	$(1-\alpha)\ln(1-\alpha)+\alpha$
D3	三次元拡散	$[1-(1-\alpha)^{1/3}]^2$
D4	Ginstling-Brounshtein	$[1-(2\alpha/3)]-(1-\alpha)^{2/3}$
S型 α-時間曲線		
A1.5	核のAvrami-Erofeev 一次元成長	$[-\ln(1-\alpha)]^{2/3}$
A2	核のAvrami-Erofeev 二次元成長	$[-\ln(1-\alpha)]^{1/2}$
A3	核のAvrami-Erofeev 三次元成長	$[-\ln(1-\alpha)]^{1/3}$
A4	Avrami-Erofeev	$[-\ln(1-\alpha)]^{1/4}$
B1	Prout-Tompkins	$\ln[\alpha/(1-\alpha)]$
加速 α-時間曲線		
	べき法則	$\alpha^{1/2}$
	指数法則	$\ln \alpha$

動的モデルに時間の関数として反応の一部のデータをフィットさせることは難しい．さまざまな理由により，α値を高精度で決めることは不可能かもしれないが，表8・2に示された速度論を調べるとそれらのいくつかはそれほど違わないことがわかる．データの少しの誤差は速度則がいかにうまく反応をモデル化しているかにおいて，微細な違いをあいまいにしてしまう．たとえば，時間の関数として一連のα値は，数学的にわ

ずかしか違っていないので，A2 あるいは A3 速度則によくフィットするかもしれない．ほとんどの場合，半減期以上の反応を追跡することは不可能であるし，これが行われたならば，初期および後期段階の反応は同じ速度則では正しくモデル化されないであろう．正しい速度則を決定する際の困難さを減らすために，いくつかの繰返し動的施行が行われるし，データは先に記述したように解析される．ほとんどの場合，施行の多数のデータはベストフィットしたものと同じくらい速度則を示唆している．固体反応の動的研究は，気体や溶液の反応に関する研究に対して行われるのとは異なる手順に従う．

一般に，α と t のデータにベストフィットする関数（最高相関係数よって示唆される）は正しい速度則であると推定されている．しかし，いくらかの施行が行われるならば，普通は必ずしも，すべてのデータのセットが同じ速度則にベストフィットするわけではない．

8・2・5 二つの固体間の反応

二つの固体が反応する場合がよくある．これは混合した固体を加熱するか，熱や圧力などの他のエネルギーを与えることによりひき起こされる．二つの固体を不活性な液体に混在させて，超音波によって反応をひき起こすということも行われている．ある場合には，超音波の効果は熱や圧力の瞬間的な適用に似ている，なぜなら，発泡現象が起きて，粒子が一緒に動かされるからである．超音波は発泡現象をひき起こし，発泡が破裂したときに浮遊した粒子は数千 atm の内部圧力を受け，激しく一緒に動く（第 6 章参照）．これが起こると，粒子間の反応が起こるかもしれない．この過程の例を以下に示す．

$$\mathrm{CdI_2 + Na_2S} \xrightarrow[\text{ドデカン}]{\text{超音波}} \mathrm{CdS + 2\,NaI} \tag{8・27}$$

反応している固体に対していくつかの動的モデルを示したが，二つの固体間の反応に応用できる特別なものはない．反応している粉末のモデル化に展開されてきた速度論は，Jander 式として知られており，以下のように表される．

$$\left[1 - \left(\frac{100 - y}{100}\right)^{1/3}\right]^2 = kt \tag{8・28}$$

ここで y は反応のパーセントである．この式は以下のように表すことができる．

$$\left[1 - \left(1 - \frac{y}{100}\right)^{1/3}\right]^2 = kt \tag{8・29}$$

y は反応したパーセントであり，$y/100$ は反応した割合であり，α に等しい．式は以下

のように書ける．

$$[1-(1-\alpha)^{1/3}]^2 = kt \qquad (8\cdot30)$$

この式は三次元拡散の式と同じ形である（表8・2参照）．Jander 式は式（8・27）で示される過程をうまくモデル化しているとみられている．二つの固体間の反応は粒子の表面上で始まり，内側に進んで行くことを必要としている．構造に異方性のない固体に対しては，拡散はすべての方向へ等しく起こり，三次元拡散モデルが適切なように思われる．

8・3 熱分析法

固体の反応で行われた議論から，動的研究を通じてある種の濃度を決めることはほとんどの場合，実際的ではないことが明らかになった．事実，試料が分離せずに反応するにつれて，連続的な方法で解析することは必要であるかもしれない．温度が上昇するときに反応の進行の測定を可能にする実験方法は特に価値がある．二つのそのような方法が熱重量分析（TGA）と示差走査熱測定（DSC）である．これらの方法は固体を調べるためや熱安定性や相転移の研究などのために広く使われるようになった．これらは固体の研究に用途が広いので，手法を簡潔に紹介する．

熱分析法では，試料の温度を変化させて性質を調べる．測定される性質には，試料の量（TGA）や試料の熱流（DSC）や試料の磁気的性質（TMA）といった次元が変化するものが含まれている．これらの測定はそれぞれ試料によってひき起こされる変化の情報を与えてくれるし，変化が時間に対応して起こるならば，変化についての動的情報をひき出すことが可能である．

加熱されたときに，多くの固体は気体を発する．たとえば，ほとんどの炭酸塩は加熱されたときに二酸化炭素を発する．質量を損失するので，試料の質量を追跡することによって，反応の進行を決めることができる．熱重量分析では，炉の中の試料を加熱する．試料容器は天秤からつるされ，温度の上昇（普通は時間に対して直線的に）と質量が連続的に調べられる．記録計から温度の関数として質量を示すグラフが得られる．質量損失から反応の化学量論を確立することができる．反応の程度を追跡することができるので，データの動的解析が行われる．TGA は質量を測定するので，揮発性物質が生成される過程を研究するために使われる．熱解析として知られるもう一つの型として，熱膨張測定がある．これは試料の体積と熱変化を追跡する．試料が相転移を起こすと，物質の密度に変化があり，試料の体積が変化する．磁場下における試料の挙動のような他の性質も，温度を変化させながら研究することができる．

示差走査熱測定では，精密な電子回路を使って試料と参照化合物が加熱されるときに同じ温度に保つために必要な熱流を比較する．試料が吸熱変化をするならば，一定速度で温度を上昇させるように反応が起こらないときよりも加熱する必要がある．反対に，

試料が発熱変化をするならば，一定速度で温度が上昇させるようにするためにはより少ない熱ですむ．これらの状況によって，記録計はピークをそれぞれ吸熱か発熱の方向に示す．ピーク面積は吸収や放出される熱量に比例するので，校正曲線が得られたならば，ピーク面積から転移の ΔH を求めることができる．いくつかの中間の温度まで加熱することが，完全な反応に対応する温度で起こるとき，反応の一部分はピーク面積を比較することによって得られる．反応の程度を時間や温度の関数として知ることは転移の速度則を決めることを可能にする．DSC は転移が熱を吸収したり，放出する間，質量損失がない過程を研究するために使われる．したがって，DSC は化学反応に加えて結晶構造の変化を研究するために使われる．

ここで紹介された TGA や DSC の簡潔な記述は，測定可能な方法を示すためである．これらの方法がどのように固体の変化を研究するために使われているのかをみるためであり，測定装置の操作やデータ解析の詳細を述べることはここでは必要ない．これらの方法が固体を研究するときに有効なのは明白である．

固体の変化を研究する際に使われてきたもう一つの方法は，赤外分光法で，試料は加熱できるセルに入れられる．温度を変えて赤外スペクトルを観測することによって，試料が加熱されるにつれて，結合様式が変化することを追跡する．この方法は相転移や異性化を観測するために有効である．TGA や DSC や温度可変スペクトルの手法を組合わせて使うことにより，固体における動的過程について多くのことを学ぶことができるようになった．

8・4 圧力効果

液体や固体に高い圧力をかけると小さな体積変化が起こり，試料に影響が出ると考えられる．一般に固体のある形から別の形への変形は温度を上げれば生じる．二つの形が異なる体積ならば，圧力をかけることはより小さな体積をもっている形に移る傾向にあるであろう．試料が反応するならば，遷移状態は出発物質よりも小さいかあるいは大きな体積をもつかもしれない．遷移状態の体積が反応物の体積よりも小さいなら，圧力を増加すると遷移状態が生成しやすくなり，反応速度は増加する．一方，遷移状態が反応物よりも大きな体積ならば，圧力を増加させると遷移状態の生成を妨げ，反応速度は減少する．圧力の研究は相転移や異性化や化学反応を含む固体の動的過程について価値ある情報を提供してきた．

圧力により生じる効果について以下の例を使って考えよう．試料に 1000 atm の圧力をかけると $10 \text{ cm}^3 \text{ mol}^{-1}$ の体積変化を生じる．試料になされた仕事は $P\Delta V$ によって与えられるが，それは以下のようになる．

$$1000 \text{ atm} \times 0.010 \text{ L mol}^{-1} = 10 \text{ L atm mol}^{-1}$$

kJ mol^{-1} 単位に変換すると，試料になされた仕事はわずか 1.01 kJ mol^{-1} であることが

わかる．試料に非常に多くの仕事をするためには大きな圧力が必要となる．数 kbar の圧力がかけられる（1 bar＝0.98692 atm）と，圧力効果が観測される．10 kbar の圧力で起こる体積変化は，±25 cm^3 mol^{-1} オーダーである．

化学反応が起きるとき，遷移状態の形成を伴う体積変化は**活性化体積**（$\Delta V^{\ddagger}$, volume of activation）として知られている．それは以下のように表される．

$$\Delta V^{\ddagger} = V^{\ddagger} - \Sigma V_R \tag{8・31}$$

ここで，$V^{\ddagger}$ は遷移状態の体積であり，ΣV_R は反応物のモル体積の合計である．活性化の自由エネルギーは以下の式で与えられる．

$$\Delta G^{\ddagger} = G^{\ddagger} - \Sigma G_R \tag{8・32}$$

ここで，$G^{\ddagger}$ は遷移状態の自由エネルギーであり，ΣG_R は反応物のモル自由エネルギーの合計である．定温では，以下のようになる．

$$\left(\frac{\partial G}{\partial P}\right)_T = V \tag{8・33}$$

遷移状態を生成する反応物に対しては，それは以下のようになる．

$$\left(\frac{\partial G}{\partial P}\right)_T = V^{\ddagger} - \Sigma V_R = \Delta V^{\ddagger} \tag{8・34}$$

遷移状態理論から，遷移状態生成の平衡定数（$K^{\ddagger}$）は以下の関係式によって，自由エネルギーに関連している．

$$\Delta G^{\ddagger} = -RT \ln K^{\ddagger} \tag{8・35}$$

圧力に対する速度定数（これは遷移状態の濃度に依存している）の変化は以下のように表される．

$$\left(\frac{\partial \ln k}{\partial P}\right)_T = -\frac{\Delta V^{\ddagger}}{RT} \tag{8・36}$$

定温で，部分導関数が置き換えられ，以下のようになる．

$$\Delta V^{\ddagger} = -RT \frac{d\ln k}{dP} \tag{8・37}$$

$\mathrm{d}\ln k$ に対してこの式を解くと以下のようになる．

$$\mathrm{d}\ln k = -\frac{\Delta V^{\ddagger}}{RT}\mathrm{d}P \tag{8・38}$$

これが積分されると以下の式になる．

$$\ln k = -\frac{\Delta V^{\ddagger}}{RT}\cdot P + C \tag{8・39}$$

この式から，速度定数が一連の圧力で決められたならば，P に対する $\ln k$ のプロットは傾き $-\Delta V^{\ddagger}/RT$ をもった直線になるはずである．この手法は正しいが，得られたグラフは正確には直線ではない．しかしこれらの理解はここでは必要ではない．活性化体積が反応速度に対する圧力の効果を研究することによって決定されることを知ることが必要なのである．

$\Delta V^{\ddagger}$ の値が負であるとき，圧力の増加は反応速度の増加になる．これは結合異性化反応（第20章を参照）で観測された．

$$[\mathrm{Co}(\mathrm{NH}_3)_5\mathrm{ONO}]^{2+} \rightarrow [\mathrm{Co}(\mathrm{NH}_3)_5\mathrm{NO}_2]^{2+} \tag{8・40}$$

この場合，活性化の負の体積は $-\mathrm{ONO}$ 基が金属の配位圏を離れずに，しかし，最初の錯体より小さな体積をもつ遷移状態を導く移動機構よって，結合様式を変えたことによるものとして理解される．配位数5をもついくつかの錯体は三方両錐か正方錐構造で存在することが知られている．ある構造から別の構造への変形は高圧によってひき起こされる場合を示した．

第7章で議論されたように，二つ以上の形で存在する多くの固体がある．高圧は構造の変化をしばしばひき起こす．この種の挙動の例は KCl においてみられるが，これは常圧では NaCl 構造であるが，高圧では CsCl 構造に変化する．圧力の効果を示す他の例は第20章でみられる．圧力変化の研究は他の方法では得られない変形について知ることができる．

8・5　固体無機化合物の反応

固体状態で反応を起こす無機化合物の数は多い．固体が異なる固相に変換したり，揮発物質を出すような反応も含めると，その数はもっと多い．固体化合物で起こることが知られている反応の数は非常に多いが，その多くは動的研究の主題ではなかった．この節では，研究されてきた過程をいくつか紹介する．他の多くの例は後の章で紹介される（特に第13章，第14章，第20章）．示された反応のすべてが温度を上げると起こり，それで加熱が理解される．必要な温度は化合物に依存し，反応のいくつかは一般的なものとして示されている．よって，必要な温度は示さない．

金属炭酸塩が加熱されると，それらは分解して，金属酸化物と CO_2 を生成する．

$CaCO_3$ の分解は，生成物がモルタルやコンクリートに使われるので，経済的な観点から，この種の最も重要な反応の一つである．

$$CaCO_3(s) \rightarrow CaO(s) + CO_2(g) \qquad (8 \cdot 41)$$

この種のもう一つの反応は，加熱されたときに金属硫化物が SO_2 を失う．

$$MSO_3(s) \rightarrow MO(s) + SO_2(g) \qquad (8 \cdot 42)$$

いくつかの塩の部分分解は他のものを合成する方法である．たとえば，$Na_4P_2O_7$ の商業的な合成は，Na_2HPO_4 の熱脱水反応を含んでいる．

$$2\,Na_2HPO_4 \rightarrow H_2O + Na_4P_2O_7 \qquad (8 \cdot 43)$$

部分分解される他の化合物は，ジチオン酸塩を含んでおり，この種の反応には以下のようなものがある．

$$CdS_2O_6(s) \rightarrow CdSO_4(s) + SO_2(g) \qquad (8 \cdot 44)$$
$$SrS_2O_6(s) \rightarrow SrSO_4(s) + SO_2(g) \qquad (8 \cdot 45)$$

第14章で議論されるように，$S_2O_6^{2-}$ イオンを含む固体の熱分解は SO_4^{2-} や SO_2 を生じるが，これは一般的なジチオン酸塩の反応である．

ほとんどの固体シュウ酸塩が加熱されると，CO を発して，対応する炭酸塩に変換される．

$$MC_2O_4(s) \rightarrow MCO_3(s) + CO(g) \qquad (8 \cdot 46)$$

シュウ酸塩はしばしば水和物として得られ，水和金属シュウ酸塩が加熱されると，最初の反応は水を失う．しかし，いくつかの金属シュウ酸塩は以下の式に従って分解する．

$$Ho_2(C_2O_4)_3(s) \rightarrow Ho_2O_3(s) + 3\,CO_2(g) + 3\,CO(g) \qquad (8 \cdot 47)$$

この挙動は予期されないことではなく，多くの金属炭酸塩は CO_2 を失って，酸化物を生成する．

もっと変わった反応として，アルカリ金属ペルオキシ二硫酸塩を加熱すると，酸素を失って，$S_2O_8^{2-}$ の O-O 結合を解裂する結果となる．たとえば，以下のようなことである．

$$Na_2S_2O_8(s) \rightarrow Na_2S_2O_7(s) + 1/2\,O_2(g) \qquad (8 \cdot 48)$$

ほとんどの過酸化物の O-O 結合はおよそ $140\,kJ\,mol^{-1}$ のエネルギーをもっており，それはこの反応の活性化エネルギーである．ペルオキシ二硫酸塩の分解の最初の段階は O-O 結合の解裂であるということが考えられるが，活性化エネルギーと結合エネル

ギーがほとんど等しいので,わからない.

本章の初めの方で,前処理や進行上の変化が固体物質の反応の動力学に影響することが指摘された.多くの研究がこの因子を評価するために行われてきたが,二つの研究がここではまとめられている.

アンモニウム塩は分解して気体を生成し,そのような化合物の多くは動的研究の主題になった(House et al., 1995).炭酸アンモニウムの分解は気体を生じて以下のようになる.

$$(NH_4)_2CO_3(s) \rightarrow 2\,NH_3(g) + CO_2(g) + H_2O(g) \quad (8\cdot49)$$

結果として,炭酸アンモニウムはTGAのような質量損失手法によって容易に研究される.ある研究において,粒径分布(それぞれ,302 ± 80, 98 ± 36, $30\pm10\,\mu m$)が異なる粒子の分解が多くの動力学的手法を行うことによって研究された.最も大きな粒子の分解はほとんどいつも一次反応か三次反応に従うことがわかったし,最も小さな粒子を含む試料は三次反応速度論によって分解した.

多くの研究の主題であった反応は,$CaC_2O_4\cdot H_2O$ の脱水であった.

$$CaC_2O_4\cdot H_2O(s) \rightarrow CaC_2O_4(s) + H_2O(g) \quad (8\cdot50)$$

高度に繰返した動的研究(House, Eveland, 1993)において,新鮮な $CaC_2O_4\cdot H_2O$ と1年間,デシケーターに保管されたものの脱水が研究された.脱水反応の動力学は粒子の大きさに依存しないが,新鮮な試料と古い試料の間には大きな差があることがわかった.R1(一次元収縮)速度論は新鮮な試料には最もふさわしいが,古い試料では繰返しの研究でかなり変化があった.データの多くはR1速度論に合ったが,いくつかの施行はA2やA3速度論に合った.さらに,合成された後すぐに研究された化合物の脱水は活性化エネルギー $60.1\pm6.6\,kJ\,mol^{-1}$ であったが,古い試料のそれは $118\pm15\,kJ\,mol^{-1}$ であった.ほかにも多くの無機化合物の動的研究があるが,ここでの議論はこの分野の重要な実例を示した.

8・6 相 転 移

固相から液相への物質の変換(融解)は状態の変化である.しかし,物理的な状態の変化は起こらないけれども,ある固体構造から別の構造への物質の変換は相転移とよばれる.第7章では金属がある構造から別の構造へ変化できることが記述された.ある場合には,Co(hcp)からCo(fcc)の変化のように(どちらも配位数が12),金属の構造に変化するときに配位数が変化しないことがある.しかし,Ti(hcp)からTi(bcc)への変化において,Tiの配位数は12から8に変化する.相転移はすべての物質に起こることがわかる.たとえば,硫黄は室温では斜方晶形で存在するが,融点近くの温度では,単斜晶形に変化する.

ほとんどの相転移は温度の変化によってひき起こされるが、多くの相転移は圧力を加えることによってもひき起こされる。ある物質が構造を変化するにつれて、何らかの体積変化があり、§8・4で述べたように圧力を増やすと小さな体積をもつ相が増える。圧力がKClに加えられると、NaCl構造からCsCl構造に変化する。必要とする圧力は19.6 kbarであり、体積変化は$-4.11\ cm^3\ mol^{-1}$である。相転移を研究する一つの方法は膨張率測定であり、また温度の関数として体積変化を測定する方法も使われる。

KClがNaCl構造からCsCl構造へ変化するようなことは、グラファイトがダイヤモンドに変わることとは大きく異なっている。後者の変形において、炭素原子間の結合は壊れて、異なった結合様式に置き換わらなければならない。このタイプの変化は、**再構築転移**とよばれる。そのような変化は通常は遅く、活性化エネルギーは高い。ほとんどのイオン固体の変形は、イオン間の結合がすべて解裂するわけではなく、その過程は構造変化が比較的少ないので、活性化エネルギーは低い。この種の相転移は**変異型相転移**とよばれている。再構築転移も変異型相転移もともに、最初の結合環境（近隣との）か、2番目の結合環境のグループを含んでいる。たとえば、ある固体が四面体単位から構成されているならば、最初の結合環境の解裂はユニット内の結合の解裂であり、一方、2番目の環境を分裂させることはユニット間の結合を分解することである。この種の相転移の数多くの例が知られている。

非常に多数の相転移が固体化合物中で起こることが知られている。たとえば、硝酸銀は斜方晶形から六方晶形へおよそ162℃で変異型相転移を起こすが、そのエンタルピーは$1.85\ kJ\ mol^{-1}$である。多くの場合、転移温度とエンタルピーに対して報告されている値は一致しない。これらの相転移がAvrami速度論に従うことが知られているが、動的な観点からの相転移の研究は非常に少ない。もう一つの複雑な相転移を考えてみよう。

固体硫黄が相Ⅰ(S_I)から相Ⅱ(S_{II})へ変形することを考えてみよう。相Ⅰから相Ⅱへの固体の転移のエネルギー図は化学反応のものとよく似ている。図8・3に示したエネルギー図を考えてみよう

この場合、進行過程（Ⅰ→Ⅱ）の活性化エネルギーは逆反応の過程よりも低い。固体が無限に遅く（平衡条件に極限に近く）加熱されるならば、相Ⅰが相Ⅱに前進過程（$S_I \to S_{II}$）で変わる速度は、逆過程（$S_{II} \to S_I$）の速度に等しいだろう。したがって、図が最初の相における試料の一部を温度の関数として示されるならば、同じ曲線が、変化が起きる方向にかかわらず得られるだろう。この状況は図8・4に示されている。

これは変形が無限にゆっくりとした速度で温度を変えることによって行われるならば、真実である。

普通の実験において、試料は毎分ごとに数分の一℃〜数℃の速度で加熱されたり冷却されたりする。この条件下では、前進または逆の反応速度は等しくない。結果として、温度の関数として生じるαの値の加熱曲線と冷却曲線が一致しないであろう。曲線が

熱ヒステリシス（thermal hysteresis）として知られるループを生じる．一般的に，熱を冷却する場合の逆反応の速度は前進反応のものよりも低い（それは図8・3に示されたエネルギー図によって表された系に対してである）．

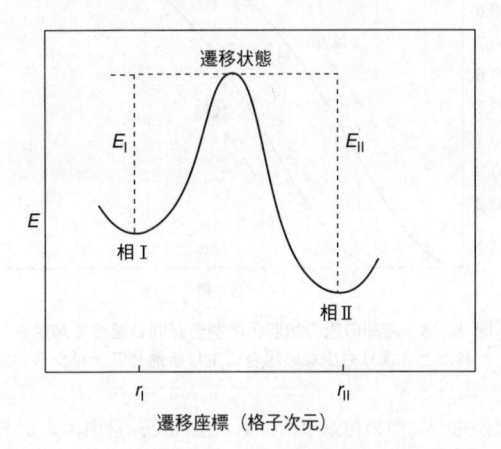

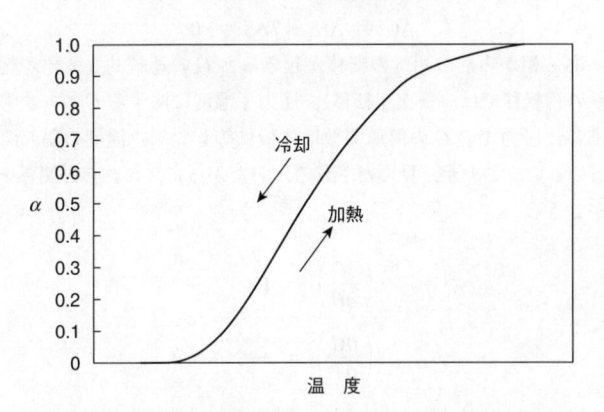

図 8・3 相 I から相 II への固体相転移のエネルギー図

図 8・4 I→II（加熱）と II→I（冷却）に変形した試料の一部の α と温度　この場合，熱ヒステリシスはない．

ある温度で，試料が冷却されたときに変化した試料の一部は，試料が加熱されたときに得られる量よりも少ない場合がある．結果は図8・5に示した．

図8・5において，w は $\alpha=0.5$ のときの加熱曲線と冷却曲線の間の距離で**ヒステリシス幅**（hysteresis width）とよばれている．この温度の幅はかなり小さいかもしれないし，相転移の性質や加熱速度によっては，数℃になるかもしれない．多くの物質が相変

化の結果としてこの種の挙動を示す．

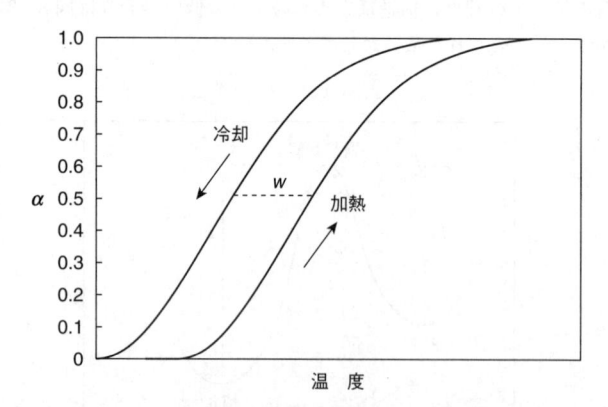

図 8・5 冷却の際の相変化の割合が同じ温度で加熱されたときよりも少ない場合に生じる熱ヒステリシス

熱力学的な観点から，二つの相が平衡にある温度で，自由エネルギー G は両相で同じである．したがって，以下のようになる．

$$\Delta G = \Delta H - T\Delta S = 0 \tag{8・51}$$

結果として，ある相から別の相への転移が起きると G の連続的な変化が起きる．しかし，いくつかの相転移では（一次相転移），圧力や温度に関する G の一次導関数に関して不連続がある．圧力での G の偏導関数は体積に等しいし，温度の偏導関数はエントロピーに等しいということが，見いだされる．したがって，これらの関係を以下のように表すことができる．

$$\left(\frac{\partial G}{\partial P}\right) = V \tag{8・52}$$

$$\left(\frac{dG}{dT}\right) = -S \tag{8・53}$$

最初の場合，試料が加熱されると，試料の体積が変化するであろうが，これは膨張率測定によって追跡できる．エントロピーの変化に対して，$\Delta G=0$ と式（8・51）から以下の式が得られる．

$$\Delta S = \frac{\Delta H}{T} \tag{8・54}$$

ΔH を測定するための便利で速い方法の一つは示差走査熱測定を使うことである．相転移が起こる温度まで，吸熱であり，参照物と同じ温度を維持するためにより熱を流さな

いといけない．これは吸熱方向にピークを生じる．転移が容易に可逆的に起こるならば，試料を冷却することは試料が始めの相に変形するので，発熱になるであろう．発熱方向にピークが観測されるであろう．ピーク面積は試料が新しい相に変形するためにエンタルピー変化に比例している．試料が完全に新しい相に転移するならば，ある温度で転移した一部は，部分ピーク面積を全領域温度のものと比較することにより，決定されるであろう．温度の関数として決められた α は転移の動的解析に対する変数として使われる．

　相転移の別のタイプは自由エネルギーの二次導関数において不連続である．そのような転移は**二次相転移**として知られている．熱力学から，定温での圧力に対する体積変化は圧力係数 β であり，定圧での温度に関する体積の変化は熱膨張係数 α である．熱力学的関係は以下のように示される．

$$\left(\frac{\partial^2 G}{\partial P^2}\right)_T = \left(\frac{\partial V}{\partial P}\right)_T = -\beta V \tag{8・55}$$

$$\left(\frac{\partial^2 G}{\partial P \partial T}\right) = \left(\frac{\partial V}{\partial T}\right)_P = \alpha V \tag{8・56}$$

これらの関係式に加えて，自由エネルギーの温度による二次偏導関数は以下の式で表される．

$$\left(\frac{\partial^2 G}{\partial T^2}\right) = -\left(\frac{\partial S}{\partial T}\right)_P = \frac{C_P}{T} \tag{8・57}$$

相転移のあるタイプに対して，これらの変数の以下のような変化を調べることができる．

　相転移が起きるときに，格子に変化がある．構成単位（分子や原子やイオン）は，より動くようになる．固体がある方法で反応し，固体が相転移を起こすような温度やそれに非常に近い温度であるならば，温度の少しの上昇で反応の速度が急激に増加するが，これは格子の再組織化が固体の反応する可能性を促すためである．固体の相転移に対応する温度か，ごく近くであるとすると，同じような状況が起こる．この現象は Hedvall 効果とよばれている．

8・7　界面での反応

　固体と気体や液体との反応は二相の界面で起こる．このタイプの最も重要な反応は腐食である．腐食を制御したり排除したりする努力は塗料工業から耐腐食性材料の生産まで幅広い研究領域を含んでいる．腐食の経済効果は莫大である．これらは界面で起こるものとして代表的な反応であり，ここで金属の酸化について説明する．図 8・6 は金属

の酸化を表している.

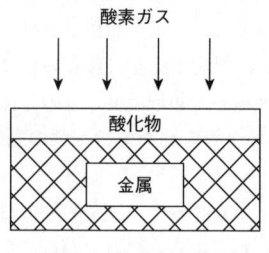

図 8・6 金属の酸化

界面で酸素原子は 2 個の電子を得て,酸化物イオンになる.金属の表面では,金属原子が酸化されて,電子を失って金属イオンになる.この過程において,電子の移動が起きるが,O^{2-} と M^{2+} イオンが結合するのに必要であるし,それは移動度を必要としている.電子が普通は動くとしても,陽イオンと陰イオンが拡散する.表面の還元の結果として,気体/固体界面で何らかの負の電荷がある.これは,金属イオンが酸化物イオンよりも実際に動くかもしれない範囲に,金属イオンが動くことを助ける電磁場の傾斜を生じる.

反応する金属が鉄の場合,鉄イオンが二つの酸化数 +2 と +3 をもっているためにこの過程は複雑になる.したがって,可能な酸化物はよく知られている Fe_2O_3 と Fe_3O_4 (これは $Fe_2O_3 \cdot FeO$ である) と FeO を含んでいる.酸素は表面で過剰なので,表面での生成物は高酸化状態の金属を含むであろう.この生成物は鉄の割合が最も低くなる(酸素の割合が最も高い).その生成物が Fe_2O_3 である.ここで述べた鉄酸化物のうちで,つぎに高い酸素を含んでいる生成物が Fe_3O_4 である.最後に,表面から下の方では FeO があり,物質の内部が鉄であろう.図 8・7 は酸化過程のこれらの特徴を示している.

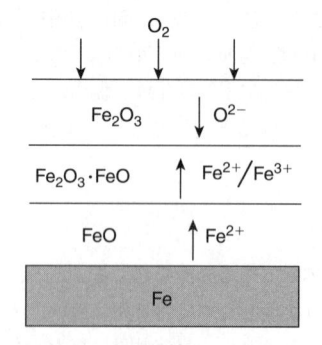

**図 8・7 存在する相の表記と鉄の腐食における
イオンの動き** (Borg, Dienes, 1988, p. 295)

このような反応が起こるので，相は通常の化学量論的な化合物ではない．Fe^{2+} イオンが動ける空間があるという結果になる．腐食の初期の段階で，酸素の分圧で反応速度は変わるし，速度は圧力が低いとき（$P(O_2)<1\,\mathrm{Torr}$）に $P(O_2)^{0.7}$ で変わることが明らかになった（$1\,\mathrm{Torr}\fallingdotseq 133\,\mathrm{Pa}$）．酸素圧に対する速度の依存性は酸素の化学吸着が律速過程であることと一致していることが示された．この過程が酸素分子の酸化物イオンへの変換速度によって制御されるとすると，速度は $P(O_2)^1$ に依存している．反応が FeO の表面上で酸素分子と酸化物イオンの間の平衡を含むならば，FeO が生成される速度は $P(O_2)^{1/2}$ に依存するであろう．これらの機構のどちらも酸素の分圧に対する速度の観測された依存性と一致していない．

高温で酸素のより高い分圧（$1<P(O_2)<2.6\,\mathrm{kPa}$）で，FeO 層の成長速度は放物線的速度論に従う．FeO 生成の速度は Fe^{2+} の拡散速度によって決められるが，O^{2-} の拡散速度は Fe_2O_3 の厚さが増加する速度を決める．

8・8 固体中の拡散

固体は一定の形をもち，格子単位（原子，イオン，分子）が基本的に固定されているが，格子の単位はまだ動いている．事実，固体の性質は固体構造中の拡散によって決められる．拡散過程には二つのおもなタイプがある．**自己拡散**（self-diffusion）は純粋試料中の物質の拡散のことをさす．拡散過程が別に拡散している二番目の相を含んでいるとき，その過程は**ヘテロ拡散**（heterodiffusion）とよばれている．金属の自己拡散は幅広く研究され，多くの金属中の拡散の活性化エネルギーが決められてきた．金属中の拡散は格子を通して原子の運動を含んでいる．固体を溶かすことは格子単位が動くように十分高い温度を必要とする．金属の融解点と自己拡散の活性化エネルギーの間にはよい直線関係がある．

異なる拡散係数の 2 個の金属が接触するように置かれると（それらが溶接されたかのように），界面で何らかの拡散が起こる．2 個の金属 A と B が図 8・8 で示されたように密接に接触するように置かれることを考えてみよう．

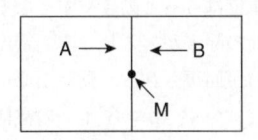

図 8・8 金属 A と B の界面に置かれた目印金属線（M）

それぞれの金属の濃度は界面で最も高く，界面からの距離が離れるにつれて減少する（普通は対数関数的）．不活性な金属から構成されている金属線（目印とよばれる）が界面に置かれるならば，異なる速度で動く金属は金属線を動かすであろう．A の拡散が B よりも大きな程度で目印を通過するならば，目印は金属 A の固まりの中に動いたこと

が明らかになるであろう．このようにして，より動きやすい金属を同定することが可能である．金属同士が同じ速度で拡散するならば，金属線は静止したままであろう．この法則の応用が真ちゅうの中の亜鉛の拡散の研究で行われた．この配置が図 8・9 に示されている．

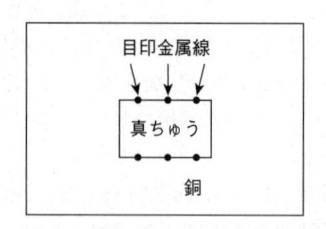

図 8・9　亜鉛の拡散において空間の動きを示す実験

この系が研究されたとき，目印の金属線が互いに動くことがわかった．これは最も広い拡散が，亜鉛の真ちゅうから外側の銅への拡散であることが示される．この拡散機構が銅と亜鉛の交換を含むならば，金属線は動かないであろう．この場合，拡散は後で述べるように，真ちゅうからの亜鉛が銅へ動くので，空間機構で起きる．亜鉛が外側へ動くので，空間が真ちゅうの中に生成され，金属線の動く速度が $t^{1/2}$ に比例して内側に動く（式 8・10 に示された曲線速度論）．この現象は Kirkendall 効果として知られている．

格子単位の動きが，エネルギー因子や濃度勾配によって決められる．考慮される範囲では，固体の拡散は空間の存在に関連している．欠陥の濃度 N_0（高エネルギーサイト）は以下のようにボルツマン分布の項で表される．

$$N_0 = N_x e^{-E/kT} \qquad (8・58)$$

ここで，N_x は格子単位の総数，k はボルツマン定数，E は欠陥をつくるために必要なエネルギーである．欠陥の生成は，格子を分離してよりランダムな構造を与えるのに似ているので，E は蒸発熱に匹敵する．ある場合ではフレンケル欠陥の格子単位は両方の欠陥を再結合過程から取り去るために，空間かショットキー欠陥の中へ動くことができる．

結晶が加熱されると，格子単位はもっと動きやすくなる．結果として，それらが拡散によって満たされるので，空間の除去が起こりうる．密度のわずかな増加とエネルギーの放出を生じる最近接への引力が回復される．動いた原子の消滅や，動きの再配置があるであろう．これらのできごとはいくつかのタイプの機構を含んでいることが知られている．拡散係数 D は以下のように表される．

$$D = D_0 e^{-E/RT} \qquad (8・59)$$

ここで，E は拡散に必要なエネルギー，D_0 は定数，T は温度（K）である．この式と反応速度定数を温度に関係づけるアレニウス式の類似性は明らかである．

拡散機構の一つのタイプは格子間機構として知られているが，これは格子単位がある格子間から別の格子間へ動くからである．拡散が規則正しい格子から空間への動きを含

んでいるとき，動いている種によってサイトが空けられるような空間がその後できる．したがって，空間は動いている格子単位とは反対の方向に動く．この種の拡散は空間機構として参照される．いくつかの例では格子単位が格子サイトを空け，そのサイトが他の単位で自然に満たされることが可能である．二つの格子単位の順繰りであり，拡散の順繰り機構とよばれる．

格子単位の結晶内での動きに加えて，単位の表面に沿っての動きがある．このタイプの拡散は表面拡散として知られている．結晶には結晶粒界や裂け目や脱臼や空孔があるので，これらの広がった欠陥に沿って，そして内部で格子単位の動きがある．

拡散のエネルギー変化は図8・10に示されている．

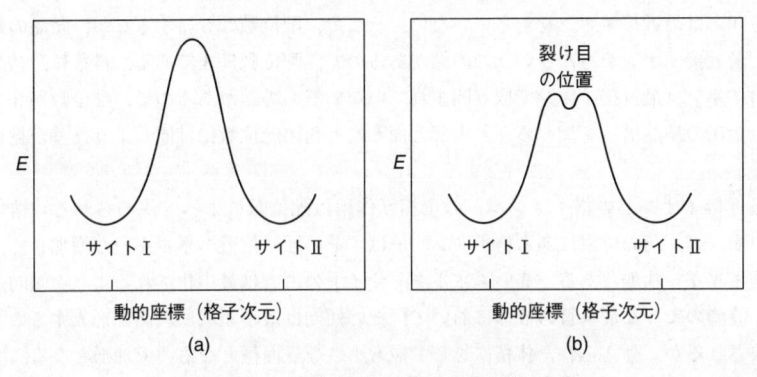

図 8・10 拡散が起きる際のエネルギー変化

同じエネルギーを基本的にもっているそれぞれの内部の格子サイトで，格子単位の正規の格子から別の格子への動きはエネルギー障壁を超えた拡散を含んでいるが，最初と最後のエネルギーは図8・10aに示されるように同じである．格子単位が正規格子サイトから結晶の裂け目に動くとき，エネルギー障壁がある．裂け目の位置は正規のサイトより高いエネルギーを表しており，エネルギー図が図8・10bに示されたようになる．しかし，裂け目の位置は中間付近の他の位置より低いエネルギーを表している．これは図8・10bで示されるエネルギー関係を生じているが，ポテンシャルエネルギー曲線の最高位置にエネルギー井戸がある．エネルギーは格子単位がそのサイトから動くにつれて増加するが，単位が正確に裂け目の位置にあるならば，エネルギーは裂け目の位置から少しずれたときに，少し低くなる．

8・9 焼　　結

焼結はセラミックの生成と同様に粉末冶金として知られている重要な製造過程の基礎を形成している．物質は高い融点の金属（モリブデンやタングステン），カーバイド，

窒化物などを含む粉末物質から生成される．これらの材料は機械部品やギヤや工具刃などをつくるために形成される．物質を成形するために，鋳型は粉末材料で満たされ圧力が加えられる．微粒子でできた固体では，粒子が小さければ小さいほど，表面積が大きくなる．高温で加熱されたときに，温度が材料の融点よりも低いとしても，材料は流動し，空孔はなくなり，固体が生じる．塑性流動や拡散は，粒子が固形を形成するように凝結することを可能にする．粉体冶金を使って，機械が要求するよりもより経済的に高次元の正確さをもつ物質を生産することが可能である．この重要な過程の性質は本節の最後の方で記述される．

NaCl構造のような規則正しい格子を考えると，結晶内でそれぞれのイオンは反対の電荷をもった6個のもので囲まれている．しかし，結晶表面上のそれぞれのイオンは，一方向には最近接イオンをもっていない．そこで，配位数は5にすぎない．結晶の端では，最近接イオンをもたない二つの端があるので，配位数は4である．最後に，結晶の角のイオンは最近接イオンで取り囲まれていない三つの端があるので，配位数が3である．金属の結晶構造を調べると，内部と面と端と角の配位数には同じような差が見られる．

最近接イオンとの格子メンバーの全相互作用は配位数によって決められる．結果的に，面，端，角の位置にある格子メンバーは，その順に位置エネルギーが増加して，高いエネルギー状態にある．高いエネルギーサイトの占有は最小化されるような傾向がある．液滴のような最少量の液体において，その傾向は最小領域に表面を形成することに反映されるが，与えられた体積に対して最も小さな表面積となるので球形となる．固体が加熱されると，個々の粒子の動きが最小の表面積となるような傾向が明らかになる．この過程は固体の表面積が最小となるように構造を変化するように，表面張力によってひき起こされ，それはまた，表面の格子メンバーの最も少なくなるようになる．

すべての固体が焼結するわけではないが，多くは焼結する．焼結は空孔を取り除くことや端を丸くすることを伴う．固体が多くの小さい粒子から構成されているとき，粒子の溶接や試料の焼締がある．イオン性化合物において，陽イオンと陰イオンがともに移動し，異なる速度で起きるかもしれない．結果として，焼結はしばしば，拡散の速度に関係し，欠陥の濃度に関係している．欠陥の濃度を増加する方法は，おもな成分とは異なる電荷をもつイオンを含む少量の化合物を加えることである．たとえば，少量の Li_2O（陽イオンと陰イオンが2:1）を ZnO に加えることは，陰イオンの空間の数を増やすことになる．ZnO において，陰イオン空間は拡散や焼結の速度を決定する．一方，Al_2O_3 を加えることは ZnO の焼結の速度を減少させるが，これは2個の Al^{3+} イオンが3個の Zn^{2+} イオンと置換することができ，それが過剰の陽イオン空間につくるためである．

陰イオンを動かす雰囲気での固体の加熱は，陰イオン空間を増加することになる．たとえば，ZnO は水素雰囲気下で加熱されると，陰イオン空間の数が増加する．Al_2O_3 の

8・9 焼　結

焼結はまた，酸素の拡散によって限定される．水素雰囲気下でAl_2O_3を加熱することは酸化物イオンを取り去り，焼結の速度を増加する．Al_2O_3の焼結の速度は，粒子の大きさに依存し，それは以下のようになる．

$$反応速度 \propto \left(\frac{1}{粒子の大きさ}\right)^3 \tag{8・60}$$

$0.50\,\mu m$ と $2.0\,\mu m$ の粒子に対して，速度の比は $(2.0/0.50)^3$ すなわち 64 であり，より小さな粒子は大きな粒子より速く焼結する．

　焼結されている試料が粉末金属ならば，一片の金属からつくられたものと似た稠密さ，強さをもった物質にすることができる．これは**粉末冶金**（powder metallurgy）として知られている製造法の基礎である．これは，ギアのような物体を，鋳型の中で粉末金属を加熱や圧縮することによって生産する重要な過程である．伝統的な機械的手法によって形づくられる同じような物体に比べて，かなりのコストの削減となる．

　粉末冶金において，粉末の物質は鋳型の中で圧力をかけられ，その後，拡散速度を増加するために加熱される．物質の流動性を得るために必要な温度は，融点よりかなり低いかもしれない．粉末がより稠密で，少ない空孔になるにつれて，空間は表面に動いて，より少ない空孔と，より稠密な構造を生成する．拡散に加えて，塑性流動や，蒸発や凝縮は焼結過程に寄与するかもしれない．固体の焼結が起こるときに，しばしば微視的に個々の固体粒子の角や端が丸くなることが観測される．粒子が合体するとき，それらは互いに溶けて，それらの間にくびれた部分をつくる．連続的な焼結はくびれた部分を太くし，くびれた部分の間に存在する空孔のサイズを減少させることになる．最後に，密な物質を形成するために，固体の粒子の成長がある．表面張力の結果として，空孔が閉じられて，明らかな試料の体積の減少が起こる．

　粉末冶金の過程で，焼結前にぎっしり詰められる材料は成分を混ぜることによりつくられる．異なる方法では，成分を前もって混ぜて，その後に混合物の焼き戻しのために加熱する．あるいは，液体状態で主成分に少ない成分を混ぜて，前もって合金をつくるかもしれない．主成分が粉末の鉄であるならば，釜の中で鉱石を還元したり，高圧蒸気中の液体として金属の粉霧をしたりするさまざまな方法で粉末は得られる．鉄合金をつくるために，保護雰囲気下で，およそ 1100℃ まで混合物を加熱して焼結前に型に押し込まれる．この方法は鉄の融点（1538℃）以下ではよいが，拡散を起こすには十分である．粒子間の結合は，粒子間の境界がなくなるように起こる．

　青銅（ブロンズ）をつくるために，前もって 90% の銅と 10% のスズと少量の潤滑油を混ぜる．混合物は，前もって窒素雰囲気下で，およそ 800℃ で焼結されるが，それはまた水素やアンモニアや一酸化炭素の圧力を少し含んでいる．粉末冶金によって生成される物質の性質は，混合物中の粒子の大きさの分布や，加熱の前処理や，焼結時間や雰囲気成分や気体雰囲気の流速などに依存している．処理上の変化の結果は必ずしも前

もってはわからないし，粉末冶金のある反応をどのように行うかについて知ることは，経験によって決まる．

8・10　ドリフトと電気伝導率

結晶中のイオンの動きに適合されると，**ドリフト**（drift）は電場の影響下でのイオンの動きに適合する．伝導帯の中では電子の動きが金属の伝導率を決めるが，イオン性化合物の中ではイオンの動きが電気伝導率を決める．イオン結晶の中には自由な，あるいは動き回る電子はない．イオンの移動度 μ は単位長さでの電場におけるイオンの速度である．これには以下の関係がある．

$$D = \frac{kT}{Z}\mu \tag{8・61}$$

ここで，Z はイオンの電荷，k はボルツマン定数，T は温度（K）である．イオン伝導率 σ と結晶での拡散速度 D の関係は以下のように表される．

$$\sigma = \alpha \frac{Nq^2}{kT} D \tag{8・62}$$

この式において N は cm^3 当たりのイオンの数，q はイオンの電荷，α は拡散の機構に依存して1～3まで変わる因子である．結晶の伝導率は欠陥の存在に依存するので，伝導率を研究することは欠陥の存在についての情報を与えることになる．イオンによるアルカリハロゲン化物の伝導率は図 8・11 で示されるような実験で研究されてきた．

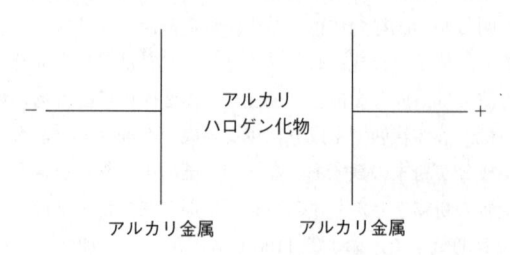

図 8・11　イオンのドリフトを示す実験の配置

電流がこの系を通過するとき，カソード（負の電極）は厚くなり，一方，アノード（正の電極）は縮む．電極で M$^+$ イオンは M 原子に変わり，それはカソード成長となる．この観測から，陽イオンはおもに伝導率に対応していることが明らかであり，これは空間の機構の結果である．この場合，正のイオンの空間は負のイオンを含む空間よりも，高い移動度をもっている．

空間の数が伝導率を制御しているので，空間の数が増加するように条件を変えると伝導率は増加する．空間の数を増加させる一つの方法は結晶に異なる電荷のイオンをドープすることである．たとえば，+2のイオンを含む少量の化合物がNaClのような化合物に加えられると，+2イオンは陽イオンサイトを占有する．1個の+2価イオンは2個の+1イオンと置き換わり，まだ全体の電気的中性を維持するので，それぞれの+2イオンに対して空の陽イオンサイトができる．結果として，空間の数が増加するので，Na^+の移動度は増加する．ドーピングは低温では有効であるが，高温での効果は低くなる．その理由は空間の数がより高いエネルギー状態のボルツマン分布によって決められるからであり，高温では空間の数がすでに多いからである．

本章では速度過程を含む固体の変形について説明した．多くの工業過程で無機物質のそのような変化を含んでいるので広大な実践領域であるし，これらは材料科学の必須部分である．この重要な話題のより徹底した議論は，以下の参考文献を参照するとよい．

参考文献

Borg, R. J., and Dienes, G. J. (1988). *An Introduction to Solid State Diffusion.* Academic Press, San Diego, CA. [拡散に関する固体の多くの過程を取扱っている]

Gomes, W. (1961). "Definition of Rate Constant and Activation Energy in Solid State Reactions," *Nature (London)* **192**, 965. [固体の反応の活性化エネルギーを理解する困難さを議論した論文]

Hannay, N. B. (1967). *Solid-State Chemistry.* Prentice-Hall, Englewood Cliffs, NJ. [固体状態過程の入門の古典]

House, J. E. (1980). "A Proposed Mechanism for the Thermal Reactions in Solid Complexes." *Thermochim. Acta* **38**, 59–66. [固体の反応と，空間と拡散の役割を議論]

House, J. E. (1993). "Mechanistic Considerations for Anation Reactions in the Solid State." *Coord. Chem. Rev.* **128**, 175–191.

House, J. E. (2007). *Principles of Chemical Kinetics,* 2nd ed. Elsevier/Academic Press, San Diego, CA. [7章で固体反応を紹介]

House, J. E., and Bunting, R. K. (1975). "Dehydration and Linkage Isomerization in $K_4[Ni(NO_2)_6]\cdot H_2O$," *Thermochim Acta* **11**, 357–360.

O'Brien, P. (1983). *Polyhedron* **2**, 223. [固体の錯体のラセミ化反応に書かれた優れた総説]

Schmalzreid, H. (1981). *Solid State Reactions,* 2nd ed. Verlag Chemie, Weinheim. [固体反応の論文]

West, A. R. (1984). *Solid State Chemistry and Its Applications.* Wiley, New York. [固体の化学の優れた入門書である]

Young, D. A. (1966). *Decomposition of Solids.* Pergamon Press, Oxford, UK. [多くの無機化合物の反応と固体反応の動力学の原理を議論した優れた本]

問 題

1. 固体化合物 X は 75 ℃ に加熱されると Y に転移する．非常に短い時間で 90 ℃ まで急に加熱されて，その後に室温まで冷やした試料 X は，後に，Y に変わることがわかったが，これは両者が長時間 75 ℃ で加熱されたとき，前処理加熱なしの試料の 2.5 倍の速度で Y に変換されることがわかった．この観測を説明せよ．

2. 固体化合物 A が 200 ℃ に加熱されたときに B に転移することを考えてみよう．処理していない化合物 A は誘導期間を示さないが，中性子線を照射した試料 A は誘導期間を示す．誘導期間の後，照射された試料は処理されていない試料と同じような動的挙動をした．この観測を説明せよ．

3. 高温で起こる以下の反応を考えよう．

$$A(s) \rightarrow B(s) + C(g)$$

これは高温で起こる．結晶 A が B に変形されると，B の焼結は丸いグラス状の粒子に変形する．反応の後半の段階に関してこれはどのような効果をもたらしたか．

4. KCN と AgCN が一緒に保持されたとき，それぞれは反応して $K[Ag(CN)_2]$ を生成する．この反応の最初の段階は以下のようになる．

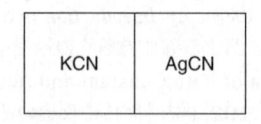

KCN	AgCN

反応のある期間の後の系の様子を図示せよ．反応の極限過程の二つの可能性とつくられた図がどのように変わるかを議論せよ．

5. 少量の $MgCl_2$ を加えて生成した KCl の伝導度の効果を記述せよ．伝導率の変化の特徴的な起源について説明せよ．

6. 少量の $MgCl_2$ を加えて生成した Fe_2O_3 の焼結の効果を記述せよ．伝導率の変化の特徴的な起源を説明せよ．

7. 固体が動的研究の主題（分解のような）であるとしよう．X 線や γ 線の固体への照射がどのように固体の動的挙動に影響するか．効果の起源を説明せよ．

8. 金属表面をくもらせることは放物性速度論に従う．一次反応に対するものと速度定数を比較して議論せよ．くもらせる速度はいくつかの温度で研究され，活性化エネルギーが計算されていると考える．気体や液体の反応に対して，活性化エネルギーはときどき，結合開裂過程の観点で理解される．この場合，決定される活性化エネルギーはどのように理解されるか．

9. n の値が 2, 3, 4 のとき，Avrami 速度論を使って，表 8・1 に示されたデータの速度プロットを作成せよ．

10. 表 8・1 に示されたデータが最初の 30 分間だけに使えるならば，この反応に応用される n の値を求めることの難しさを説明せよ．

第Ⅲ部

酸, 塩基, 溶媒

9

酸・塩基の化学

化学の研究では,さまざまな物質の変換や性質に関する実測結果に直面する.このような化学のデータに化学構造を加えた図表は,研究を体系化するうえで大いに役立つ.酸・塩基の化学に適用されているのは,まさしくこの方法である.水以外の溶媒の研究,すなわち非水系溶媒の化学は,酸・塩基の化学に密接に関係するので,第10章を参照されたい.この章では,酸・塩基の化学および無機物質の反応への応用に関するいくつかの分野を取扱う.

9・1 アレニウス理論

水中で反応して酸あるいは塩基を生じる物質の化学に関する知識の枠組みを最初につくろうとしたのは S. A. Arrhenius (アレニウス) だった.その頃は,研究方法が水溶液に限られていたので,酸と塩基の定義はこれらの用語で与えられていた.もちろん,われわれは現在,酸と塩基の作用が,水中のみならず,もっと広く適用されることを知っている.たとえば,気体の HCl と H_2O の反応を考えてみると,

$$HCl(g) + H_2O(l) \rightarrow H_3O^+(aq) + Cl^-(aq) \qquad (9\cdot1)$$

その溶液はヒドロニウムイオン (H_3O^+) あるいは,おそらくもっと一般的に知られているように,オキソニウムイオンを含んでいる.水溶液中では,以下の式で示すように,HNO_3 も電離している.

$$HNO_3(aq) + H_2O(l) \rightarrow H_3O^+(aq) + NO_3^-(aq) \qquad (9\cdot2)$$

Arrhenius は,HCl や HNO_3 のような物質の溶液の性質を研究する間に,化合物の酸性はその溶液の中にわれわれが現在 H_3O^+ と書いているイオンが存在することに起因する,という考えにいたった.そこで彼は,酸とはその水溶液が H_3O^+ を含む物質であ

る，と提唱した．すなわち，酸の水溶液の性質は，多くの古い化学文献の中でヒドロニウムイオンとして知られ，またオキソニウムイオンともよばれている，溶媒和プロトン（水素イオン）である H_3O^+ イオンの性質であると考えられた．

このあたりで，水溶液中で溶媒和された水素イオンの性質を解説しておこう．われわれは第7章で，結晶の中では反対の電荷を取り囲むことができるイオンの数は限られていることを学んだ．また，水溶液中で一つのイオンを溶媒和できる水分子の数（水和数）も一定数に限られている．とはいっても，水分子はイオンの溶媒和圏を出たり入ったりしているため，イオンの水和数は必ずしも固定されているとは限らない．多くの金属イオンの場合，溶媒和数は6である．水素イオンはサイズが非常に小さいため，その電荷/サイズの比が大きい．したがって，水素イオンは水分子のような極性分子の負電荷を帯びた端部に強く結合し，$H^+(g)$ の水和熱は $-1100\,kJ\,mol^{-1}$ という +1 価のイオンとしては非常に大きな値となる．水中の水素イオンはそれが溶媒和されていることを示すために H_3O^+ と表すが，実際には溶媒和圏は一つ以上の水分子を含む．H^+ の場合，特に酸の希薄溶液中では，水和数はおそらく少なくとも 4 である．四つの水分子がプロトンを溶媒和すると，$H_9O_4^+$ という化学種が生成し，それは水分子からなる四面体の中心にプロトンをもつ．溶媒和されたプロトンを含むもう一つの化学種は $H_5O_2^+$ であり，プロトンは直線に並んだ二つの水分子の間にある．このイオンは，いくつかの固体化合物の中で，正イオンの一つとして確認された．プロトンを溶媒和する水分子の数が異なる化学種も間違いなくあるだろう．このような化学種は実際に一過性であり，かなり流動的な性質を有しているが，酸性溶液中の化学種が記号 H_3O^+ で表されるほど単純ではないことは間違いない．溶媒和されたプロトンを示したいときにこの記号が使われるが，実際の化学種の表現においては，長い間使われてきた単純な H^+ よりほんの少し正確なだけである．

HCl，HNO_3，H_2SO_4，$HClO_4$，H_3PO_4 および $HC_2H_3O_2$ は，水と反応して H_3O^+ を生成する物質に含まれる．これらの水溶液はすべて H_3O^+ を含み，似た性質をもつ．もちろん，強い酸や弱い酸があり，その程度は異なる．ここに挙げた物質の溶液は，電流を通し，指示薬の色を変え，塩基を中和し，ある金属を溶かす．実際，これらは水溶液中の H_3O^+ の性質である．このように，これらの物質はすべて酸として振舞う．酸の強さの違いは，これらのイオン化反応の程度に関係する．HCl，HNO_3，H_2SO_4 および $HClO_4$ のような酸は，希薄水溶液中でほぼ完全にイオン化するので，強い酸である．その結果，これらの水溶液は電気の良導体となる．これとは対照的に，酢酸のイオン化は酸の濃度に依存してわずか 1%〜3% であるので，これは弱酸である．表 9・1 に酸の解離定数を示す．

$NH_3(g)$ が水に溶けると，つぎの式で示すように，イオン化が部分的に起こる．

$$NH_3(g) + H_2O(l) \rightleftharpoons NH_4^+(aq) + OH^-(aq) \qquad (9\cdot3)$$

表 9・1 一般的な酸の解離定数

酸	共役塩基	解離定数	酸	共役塩基	解離定数
$HClO_4$	ClO_4^-	ほぼ完全解離	$H_4P_2O_7$	$H_3P_2O_7^-$	1.4×10^{-1}
HI	I^-	ほぼ完全解離	H_2Te	HTe^-	2.3×10^{-3}
HBr	Br^-	ほぼ完全解離	HTe^-	Te^-	1.0×10^{-5}
HCl	Cl^-	ほぼ完全解離	H_2Se	HSe^-	1.7×10^{-4}
HNO_3	NO_3^-	ほぼ完全解離	HSe^-	Se^{2-}	1.0×10^{-10}
$HSCN$	SCN^-	ほぼ完全解離	H_2S	HS^-	9.1×10^{-8}
H_2SO_4	HSO_4^-	ほぼ完全解離	HS^-	S^{2-}	$\sim 10^{-19}$
HSO_4^-	SO_4^{2-}	2.0×10^{-2}	HN_3	N_3^-	1.9×10^{-5}
$H_2C_2O_4$	$HC_2O_4^-$	6.5×10^{-2}	HF	F^-	7.2×10^{-4}
$HC_2O_4^-$	$C_2O_4^{2-}$	6.1×10^{-5}	HCN	CN^-	4.9×10^{-3}
$HClO_2$	ClO_2^-	1.0×10^{-2}	$HOBr$	BrO^-	2.1×10^{-9}
HNO_2	NO_2^-	4.6×10^{-4}	$HOCl$	ClO^-	3.5×10^{-8}
H_3PO_4	$H_2PO_4^-$	7.5×10^{-3}	HOI	IO^-	2.3×10^{-11}
$H_2PO_4^-$	HPO_4^{2-}	6.8×10^{-8}	$HC_2H_3O_2$	$C_2H_3O_2^-$	1.75×10^{-5}
HPO_4^{2-}	PO_4^{3-}	2.2×10^{-13}	C_6H_5OH	$C_6H_5O^-$	1.28×10^{-10}
H_3AsO_4	$H_2AsO_4^-$	4.8×10^{-3}	C_6H_5COOH	$C_6H_5O_2^-$	6.46×10^{-5}
H_2CO_3	HCO_3^-	4.3×10^{-7}	$HCOOH$	HCO_2^-	1.8×10^{-4}
HCO_3^-	CO_3^{2-}	5.6×10^{-11}	H_2O	OH^-	1.1×10^{-16}

この反応における生成物の一つが OH^- であり,これは水溶液中で塩基性を示す化学種である.NaOH が水に溶けるとき,その反応は実際イオン化反応ではない.というのは,固体状態において Na^+ と OH^- がすでに存在しているからである.この過程は,イオン化反応というよりむしろ溶解過程である.NaOH,KOH,$Ca(OH)_2$,NH_3 およびアミン類(RH_2N,R_2HN,R_3N)のような物質は,これらの水溶液が OH^- を含んでいるので,すべて塩基である.これらの物質は水に溶けると,電流を通し,指示薬の色を変え,酸を中和する溶液を生成する.これらは,塩基の水溶液を特色づける反応の一部である.水に溶かす以前に OH^- を含む物質,あるいは水と反応して相当部分がイオン化されて OH^- を生成する反応を生じる物質は,強塩基である.アンモニアやアミン類の反応では,ほんの少しイオン化するだけなので,これらの物質は弱塩基とよばれる.

溶媒和されている水素イオンを H_3O^+ と書くことが特に強調されているのに対して,OH^- については OH^- と書く以外区別されていないのは興味深い.

NaOH を水に溶かし,その溶液を HCl 水溶液に加えると,これらの物質はイオン化され,その反応は以下のようになる.

$$Na^+(aq) + OH^-(aq) + H_3O^+(aq) + Cl^-(aq) \rightarrow \\ 2H_2O(l) + Na^+(aq) + Cl^-(aq) \quad (9\cdot4)$$

塩化ナトリウムは水に溶けるので,それはイオン化された生成物として記述される.ナトリウムイオンと塩化物イオンは変化しないので,これらは式の両辺から除かれる.そ

の結果，全体のイオン式は以下のように記述することができる．

$$H_3O^+(aq) + OH^-(aq) \rightarrow 2H_2O(l) \qquad (9\cdot5)$$

他のイオン化した酸と塩基を含む溶液を混ぜた場合においても，その反応は H_3O^+ と OH^- の間で起こる反応である．したがって，酸と塩基の間の中和反応は，アレニウス理論による式 (9・5) で示されるものである．

つぎの式 (9・6) の反応と，水中の式 (9・7) の反応と比較検討した場合，

$$NH_3(g) + HCl(g) \rightarrow NH_4Cl(s) \qquad (9\cdot6)$$

$$NH_4^+(aq) + OH^-(aq) + H_3O^+(aq) + Cl^-(aq) \rightarrow$$
$$2H_2O(l) + NH_4^+(aq) + Cl^-(aq) \qquad (9\cdot7)$$

NH_4Cl は両反応の生成物であることがわかる．2番目の反応では，水を留去することで固体の NH_4Cl を回収できる．2番目の過程はアレニウスの酸・塩基の化学で説明できるが，最初の過程についてはできない．式 (9・6) で示される反応物質は，アレニウスの酸・塩基の定義が適用できる水の中に溶けていない．気相や水以外の溶媒中の酸と塩基の反応を記述するためには，別の方法が必要である．

9・2　ブレンステッド-ローリー理論

J. N. Brønsted(ブレンステッド) と T. M. Lowry(ローリー) は独立に，水を含まない酸と塩基の定義に到達した．彼らは，酸・塩基反応の本質は一方の化学種（酸）から他方の化学種（塩基）への水素イオン（プロトン）移動であると気づいた．この定義に従うと，酸は**プロトン供与体**（proton donor）であり，塩基は**プロトン受容体**（proton acceptor）である．プロトンは何か他の化学種に供与されなければならないので，塩基なしに酸は存在しない．アレニウスの理論に従うと，HCl はその水溶液が H_3O^+ を含むので酸であるが，これは，塩基がないこととは無関係に，酸が存在しうることを示している．ブレンステッド-ローリー理論に従って考えると，つぎの式 (9・8) で示す反応は，

$$HCl(g) + H_2O(l) \rightarrow H_3O^+(aq) + Cl^-(aq) \qquad (9\cdot8)$$

その溶液が H_3O^+ を含んでいるからというよりもむしろ，プロトンが HCl（酸）から H_2O（塩基）に移動するから，酸・塩基反応である．

ある物質がプロトン供与体として働くとすると，それは他のプロトン供与体から（塩基として反応して）プロトンを受容する可能性をもっている．たとえば，酢酸イオンはつぎの反応で生成する．

$$CH_3CO_2H(aq) + NH_3(aq) \rightarrow NH_4^+(aq) + CH_3CO_2^-(aq) \qquad (9\cdot9)$$

酢酸イオンはここでは適当な酸からプロトンを受けることができる．たとえば，式 (9・10) を考えてみよう．

$$HNO_3(aq) + CH_3CO_2^-(aq) \rightarrow CH_3CO_2H(aq) + NO_3^-(aq) \qquad (9・10)$$

この反応では，酢酸イオンは塩基として働く．一方，Cl^- は非常に強いプロトン受容体である HCl に由来するため，塩基として働く傾向をほとんど示さない．ブレンステッド–ローリー理論によると，プロトンが供与されたあとに残る化学種は，そのプロトン供与体の共役塩基とよばれる．

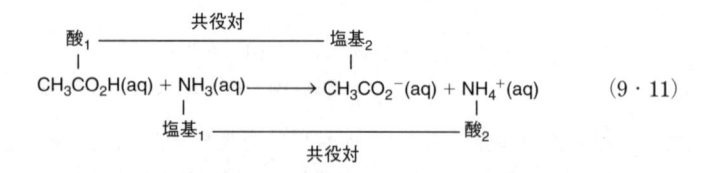

$$\underset{\underset{\text{共役対}}{\underbrace{}}}{\overset{\overset{\text{共役対}}{\overbrace{}}}{\underset{\text{塩基}_1 \qquad\qquad\qquad\qquad\qquad\qquad 酸_2}{\overset{酸_1 \qquad\qquad\qquad\qquad\qquad 塩基_2}{CH_3CO_2H(aq) + NH_3(aq) \longrightarrow CH_3CO_2^-(aq) + NH_4^+(aq)}}}} \qquad (9・11)$$

この反応では，酢酸はプロトンを供与し，その共役種である酢酸イオン（アセタートイオン）を生成する．この酢酸イオンはプロトン受容体として働くことができる．アンモニアはプロトンを受容し，その共役種であるアンモニウムイオンを生成する．このアンモニウムイオンはプロトン供与体として働くことができる．プロトンの移動により変わる二つの化学種は，**共役対**（conjugate pair）として知られる．H_2O の共役酸は H_3O^+ であり，H_2O の共役塩基は OH^- である．

ここまで記述した反応の特性から，ブレンステッド–ローリー理論に従った酸と塩基に関していくつかの結論が導き出される．

1. 塩基なしに酸は存在しない．プロトンは何か他の化学種に供与されなければならない．
2. 酸が強いほど，その共役種は塩基としてより弱くなる．また，塩基が強いほど，その共役種は酸としてより弱くなる．
3. より強い酸はより弱い酸に置き換わって反応する．より強い塩基はより弱い塩基に置き換わって反応する．
4. 水の中に存在しうる最も強い酸は H_3O^+ である．より強い酸が水に存在すると，その酸が水にプロトンを供与し H_3O^+ を生成する．
5. 水の中に存在しうる最も強い塩基は OH^- である．より強い塩基が水に存在すると，その塩基が水からプロトンを受容し OH^- を生成する．

水溶液の化学における重要な反応は，共役種の酸あるいは塩基としての性質に関連している．たとえば，酢酸がプロトンを供与したあと，生じた酢酸イオンはプロトンを受容することが可能である．したがって，CH_3CO_2Na を水に溶かすと起こる反応は，加水分

解である.

$$CH_3CO_2^-(aq) + H_2O(l) \rightleftharpoons CH_3CO_2H(aq) + OH^-(aq) \qquad (9\cdot12)$$

同反応で酸(CH_3CO_2H)と塩基(OH^-)が生成される事実から予想されるように,この反応はそれほど著しくは進行しない.その結果として,酢酸ナトリウムの 0.1 M 溶液の pH は 8.89 となり,この溶液が塩基性ではあるかそれほど強くはないことを示している.別の見方をすれば,OH^- は強塩基であるが CH_3CO_2H は弱酸であるということができる.したがって,この溶液は塩基性であるはずで,実際そうである.一方,NaCl あるいは $NaNO_3$ の 0.1 M 溶液の pH は 7 である.これは,式 (9・13) で表されるが,その溶液中で強酸と強塩基を生成するような加水分解は起こらないからである.

$$NO_3^-(aq) + H_2O(l) \rightleftharpoons HNO_3(aq) + OH^-(aq) \qquad (9\cdot13)$$

したがって,強酸の陰イオン部分(非常に弱い塩基である)は水溶液中で加水分解を効果的に起こすことはないことがわかる.また,その酸が弱いほど,その共役種は塩基として強くなり,その加水分解反応はより効果的になるだろう.一連の酸,CH_3CO_2H,HNO_2,HOCl および HOI を考えてみよう.これらの K_a 値は,それぞれ 1.75×10^{-5},4.6×10^{-4},3.5×10^{-8} および 2.3×10^{-11} である.その結果,これらの酸のナトリウム塩の 0.1 M 水溶液の塩基性を比べると,NaOI が最も強い塩基で,$NaNO_2$ が最も弱い塩基であることがわかる.炭酸は弱酸なので,Na_2CO_3 の溶液は,以下の式に従って強い塩基性を示す.

$$CO_3^{2-}(aq) + H_2O(l) \rightleftharpoons HCO_3^-(aq) + OH^-(aq) \qquad (9\cdot14)$$
$$HCO_3^-(aq) + H_2O(l) \rightleftharpoons H_2CO_3(aq) + OH^-(aq) \qquad (9\cdot15)$$

弱塩基の共役酸を水に溶かすと,加水分解も起こる.たとえば,NH_4Cl を水に溶かすと起こる加水分解反応は以下のようになる.

$$NH_4^+(aq) + H_2O(l) \rightleftharpoons NH_3(aq) + H_3O^+(aq) \qquad (9\cdot16)$$

NH_4Cl の 0.1 M 溶液は pH が約 5.11 なので,明らかに酸性である.厳密にいえば,**加水分解** (hydrolysis) の lysis は "分解" することを意味し,〔式 (9・14) に示した塩基性溶液を与える加水分解のように〕加水分解は水分子の "分解" を意味する.水と反応する NH_4^+ の場合,プロトンの供与と受容はあるが,"分解" がない.

酸性の溶液を生成するもう一つのタイプの加水分解反応がある.塩化アルミニウムのような物質が水に溶けると,そのカチオン種は強く溶媒和される.Al^{3+} イオンの水和がエネルギー的に非常に活性であることは第 7 章で議論した.Al^{3+} イオンは,その高い電荷/サイズ比のため,その電荷密度の一部を小さくするように反応する高エネルギーイ

オンである．このようなことが起きている一つの様式をつぎの式に示す．

$$[Al(H_2O)_6]^{3+} + H_2O \rightleftharpoons H_3O^+ + [AlOH(H_2O)_5]^{2+}$$
$$K = 1.4 \times 10^{-5} \quad (9 \cdot 17)$$

この反応の結果，配位水の一つから H^+ が放出されることにより，アルミニウムイオンの電荷の一部が減少する．$AlCl_3$ の $0.10\,M$ 溶液のpHは2.93であるので，このタイプの加水分解は，非常に強い酸性溶液を生成する．大きな電荷と小さなサイズをもつ他の金属イオン（Fe^{3+} ($K=4.0\times10^{-3}$), Be^{2+}, Cr^{3+} (1.4×10^{-4}) など）も同様に振舞い，酸性の溶液を与える．

H_2SO_4，HNO_3，$HClO_4$ および HCl が水に溶けて希薄溶液を生成する際，これらすべての場合で，本質的に100％反応して H_3O^+ を生成する．水はプロトン受容体として十分強く，これらの酸のすべては，ほとんどすべてがイオン化するほど強い．その結果，これらは酸としての強さは等しく，実際，これらの水中での酸の強さは，H_3O^+ の強さと同じように思われる．というのは，H_3O^+ は列挙したすべての酸の共役種であり，また，すべての場合に存在する酸性種である．ときには，酸の強さが H_3O^+ の強さに"水平化される"といわれることがある．この現象は，**水平化効果**（leveling effect）とよばれ，その原理は，H_2O が強酸からプロトンを受容する塩基として十分強いことにある．もし，水よりも塩基性の弱い他の溶媒を用いた場合，酸は実際には同じ強さをもっていないため，同じ強酸のイオン化反応でも完全には起こらなくなる．通常は全く塩基性を示さない氷酢酸が適当な溶媒であるが，非常に強い酸が存在する場合には，塩基として働くこともありうる．

$$CH_3CO_2H + HClO_4 \rightleftharpoons HCH_3CO_2H^+ + ClO_4^- \quad (9 \cdot 18)$$
$$CH_3CO_2H + HNO_3 \rightleftharpoons HCH_3CO_2H^+ + NO_3^- \quad (9 \cdot 19)$$

これらの反応の程度を調べてみると，$HClO_4$ を用いた反応は他のどの酸よりもより右側に進行することがわかった．この方法により，水と完全に反応する強酸も，表 $9\cdot1$ に示すように，強さの順序に並べることが可能である．

アンモニウムイオンは単に NH_3 がプロトンを得たものであることを思い起こすと，NH_4^+ は NH_3 の共役酸であることは明らかである．したがって，NH_4^+ が酸として振舞うことを期待するのは普通である（式 $9\cdot16$）．また一方，NH_4^+ イオンは他の条件でも酸として反応することもできる．NH_4Cl のようなアンモニウム塩を融点まで加熱すると，それは酸性になる．実際，その反応は HCl が示す反応と似ている．たとえば，金属は水素を発生しながら溶ける．

$$2\,HCl + Mg \rightarrow MgCl_2 + H_2 \quad (9 \cdot 20)$$
$$2\,NH_4Cl + Mg \rightarrow MgCl_2 + H_2 + 2\,NH_3 \quad (9 \cdot 21)$$

このような反応において NH_4^+ はプロトン受容体として働いたのち，残った NH_3 は気

体として抜ける．炭酸物は HCl と反応して CO_2 を生成し，亜硫酸物は SO_2, 酸化物は水を生成する．加熱したアンモニウム塩も同様に反応する．

$$2\,NH_4Cl + CaCO_3 \rightarrow CaCl_2 + CO_2 + H_2O + 2\,NH_3 \quad (9\cdot 22)$$
$$2\,NH_4Cl + MgSO_3 \rightarrow MgCl_2 + SO_2 + H_2O + 2\,NH_3 \quad (9\cdot 23)$$
$$2\,NH_4Cl + FeO \rightarrow FeCl_2 + H_2O + 2\,NH_3 \quad (9\cdot 24)$$

NH_4Cl は金属酸化物と反応できるため，長い間，接着溶剤として使用されてきた．物体の表面上の酸化物を除去することにより，強い接合部をつくることができる．昔の命名では，NH_4Cl は塩化アンモン石として知られていた．

アンモニウム塩の酸としての性質については，珍しいところは何もない．実際，プロトン化されたアミンのすべてはプロトン受容体として働く．このため，多くのアミン塩は合成反応において酸として用いられてきた．塩化物塩が用いられる場合は，そのアミン塩はアミンの塩酸塩として知られている．酸としての性質を最も初期の頃に研究されたアミンの塩酸塩は，ピリジンの塩酸塩（ピリジニウムクロライド），$C_5H_5NH^+Cl^-$ である．この化合物は溶融状態において，今述べたタイプの多くの反応を起こす．

9・3 酸と塩基の強さに影響する因子

酸として働く物質の範囲は非常に広い．H_2SO_4, HNO_3, H_3PO_4 およびその他多くのオキシ酸と同様によく知られているハロゲン化水素のような二元化合物も含まれる．酸は強さに幅があり，ホウ酸（$B(OH)_3$）のような酸から $HClO_4$ のような非常に強い酸までさまざまである．この節では，酸の強さを予想したり関連付けたりするための一般的な指針を明らかにしよう．

H_3PO_4 のような多塩基酸の酸の強さについての検討事項の一つは，最初に解離するプロトンが 2 番目や 3 番目のプロトンよりも放出されやすい，という事実である．最初のプロトンは中性分子から放出されるが，一方，2 番目や 3 番目のプロトンは負電荷をもつ化学種から放出される．H_3PO_4 の段階的解離をつぎのように表せる．

$$H_3PO_4 + H_2O \rightleftharpoons H_3O^+ + H_2PO_4^- \quad K_1 = 7.5 \times 10^{-3} \quad (9\cdot 25)$$
$$H_2PO_4^- + H_2O \rightleftharpoons H_3O^+ + HPO_4^{2-} \quad K_2 = 6.2 \times 10^{-8} \quad (9\cdot 26)$$
$$HPO_4^{2-} + H_2O \rightleftharpoons H_3O^+ + PO_4^{3-} \quad K_3 = 1.0 \times 10^{-12} \quad (9\cdot 27)$$

逐次解離定数の間に約 10^5 倍の差があることに気づくだろう．このような関係は，多くの多塩基酸の平衡定数の間に見られ，ときにポーリングの法則として知られる．この法則は亜硫酸にもあてはまり，その平衡定数は，$K_1=1.2\times 10^{-2}$ および $K_2=1\times 10^{-7}$ である．

酸の強さを論ずるうえでもう一つの重要な概念は，クロロ置換酢酸の解離定数で説明できる．その解離定数はつぎの通りである．CH_3COOH, $K_a=1.75\times 10^{-5}$; $ClCH_2COOH$, $K_a=1.40\times 10^{-3}$; $Cl_2CHCOOH$, $K_a=3.32\times 10^{-2}$; Cl_3CCOOH, $K_a=2.00\times 10^{-1}$．これらの酸

の解離定数は，メチル基上の水素原子を塩素原子に置き換えた効果をはっきりと示している．塩素原子は高い電気陰性度を有するため，それらが存在する分子の端の方に向かって電子密度の移動がひき起こされる．その結果，O-H 結合の電子対が水素原子から遠ざかるように移動する．この電子は塩素原子の影響で動かされる．Cl を H にそれぞれ置換すると，その電子の移動により，その酸はより強くなる．これは**誘起効果** (inductive effect) として知られている．Cl_3CCOOH 分子の中の電荷の分離は，下の構造のとおりに表される．

$$\begin{array}{c} \delta^- \\ Cl \\ | \\ \delta^-\text{—}Cl\text{—}C\overset{3\delta^+}{}\text{—}C\overset{\displaystyle O}{\underset{\displaystyle O\text{—}H}{\diagup}} \\ | \\ Cl \\ \delta^- \end{array}$$

異なる位置にある塩素原子一つ分の効果は，モノクロロ酪酸の解離定数から理解できる．この系の酸においては，一つの塩素原子を COOH 基の隣の炭素かそれ以外の炭素原子に導入することができる．酪酸の解離定数は 1.5×10^{-5} である．一つの塩素原子を三つの可能な位置に導入したときの解離定数は以下のとおりである．

$K_a = 3 \times 10^{-5}$ $K_a = 1.0 \times 10^{-4}$ $K_a = 1.4 \times 10^{-3}$

この系では，塩素原子がカルボキシ基に最も近いときにその効果が最大で，最も遠くの場合に最小である．

通常は，C-H 結合から水素イオンが解離することはないが，それは不可能ではない．たとえば，アセチレンの酸性はよく知られており，C_2^{2-} イオンが含まれる多くの化合物が存在する．炭素原子からの H^+ の解離のしやすさは，その炭素原子が分子にどのように結合しているかによって決まるということが知られている．アルキンの C-H 結合が最も酸性が強く，一方アルカンの C-H 結合は最も酸性が弱い．芳香族分子やアルケンの C-H 結合は，これらの両極端の間にあり，この二つの中では芳香族分子の C-H 結合の方がより酸性である．H^+ の解離のしやすさは，C-H 結合の電荷分離によって決まるため，炭素原子は以下の順序で（炭素の混成軌道タイプを併記）電気陰性度が変わるかのごとく振舞うと結論できる．この順序は，これらのタイプの化合物の酸の強さの順序でもある．

結合のタイプ　　$C_{yne}-H > HC_{arom}-H > C_{ene}-H > C_{ane}-H$
炭素の混成　　　　sp　　　　　sp^2　　　　　sp^2　　　　sp^3

9・3 酸と塩基の強さに影響する因子

誘起効果は HNO_3 や HNO_2 のような酸の強さによっても説明される．それらの分子構造は以下のとおりである．

HNO_3 分子では，水素原子がついていない二つの酸素原子がある．これらの酸素原子は，O-H 結合から離れるように電子密度の移動をひき起こすことにより，水素イオンを容易に解離させる．HNO_2 分子では，水素原子がついていない酸素原子は一つのみなので，電子の移動の程度は HNO_3 に比べはるかに小さい．HNO_2 と HNO_3 の酸の強さを少々異なる方法でこのあと比較するが，亜硝酸は弱酸であるが，硝酸は強酸であるという結果になる．

HNO_2 のような酸からプロトンが失われると，その結果生じる NO_2^- イオンは以下に示すような共鳴構造の寄与により安定化される．

そのため，イオン上の −1 価の電荷は，その構造全体に分布する．その結果，NO_2^- はそれほど H^+ を強く引きつけない．一方，−1 価の電荷が NO_3^- の三つの酸素原子上に分布する硝酸の場合は，このような効果がはるかに大きい．したがって，三つの共鳴構造が書ける NO_3^- は NO_2^- ほど塩基性が強くない．このことは，HNO_3 が HNO_2 より強い酸であることを意味する．

誘起効果の例は山ほどある．硫酸は強酸であるが，亜硫酸は弱酸である．Pauling はオキシ酸の化学式を $(HO)_nXO_m$ と書くことによって，誘起効果を体系化する方法を提供した．誘起効果は，O-H 基に含まれない酸素原子により生じるので，酸の強さを決定するのは，この式の m 値である．m 値が 1 増えると K は約 10^5 倍大きくなる．この

$m=0$ の場合，その酸は非常に弱い．K_1 は 10^{-7} 以下	$B(OH)_3$, ホウ酸, $K_1 = 5.8 \times 10^{-10}$
	HOCl, 次亜塩素酸, $K_1 = 2 \times 10^{-9}$
$m=1$ の場合，その酸は弱い．K_1 は 10^{-2} 以下	$HClO_2$, 亜塩素酸, $K_1 = 1 \times 10^{-2}$
	HNO_2, 亜硝酸, $K_1 = 4.5 \times 10^{-4}$
$m=2$ の場合，その酸は強い．$K_1 > 10^3$	H_2SO_4, 硫酸, K_1 は大きい
	HNO_3, 硝酸, K_1 は大きい
$m=3$ の場合，その酸は非常に強い．$K_1 > 10^8$	$HClO_4$, 過塩素酸, K_1 は非常に大きい

原則は，表に説明した．

HCl, HBr および HI の解離定数は非常に大きいが，すべてのハロゲン化水素のそれは HF の $6.7×10^{-4}$ から HI の $2×10^{9}$ までの範囲にある．興味深いことに，H_2O, H_2S, H_2Se および H_2Te の解離定数は，およそ $2×10^{-16}$ から $2.3×10^{-3}$ までの範囲にある．その結果，16 族と 17 族の水素化合物の最初と最後の化合物の解離定数の間にはおよそ 10^{13} 倍の差がある．

フェノール（C_6H_5OH）は $K_a=1.7×10^{-10}$ の弱酸であるが，C_2H_5OH のような脂肪族アルコールは通常の条件下では酸性ではない．O-H から H^+ を引き離すのに必要なエネルギーの観点からみると，二つのアルコールのエネルギー差は大きくない．大きく異なるのは，H^+ が解離した後に何が起こるかである．図 9・1 に示すように，フェノキシドイオン（$C_6H_5O^-$）は，いくつかの共鳴構造を有し，それが安定性に寄与する．これらの構造のおかげで，フェノキシドイオンは，これらに対応するような共鳴構造を書けないエトキシドイオンよりも，低いエネルギー状態に存在する結果となる．

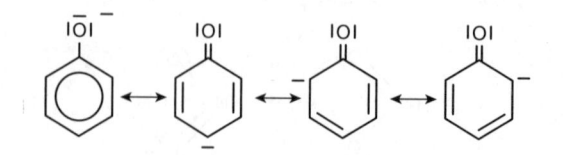

図 9・1　フェノキシドイオンの共鳴構造

負電荷が非局在化した陰イオンが共鳴安定化するため，イオン化の全体のエネルギー変化はエタノールよりもフェノールの方が小さくなる．このことはエネルギーの観点からつぎのように示すことができる．

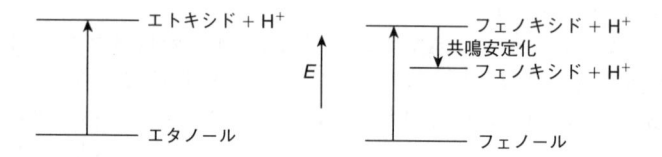

この違いはおもに生成する陰イオンの共鳴安定化によるものであり，O-H 結合の強さの大きな違いによるものではない．

脱プロトン化後の共役塩基の共鳴安定化のもう一つの例は，互変異性化反応が起こるアセチルアセトン（2,4-ペンタジオン）の例である．

$$\text{CH}_3-\overset{:\text{O}:}{\overset{\|}{\text{C}}}-\text{CH}_2-\overset{:\text{O}:}{\overset{\|}{\text{C}}}-\text{CH}_3 \rightleftharpoons \text{CH}_3-\overset{:\text{O}:\cdots\text{H}-\overset{..}{\text{O}}:}{\overset{\|}{\text{C}}}-\text{CH}=\overset{}{\text{C}}-\text{CH}_3 \quad (9\cdot 28)$$

プロトンが解離した後，その共鳴構造は陰イオンを安定化するため，アセチルアセトンはわずかに酸性である．この陰イオンが金属イオンに強く結合した配位化合物が多く知られている．この陰イオンの錯体形成能は，それがルイス酸・塩基として振舞うことを明示している（第16章と第20章をみよ）．

$$\text{CH}_3-\overset{:\text{O}:}{\underset{\|}{\text{C}}}-\text{CH}=\overset{:\overset{..}{\text{O}}:^-}{\underset{|}{\text{C}}}-\text{CH}_3 \longleftrightarrow \text{CH}_3-\overset{^-:\overset{..}{\text{O}}:}{\underset{|}{\text{C}}}=\text{CH}-\overset{:\text{O}:}{\underset{\|}{\text{C}}}-\text{CH}_3$$

脂肪族アルコールは通常酸性ではないが，その O-H 基はナトリウムのような非常に活性の高い金属と反応するだけの酸性度を十分有している．その反応はつぎのように書ける．

$$2\,\text{Na(s)} + 2\,\text{C}_2\text{H}_5\text{OH(l)} \rightarrow \text{H}_2\text{(g)} + 2\,\text{NaOC}_2\text{H}_5\text{(s)} \quad (9\cdot29)$$

この反応は，活性がはるかに低いことを除けば，ナトリウムと水の反応に似ている．

$$\text{Na(s)} + \text{H}_2\text{O(l)} \rightarrow \text{H}_2\text{(g)} + \text{NaOH} \quad (9\cdot30)$$

どちらの反応においても，強塩基である陰イオンが生成する．

　塩基の強さに影響する因子は，おもにその化学種の H^+ を引き抜く力に基づいており，それは静電相互作用を支配する原理と一致する．負電荷をもつ化学種がより小さくより高い電荷をもつほど，小さく正電荷をもつ H^+ イオンに対する引力はより強い．たとえば，O^{2-} は OH^- よりも高い負電荷をもつため，その結果より強い塩基となる．通常，O^{2-} の塩基性の結果として，酸化物が水溶液中で生成するような反応は考えない．イオン性酸化物は通常，水と反応して水酸化物を生成する．

$$\text{CaO} + \text{H}_2\text{O} \rightarrow \text{Ca(OH)}_2 \quad (9\cdot31)$$

S^{2-} は塩基であるが，そのサイズが大きいため O^{2-} よりは弱い塩基である．小さな H^+ は，O^{2-} 上の負電荷がよりコンパクトで濃密な領域に好んで結合する．言い換えれば，酸化物イオンは硫化物イオンよりも高い電子密度を有している．

　同じようにして，一連の窒素種は，$\text{N}^{3-} > \text{NH}^{2-} > \text{NH}_2^- > \text{NH}_3$ のように，塩基の強さが減少する順序に並べることができる．同様に，NH_3 は PH_3 よりも強い塩基である．その理由は，窒素原子上の非共有電子対がより小さな軌道に含まれており，それが非常に小さな H^+ をより強く引きつけるからである．このようなケースについては，本章で後ほど詳述する．

　もう一つの強い塩基種は水素化物イオン（H^-）である．金属水素化物は水と反応し塩基性溶液を生成する．

$$\text{H}^- + \text{H}_2\text{O} \rightarrow \text{H}_2 + \text{OH}^- \quad (9\cdot32)$$

この水に対する親和性を利用して,金属水素化物は,O-H結合を含まない有機液体から最後の微量の水を除く乾燥剤として使用されている.水素化カルシウム(CaH_2)はこの目的でよく使われる.

9・4 酸化物の酸・塩基特性

前述の議論において,多くの酸は,非金属,酸素および水素を含んでいることは明らかである.このことから,一つの酸のつくり方として,非金属の酸化物と水を反応させる方法が考えられる.実際,これはまさしく事実であり,多くの酸がこの方法で調製できる.たとえば,

$$SO_3 + H_2O \rightarrow H_2SO_4 \qquad (9・33)$$
$$Cl_2O_7 + H_2O \rightarrow 2\,HClO_4 \qquad (9・34)$$
$$CO_2 + H_2O \rightarrow H_2CO_3 \qquad (9・35)$$
$$P_4O_{10} + 6\,H_2O \rightarrow 4\,H_3PO_4 \qquad (9・36)$$

この反応の一般的性質は,非金属の酸化物が水と反応し酸性溶液を生成することである.このような酸化物は酸性無水物とよばれることがある.

イオン性金属酸化物は,非常に強い塩基である酸化物イオンを含む.したがって,金属酸化物を水に加えると,その反応の結果,塩基性溶液が生成する.

$$O^{2-} + H_2O \rightarrow 2\,OH^- \qquad (9・37)$$

金属の酸化物は,水と反応して塩基性溶液を生成するので,塩基性無水物とよばれることがある.このタイプの反応例のいくつかを以下に示す.

$$MgO + H_2O \rightarrow Mg(OH)_2 \qquad (9・38)$$
$$Li_2O + H_2O \rightarrow 2\,LiOH \qquad (9・39)$$

先に述べた$HCl(g)$と$NH_3(g)$の間で起こるようなプロトン移動反応では水を必要としたが,酸・塩基反応が起こるのに水を必要としないものもある.これは,非金属の酸性酸化物と金属の塩基性酸化物の間の反応にもあてはまる.多くの場合,これらはつぎの式に書かれているように直接反応する.

$$CaO + CO_2 \rightarrow CaCO_3 \qquad (9・40)$$
$$CaO + SO_3 \rightarrow CaSO_4 \qquad (9・41)$$

より酸性の酸化物が弱いものに置き換わることもまた確かだ.たとえば,SO_3はCO_2よりも強い酸性酸化物であるため,$CaCO_3$をSO_3と加熱するとCO_2が発生する.

$$CaCO_3 + SO_3 \rightarrow CaSO_4 + CO_2 \qquad (9・42)$$

この反応は,より強いルイス酸がその化合物からより弱いルイス酸に置き換わることで説明できる.もし,CO_3^{2-} を O^{2-} を有する CO_2 である考えた場合,この反応は,SO_3 が O^{2-} により強い親和性を有し,CO_3^{2-} から O^{2-} を奪い CO_2 を発生させる,とみなすことができる.

すべての二元酸化物が酸性酸化物あるいは塩基性酸化物に分類されるわけではない.たとえば,Zn や Al の酸化物は,相手の反応物質によって,酸か塩基として反応することができる.このことは,つぎの式によって説明される.

$$ZnO + 2\,HCl \rightarrow ZnCl_2 + H_2O \qquad (9\cdot 43)$$

ここでは,ZnO は塩基として反応しているが,つぎの反応では

$$ZnO + 2\,NaOH + H_2O \rightarrow Na_2Zn(OH)_4 \qquad (9\cdot 44)$$

ZnO は $[Zn(OH)_4]^{2-}$ 錯イオンを生成するので,酸として反応している.この反応は,形式的には水が関与しないつぎの反応と等価である.

$$Na_2O + ZnO \rightarrow Na_2ZnO_2 \qquad (9\cdot 45)$$

Zn^{2+} や ZnO_2^{2-} を含むオキシ酸は**亜鉛酸塩**(ジンケート,zincate)として知られ,テトラヒドロキシド亜鉛(II)酸陰イオンとよばれる $Zn(OH)_4^{2-}$ と等価である(第16章をみよ).これらの反応から,ZnO は酸性あるいは塩基性酸化物として反応することは明らかであり,そのため両性酸化物として知られている.要するに,ある酸化物は明らかに酸性あるいは塩基性であり,その間にある酸化物も存在するということである.実際,図 9・2 に示す元素の酸化物の酸・塩基特性には連続性がある.

塩基性		両性			酸性	
Na_2O	MgO	Al_2O_3	SiO_2	P_4O_{10}	SO_3	Cl_2O_7

↓ H_2O を加える

NaOH	$Mg(OH)_2$	$Al(OH)_3$	H_4SiO_4	H_3PO_4	H_2SO_4	$HClO_4$
強塩基		両性		弱酸		強酸

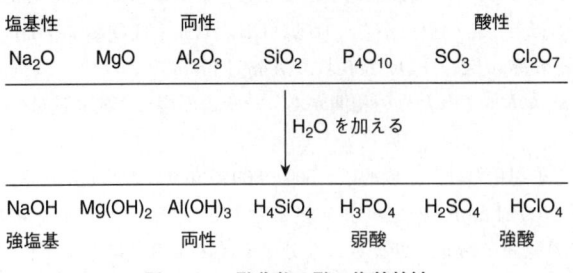

図 9・2 酸化物の酸・塩基特性

9・5 プロトン親和力

第7章では,アンモニウム塩の分解エンタルピーを陰イオンのプロトン親和力の計算にどのように使えるかについて示した.**プロトン親和力**(proton affinity)は電子親和力と同様に,ある化学種の固有の塩基性を与える気相特性である.H^+ と塩基 B の反応

は，つぎのように示すことができる．

$$B(g) + H^+(g) \rightarrow BH^+(g) \quad \Delta H = \text{プロトン付加エンタルピー（負）} \quad (9 \cdot 46)$$

たいていの化学種はプロトンが付加するとエネルギーを放出するため，プロトン付加のエンタルピーは負である．プロトン親和力は，その逆の過程であるプロトンの解離に伴う熱そのものであり，正のエンタルピーを伴う．したがって，化学種Bのプロトン親和力は，この気相反応のエンタルピーとして定義される．

$$BH(g)^+ \rightarrow B(g) + H^+(g) \quad (9 \cdot 47)$$

BへのH$^+$の付加は，熱化学サイクルによって示すことができる．

$$\begin{array}{ccc}
B(g) + H^+(g) & \xrightarrow{-PA_B} & BH^+(g) \\
\downarrow I_B & & \uparrow -E_{B^+-H} \\
B^+(g) + e^-(g) + H^+(g) & \xrightarrow{-I_H} & B^+(g) + H(g)
\end{array}$$

このサイクルから，つぎのように書くことができる．

$$PA_B = I_H - I_B + E_{B^+-H} \quad (9 \cdot 48)$$

この式において，I_HはHのイオン化エネルギー（1312 kJ mol^{-1}），I_Bは塩基Bのイオン化エネルギー，そしてE_{B^+-H}はB$^+$-H結合のエネルギーである．I_Bの項がI_Hから差し引かれるので（最後の項はそれほど重要ではない），結局I_Bが小さいほどプロトン親和力が大きいことになる．H$^+$はBの電子密度を低くするように反応するため，この過程が容易に起こるほど，I_Bの値は小さくなる．CH$_4$, NH$_3$, H$_2$O および HF 分子のプロトン親和力は，それぞれ 527, 841, 686 および 469 kJ mol^{-1} である．これらの値は，その分子のイオン化エネルギーと良い相関があり，その順序は NH$_3$＜H$_2$O＜CH$_4$＜HF である．

中性分子の電子親和力は，一般的に，500～800 kJ mol^{-1}の範囲にある．-1価の陰イオンは 1400～1700 kJ mol^{-1}のプロトン親和力をもつが，-2価イオンの値は 2200～2400 kJ mol^{-1}の範囲にある．さまざまな分子やイオンのプロトン親和力を表に示す．プロトン親和力は，溶媒に起因する複雑な効果を含まない，化学種の固有の塩基性を示す有用な量を与える．気相のプロトン親和力は，絶対塩基力と分子構造を関連づけるのに有用ではあるが，残念ながら，酸・塩基化学ではほとんど有効に使われていない．

プロトンは硬いルイス酸なので，大きな負電荷をもちサイズの小さく硬いルイス塩基と選択的に相互作用することが期待される．塩化物イオンの場合は，その陰イオンの大きさとプロトン親和性の間に相関があるだろう．しかしながら，多原子種を含むさまざ

まなイオンの場合，構造の違いがかかわってくるだろう．なぜなら，その構造に含まれる原子の一つだけが最も塩基性の高い部位だからである．関連づけは，同じ構造や電荷をもつ化学種に対してだけ試みるべきである．16族と17族の原子からなる陰イオンのプロトン親和力とイオン半径を表9・2に示す．

表 9・2 −1価および−2価陰イオンのプロトン親和力

イオン	イオン半径 r 〔pm〕	プロトン親和力 〔kJ mol^{-1}〕	イオン	イオン半径 r 〔pm〕	プロトン親和力 〔kJ mol^{-1}〕
F$^-$	136	1544	O^{2-}	140	2548
Cl$^-$	181	1393	S^{2-}	184	2300
Br$^-$	195	1351	Se^{2-}	198	2200
I$^-$	216	1314	CO$_3^{2-}$	185	2270
OH$^-$	121	1632	SH$^-$	181	1464

図9・3は，−1価の電荷をもつ単原子イオンのイオン半径とプロトン親和力の関係を示したものである．陰イオンのサイズとプロトン親和力の間には良い相関関係があることは明らかである．これは決して詳細な研究ではないが，（同じタイプの構造をもつ）負イオンが小さければ小さいほど（すなわちより硬いほど），それがプロトンにより強く結合することは明らかである．

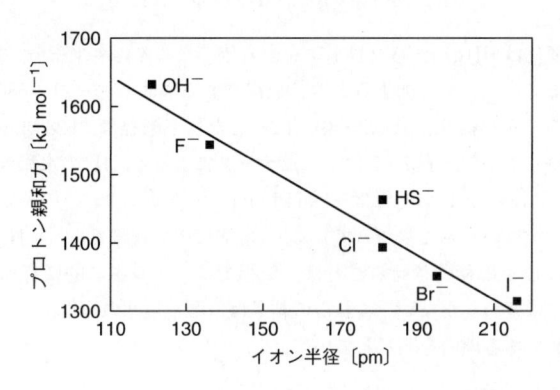

図 9・3 −1価イオンのイオン半径によるプロトン親和力の変化

陰イオンがプロトンにかなり高い親和性をもつことは驚くことではないが，中性分子がプロトンにエネルギーを放出して結合することも見出だされている．表9・3は，いくつかの簡単な構造をもつ中性分子のプロトン親和力を示す．

CH$_4$ のような"飽和"分子でさえもプロトンに対して有意な引力をもっていることは興味深い．このことは，ある結合の中で共有されている電子対でさえも，H$^+$ が結合する部位になりうることを示している．一般的に，ある化合物の酸性が強いほど（あるい

は塩基性が弱いほど），プロトン親和力の値はより小さくなる．たとえば，NH_3 のプロトン親和力は 866 kJ mol^{-1} であるのに対し，PH_3 のそれは 774 kJ mol^{-1} であり，PH_3 がより弱い塩基であるという事実に合っている．

表 9・3　中性分子のプロトン親和力 〔kJ mol^{-1}〕†

CH_4	NH_3	H_2O	HF	Ne
528	866	686	548	201
SiH_4	PH_3	H_2S	HCl	Kr
$\sim$600	804	711	575	424
	AsH_3	H_2Se	HBr	Xe
	732	711	590	478
			HI	
			607	

† 大部分の値は Porterfield (1993), p. 325 より．

表 9・2 および表 9・3 に示されているデータは，いくつかの興味深い事実を明らかにしている．われわれは HI が水溶液中で強酸であることを知っている．しかし，$I(g)^-$ のプロトン親和力は 1314 kJ mol^{-1} であり，それに対して H_2O のそれは 686 kJ mol^{-1} である．したがって，つぎの反応の場合

$$HI(g) + H_2O(g) \rightarrow H_3O^+(g) + I^-(g) \qquad (9・49)$$

エンタルピー変化は HI(g) からプロトンを引き抜くためのエネルギー（1314 kJ mol^{-1}）と，$H_2O(g)$ にプロトンを付加するときに放出されるエネルギー（-686 kJ mol^{-1}）の差になるだろう．その結果，式 (9・49) に示した反応過程は，628 kJ mol^{-1} ほど吸熱的である．しかしながら，表 7・7 に示したデータによると，H^+ の水和エンタルピーは -1100 kJ mol^{-1} であり，I^- のそれは -296 kJ mol^{-1} である．これらのイオンの溶媒和を考慮すると，状況はいくぶん変わってくる．（水溶液中で強酸である）HI からプロトンを引き抜き，H_2O 上に移動させることは，気相ではエネルギー的に有利な反応ではないという事実には変わりがない．これらの結果は，酸や塩基の作用において溶媒の役割がきわめて重要である理由を明示している．

9・6　ルイス理論

ここまで，酸・塩基化学の題材をプロトン移動の観点から取扱ってきた．なぜ NH_3 はプロトンを受容できる塩基であるかというと，それはプロトンが付加できる窒素原子上に非共有電子対があるからである．逆にいえば，実際，水素イオンが負電荷の中心に向かって移動するため，HCl のような酸から離れアンモニア分子に付加する．言い換えれば，塩基上の非共有電子対の存在によりプロトン移動が起こる．酸・塩基の電子論としてときに知られていることだが，これは，酸と塩基の基本的な性質が必ずしもプロト

ンの移動に依存しているわけではないことを示している．この酸・塩基の化学への方法論は，1920年代にG. N. Lewisによって初めて展開された．

つぎの反応を

$$HCl(g) + NH_3(g) \rightarrow NH_4Cl(s) \qquad (9\cdot50)$$

電子の観点から考えると，HClからのプロトンは塩基の負電荷の中心に引きつけられている．アンモニアの窒素原子上の非共有電子対は，まさしくその中心である．そのプロトンがNH_3分子に付加しているとき，その結合に使われている電子は両方とも窒素原子に由来する．そのため，酸と塩基の反応の結果生じるこの結合は，**配位共有結合**（coordinate covalent bond，あるいは単に配位結合）である．

ルイス酸・塩基の化学は，膨大な数の化学反応を体系化するために考案されてきた最も有用な手段の一つを提供する．酸あるいは塩基としてのある物質の振舞いがプロトン移動と全く関係ないとしても，他の多くの反応は酸・塩基反応とみなすことができる．たとえば，つぎの反応では

$$BCl_3(g) + :NH_3(g) \rightarrow H_3N:BCl_3(s) \qquad (9\cdot51)$$

BCl_3分子がNH_3分子上の非共有電子対に結合して配位結合を形成している．したがって，この反応はルイス理論に従う酸・塩基反応である．このような反応の生成物は，二つの完全な分子の付加から生じるため，しばしば酸・塩基付加体あるいは酸・塩基錯体とよばれる．このBCl_3は電子対受容体，すなわちルイス酸であり，NH_3は電子対供与体，すなわちルイス塩基である．これらの定義に従えば，どのようなタイプの化学種がルイス酸あるいは塩基として振舞うかを予想できる．

つぎのタイプの化学種がルイス酸である．

1. 中心原子上の電子数が8より少ない分子（たとえば，BCl_3, $AlCl_3$）
2. 正電荷をもつイオン（たとえば，H^+, Fe^{3+}, Cr^{3+}）
3. すでに8個以上の電子をもつが，さらに電子対を付加できる分子（たとえば，$SbCl_3$, PCl_5, SF_4）

ルイス塩基はつぎのような化学種を含む．

1. 一つの非共有電子対をもつ陰イオン（たとえば，OH^-, H^-, F^-, PO_4^{3-}）
2. 非共有電子対をもつ中性分子（たとえば，NH_3, H_2O, R_3N, ROH, PH_3）

これでわれわれはルイス酸とルイス塩基の反応を含む多くの反応式を書くことができる．いくつかの例を以下に示す．

$$SbF_5 + F^- \rightarrow SbF_6^- \qquad (9\cdot52)$$
$$AlCl_3 + R_3N \rightarrow R_3N:AlCl_3 \qquad (9\cdot53)$$

$$H^+ + PH_3 \rightarrow PH_4^+ \tag{9・54}$$
$$Cr^{3+} + 6\,NH_3 \rightarrow Cr(NH_3)_6^{3+} \tag{9・55}$$

ルイス理論に従う酸・塩基挙動は,ブレンステッド-ローリー理論に従う酸・塩基理論と同様の側面を数多くもつ.

1. 塩基なくして酸はない.一つの電子対は塩基から酸に供与されなければならない.
2. 酸(あるいは塩基)は反応して,その化合物からより弱い酸(あるいは塩基)に置き換わる.
3. ルイス酸とルイス塩基の相互作用は,その反応物の酸や塩基の性質が失われるため,一種の中和反応である.

酸・塩基反応は BF_3 と NH_3 の間で容易に起こる.

$$BF_3 + NH_3 \rightarrow H_3N:BF_3 \tag{9・56}$$

しかしながら,この反応の生成物を BCl_3 と接触させると,つぎの反応が起こる.

$$H_3N:BF_3 + BCl_3 \rightarrow H_3N:BCl_3 + BF_3 \tag{9・57}$$

この反応では,ルイス酸である BF_3 が本来より強いルイス酸である BCl_3 によって置き換わる.この反応に関して二つの疑問が生じる.一つ目は,なぜ BCl_3 は BF_3 よりも強いルイス酸か? 二つ目は,このタイプの反応はどのようにして起こるか?

ルイス酸の強さは,ルイス塩基として振舞う分子上の電子対を引きつける力を評価する基準となる.フッ素は塩素より電気陰性度が大きいので,三つのフッ素原子はホウ素原子から電子を求引し,ホウ素原子をより陽性にするように見える.周囲の原子が塩素のときも,ある程度はこうなるだろうが,塩素はフッ素よりも電気陰性度が小さい.これに基づくと,BF_3 はより強いルイス酸であると考えてしまうかもしれない.しかし,BF_3 分子では,ホウ素原子が sp^2 混成軌道を使っており,この分子平面に垂直な一つの 2p 軌道を空にしている.フッ素原子は,ホウ素原子上の空の 2p 軌道と重なることができる被占 2p 軌道をもつため,B-F 結合がいくぶん二重結合性を有する.

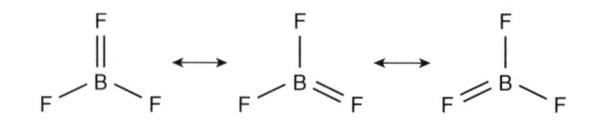

部分的な二重結合性をもつ共鳴構造が寄与する結果,BF_3 のホウ素原子は BCl_3 のホウ素原子ほど電子不足ではない.2番目の疑問に答えるため,一般的な置換反応をつぎの

ように書いてみる．
$$B:A + A' \rightarrow B:A' + A \qquad (9\cdot58)$$
ここでは，Bはルイス塩基，AとA'はルイス酸を表す．ルイス塩基は非共有電子対をもつため，これらはもう一つの化学種の正電荷（電子不足部位）の中心と相互作用しようとする．前述の反応では，Aは電子不足の化学種であり，そこにBが結合する．Bは正電荷部位と相互作用しようとするため，**求核体**（nucleophile, "核を好む"）として知られる．一方，電子不足である分子AとA'は，もう一つの化学種上の非共有電子対と相互作用しようとする．したがって，AとA'は"電子を好む"化学種，求電子体である．今示した反応では一つの求電子体が他方を置換するので，この反応は**求電子置換反応**（electrophilic substitution reaction）として知られている．

つぎの反応は，
$$A:B + :B' \rightarrow A:B' + :B \qquad (9\cdot59)$$
一つの求核体が他方を置換するので，この反応は**求核置換反応**（nucleophilic substitution reaction）として知られている．このような反応が起こる際に考えられる律速経路が二つある．まず，Bから離れる原子団は，B'がAに結合する前に離れる．この結合解離の段階は，この過程の中の遅い段階あるいは律速段階であろう．この段階に続いて，侵入基B'は結合生成段階に入る．この過程は結合解離段階に比べて速いだろう．この過程はつぎのように表せる．

$$A:B \xrightleftharpoons{\text{遅い}} [A + :B]^{\ddagger} \xrightarrow[+ :B']{\text{速い}} A:B' + :B \qquad (9\cdot60)$$

この反応の動力学的研究においては，この遅い段階についてのみ情報が得られる．もし，直径1 cmのパイプに直径6 cmのパイプがつながっているシステムがあり，ここを流れる水の流速を測ったとすると，1 cmのパイプを流れる水の流速に関する情報のみが得られるだろう．B'の濃度が十分に得られる限り，今示した反応の速度はA:Bの濃度のみに依存する．この過程の速度則は，以下のように書ける．

$$\text{反応速度} = k_1[A:B] \qquad (9\cdot61)$$

ここでk_1は速度定数であり，この反応はA:Bについて一次である．B'の濃度を広い範囲で変化させても，この反応の速度は変化せず，これはS_N1過程として知られている．この符号S_N1は，substitution, nucleophilic, first-orderを縮めた略号である．

もしこの反応が，最初の（遅い）段階がBが離れる前にB'がAに結合し始めるように起こる場合は，つぎのように示すことができる．

$$A:B + :B' \xrightleftharpoons{\text{遅い}} [B\cdots A\cdots B]]^{\ddagger} \xrightarrow{\text{速い}} A:B' + :B \qquad (9\cdot62)$$

この場合，反応速度はその遷移状態がどれだけ速く形成されるかによって決まり，その過程はA:Bと:B′の両方を必要とする．この反応の速度則は，以下のとおりである．

$$\text{反応速度} = k_2[\text{A:B}][\text{B}'] \tag{9・63}$$

この機構に従うと，この反応には，[A:B]とB′の両方の濃度に一次依存性があり，S_N2過程とよばれる．多くの求核置換反応はこれらの単純な速度則の一つに従うが，そうではない反応も多い．さらにつぎのような複雑な速度則が観察される．

$$\text{反応速度} = k_1[\text{A:B}] + k_2[\text{A:B}][\text{B}'] \tag{9・64}$$

一つのルイス酸がもう一つのルイス酸に置き換わる置換反応は，求電子置換として知られており，単純は一次および二次過程は，それぞれS_E1およびS_E2とよばれる．

ルイス酸・塩基に基づく研究方法が非常に有用である最も大きな分野は，おそらく配位化学の分野である．配位化合物の形成において，Cr^{3+}, Co^{3+}, Pt^{2+}あるいはAg^+のようなルイス酸は，電子対の供与と受容の結果，ある決まった数（通常，2, 4あるいは6）の原子団に結合する．典型的は電子対供与体として，H_2O, NH_3, F^-, CN^-など，他にも多くの分子やイオンがある．配位化合物あるいは配位錯体として知られる生成物は，結合の原則の観点から予測できる明確な構造をもつ．本書の第16～第22章は，無機化学の分野における重要性を考え，配位化学を取扱う．

9・7 酸と塩基の触媒挙動

酸と塩基の特性の一つとして，これらがある反応を触媒することが挙げられる．何年も前に，Brønstedは，解離定数により判断される酸の強さと，酸により触媒される反応の速度の関係について研究を行った．Brønstedが実証した関係は，つぎのように書ける．

$$k = CK_a^n \tag{9・65}$$

ここでは，K_aは酸の解離定数，kはその反応の速度定数，そしてCとnは定数である．この式の両辺の対数をとると，つぎの式が得られる．

$$\ln k = n \ln K_a + \ln C \tag{9・66}$$

あるいは常用対数を用いると，その関係はつぎのようになる．

$$\log k = n \log K_a + \log C \tag{9・67}$$

酸のpK_aは$-\log K_a$と定義されるので，式（9・67）はつぎのように書ける．

$$\log k = -n\,\text{p}K_a + \log C \tag{9・68}$$

この式の形は，$\log k$ と pK_a の関係を示すグラフが，傾き $-n$ と切片 $\log C$ をもつ直線になることを示している．つぎの式に示すように，酸が解離して生じた A^- は水からプロトンを受ける．

$$A^- + H_2O \rightarrow HA + OH^- \qquad (9 \cdot 69)$$

この式の平衡定数 K_b は，つぎのように書ける．

$$K_b = \frac{[HA][OH^-]}{[A^-]} \qquad (9 \cdot 70)$$

平衡定数 K_a は，つぎの式で示す酸の解離における自由エネルギー変化 ΔG_a と関係がある．

$$\Delta G_a = -RT \ln K_a \qquad (9 \cdot 71)$$

式 (9・71) を $\ln K_a$ について解き，その結果を式 (9・66) に代入すると，つぎの式が得られる．

$$\ln k = -\frac{n \Delta G_a}{RT} + \ln C \qquad (9 \cdot 72)$$

式 (9・72) は，直線自由エネルギー関係として知られている．これは，反応の速度定数の対数と酸の解離の自由エネルギーが直線関係にあることを示している．

このような関係は，塩基により触媒される反応に対しても同様に展開できる．得られる式は，つぎのとおりである．

$$\log k' = n' \log K_b + \log C \qquad (9 \cdot 73)$$

ここでのプライム (′) は，酸ではなく塩基について考えていることを示している．K_a と K_b の関係は $K_a K_b = K_w$ なので，式 (9・73) の K_b を置き換えるとつぎの式が得られる．

$$\log k' = n' \log \left(\frac{K_w}{K_a} \right) + \log C \qquad (9 \cdot 74)$$

直線自由エネルギー関係 (LFER) に関する一般的な議論はここではとりあげないが，今述べた方法は，ハメットの σ および ρ パラメーターに展開することができ，有機化学において大変有用である．有機化学における LFER の応用に関する詳細については，本章末の参考文献を参照せよ．前述の議論は，異なる酸の触媒挙動は酸の強さの違いにより予想できることを示している．

これまでの議論は，ブレンステッド酸の触媒としての挙動に関する説明に関連してき

たが，酸や塩基によって触媒作用が起こる反応には膨大な種類がある．重要な有機反応の多くは，酸あるいは塩基による触媒作用を含む．本節では，いくつかの反応について述べるが，無機化学に関する本書では機構の詳細についてはとりあげない．ここでの議論は，酸や塩基による触媒反応の展望を示すことを目的とする．

エノール化として知られる非常に重要な反応は，酸でも塩基でも触媒される．また，エステルの加水分解は，

$$CH_3-\overset{\overset{O}{\|}}{C}-O-CH_3 + H_2O \longrightarrow CH_3COOH + CH_3OH \tag{9・75}$$

カルボニル酸素原子の非共有電子対へのプロトン付加を含むと思われる最初の段階で，酸による触媒作用を受ける．実際，酸触媒で起こるいくつかの有機反応は，一つの原子上の非共有電子対へのH^+の付加を含む．カルボニル基の酸素原子は非常に弱い塩基であるが，強酸に比べれば確かに塩基性である．アセトンのエノール化反応は，

$$CH_3-\overset{\overset{O}{\|}}{C}-CH_3 \longrightarrow CH_2=\overset{\overset{OH}{|}}{C}-CH_3 \tag{9・76}$$

メチル基からのH^+の引き抜きが最初のステップとなりOH^-が触媒する．

$$CH_3-\overset{\overset{O}{\|}}{C}-CH_3 + OH^- \longrightarrow CH_3-\overset{\overset{O}{\|}}{C}=CH_2^- + H_2O \tag{9・77}$$

アセトンは非常に弱い酸であるが（K_aはおよそ10^{-19}），隣接する炭素に結合する酸素原子があるために誘起効果は生じ，このために炭化水素よりもかなり酸性が強い．

塩基で触媒されるもう一つの反応は，ベンザイン中間体を生成する反応である．この場合，強塩基はアミドイオンNH_2^-である．

$$\underset{}{\bigcirc}-I + NH_2^- \longrightarrow \underset{}{\bigcirc}^- + NH_3 \xrightarrow{-I^-} \underset{}{\bigcirc}\!\!\!\parallel \tag{9・78}$$

ベンザイン中間体の三重結合は，さまざまな求核体に対して非常に反応性が高い．ヘミアセタールを生じるアセトアルデヒドとメタノールの反応も塩基触媒反応である．この

反応では，メトキシドイオン CH_3O^- が塩基である．

$$CH_3-\underset{H}{\underset{\|}{\overset{O}{C}}}-H + CH_3O^- \rightleftharpoons CH_3-\underset{H}{\underset{|}{\overset{O^-}{\underset{|}{C}}}}-OCH_3 \xrightarrow{CH_3OH} CH_3-\underset{H}{\underset{|}{\overset{OH}{\underset{|}{C}}}}-OCH_3 + CH_3O^- \quad (9\cdot79)$$

多くの重要な反応は，ルイス酸あるいはルイス塩基による触媒作用を含む．最も重要なものの一つは，Charles Friedel と James Crafts によって行われたタイプの反応である．フリーデル-クラフツ反応として知られるこれらの反応は実際，さまざまなタイプの重要な過程を含む．その一つはアルキル化反応であり，強いルイス酸である $AlCl_3$ の存在下で行うベンゼンとハロゲン化アルキルの反応がよい例である．

$$C_6H_6 + RCl \xrightarrow{AlCl_3} C_6H_5R + HCl \quad (9\cdot80)$$

この反応における $AlCl_3$ の働きは，つぎの反応によって攻撃種となる炭素陽イオンを生成することである．

$$AlCl_3 + RCl \rightleftharpoons R^+ + AlCl_4^- \quad (9\cdot81)$$

HF と BF_3 の混合物はつぎの反応を触媒する．

$$C_6H_6 + (CH_3)_2C=CH_2 \longrightarrow C_6H_5C(CH_3)_3 \quad (9\cdot82)$$

最初に炭素陽イオンを生成し，これが環を攻撃する．

$$HF + BF_3 + (CH_3)_2C=CH_2 \rightarrow (CH_3)_3C^+BF_4^- \quad (9\cdot83)$$

$FeCl_3$ や $ZnCl_2$ のようなルイス酸も非常に有用な触媒である．たとえば，$FeBr_3$ の存在下 Br_2 によるベンゼンの臭素化反応はつぎのように示すことができる．

$$C_6H_6 + Br_2 \xrightarrow{FeCl_3} C_6H_5Br + HBr \quad (9\cdot84)$$

この触媒の働きは，臭素分子を解離させ Br^+ と $FeBr_4^-$ を生成させる，あるいは Br^+-

Br^--FeBr_3 のように臭素原子の一つを $FeBr_3$ に結合させ極性のある Br_2 を生成させることにより,正電荷をもつ臭素を発生させることである.

酸触媒の存在に依存するもう一つの反応はニトロ化である.この場合,触媒は H_2SO_4 であり,ニトロニウムイオン (NO_2^+) を発生させる働きをする.

$$HNO_3 + H_2SO_4 \rightleftharpoons H_2NO_3^+ + HSO_4^- \qquad (9\cdot 85)$$
$$H_2NO_3^+ + H_2SO_4 \rightleftharpoons H_3O^+ + NO_2^+ + HSO_4^- \qquad (9\cdot 86)$$

2段階目は,つぎのように表すこともあるが,

$$H_2NO_3^+ \rightarrow NO_2^+ + H_2O \qquad (9\cdot 87)$$

硫酸の存在下では,H_2O は確かにプロトン化されるであろう.実際のニトロ化の過程は,以下のとおりである.

$$\text{C}_6\text{H}_6 + NO_2^+ \longrightarrow \text{C}_6\text{H}_5\text{NO}_2 + H^+ \qquad (9\cdot 88)$$

多くの反応はアルミナとよばれるアルミニウムオキシド (Al_2O_3) により触媒される.固体状態では,その表面に,強酸性のアルミニウムイオンが電子対供与体に結合できる部位がある.このような反応の一つとして,アルコールからアルケンへの脱水反応がある.この過程はつぎのように表すことができる.

$$(9\cdot 89)$$

この反応における触媒上の酸性部位は,三つの酸素原子が結合したアルミニウム原子であり,ここにアルコール分子が結合できる.このアルミナ上の酸性部位は塩基と反応することにより遮蔽され,そのオキシドはもはや酸触媒として効果がない.言い換えれば,酸性部位に NH_3 のような分子が結合することによって,その酸性度が失われる.

上述の反応は,酸や塩基による触媒作用を含む非常に多くの過程のうちのほんのわずかでしかない.これらの反応のうちいくつかは,経済的に重要であり,この種の化学がただ単に有機あるいは無機化学者の領域ではないことを示すのに確かに役立っている.

9・8 硬-軟相互作用原理（HSIP）

これまで見てきたように，電子対の供与と受容に基づく酸・塩基相互作用のルイス理論は，多種の化学種に適用される．その結果，酸と塩基の電子理論は，化学全体に広がる．金属錯体の形成はルイス酸・塩基の相互作用の一種であるため，似た電子的性質をもつ化学種同士が最も強く相互作用する，という原理が最初に注目されたのはその分野であった．早くも1950年代に，Ahrland，Chatt および Davies は金属を分類しており，金属が同族の最初の元素とより安定な錯体を形成する場合はクラスA，同族のより重い元素とより安定な錯体を形成する場合はクラスBに属すとしていた．これは，金属が好んで結合する供与体（ドナー）の電子的性質に基づいて，AとBに分けることを意味する．配位子の供与体の強さは，それらが金属と形成する錯体の安定性によって決まる．この性質をつぎの表にまとめる．

	ドナーの強さ
クラスAの金属	N ≫ P > As > Sb > Bi O ≫ S > Se > Te F > Cl > Br > I
クラスBの金属	N ≪ P > As > Sb > Bi O ≪ S ≈ Se ≈ Te F < Cl < Br < I

したがって，Cr^{3+} と Co^{3+} は，硫黄がドナー原子のときよりも酸素がドナー原子であるときの方がより安定な錯体を形成するため，クラスAに属する．一方，Ag^+ や Pt^{2+} はドナー原子としてNやOよりもPやSとより安定な錯体を形成するため，クラスBに属する．

ここで議論した酸・塩基の硬-軟電子特性の研究は，1960年代に R. G. Pearson により初めて体系化された．Pearson の説明によると，軟らかい塩基とは，高い分極率，低い電気陰性度，低エネルギーの空軌道をもち，容易に酸化される電子供与体である．硬い塩基はその反対の性質をもつ．軟らかい酸は，小さな正電荷，大きなサイズ，完全に充填された外部軌道をもつ酸である．分極率，分子の電子雲を歪ませる力，低い電気陰性度は，これらの性質に依存する．硬い酸はその反対の性質をもつ．これらの性質に基づくと，典型的な硬い酸は，Cr^{3+}，Co^{3+}，Be^{2+} および H^+ のような電子雲の歪みが最小になる化学種であろう．軟らかい酸は，Ag^+，Hg^{2+}，Pt^{2+} あるいは電荷のない金属原子のような化学種が含まれ，これらはすべて容易に分極される．当然，このような区別は定性的であり，分類ができない化学種もいくつかある．表9・4および表9・5では，いくつかの典型的な酸・塩基を硬-軟性によって分類してある．（一覧表は，1966年の Pearson の表に基づく．）

表 9・4 ルイス塩基

硬い塩基	軟らかい塩基
OH^-, H_2O, F^-	RS^-, RSH, R_2S
SO_4^{2-}, Cl^-, PO_4^{3-}, CO_3^{2-}, NO_3^-	I^-, SCN^-, CN^-, $S_2O_3^{2-}$,
ClO_4^-, RO^-, ROH, R_2O	CO, H^-, R^-
NH_3, RNH_2, N_2H_4	R_3P, R_3As, C_2H_4
中間塩基	
C_5H_5N, N_3^-, N_2, Br^-, NO_2^-, SO_3^{2-}	

表 9・5 ルイス酸

硬い酸	軟らかい酸
H^+, Li^+, Na^+, K^+, Be^{2+}, Mg^{2+},	Cu^+, Ag^+, Au^+, Ru^+
Ca^{2+}, Mn^{2+}, Al^{3+}, Sc^{3+}, La^{3+}, Cr^{3+}	Pd^{2+}, Cd^{2+}, Pt^{2+}, Hg^{2+}
Co^{3+}, Fe^{3+}, Si^{4+}, Ti^{4+}	$GaCl_3$, RS^+, I^+, Br^+
$Be(CH_3)_2$, BF_3, HCl, $AlCl_3$, SO_3	O, Cl, Br, I,
$B(OR)_3$, CO_2, RCO^+, R_2O, RO^-	無電荷金属
中間酸	
Fe^{2+}, Co^{2+}, Ni^{2+}, Zn^{2+}, Cu^{2+}, Sn^{3+}, Rh^{3+}, $(BCH_3)_3$, Sb^{3+}, SO_2, NO^+	

電子対供与体と受容体の相互作用に関する指針は，酸と塩基が同様の電子的性質をもつときに，最も有利な相互作用が起こることである．この観測と一致して，硬い酸は硬い塩基と優先的に相互作用し，軟らかい酸は軟らかい塩基と優先的に相互作用する．このことは，これらの化学種間の相互作用のしかたと関係がある．硬い酸は，おもにイオン同士あるいは極性のある化学種間に働く力に由来する相互作用によって硬い塩基と相互作用する．このような相互作用は，酸も塩基もサイズが小さく大きな電荷をもつ場合に有利になるだろう．軟らかい酸と軟らかい塩基はおもに電子密度を共有することによって相互作用し，これらが高い分極率をもつときに有利である．軟らかい酸と軟らかい塩基の相互作用には，中性分子間の結合が含まれることがしばしばある．共有結合をもたらす軌道の重なりが最も有利なのは，ドナー原子とアクセプター原子の軌道が，同程度の大きさとエネルギーをもつときである．

　コバルト錯体の安定性に関連して，最初に HSAB の改良法を明らかにしたのは C. K. Jørgensen（ジョージェンセン）である．通常の条件下では，Co^{3+} は硬いルイス酸である．しかしながら，Co^{3+} に五つの CN^- が結合しているときは，6番目の配位子が F^- よりも I^- のときの方がより安定であることがわかっている．したがって，$[Co(CN)_5I]^{3-}$ は $[Co(CN)_5F]^{3-}$ より安定である．もし他の五つの配位子が NH_3 である場合は，逆の効果が見られる．CN^- 錯体の場合の明らかな矛盾は，配位子のうちの五つが軟らかいときに起こる Co^{3+} の"軟化"によるものである．これにより，硬い Co^{3+} と五つの軟らかい配位子の会合体が，I^- の軟らかい電子対受容体として振舞う．しかしながら，この五つの CN^- イオ

ンは，孤立している Co^{3+} イオンよりも錯体の中の Co^{3+} をより軟らかくする．Co^{3+} は通常硬い電子対受容体であるが，結合している五つの CN^- イオンによってそれは軟らかい酸として振舞う．これは，共生効果として知られている．ある化学種が硬いか軟らかいかは，それに結合する基の種類や性質に依存する．

硬-軟酸塩基原理は，普通の酸塩基反応に限定されない．この指針は，同じような電子的性質をもつ化学種が最も有効に相互作用するあらゆるタイプの反応にあてはまるものである．すでに，この原理（今後 HSAB 原理とよぶことにする）のいくつかの応用（HF と HI の相対的強さなど）について述べたが，ここでさらにほかの応用例について考えてみよう．

9・8・1 水素結合

HSAB 原理は，水素結合により生じる相互作用に定性的に応用することができる．電子供与原子が，小さくコンパクトな軌道に供与されている硬いルイス塩基であるときに，より強い水素結合が形成すると期待されるだろう．たとえば，第 1 族元素の水素化合物における水素結合の形成は，それらの高い沸点と関連があることがすでに言及されている（第 6 章をみよ）．水素結合は，PH_3，H_2S，HCl の中よりも，NH_3，H_2O，HF の中の方がはるかに広範囲に存在する．第二周期原子の非共有電子対はより大きな軌道に含まれるので，非常に小さい H 核とは有効に相互作用しない．

アルコール類とアセトニトリル（CH_3CN）やトリメチルアミン（$(CH_3)_3N$）との相互作用を考えることによって，水素結合の効果が明らかにされる．これらの分子の双極子モーメントは，それぞれ 3.44 D および 0.7 D である．しかしながら，ニトリルは軟らかい塩基であり，アミンは硬い塩基である．この場合，CH_3OH が CH_3CN や $(CH_3)_3N$ に水素結合するときの結合エネルギーは，それぞれ 6.3 kJ mol^{-1} および 30.5 kJ mol^{-1} であり，HSAB に基づく予想と一致する．

フェノール（C_6H_5OH）が $(C_2H_5)_2O$ に水素結合するとき，その赤外吸収スペクトルにおける OH 伸縮バンドはおよそ 280 cm^{-1} シフトし，その水素結合エネルギーは約 22.6 kJ mol^{-1} である．フェノールが $(C_2H_5)_2S$ に水素結合するときは，これらのパラメーターに相当する値は，約 250 cm^{-1} および 15.1 kJ mol^{-1} である．エーテル類は硬い塩基であると考えられるが，アルキルスルフィド類は軟らかい．

もし塩基の軟らかさに関するわれわれの予想が有効であるとすると，C_6H_5OH が塩基である $(C_6H_5)_3P$ や $(C_6H_5)_3As$ と水素結合する場合も同様の傾向に従うと期待される．実際，フェノールの OH 基が $(C_6H_5)_3P$ に水素結合すると，その OH 伸縮バンドは 430 cm^{-1} シフトし，$(C_6H_5)_3As$ に水素結合する場合は 360 cm^{-1} シフトする．これは，まさしく予想どおりである．フェノールが CH_3SCN に水素結合するときは，その水素結合エネルギーは 15.9 kJ mol^{-1} であり，OH 伸縮バンドは 146 cm^{-1} シフトする．一方，フェノールが CH_3NCS に水素結合するときは，その OH 伸縮バンドは 107 cm^{-1} シフト

し，水素結合エネルギーは 7.1 kJ mol^{-1} である．SCN の S 端は軟らかい電子供与対であり，N 端はかなり硬い．これらの原子への水素結合は，この違いを反映している．

9・8・2 連結異性体

SCN$^-$ のようなイオンは，二つの可能な電子供与原子をもつ．金属イオンに結合しているとき，その結合様式は HSAB 原理に基づく考察によって決められるかもしれない．たとえば，SCN$^-$ が Pt^{2+} に結合するとき，硫黄原子を介して結合する．それが Cr^{3+} に結合するときは，窒素原子を介して結合する．これは，先に述べたこれらの金属イオンのクラス A とクラス B の振舞いと一致している．立体効果も白金錯体における結合様式に変化を及ぼしうる．$(C_6H_5)_3As$ のように三つの大きな基が Pt^{2+} に結合している場合は，その電子的性質からすると逆であったとしても，立体効果のために SCN$^-$ は窒素原子を介して結合する．図 9・4 に示すように，窒素原子を介する結合は直線的であるのに対し，硫黄原子を介する結合はそうではない．

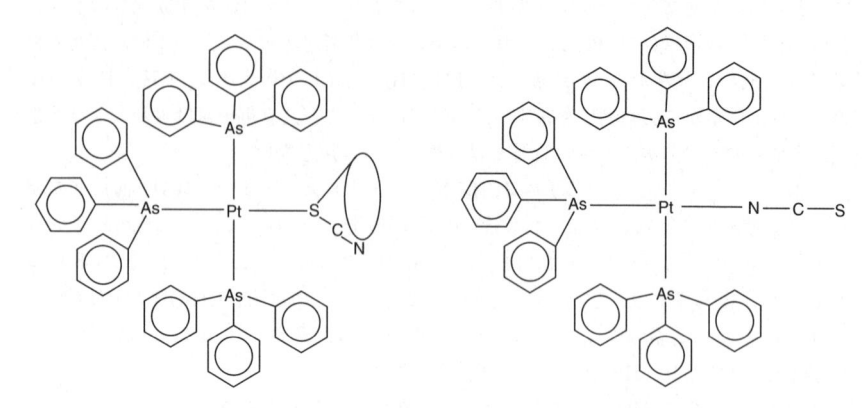

図 9・4　トリフェニルアルシンのような大きな配位子が SCN$^-$ の結合様式に及ぼす影響

9・8・3 溶　解　度

HSAB 原理の最も簡単な応用の一つは，溶解度に関係する．いわゆる "like dissolves like" というルールは，溶質粒子は似た性質をもつ溶媒分子と最もよく相互作用する，という事実を明示したものである．高い電荷をもつ小さい粒子あるいは極性分子は，高い極性をもつ小さい溶媒分子に最もよく溶媒和される．低極性の大きな溶質粒子は，同様の性質をもつ溶媒分子に最もよく溶媒和される．その結果として，NaCl は水に溶け，硫黄 (S_8) は溶けない．一方，NaCl は CS_2 には溶けないが，S_8 は溶ける．

R. G. Pearson が硬-軟相互作用原理により説明するまでの長い間，溶解度のルールは "like dissolves like" によって記述された．これは，大きい非極性の溶質分子は，大き

く非極性の溶媒分子と最もよく相互作用することを意味する．水はたいていのイオン性固体の良溶媒であるが，四塩化炭素は大きい非極性分子からなる固体の良溶媒である．同様に，水とメタノールはどちらも小さい極性分子であり，それらの液体は完全に混和できる．一方，たとえ OH 基をもっていても，その鎖部分に五つ以上の炭素原子をもつアルコール類は，水とは完全には混和しない．さらに長い炭素鎖をもつアルキル基は，OH 基よりもむしろ，分子の主要部分となる．塩化ナトリウムは 25 ℃の水 100 g に 35.9 g まで溶けるイオン性固体である．100 g の CH_3OH，C_2H_5OH，i-C_3H_7OH に対する溶解度はそれぞれ 0.237，0.0675，0.0041 g である．その分子において OH 官能基が主要でなくなるため，これらの化合物は徐々にイオン性溶質に対して貧溶媒となってくる．溶媒の双極子モーメントを考えればよいというほど簡単ではない．というのは，ニトロベンゼンは 4.22 D の双極子モーメントをもつが，大きな分子は Na^+ や Cl^- を効果的に囲むことはできない．

溶媒が格子からイオンを追い出すためには，その溶媒分子が有極性であり，その数分子がイオンを取り囲むことができるくらい小さくなくてはならない．もちろん，水は小さく極性のある分子から成るので，NaCl は水に溶ける．溶媒が CH_3OH の場合は，NaCl の溶解度は水の場合よりもはるかに小さい．CH_3OH の双極子モーメントは，水のそれよりもやや小さいが，CH_3OH 分子は大きいためその多くの分子が Na^+ や Cl^- を効果的に囲むことを阻んでいる．NaCl の溶媒として C_2H_5OH を用いると，それは CH_3OH よりもかなり貧溶媒であることがわかる．これらの 2 種のアルコールの双極子モーメントは大して違わないが，より大きい C_2H_5OH はより小さい CH_3OH 分子と同様にそれらのイオンを溶媒和することができない．Na^+ や Cl^- は小さくコンパクトなので，これらは他のより大きいアルコール分子よりも，より小さい CH_3OH と強く相互作用する．

硬-軟相互作用原理のおかげで，多くの実験の結果を正確に予想することができる．たとえば，Cs^+，Li^+，F^- および I^- を含む水溶液を蒸発させるとする．この反応の固体生成物は，CsF と LiI あるいは CsI と LiF となる可能性がある．

$$Cs^+, Li^+, F^-, I^- を含む溶液 \xrightarrow{蒸発} \begin{matrix} CsI + LiF \\ または \\ CsF + LiI \end{matrix} \qquad (9 \cdot 90)$$

電気陰性度に関する結合原理に基づくと，最も高い電気陰性度をもつ元素は最も低い電気陰性度をもつ元素と最も強く結合するはずである．すなわち，CsF が生成することを

意味する．しかしながら，硬-軟相互作用原理に基づくと，似た電子的性質をもつイオン同士が最もうまく相互作用する．小さい Li^+ イオンは F^- と，大きい Cs^+ イオンは I^- と強く結合するはずであり，これは実際に観察されることと一致する．

導き出される結論は，二つのイオンが同じような大きさをもち，望ましくは電荷の大きさが等しい場合に，その水溶液からイオン性固体が最もうまく沈殿する，ということになる．

$$M^+(aq) + X^-(aq) \rightarrow MX(xtl) \qquad (9 \cdot 91)$$

その反応において，結晶化のエンタルピー変化は，LiF, LiI, CsF および CsI に対してそれぞれ~0, 66.9, 58.6 および 20.9 kJ mol^{-1} である．これらのデータは，溶液が Li^+, Cs^+, F^- および I^- を含んでいる場合に，LiF と CsI の沈殿が LiI と CsF の沈殿よりも有利であることの説明に用いることができる．小さく硬い Li^+ イオンは F^- とより強く相互作用し，大きく軟らかい Cs^+ は大きな I^- との親和性が高い，と結論できる．

硬-軟相互作用原理が沈殿に適用できるもう一つの例は，分析化学における親しみやすいケースに見ることができる．大きさや電荷の大きさが同等の沈殿は最もうまく相互作用するので，Ba^{2+} が沈殿する際の対イオンは，同等の大きさと +2 の電荷をもつものである．これに一致して，Ba^{2+} は通常，その陽イオンと同等の大きさと電荷をもつ陰イオン，硫酸イオンの塩として沈殿する．

いくつかの錯体は，上記のルールに従った対イオンを用いて沈殿させたときのみ安定である，という点から，合成錯体化学における HSAB 原理の適用はかなり重要である．たとえば，$CuCl_5^{3-}$ は水溶液中では安定ではないが，[Cr(NH$_3$)$_6$][CuCl$_5$] として単離できる．$K_3[Ni(CN)_5]$ として $Ni(CN)_5^{3-}$ を含む固体化合物を単離しようとすると，KCN と $K_2[Ni(CN)_4]$ が生成する．しかしながら，$Cr(NH_3)_6^{3+}$ や $Cr(en)_3^{3+}$ のような対イオンを用いると，陰イオンとして $Ni(CN)_5^{3-}$ を含む固体が得られることがわかった．

9・8・4 反応部位選択性

金属錯体の連結異性体に適用したように，すでに HSAB 原理を用いてきた．このような結合部位選択性への適用は，他の系の反応性を説明することにも生かすことができる．たとえば，有機化合物の反応も，SCN^- や NO_2^- のような求核体と反応する場合に，この原理に従う．

$$CH_3SCN \xrightarrow{CH_3I} NCS^- \xrightarrow{RCOX} RC(O)NCS \qquad (9 \cdot 92)$$

この場合，酸性種の RCOX は硬い酸であるため SCN^- の N 端と反応し，イソチオシアン酸アシルを生成する．一方，軟らかいメチル基はその S 原子に結合し，チオシアン

9・8 硬-軟相互作用原理 (HSIP)

酸メチルを生成する．NO_2^- の反応を考えてみよう．

$$CH_3NO_2 \xrightarrow{CH_3I} NO_2^- \xrightarrow{t\text{-BuCl}} t\text{-BuONO} \qquad (9・93)$$

ここでは，炭素陽イオン，$t\text{-Bu}^+$ は硬い酸であるため，その生成物はより硬い酸素の電子供与体との相互作用により決まる．CH_3I を用いた場合，その生成物はニトロメタンであり，メチル基のより軟らかい性質を示している．

PCl_3 と AsF_3 の反応を考えてみよう．

$$PCl_3 + AsF_3 \rightarrow PF_3 + AsCl_3 \qquad (9・94)$$

ヒ素もリンも軟らかいが，ヒ素の方がより軟らかい．同様に，Cl は F よりも軟らかいため，先に示したような交差反応が起こることが予想される．

ホスフィン (PH_3) はリン原子上に孤立電子対をもつ錐体形分子である．したがって，それはプロトン受容体（ブレンステッド塩基）としても電子対供与体（ルイス塩基）としても働くことができる．さしあたり，プロトンを受容する能力を考えてみよう．アンモニアが水に溶けると，平衡定数が 1.8×10^{-5} となるように平衡に達する．

$$NH_3(aq) + H_2O(l) \rightleftharpoons NH_4^+(aq) + OH^-(aq) \qquad (9・95)$$

ホスフィンを水に溶かすと，以下の反応が起こり，その平衡定数は $\sim 10^{-26}$ である．

$$PH_3(aq) + H_2O(l) \rightleftharpoons PH_4^+(aq) + OH^-(aq) \qquad (9・96)$$

なぜ，PH_3 は NH_3 よりもはるかに弱い塩基なのだろうか？ その答えは，硬-軟酸塩基原理の中にある（必ずしも酸塩基という性質をもたない相互作用に影響を与えるため，しばしば硬-軟相互作用原理，HSIP とよばれる）．今示した例では，H^+ は電子対受容体である．サイズはきわめて小さく，非分極性である．これからの特性から，H^+ は硬い酸であると考えられる．NH_3 分子においては，塩基部位は窒素原子上の電子対である．PH_3 分子においては，H^+ が結合する部位はリン原子上の電子対である．しかしながら，リン原子は周期表の3列目にあり，窒素原子よりもかなり大きい原子である．その結果，小さい H^+ は，PH_3 のリン原子上の大きくより広がった軌道の電子よりも，NH_3 の窒素原子上のよりコンパクトな軌道の電子により強く結合する．したがって，NH_3 は弱塩基ではあるが，PH_3 よりはるかに強い塩基である．実際，PH_3 は比較的大きな（PH_4^- の大きさに匹敵する）陰イオンを伴う強酸との塩のみが安定であるような弱塩基である．よって，PH_4I は安定であるのに対し，PH_4F はそうではない．第20章では，陽イオンと陰イオンのサイズ適合に関するいくつかの重要な応用について，錯体化合物の合成と関連させて議論する．

上で説明した硬-軟酸塩基原理は，化学全般において，いくつかのタイプの相互作用が

起こるかを予想するのに最も有用な原理の一つである．これは酸塩基相互作用に限られないので，硬-軟相互作用原理とよぶ方がよい．硬い酸（高荷電，小さいサイズ，低い分極性）は，硬い塩基（高荷電，小さいサイズ，低い分極性）との相互作用を好むことが予想される．このように，したがって，以下の反応は

$$H^+(aq) + OH^-(aq) \rightarrow H_2O(l) \qquad (9\cdot97)$$

つぎの反応よりもより右側に進行する．

$$H^+(aq) + SH^-(aq) \rightarrow H_2S(aq) \qquad (9\cdot98)$$

言い換えれば，OH^- は SH^- よりもはるかに強い塩基である．HSIP は硬い酸が軟らかい塩基に結合しないとはいっていない．より正確にいえば，硬い酸と硬い塩基の間の結合は，硬い酸と軟らかい塩基の間の結合よりも効果的である，ということである．同様のことは軟らかい酸と軟らかい塩基の間の相互作用による結合についてもいえる．

先に，PH_3 は NH_3 に比べてどれだけ弱い塩基であるかについて述べた．確かに，これらの分子と H^+ の相互作用を考えればそれは正しい．しかしながら，電子対受容体が Pt^{2+} である場合は，状況は全く異なる．この場合，Pt^{2+} イオンは大きく電荷も小さいため，軟らかい（分極可能な）ルイス酸である．Pt^{2+} と PH_3 の相互作用は，NH_3 が Pt^{2+} に結合する場合よりも，より安定な結合を与える．すなわち，軟らかい電子受容体である Pt^{2+} は，NH_3 よりも，より軟らかい電子供与体である PH_3 に対してより強く結合する．硬-軟相互作用原理は，軟らかいルイス酸が硬いルイス塩基と相互作用しないということはいっていない．実際，それらは相互作用するが，最も好ましい様式の相互作用ではない．

ときに，硬-軟酸塩基理論とよばれるが，実際にそれは，多種の化学的相互作用に関連する原理である．それは，なぜ HF は弱塩基なのかという問いに優れた説明を与える．H^+ が H_2O か F^- のどちらかに相互作用する可能性がある場合，優先する結合様式に関する状態は，つぎのように示すことができるかもしれない．

$$H_2O: \xleftarrow{\;?\;} H^+ \xrightarrow{\;?\;} :F^-$$

この場合，H^+ が結合できる F^- および H_2O の非共有電子対は，同じようなサイズの軌道の中にある．さらに，フッ素イオンは -1 電荷をもち，H^+ を強く引きつける．したがって，H^+ は H_2O よりもむしろ F^- に結合する．このことは，つぎの反応が，

$$HF(aq) + H_2O(l) \rightleftharpoons H_3O^+(aq) + F^-(aq) \qquad (9\cdot99)$$

水素イオンが F^- に優先的に結合するため，ほんのわずかしか起こらないことを意味する．したがって，HF は弱酸である．

もし，水中のH^+とCl^-について同じ状態を考えたら，H^+の優先する結合様式は何であろうか？

$$H_2O: \xleftarrow{?} H^+ \xrightarrow{?} :Cl^-$$

まず，H^+はCl^-かH_2Oに結合する可能性がある．酸素上の非共有電子対の軌道は，塩化物イオンのそれよりもはるかに小さい．したがって，H^+はH_2Oに優先的に結合し，それは以下の反応が

$$HCl(aq) + H_2O(l) \rightarrow H_3O^+(aq) + Cl^-(aq) \qquad (9 \cdot 100)$$

希薄溶液中では，ほとんど完全に右側に寄ることを意味する．この原理から期待されるように，HBrやHIはHClよりもさらに強い酸である．

9・8・5 格子形成

硬-軟相互作用原理は，つぎの反応の平衡がずっと右に寄る事実を定性的に説明できる．

$$LiBr(s) + RbF(s) \rightleftharpoons LiF(s) + RbBr(s) \qquad (9 \cdot 101)$$

一方，この結論はもっと定量的に証明することが可能である．熱力学の観点から，固体の格子エネルギーをつぎの式で書くことができる．

$$U = \frac{N_0 A e^2}{r}\left(1 - \frac{1}{n}\right) \qquad (9 \cdot 102)$$

式 (9・101) に示される化合物のそれぞれは，同じ結晶構造（塩化ナトリウム構造）をもつため，マーデルング定数はすべてに対して同じである．$1/n$を含む項は2対の化合物（反応物と生成物）に関する定数であると考えられる．実際，nの平均値がそれぞれの化合物に用いられる．なぜなら，それらのイオンは同じ希ガスの配置をもっていないからである．格子エネルギーは1 molの結晶を気体イオンにばらばらにするのに必要なエネルギーである．この後の議論では，生成物の格子エネルギーが放散される間に，反応物の格子エネルギーが供給されなければならないことを覚えておくべきである．したがって，第4章で議論した結合エネルギーを用いるのと同じような方法を使うと，エネルギー変化は以下のようになるだろう．

$$\Delta E = U_{LiBr} + U_{RbF} - U_{LiF} - U_{RbBr} \qquad (9 \cdot 103)$$

これらの化合物の格子エネルギーは容易に計算され，表にまとめてある．これらの値を

式 (9・103) に代入すると,

$$\Delta E(\text{kJ}) = 761 + 757 - 1017 - 632 = -131 \text{ kJ} \qquad (9・104)$$

エネルギー的に有利な生成物は LiF と RbBr であることがわかる.

上で示した方法は HSIP に基づいて導いた結論を追認するが，もし一般的な方法が開発されると便利である．代入したエネルギーは，それぞれの化合物におけるイオン中心間の距離によって決められる．ΔE が正（不利）か負（有利）であるかは，

$$\frac{1}{r_{\text{LiF}}} + \frac{1}{r_{\text{RbBr}}} - \frac{1}{r_{\text{LiBr}}} - \frac{1}{r_{\text{RbF}}}$$

に依存するが，距離はそれぞれのイオン半径により記述することもできる．

$$\frac{1}{r_{\text{Li}} + r_{\text{F}}} + \frac{1}{r_{\text{Rb}} + r_{\text{Br}}} - \frac{1}{r_{\text{Li}} + r_{\text{Br}}} - \frac{1}{r_{\text{Rb}} + r_{\text{F}}}$$

ここでは，四つのイオンの半径に関係する四つのパラメーターがある．解決すべき問題は，最初の二つの項の和が最後の二つの項の和よりも大きさが小さいかどうかである．もし，その半径を a, b, c, d と表すと，$b > a$, $d > c$ とすると以下の式は正しい.

$$\frac{1}{a+c} + \frac{1}{b+d} > \frac{1}{a+d} + \frac{1}{b+c}$$

イオンについていえば，これは，最も有利な格子エネルギー和を与える生成物が，二つの最も小さいイオンを組合わせたものであることを意味する．必然的に，二つの最も大きいイオンももう一つの生成物において組合わさるはずである．したがって，生成物はLiF と RbBr となり，それは HSIP に従う.

+1 と -1 以外の電荷をもつイオンが含まれる場合に対して，同様の方法を用いることができる．電荷 c_1 および c_2 をもつ二つの陽イオンと電荷 a_1 および a_2 をもつ二つの陰イオンの場合，エネルギー的に有利な生成物は，電荷の大きさが $c_1 > c_2$ および $a_1 > a_2$ の関係になるものである．これはつぎの関係式で表すことができる．

$$(c_1 a_1 + c_2 a_2) > (c_1 a_2 + c_2 a_1)$$

この関係式を具体化する原理は，"生成物は，より小さいイオンが逆帯電したより高い電荷をもつイオンと結合するものになる"と言い換えることができる．これらの場合，マーデルング定数とは別で，他の因子が影響しているのかもしれない．しかしながら，この原理はつぎのような反応を正しく予想する.

$$2 \text{NaF} + \text{CaCl}_2 \rightarrow \text{CaF}_2 + 2 \text{NaCl} \qquad (9・105)$$

$$2 \text{AgCl} + \text{HgI}_2 \rightarrow 2 \text{AgI} + \text{HgCl}_2 \qquad (9・106)$$

$$2 \text{HCl} + \text{CaO} \rightarrow \text{CaCl}_2 + \text{H}_2\text{O} \qquad (9・107)$$

9・8 硬-軟相互作用原理 (HSIP)

これらの最後の反応において，Ca^{2+} は H^+ よりも高い電荷をもつが，はるかに大きい．この予想は非常に多くの場合は正しいが，生成物を反応系から除外すること（沈殿や気体の生成）により，その系に異なる反応をひき起こさせることが可能である．

$$KI + AgF \rightarrow KF + AgI(s) \quad (9・108)$$

$$H_3PO_4 + NaCl \rightarrow HCl(g) + NaH_2PO_4 \quad (9・109)$$

多くのさまざまなタイプの反応生成物は，硬-軟相互作用原理により正しく予想できる．以下にいくつかの例を示す．

$$AsF_3 + PI_3 \rightarrow AsI_3 + PF_3 \quad (9・110)$$

$$MgS + BaO \rightarrow MgO + BaS \quad (9・111)$$

最初の反応において，I は F より軟らかく，As は P より軟らかい．したがって，交換が起こり，硬-軟の性質がより適合した組合わせになる．2番目の反応においては，Mg^{2+} は小さく硬いイオンであるが，Ba^{2+} ははるかに大きくより軟らかい．O^{2-} イオンは Mg^{2+} により結合しやすく，S^{2-} は Ba^{2+} により結合しやすい．硬-軟相互作用原理は，多くのさまざまなタイプの反応の方向性を正しく予想する．

硬-軟相互作用の多くの応用については後述の章で述べるが，ここでは二つの応用について追加説明する．最初に，ルイス酸の Cr^{3+} と，S か N のどちらかの電子対を供与するルイス塩基の SCN^- の相互作用を考えてみよう．

$$Cr^{3+} \begin{matrix} \nearrow\ Cr^{3+}:SCN^- \\ \searrow\ Cr^{3+}:NCS^- \end{matrix}$$

Cr^{3+} は小さく高電荷をもつ（硬い）ルイス酸なので，より小さく硬いルイス塩基に優先的に結合するだろう．チオシアン酸イオンでは，窒素原子上の電子対は，より小さくコンパクトな軌道に収容されている．したがって，Cr^{3+} がチオシアナト錯体を形成するとき，窒素原子を介して結合し，その錯体は $[Cr(NCS)_6]^{3+}$ と書ける．もし金属イオンが Pt^{2+} の場合は，その反対の結果が得られる．Pt^{2+} は大きく，低電荷で，分極できるので，チオシアン酸塩の軟らかい硫黄原子に優先的に結合する．その結果生じる錯体は，$[Pt(SCN)_4]^{2+}$ と書ける．このような例については，第16章で詳しく述べる．

9・9 電子分極率

第6章で議論したように，化学種の電子分極率 α は，多くの化学的性質と物理的性質を相互に関連させるのに非常に役に立つ．α 値は通常，単位（原子，イオン，あるいは分子）当たりの cm^3 で表す．原子数法は便宜上オングストロームで表すので，分極率は $Å^3$，したがって $10^{-24} cm^3 \times 1 Å^3$ でも表すことができる．分極率は化学種の電子雲が歪む能力を表す指標を与えるので，定性的にはその化学種の硬-軟性にも関連する．表9・6は，イオンや分子の分極率を示している．

第6章では，分子の分極率はロンドン力と双極子-誘起双極子分子間力の双方に関連する一つの因子として考えられた．表9・6に示したデータは，物理的性質に関して観察しうる多くのことを裏付ける．たとえば，F_2，Cl_2 および Br_2 の場合は，分極率の増加により生じるロンドン力により，一般的に沸点が上昇する．また，低い分極率をもつ金属イオン（Al^{3+}，Be^{2+} など）が（式（9・17）に示すように）酸性の金属イオンであることは，特記すべき興味深いことである．さらに第7章では，イオンの分極率がいかに静電相互作用のみから予想されるよりも高い格子エネルギーを示すかについて議論した．表に示されている分極率のデータを見ると，ある特定のイオンは他よりもはるかに分極できることが容易にわかる．電子分極率の効果をすべて見直すことはしないが，そ

表 9・6 主要なイオンや分子の $Å^3$ 当たりの電子分極率[†]

希ガス配置をもつ原子やイオン							
2電子	He 0.201	Li^+ 0.029	Be^{2+} 0.008	B^{3+} 0.003	C^{4+} 0.0013		
8電子	Si^{4+} 0.0165	Al^{3+} 0.052	Mg^{2+} 0.094	Na^+ 0.179	Ne 0.390	F^- 1.04	O^{2-} 3.88
18電子	Ti^{4+} 0.185	Sc^{3+} 0.286	Ca^{2+} 0.47	K^+ 0.83	Ar 1.62	Cl^- 3.66	S^{2-} 10.2
36電子	Zr^{4+} 0.37	Y^{3+} 0.55	Sr^{2+} 0.86	Rb^+ 1.40	Kr 2.46	Br^- 4.77	Se^{2-} 10.5
54電子	Ce^{4+} 0.73	La^{3+} 1.04	Ba^{2+} 1.55	Cs^+ 2.42	Xe 3.99	I^- 7.10	Ce^{2-} 14.0
分子							
	H_2 0.80	O_2 1.58	N_2 1.74	F_2 1.16	Cl_2 4.60	Br_2 6.90	
	HCl 2.64	HBr 3.62	HI 5.45	HCN 2.58	BCl_3 9.47	BBr_3 11.87	
	H_2O 1.45	H_2S 3.80	NH_3 2.33	CCl_4 10.53			

[†] C. Kittel (1986). *Introduction to Solid State Physics*, 6th ed., p. 371. Wiley, New York; L. Pauling (1970). *General Chemistry*, 3rd ed., p. 397. W. H. Freeman, San Francisco; and D. R. Lide (1991). *Handbook of Chemistry and Physics*, 72nd ed., pp. 10-197 to 10-201. CRC Press, Boca Raton, FL.

れは，化学的および物理的性質に関連して分子やイオンの非常に有用かつ重要な性質である．

9・10 ドラゴの4パラメーター式

多くのタイプの相互作用に対する硬-軟法の主な難点の一つは，その性質が定性的なことである．すなわち，実際に一つの強みであるが，計算に頼ることなく，多くの過程がどのように起こるかについて予想することができる．これは今でもなお大概はあてはまるが，硬-軟性のパラメーターを数値化する試みが（さまざまな成功の度合いで）行われてきている．ルイス酸・塩基のように振舞う分子の酸塩基相互作用に対して，もう一つの定量的な方法が R. S. Drago や共同研究者により開発された．その酸塩基相互作用の説明によると，ルイス酸・塩基の間に形成される配位結合は，静電的（イオン的）相互作用と共有結合を足したものである．この方法の最も重要な点は，つぎの式にまとめられる．

$$-\Delta H_{AB} = E_A E_B + C_A C_B \tag{9・112}$$

この式において，ΔH_{AB} は酸塩基付加体 AB が形成される際のエンタルピー変化であり，E_A と E_B は酸と塩基の静電的結合能を表すパラメーター，C_A と C_B は酸と塩基の共有結合性に関するパラメーターである．静電的パラメーターの和はその結合へのイオン性の寄与によるエンタルピー変化を与えるのに対し，共有結合パラメーターの和は共有結合性の寄与を表す．全結合エンタルピーは，その結合に寄与する二つの項の和となる．一つ難しいのは，酸と塩基に特有のパラメーターの値を決めなければならないことである．結合エネルギーによって違いを決めなければならない電気陰性度と状況が似ている．

4パラメーター式の場合，多くの酸と塩基の間の相互作用のエンタルピーが，不活性溶媒中で熱量測定によって決められた．これらの値を知ったうえで，ルイス酸であるヨウ素の E_A と C_A を 1.00 と決めた．ヨウ素といくつかの分子状ルイス塩基との相互作用に関して実験的に求めたエンタルピーは，そのデータにあてはまり，塩基の E_B や C_B の値を与えた．多くの酸や塩基の4パラメーターの値がこのように定められたため，式（9・112）を用いてその相互作用のエンタルピーを決めることができる．ほとんどの場合，エントロピーの実験値と計算値はよく一致する．しかしながら，この4パラメーター方式は電荷をもつ種の間の相互作用にも拡張されつつあるものの，おもには分子種の間の相互作用に用いられる．表9・7に，いくつかの酸と塩基のパラメーターを挙げる．

ルイス酸・塩基の相互作用を定量的に扱うときに直面する一つの問題は，溶媒の役割を評価するときに起こる．分子の結合エネルギーは，気相の分子に基づく値である．しかしながら，多くのルイス酸・塩基の相互作用を気相で研究することは不可能である．

9. 酸・塩基の化学

表 9・7 ドラゴの4パラメーター式に用いる酸および塩基パラメーター

酸	E_A	C_A	塩基	E_B	C_B
I_2	1.00	1.00	NH_3	1.15	4.75
ICl	5.10	0.83	CH_3NH_2	1.30	5.88
SO_2	0.92	0.81	$(CH_3)_3N$	0.81	11.5
$SbCl_5$	7.38	5.13	$(C_2H_5)_3N$	0.99	11.1
$B(CH_3)_3$	6.14	1.70	C_5H_5N	1.17	6.40
BF_3	9.88	1.62	CH_3CN	0.89	1.34
C_6H_5SH	0.99	0.20	$(CH_3)_3P$	0.84	6.55
C_6H_5OH	4.33	0.44	$(C_2H_5)_2O$	0.96	3.25
$Al(C_2H_5)_3$	12.5	2.04	$(CH_3)_2SO$	1.34	2.85
$Al(CH_3)_3$	16.9	1.43	C_6H_6	0.53	0.68

というのは，形成される付加体はその反応体を気化するのに必要な温度で十分安定に存在することはないからである．たとえば，ピリジンとフェノールの反応は，水素結合形成の結果，溶液中で容易に起こる．

$$C_6H_5OH + C_5H_5N: \rightarrow C_6H_5OH:NC_5H_5 \qquad (9\cdot113)$$

しかしながら，その付加体はピリジンの沸点である116℃において相当量存在するだけの十分な安定性がない．その結果，知りたいのは気相で生成する結合の強さであるが，このような相互作用は溶液中で研究される．溶液中（(s) と表す）と気相における酸と塩基の相互作用の間の関係を示すには，熱化学サイクルを考えればよい．

$$\begin{array}{ccccc}
A(s) & + & :B(s) & \xrightarrow{\Delta H'_{AB}} & A:B(s) \\
\uparrow & & \uparrow & & \downarrow \\
-\Delta H_{s,A} & & -\Delta H_{s,AB} & & \Delta H_{s,AB} \\
A(g) & + & :B(g) & \xrightarrow{\Delta H_{AB}} & A:B(g)
\end{array}$$

A:B 結合のエンタルピー ΔH_{AB} を与えるのは気相におけるルイス酸とルイス塩基の相互作用であるが，より頻繁に（より手軽に）測定するのは，反応が溶液中で起こるときのエンタルピー変化 $\Delta H'_{AB}$ である．

上記の熱化学サイクルにおいて，ΔH_{AB} と $\Delta H'_{AB}$ が等しければ，A(g) と B(g) の溶媒和熱の和は，付加体 A:B(g) の溶媒和熱と等しいはずである．それらがおよそ等しいことを確認する一つの方法は，どのような種に対しても強く溶媒和することがない溶媒を用いることである．もし，A(g)，B(g) および A:B(g) の溶媒和熱がすべてほぼゼロであれば，その溶媒は真に不活性である．そのような溶媒を用いると，ΔH_{AB} の測定値は $\Delta H'_{AB}$ とほぼ等しくなり，測定したエンタルピー変化は A:B 結合のエンタル

ピーを与えるだろう．そのような溶媒として，ヘキサン，シクロヘキサン，ヘプタンのような炭化水素がある．いくつかの系において，CCl_4 は不活性溶媒として振舞うが，塩素原子上の非共有電子対があるために，炭化水素の場合よりも，より強く溶質と相互作用する．ベンゼンは，分子内の π 電子系により電子供与機能をもつため，明らかに不活性溶媒ではない．溶媒を注意深く選ぶ場合は別だが，溶液中の酸と塩基の相互作用の強さを決める熱量測定研究は疑わしいと考えなければならない．ドラゴの4パラメーター式がきわめて多数の分子の相互作用のエンタルピーの正確な値を与えることは疑いの余地がない．ある酸塩基対の相互作用のエンタルピーを計算するとき，その計算値は実験値よりも高いことがわかる．相互作用が予想よりもエネルギー的に不利になるような立体因子がある場合に，そういう状況になりうる．

長い間，硬-軟相互作用原理とドラゴの4パラメーター法に関する議論があった．後者の支持者たちは，その方法はルイス酸・塩基の相互作用に関する定量的な情報を与えるという事実に執着する．これは真実ではあるが，この方法は，主として分子種に適用されるため，応用範囲がいくぶん限られる．一方，硬-軟相互作用原理の支持者たちは，その方法がほとんどすべての種に適用できることを指摘する．その方法は定性的ではあるが（定量的評価法の開発は試みられている），きわめて万能であり膨大な範囲の相互作用を説明できる．4パラメーター法と硬-軟相互作用原理はどちらも，ルイス酸・塩基相互作用に関する多くの観察結果を関連付けるための有用なツールである．幸いなことに，それらの中間を選ぶ必要はない．なぜなら，両方を適用できる分野では，両者は概して同じ結論を支持するからである．

参考文献

Drago, R. S., Vogel, G. C., and Needham, T. E. (1971). *J. Am. Chem. Soc.* **93**, 6014.［4パラメーター式に関する一連の論文のうちの一つ．より以前の論文はこの参照文献に引用されている］

Drago, R. S., Wong, N., and Ferris, D. C. (1991). *J. Am. Chem. Soc.* **113**, 1970.［この参照文献に引用されているより以前の論文も表の値を与えている］

Finston, H. L., and Rychtman, A. C. (1982). *A New View of Current Acid-Base Theories.* Wiley, New York.［あらゆる重要な酸・塩基理論を広く取扱っている著書］

Gur'yanova, E. N., Gol'dshtein, I. P., and Romm, I. P. (1975). *Donor-Acceptor Bond.* Wiley, New York.［多くのルイス酸・塩基の相互作用に関する膨大な量の情報とデータを記述したロシアの著書の翻訳］

Ho, Tse-Lok (1977). *Hard and Soft Acid and Base Principle in Organic Chemistry.* Academic Press, New York.［硬-軟酸塩基原理の多くの有機反応への応用］

Lide, D. R., Ed. (2003). *CRC Handbook of Chemistry and Physics*, 84th ed. CRC Press, Boca Raton, FL.［このハンドブックには，多くの酸と塩基の解離定数が記載されている］

Luder, W. F., and Zuffanti, S. (1946). *The Electronic Theory of Acids and Bases*. Wiley, New York. [ルイス酸・塩基の化学の入門的小書．Dovorからの複製版も入手可]

Pearson, R. G. (1997). *Chemical Hardness*. Wiley-VCH, New York. [ハードネス（硬さ）の概念が化学の多くの分野へどのように適用されるかをテーマにしている]

Pearson, R. G. (1963). *J. Am. Chem. Soc.* **85**, 3533. [Pearsonによる硬-軟酸塩基法に関する最初の論文]

Pearson, R. G. (1966). *J. Chem. Educ.* **45**, 581. [Pearsonによる硬-軟相互作用原理に関する一般的説明]

Pearson, R. G., and Songstad, J. (1967). *J. Am. Chem. Soc.* **89**, 1827. [硬-軟相互作用原理の有機化学への応用を記述した論文]

Porterfield, W. W. (1993). *Inorganic Chemistry: A Unified Approach*, 2nd ed. Academic Press, San Diego, CA. [無機化学に関するトピックを広く取扱っている]

問 題

1. つぎの反応を完成させよ．

(a) $NH_4^+ + H_2O \rightarrow$

(b) $HCO_3^- + H_2O \rightarrow$

(c) $S^{2-} + NH_4^+ \rightarrow$

(d) $BF_3 + H_3N:BCl_3 \rightarrow$

(e) $Ca(OCl)_2 + H_2O \rightarrow$

(f) $SOCl_2 + H_2O \rightarrow$

2. (a) 塩化アルミニウムがハロゲン化アルキルとベンゼンの反応を触媒するときに何が起こるか式を用いて示せ．

(b) 硫酸が硝酸とトルエンの反応を触媒するときに何が起こるか式を用いて示せ．

(c) (a) と (b) の反応における触媒の役割を説明せよ．

3. 以下について酸の強さが弱くなる順序に並べ替えよ．

$H_2PO_4^-$　　HNO_2　　HSO_4^-　　HCl　　H_2S

4. 以下のそれぞれの式を完成させよ．

(a) $HNO_3 + Ca(OH)_2 \rightarrow$

(b) $H_2SO_4 + Al(OH)_3 \rightarrow$

(c) $CaO + H_2O \rightarrow$

(d) $NaNH_2 + H_2O \rightarrow$

(e) $NaC_2H_3O_2 + H_2O \rightarrow$

(f) $C_5H_5NH^+Cl^- + H_2O \rightarrow$

5. 以下のそれぞれの式を完成させよ．アンモニアが反応剤の場合，アンモニア溶液とする．

(a) $NH_4Cl + H_2O \rightarrow$

(b) $Na_2NH + NH_3 \rightarrow$

(c) $CaS + H_2O \rightarrow$
(d) $OPCl_3 + H_2O \rightarrow$
(e) $ClF + H_2O \rightarrow$
(f) $K_2CO_3 + H_2O \rightarrow$

6. 塩化アンモニウム（固体）を他の反応剤と加熱するときに起こる反応について，以下の反応式を完成させよ．
 (a) $NH_4Cl(s) + CaO(s) \rightarrow$
 (b) $NH_4Cl(s) + SrCO_3(s) \rightarrow$
 (c) $NH_4Cl(s) + Al(s) \rightarrow$
 (d) $NH_4Cl(s) + BaS(s) \rightarrow$
 (e) $NH_4Cl(s) + Na_2SO_3(s) \rightarrow$

7. PH_4I は安定であるが，PH_4F と $PH_4C_2H_3O_2$ はそうではない理由を説明せよ．

8. Br^- および CN^- イオンの大きさはほぼ等しい．NH_4Br は安定であるが NH_4CN はそうでない理由を説明せよ．

9. NF_3 は NH_3 よりもはるかに弱い塩基であるのはなぜか．

10. 以下の反応の生成物を予想し，その構造を記せ．

$$Na_2SO_4 + BCl_3 \rightarrow$$

11. 反応 $(CH_3)_2O + C_2H_5F \rightarrow [(CH_3)_2OC_2H_5]^+F^-$ に関して
(a) 陽イオンの構造を記せ．
(b) BF_3 がこの反応においてどのように補助するかを説明せよ．

12. $(CH_3)_2S + CH_3I \rightarrow [(CH_3)_3S]^+I^-$ の反応について考察し，この場合陽イオンが問 11 で生成した陽イオンよりも安定であるのはなぜか説明せよ．

13. つぎのそれぞれの反応で（起こるとすれば）何が起こるかを，完全な平衡反応式で示せ．
 (a) トリメチルアミンを水に加える．
 (b) 酢酸と酢酸ナトリウムの混合物に塩化水素を加える．
 (c) 硝酸アンモニウムを水に加える．
 (d) 炭酸ナトリウムを水に加える．
 (e) 水素化ナトリウムをメタノールに加える．
 (f) 硫酸を酢酸ナトリウムの水溶液に加える．

14. つぎのそれぞれの反応で（起こるとすれば）何が起こるかを，完全な平衡反応式で示せ．
 (a) 酢酸カリウムを水に加える．
 (b) 酢酸と酢酸ナトリウムの混合物に水酸化ナトリウムを加える．
 (c) 塩酸にアニリン（$C_6H_5NH_2$）を加える．
 (d) 次亜塩素酸ナトリウムを水に加える．
 (e) 硝酸ナトリウムを水に加える．

(f) ナトリウムアミドを水に溶かす．

15. BF_3 がルイス酸として振舞うとき，$(CH_3)_2O$，$(CH_3)_2S$ および $(CH_3)_2Se$ との付加体の安定性はこのルイス酸の記載順で減少する．しかしながら，ルイス酸が $B(CH_3)_3$ のときは，最も安定な付加体は $(CH_3)_2S$ との付加体であり，$(CH_3)_2Se$ や $(CH_3)_2O$ の付加体の安定性はほぼ等しい．付加体の安定性の違いを説明せよ．

16. $HClO_4$ と H_5IO_6 の中心原子は同じ酸化状態をとるが，この二つの化合物は酸の強さが大きく異なる．どちらが強く，それはなぜかを説明せよ．

17. $(CH_3)_2NCH_2PF_2$ は BH_3 と BF_3 に異なる様式で結合するだろう．その違いを説明せよ．

18. HF は水中では弱酸であるが，液体アンモニア中では強い酸である．その反応を表す式を書き，酸の強さの違いを説明せよ．

19. トリメチルアミンはアンモニアよりも強い塩基であるが，$H_3N:B(CH_3)_3$ は $(CH_3)_3N:B(CH_3)_3$ よりも安定である．この結果を説明せよ．

20. それぞれの場合について，より強い酸を選び，その答えを説明せよ．
(a) H_2CO_3 と H_2SeO_4
(b) $Cl_2CHCOOH$ と Cl_2CHCH_2COOH
(c) H_2S と H_2Se

21. 融解したフッ化アンモニウムが以下のそれぞれとどのように反応するかを式を用いて示せ．
(a) Zn (b) FeO (c) $CaCO_3$ (d) NaOH (e) Li_2SO_3．

22. 酸 HOX (X はハロゲン) の解離定数の傾向を説明せよ．

23. $NaOCl$，$NaHCO_2$，Na_2CO_3，NaN_3 および $NaHS$ について，それぞれの 0.1 M 溶液の pH が高い順序に並べよ．

24. $Co(H_2O)_6^{2+}$ と $Co(H_2O)_6^{3+}$ のどちらがより酸性度が高いか．その答えを説明せよ．

25. BF_3 と I_2 の反応の生成物は何か．BF_3 と Cl_2 の間で同様の反応が起こるだろうか．その答えを説明せよ．

26. $H_4P_2O_7$ の解離定数の値は，それぞれ 1.4×10^{-1} および 3.2×10^{-2} である．なぜ，H_3PO_4 の解離と同じようにポーリング則が使えないのか，分子構造の観点から説明せよ．

27. いくつかの非常に弱い塩基の場合，水中の滴定ができない．適当な式を用いて，K_b が 4.6×10^{-10} であるアニリン ($C_6H_5NH_2$) がそうである理由を説明せよ．

28. アニリン ($C_6H_5NH_2$) と氷酢酸の反応の式を書け．なぜこの酸にアニリンを滴定することが不可能なのか説明せよ．

29. H_2SeO_3，H_3AsO_3，$HClO_4$，H_2SO_3 および H_2SO_4 について，酸の強い順序に並べよ．

30. なぜ $H_2PO_4^-$ が水素原子が付いていない二つの酸素原子をもつのに，H_2SO_4 のような強い酸ではない理由を説明せよ．

問題

31. SF_4の構造を書き,この分子がルイス酸にどのように攻撃されるかを予想せよ.また,ルイス塩基の攻撃はどのように起こるだろうか.

32. SO_3分子の酸性部位はどこか.構造を書いて説明せよ.

33. ルイス酸・塩基反応として以下の反応を説明せよ.

$$CO_2 + OH^- \rightarrow HCO_3^-$$

34. 多くのルイス酸に対して,CCl_4よりもベンゼンの方が良い溶媒である理由を説明せよ.

35. Br^-とCN^-はほぼ等しい熱化学半径をもつが,それらの塩基性は大きく異なる.どちらがより強い塩基か.その理由を説明せよ.

36. 表9・7に示されているデータを用いて,BF_3および$(CH_3)_3B$が$(CH_3)_3N$および$(CH_3)_3P$と反応する際の相互作用エンタルピーを計算せよ.それらの値が何を示すかを説明せよ.

10

非水溶媒の化学

　気体や固体の反応は決して珍しくはないが，本章の題材である溶液中で行われる反応は膨大な数がある．しかしながら，圧倒的多数の反応が水中で行われていることは，疑いの余地もない．ほとんどの非水溶媒は，水を溶媒とする場合に比べて，用途上いくつかの困難を伴うことは注目すべき重要な点である．重要な非水溶媒として，NH_3，HF，SO_2，$SOCl_2$，N_2O_4，CH_3COOH，$POCl_3$，H_2SO_4 が挙げられる．これらのうちのいくつか（NH_3，HF，SO_2）は常温常圧で気体である．また，高い毒性を示すものもある．いくつかは気体であり，かつ毒性をもつ．非水溶媒を用いることにおいて，水を用いる際の便利さはほとんどない．

　非水溶媒を用いる際の難しさを考えると，なぜこれを使う必要があるのだろうと疑問に思うにちがいない．その答えには，本章で詳しく述べる非水溶媒化学のいくつかの重要な原理が含まれる．最初に，溶解度が異なることである．一部の例であるが，水中よりも非水溶媒中によく溶ける化合物がある．2番目に，水溶液中で用いることができる最も強い酸は H_3O^+ である．3番目に，水溶液中に存在しうる最も強い塩基は OH^- である．どんなに強い塩基も水と反応して OH^- を生成するだろう．ある非水溶媒中では，OH^- よりも強い塩基が存在しうるので，このような溶媒中では，水溶液中では行うことができない反応を行える可能性がある．これらの違いにより，水が溶媒のときには不可能な合成法が，非水溶媒中では可能になる．その結果，非水溶媒中の化学は，無機化学の重要な分野である．本章はこの分野の概要について説明する．

10・1　代表的な非水溶媒

　水は，他のどの液体よりも溶媒として広く用いられるが，他の溶媒もいくつかの重要な利点をもつかもしれない．たとえば，水中では，OH^- よりどんなに強い塩基を使ったとしても，それは水と反応して OH^- を生成する．OH^- よりも強い塩基を使う必要が

あるときは,水よりも塩基性の高い溶媒を用いるのが一番良い.なぜなら,その溶媒から発生する陰イオンが OH^- よりも強くなるからである.この状態は液体アンモニア中で存在し,塩基種 NH_2^- は OH^- よりも強い塩基である.もし,ある反応が H_3O^+ よりも強い酸を必要とするとしたら,その反応を水よりも酸性の溶媒中で行う必要があるかもしれない.

重要な非水溶媒である化合物は,取扱い上,特別な条件や器具を必要とするものがある.アンモニア,二酸化硫黄,フッ化水素および四酸化二窒素は,室温常圧で気体である.液体シアン化水素のようにきわめて毒性の強い溶媒もある.このような困難を考慮すると,非常に多くの研究が非水溶媒中で行われてきたことが異常に思えるかもしれない.しかしながら,多くの場合,長所が短所に勝る.それらの溶媒はそれぞれ異なる特性をもつため,実際には,非水溶媒中で行える反応の範囲は非常に広い.表10・1に,頻繁に用いられている非水溶媒とそれらの性質を記載する.

表 10・1 水と代表的な非水溶媒の性質

溶媒	融点〔℃〕	沸点〔℃〕	双極子モーメント〔D〕	誘電率
H_2O	0.0	100	1.85	78.5
NH_3	−77.7	−33.4	1.47	22.4
SO_2	−75.5	−10.0	1.61	15.6
HCN	−13.4	25.7	2.8	114.9
H_2SO_4	10.4	338	—	100
HF	−83	19.4	1.9	83.6
N_2H_4	2.0	113.5	1.83	51.7
N_2O_4	−11.2	21.5	—	2.42
CH_3OH	−97.8	65.0	1.68	33.6
$(CH_3)_2SO$	18	189	3.96	45
CH_3NO_2	−29	101	3.46	36
$(CH_3CO)_2O$	−71.3	136.4	2.8	20.5
H_2S	−85.5	−60.7	1.10	10.2
HSO_3F	−89	163	—	—

非水溶媒を用いる不利な点の一つは,ほとんどの場合,イオン性固体が水中よりも溶けにくいことである.これに対する例外がある.たとえば,塩化銀は水には溶けないが,液体アンモニアには溶ける.後に示すように,非水溶媒と水では反対方向の反応が起こるものがある.

10・2 溶媒の概念

水中で自動イオン化が起こることは長く知られており,非水溶媒は同様に振舞うと考

えられていた．水素化ナトリウムと水の反応は

$$NaH + H_2O \rightarrow H_2 + NaOH \qquad (10 \cdot 1)$$

H^+OH^- として存在する水の中で起こると考えられるだろうが，それは決して事実ではない．実際，水がほんのわずか自動イオン化したとしても，上記のように，水が事前にイオン化することなくその反応は起こる．同じような状況は非水溶媒にも存在していて，多くの場合，その溶媒がイオン化していると仮定することにより，その分子のどの部分がどのように反応するかが明らかになる．溶媒が自動イオン化しないことは重要ではない．どのような種が生成するかを知ることにより，ある特定の溶媒中の反応過程を予想することが容易になるかもしれない．

　水がいくらか自動イオン化していることの主要な証拠の一つは，純水の伝導度から得られる．その平衡はつぎのように書ける．

$$2\,H_2O \rightleftharpoons H_3O^+ + OH^- \qquad (10 \cdot 2)$$

液体アンモニアの伝導度は十分に高く，ごくわずか自動イオン化していることを示す．イオンが生成するためには，何かが一つの分子からもう一つの分子に移らなければならなく，水やアンモニアのような溶媒中で起こることはプロトン移動である．したがって，液体アンモニアのイオン化はつぎのように示すことができる．

$$2\,NH_3 \rightleftharpoons NH_4^+ + NH_2^- \qquad K_{am} = \sim 2 \times 10^{-29} \qquad (10 \cdot 3)$$

酸・塩基のアレニウス理論に従うと，水中の酸性種は溶媒和プロトン（H_3O^+ と書く）である．これは，酸性種がその溶媒特有の陽イオン種であることを示す．水中では，塩基性種はその溶媒特有の陰イオン種 OH^- である．アレニウスの酸・塩基の定義を液体アンモニアに拡張することにより，式（$10 \cdot 3$）から酸性種は NH_4^+，塩基性種は NH_2^- であることが明らかになる．NH_4^+ の濃度を増やすような物質は液体アンモニア中では酸であることは明らかである．NH_2^- の濃度を増やすような物質は液体アンモニア中では塩基である．他の溶媒の場合，自動イオン化は（もし起こるならば）異なるイオンを与えるが，それぞれの場合に想定されるイオン化は，陽イオンと陰イオンを生じる．酸性種と塩基性種の性質を一般化すると，ある溶媒中では，その溶媒特有の陽イオンは酸性種であり，その溶媒特有の陰イオンは塩基性種であるという一般論に到達する．これは溶媒の概念として知られる．中和は溶媒由来の陽イオンと陰イオンの反応と見なすことができる．たとえば，陽イオンと陰イオンは反応してイオン化していない溶媒を生成する．

$$HCl + NaOH \rightleftharpoons NaCl + H_2O \qquad (10 \cdot 4)$$

$$NH_4Cl + NaNH_2 \rightarrow NaCl + 2\,NH_3 \qquad (10 \cdot 5)$$

10・2 溶媒の概念

実際に溶媒が自動イオン化する必要はないことに注目しよう．

もし液体二酸化硫黄の中で自動イオン化が起こったとすると，その過程はつぎのように書けるだろう．

$$2\,SO_2 \rightleftharpoons SO^{2+} + SO_3^{2-} \qquad (10・6)$$

この反応が計測できるほど起こらないからといって，生成するイオンが酸性種と塩基性種であることを知ることができないことにはならない．その結果，液体二酸化硫黄中には SO_3^{2-} が含まれるので Na_2SO_3 が塩基であり，形式的には SO_2 が解離して SO^{2+} を生成するので，SO_2 が酸であると予測することができる．このように，Na_2SO_3 と $SOCl_2$ は，つぎの式に従って反応すると予想できる．

$$Na_2SO_3 + SOCl_2 \xrightarrow{\text{液体}\,SO_2} 2\,NaCl + 2\,SO_2 \qquad (10・7)$$

この反応は，液体二酸化硫黄における中和反応を表している．溶媒がイオン化しないことと，$SOCl_2$ が共有結合的分子であることにちがいはない．溶媒の概念の有用性は，溶媒がある程度自動イオン化することを正確に予測することではない．溶媒の概念の価値は，溶媒がイオン化された場合に反応がどのように起こるかを予測できることである．この場合，$SOCl_2$ はイオン化しないが，もしイオン化したとすると，SO^{2+} (溶媒特有の酸性種) と Cl^- を生成するだろう．

今解説した概念は，他の非水溶媒にも拡張できる．たとえば，液体 N_2O_4 中でもし自動イオン化が起こったら，NO^+ と NO_3^- が生成するだろう．この溶媒中では，NO_3^- を与える化合物が塩基であり，(実際というよりむしろ形式であるが) NO^+ を生成する化合物が酸であるといえよう．したがって，$NaNO_3$ と $NOCl$ の反応 (実際は $ONCl$ として結合している) は，液体 N_2O_4 中の中和である．

$$NOCl + NaNO_3 \xrightarrow{\text{液体}\,N_2O_4} NaCl + N_2O_4 \qquad (10・8)$$

一見したところ，液体 N_2O_4 のもう一つの可能な自動イオン化は，NO_2^+ と NO_2^- を与える異なる分子開裂が考えられる．

$$N_2O_4 \rightleftharpoons NO_2^+ + NO_2^- \qquad (10・9)$$

しかしながら，液体 N_2O_4 中では NO_2^+ と NO_2^- が存在するような反応は起こらず，それを示す証拠もない．多くの場合，溶媒の自動イオン化は，もし起こるとすると，H^+ あるいは O^{2-} の移動による．

液体 HF の伝導度は，つぎのように表せるようなわずかな自動イオン化を示す．

$$3\,HF \rightarrow H_2F^+ + HF_2^- \qquad (10・10)$$

この場合，H^+もF^-も HF 分子により溶媒和されているので，それらは簡単なイオンの形では示さない．ここでは，このような種がどのように調製されるかは記述しないが（第 15 章をみよ），液体 HF 中では，$H_2F^+SbF_6^-$が酸として振舞い，$BrF_2^+HF_2^-$が塩基として振舞う．この中和反応はつぎのように書ける．

$$H_2F^+SbF_6^- + BrF_2^+HF_2^- \xrightarrow{\text{液体 HF}} 3HF + BrF_2^+SbF_6^- \qquad (10 \cdot 11)$$

10・3　両性的性質

Zn^{2+}あるいはAl^{3+}を含む水溶液に NaOH を添加すると，金属水酸化物の沈殿物が生じる．さらに塩基を加え続けると，あたかも酸を加えたときのように沈殿が溶ける．最初の段階では，水酸化アルミニウムが塩基として働いており，第二段階では，それは酸として働く．この挙動，酸としても塩基としても働く能力は，両性として知られる．Zn^{2+}と塩基および酸との反応はつぎのように示すことができる．

$$\begin{array}{c} Zn^{2+} + 2\,OH^- \longrightarrow Zn(OH)_2 \\ +2\,H_3O^+ \swarrow \qquad \searrow +2\,OH^- \\ Zn(H_2O)_4^{2+} \qquad Zn(OH)_4^{2-} \end{array} \qquad (10 \cdot 12)$$

$Zn(OH)_2$は塩基と反応すると，錯体$Zn(OH)_4^{2-}$を形成することにより溶ける．酸との反応では，プロトンはH_3O^+から水酸化物イオンに移り，Zn^{2+}イオンに配位する水分子を形成する．

液体アンモニア中のZn^{2+}の挙動は，水中のそれと似ている．最初に，アミドを加えると$Zn(NH_2)_2$の沈殿が生じるが，NH_4^+かNH_2^-を含む溶液を加えると沈殿は溶ける．この性質は，つぎのように示すことができる．

$$\begin{array}{c} Zn^{2+} + 2\,NH_2^- \longrightarrow Zn(NH_2) \\ +2\,NH_4^+ \swarrow \qquad \searrow +2\,NH_2^- \\ Zn(NH_3)_4^{2+} \qquad Zn(NH_2)_4^{2-} \end{array} \qquad (10 \cdot 13)$$

この性質は，金属イオンから始めて説明されてきたが，水酸化物と同様に金属酸化物から始めて類似した式を書くことができる．両性的性質は，後に解説するように，他の溶媒中でも見られる．

10・4 配位モデル

　ある非水溶媒の場合, 自動イオン化は, 起こると仮定した場合でも, 実質的にはイオンがないといってよいくらいほんのわずかであるはずだ. 仮に, ある溶媒のイオン生成定数が 10^{-40} まで小さいとすると, それぞれのイオンの濃度は 10^{-20} M になるだろう. このことは, 溶媒 1 mol を考え, さらに溶媒分子 6.02×10^{23} 個のうち, たった 1000 個ぐらいしかイオン化していないことを理解することによって, 正しい角度で見直すことができる. 微量の不純物があると (完全に無水の溶媒を得ることは非常に難しい), 自動イオン化により生成するよりも多くのイオンが反応により生成することになるだろう. したがって, 自動イオン化が起こるという仮定に必要なことを取り除く, 何か別のものが存在にするにちがいない.

　$FeCl_3$ を $OPCl_3$ に加えると, $FeCl_4^-$ が存在することが分光学的に見られる. これが起こりうる一つの経路は, 溶媒のイオン化であり,

$$OPCl_3 \rightleftharpoons OPCl_2^+ + Cl^- \qquad (10 \cdot 14)$$

ひき続き, $FeCl_3$ と生成した Cl^- が反応する.

$$FeCl_3 + Cl^- \rightarrow FeCl_4^- \qquad (10 \cdot 15)$$

もう一つの可能な経路は, イオン化が起こる前の $FeCl_3$ と $OPCl_3$ の相互作用を含むかもしれない. これは妥当な予想である. なぜなら, $FeCl_3$ はルイス酸であり, $OPCl_3$ は非共有電子対を含む原子をもつ分子だからである. このタイプの相互作用は, 以下のように示すことができるだろう. ここでは, $FeCl_3$ が $OPCl_3$ から Cl^- を引き抜くので, 前もって自動イオン化が起こる必要はない.

$$FeCl_3 + OPCl_3 \rightleftharpoons [Cl_3Fe\text{-}ClPOCl_2] \rightleftharpoons OPCl_2^+ + FeCl_4^- \qquad (10 \cdot 16)$$

このように, 溶媒から Cl^- が抜けて Fe^{3+} と錯体を形成すると, ルシャトリエの原理により反応は右に移動する. このスキームは, $FeCl_3$ が $OPCl_3$ の Cl^- を引き抜くことにより $OPCl_3$ が自動イオン化するという仮定を排除するが, ルイス酸に対して $OPCl_3$ の酸素原子が塩素原子よりも強い塩基部位であるという事実を無視している.

　Russell S. Drago(ドラゴ) や Devon Meek(ミーク) による古典的研究においては, $FeCl_3$ は異なる溶媒の中に加えられた. その溶媒, トリエチルリン酸, $OP(OC_2H_5)_3$ は塩素を含まないものであったが, その溶液のスペクトルは $FeCl_3$ を $OPCl_3$ に加えたときのものと同じであり, $FeCl_4^-$ の存在を明示するものであった！ $FeCl_4^-$ の生成に必要な唯一可能な Cl^- 源は, $FeCl_3$ そのものであるに違いない. Drago は, このことが起こるためには, 溶媒分子が $FeCl_3$ 上で塩化物イオンと置換する必要があると推論した. すなわち, 溶媒分子を含む置換反応が起こり, 放出された Cl^- イオンはもう一つの $FeCl_3$ 分子と反応して $FeCl_4^-$ を生成する. $FeCl_3$ とその溶媒の錯体は, 配位結合で結合したものなので (第 16 章をみ

よ），この溶媒挙動モデルは配位モデルとして知られている．一連の反応は，以下のように示すことができる．ここでXは，Clあるいはエトキシ基である．

$$FeCl_3 + OPX_3 \rightleftharpoons [Cl_3FeOPX_3] \rightleftharpoons [Cl_{3-x}(OPX_3)_{1+x}]^{x+} + x[FeCl_4^-] \cdots$$
$$\rightleftharpoons [Fe(OPX_3)_6]^{3+} + 3[FeCl_4^-] \qquad (10・17)$$

塩化物イオンは，Fe^{3+}上で置換されるので，この過程は，溶媒されたFe^{3+}錯体（$[Fe(OPX_3)_6]^{3+}$）および塩素錯体$FeCl_4^-$が生成するまで連続して進行する．

配位モデルは，自動イオン化が起こると仮定する必要なしに，非水溶媒中で起こる多くの反応を説明する方法を提供する．式（10・17）に示すように，$FeCl_4^-$が生成する事実は，自動イオン化よりもむしろ置換により説明される．しかしながら，本章の最初に示したように，溶媒の概念が有効であると仮定するときには便利である．多くの反応が，その溶媒があたかもわずかに酸性種や塩基性種にイオン化するかのように起こる．

10・5　液体アンモニア

液体アンモニアは，その多くの性質において水と似ている．どちらも極性があり，液体状態では多数の水素結合を含んでいる．酸素原子が他の二つの水分子と水素結合ができる水の中よりも，液体アンモニア中の水素結合の方が疎らであることは興味深い．この違いは，水の気化熱は$40.6 \, kJ \, mol^{-1}$であるが，アンモニアの気化熱はたった$23.26 \, kJ \, mol^{-1}$である事実から明らかである．特殊な化合物を考えると違いがあるが，水も液体アンモニアもさまざまなタイプの固体を溶かす．沸点が$-33.4\,℃$であるため，液体アンモニアを用いる実験は低温か高圧で行う必要がある．液体アンモニアはデューワー容器中に保存すると，蒸発速度は十分低くなり，溶液はほどほどの時間保つことができる．

塩化銀が液体アンモニアに容易に溶けることはすでに述べた．液体アンモニアは，ほんの少し水より極性が高く凝集エネルギーが低いので，分子間力により有機分子が液体アンモニア中で空洞をつくることができる．その結果，ほとんどの有機化合物が水よりも液体アンモニアに溶ける．液体アンモニアの物理的データを表10・2にまとめた．

表 10・2　液体アンモニアの物理的性質

融　点	$-77.7\,℃$
沸　点	$-33.4\,℃$
密度（$-33.4\,℃$）	$0.683 \, g \, cm^{-3}$
融解熱	$5.98 \, kJ \, mol^{-1}$
気化熱	$23.26 \, kJ \, mol^{-1}$
双極子モーメント	$1.47 \, D$
誘電率	22
導電率（$-35\,℃$）	$2.94 \times 10^{-7} \, \Omega$

液体アンモニアは塩基であるので，酸を用いる反応は一般的に水中の同様の反応よりも大きく進行する．たとえば，酢酸は水中では弱酸であるが，液体アンモニア中では完全にイオン化する．アンモニアは塩基であるけれども，それが N^{3-}，O^{2-}，H^- のようなきわめて強い塩基と反応した場合のみ，プロトンを放出することが可能である．液体アンモニア中で起こるいくつかの重要な反応をこれから解説する．

10・5・1 アンモニア和反応

たいていの溶媒は，非共有電子対をもっており，極性がある．したがって，それらは金属イオンに結合したり陰イオンと相互作用することができる．その結果，多くの固体が溶液から結晶化するとき，それらはある決まった数の溶媒分子を含む．これが水中で起こると，その結晶は水和物であるという．これの一つの例は，よく知られている硫酸銅五水和物である．

$$CuSO_4 + 5\,H_2O \rightarrow CuSO_4 \cdot 5\,H_2O \qquad (10 \cdot 18)$$

同様の性質は，液体アンモニア中の AgCl に見られる．

$$AgCl + 2\,NH_3 \rightarrow Ag(NH_3)_2Cl \qquad (10 \cdot 19)$$

アンモニアは溶媒なので，溶媒和された種はアンミン錯体として知られる．溶媒分子はいつも同じように固体に結合しているわけではない．たとえば，ある固体は水和の水を含むかもしれないが，その水が金属イオンに配位している場合もある．物質を水和物あるいはアンミン錯体に分類する際に，その溶媒の付着様式は必ずしも特定されない．

10・5・2 アンモノリシス反応

本書の多くの箇所に，非金属とハロゲンの間の結合の反応性が強調されている．つぎのような反応や

$$PCl_5 + 4\,H_2O \rightarrow 5\,HCl + H_3PO_4 \qquad (10 \cdot 20)$$

他のいくつかの反応は容易に起こる．これらの反応において，水分子は分裂するか分解されるので，その反応は加水分解反応として知られている．アンモニア分子が分裂する反応は**アンモノリシス反応**（ammonolysis）として知られている．これらの反応のいくつかの例は，以下のように示すことができる．

$$SO_2Cl_2 + 4\,NH_3 \rightarrow SO_2(NH_2)_2 + 2\,NH_4Cl \qquad (10 \cdot 21)$$

$$CH_3COCl + 2\,NH_3 \rightarrow CH_3CONH_2 + NH_4Cl \qquad (10 \cdot 22)$$

$$BCl_3 + 6\,NH_3 \rightarrow B(NH_2)_3 + 3\,NH_4Cl \qquad (10 \cdot 23)$$

$$2\,CaO + 2\,NH_3 \rightarrow Ca(NH_2)_2 + Ca(OH)_2 \qquad (10 \cdot 24)$$

他にもアンモノリシス反応を含む多くの反応が知られているが，これらはその過程を説明する良い例である．

10・5・3 メタセシス反応

水中でメタセシス反応が起こるためには，ある生成物が反応から取り除かれなければならない．一般的に，これは沈殿の形成，気体の発生，あるいはイオン化していない生成物の形成を含む．液体アンモニア中では溶解度が異なるので，反応は水中の反応とはしばしば異なる．ハロゲン化銀は水には溶けないが，液体アンモニアには，それと安定な錯体を形成することにより溶ける．したがって，つぎの反応は

$$Ba(NO_3)_2 + 2\,AgCl \rightarrow BaCl_2 + 2\,AgNO_3 \qquad (10 \cdot 25)$$

$BaCl_2$ が不溶なので，液体アンモニア中で起こる．しかし水中では，つぎの反応は

$$BaCl_2 + 2\,AgNO_3 \rightarrow Ba(NO_3)_2 + 2\,AgCl \qquad (10 \cdot 26)$$

AgCl が不溶なので進行する．

10・5・4 酸・塩基反応

自動イオン化は起こる必要がないが，溶媒の概念は，溶媒特有の陽イオンは酸性種であり，陰イオンは塩基性種であることを示す．したがって，これらのイオンを含む物質を混ぜると，中和が起こる．液体アンモニアの場合は，NH_4^+ が酸性種で NH_2^- が塩基性種である．したがって，そのような反応は，以下のように示すことができる．

$$NH_4Cl + NaNH_2 \xrightarrow{\text{液体 } NH_3} 2\,NH_3 + NaCl \qquad (10 \cdot 27)$$

酸・塩基反応は，溶媒そのものが酸あるいは塩基として働く反応も含む．水素化ナトリウムは水と反応して塩基性溶液を生成し，

$$H_2O + NaH \rightarrow H_2 + NaOH \qquad (10 \cdot 28)$$

液体アンモニアを用いた同様の反応は，つぎのように示すことができる．

$$NH_3 + NaH \rightarrow H_2 + NaNH_2 \qquad (10 \cdot 29)$$

ちょうど酸化物イオンが水に対して強い塩基であるように，

$$CaO + H_2O \rightarrow Ca(OH)_2 \qquad (10 \cdot 30)$$

イミドや窒化物イオンは液体アンモニアに対して塩基である．どちらも酸性が強すぎるため，液体アンモニア中で存在することができず，反応が起こってより弱い塩基 NH_2^-

を生成する.

$$CaNH + NH_3 \rightarrow Ca(NH_2)_2 \quad (10\cdot31)$$
$$Mg_3N_2 + 4NH_3 \rightarrow 3Mg(NH_2)_2 \quad (10\cdot32)$$

酸化物イオンも塩基として十分強く,アンモニアからプロトンを引き抜く.

$$2BaO + 2NH_3 \rightarrow Ba(NH_2)_2 + Ba(OH)_2 \quad (10\cdot33)$$

液体アンモニアの塩基強度のため,水中では弱い酸でも,液体アンモニア中では完全にイオン化する.

$$HF + NH_3 \xrightarrow{液体\,NH_3} NH_4^+F^- \quad (10\cdot34)$$

水の中では起こらないが,液体アンモニア中では起こる脱プロトン化反応が存在する.なぜなら,アミドイオンの塩基強度を利用することが可能だからだ.この反応は,錯体 $[Pt(en)_2]^{2+}$ の中の Pt^{2+} に配位しているエチレンジアミン($H_2NCH_2CH_2NH_2$, en と書く.)分子のプロトン引き抜きを含む.

$$[Pt(en)_2]^{2+} + 2NH_2^- \xrightarrow{液体\,NH_3} [Pt(en\text{-}H)_2] + 2NH_3 \quad (10\cdot35)$$

プロトンを引き抜かれたエチレンジアミンを en-H と表すと,この錯体は $[Pt(en\text{-}H)_2]$ と書くことができ,これは電荷をもたない.これは,液体アンモニア中で多くの反応をひき起こす活性種である.Watt らは,この方法を用いて,つぎのような反応によりエチレンジアミン配位子の誘導体をつくった.

$$[Pt(en\text{-}H)_2] + 2CH_3Cl \rightarrow [Pt(CH_3en)_2]Cl_2 \quad (10\cdot36)$$

これらの興味深い合成反応は,NH_2^- の塩基性により可能であり,水溶液中で利用できない.

10・5・5 金属-アンモニア溶液

もし水中と液体アンモニア中の化学の間に根本的なちがいがあるとすれば,それは第1族金属に対する性質にある.これらの金属を水の中に入れると,つぎの式に従い,激しく反応し水素を発生する.

$$2Na + 2H_2O \rightarrow H_2 + 2NaOH \quad (10\cdot37)$$

対照的に，これらの金属は液体アンモニアに溶け，非常にゆっくり反応する．アルカリ金属の液体アンモニア溶液は，140年以上前から知られており，驚くべき性質をもつ．金属が溶ける程度は，それ自体興味深い．表10・3に溶解度を示す．

表 10・3 アルカリ金属のアンモニアへの溶解度

金属	温度〔℃〕	飽和溶液の重量モル濃度	温度〔℃〕	飽和溶液の重量モル濃度
Li	0	16.31	-33.2	15.66
Na	0	10.00	-33.5	10.93
K	0	12.4	-33.2	11.86
Cs	0	—	-50.0	25.1

その溶解が金属の化学変化を伴っていないことは，その溶液を蒸発させるとその金属が再生する事実により示される．もしその生成物が熱応力の下に置かれてなければ，その金属は$M(NH_3)_6$で表される溶媒和物として回収される．さらに，その溶液は溶媒のみよりも低い密度をもつ．金属が溶けるとその液体がいくらか膨張することは明らかである．外観については，希釈されていれば，すべての溶液は青いが，およそ1M以上濃くすると青銅色である．それらの溶液は伝導性を示し，それは1:1の電解液の伝導度よりも高い．その伝導度は，金属の濃度が増すにつれ減少するが，濃縮した溶液の伝導度は，金属に特有のものである．もう一つの例外的なことは，それらの溶液が常磁性を示すが，その磁化率は溶液を濃縮すると減少することである．磁化率の程度は，それぞれの金属イオンによって一つの自由電子が生成されることと一致する．これらは，このような溶液を対象とした成功モデルによって説明されるはずである．

新たに出てきた金属-アンモニア溶液のモデルは，溶媒和した金属イオンと電子を生じる金属原子のイオン化に基づいている．溶媒和された電子はアンモニア中の空洞内に存在すると考えられており，そのため，それは三次元的な箱の中で量子化されたエネルギー準位をもつ粒子として振舞うかもしれない．そのエネルギー準位間の遷移は，光吸収をひき起こし，それによって溶液に色がつく．

$$M + (x+y)NH_3 \rightarrow M(NH_3)_x^+ + e^-(NH_3)_y \qquad (10 \cdot 38)$$

電子が存在する空洞の構造は知られていないが，水素原子が若干正の電荷を帯びているので，何らかの形で電子の方を向いていると考えてよいだろう．空洞を形成するアンモニアは数分子あるかもしれないが，いくぶん正電荷を帯びた水素原子が電子のまわりにケージをつくっている，とするのが妥当である．液体アンモニア中の溶媒和電子に相当

```
            H    H
             \  /
         N━━H  e⁻ H━━N
             /  \
            H    H
```

するスペクトルは，およそ1500 nmに極大吸収を示す．これは箱の中の粒子を意味してはいないが，もしそうだと仮定して，さらに極大吸収帯は状態$n=1$と$n=2$の間の電子遷移だとすると，箱の大きさを求めることができる．この場合，このエネルギーは，他の研究者は300〜600 pmと見積もっているが，120 pmの長さをもつ箱に相当する．これは正確な計算ではないが，空洞の長さの計算値は少なくとも，分子サイズの小さな空洞に存在する電子に適合し，このタイプの溶液の密度が純水な溶媒の密度よりも低いという事実に一致する．

　アルカリ金属の液体アンモニア溶液は，さまざまな技術を用いて研究されてきた．これには，電気伝導度，磁化率，核磁気共鳴（NMR），体積膨張，分光学（可視および赤外），その他の技術が含まれる．得られたデータは，金属がイオン化を伴って溶解し，金属イオンと電子が溶媒和されることを示す．これらの溶液の独特な性質を説明するために，いくつかの同時に起こる平衡が仮定されている．これらは一般的につぎのように表される．

$$M + (x+y)NH_3 \rightleftharpoons M(NH_3)_x^+ + e^-(NH_3)_y \qquad (10\cdot 39)$$
$$2M^+(am) + 2e^-(am) \rightleftharpoons M_2(am) \qquad (10\cdot 40)$$
$$2e^-(am) \rightleftharpoons e_2^{2-}(am) \qquad (10\cdot 41)$$
$$M^+(am) + e_2^{2-}(am) \rightleftharpoons M^-(am) \qquad (10\cdot 42)$$
$$M^+(am) + M^-(am) \rightleftharpoons M_2(am) \qquad (10\cdot 43)$$

溶液の膨張は，溶媒中の空洞に存在する電子を考慮して説明されてきた．式（10・41）に示されている電子対形成は，溶媒の濃度が高くなるにつれ常磁性が減少することと少なくとも部分的には関係あると考えられている．しかしながら，この対形成は式（10・40）に示すような解離した自由電子も含むかもしれない．これらのすべてのステップが含まれてはいないかもしれないが，これらの反応のどれが重要かは，溶かす金属の種類やその溶液の濃度に依存すると考えられる．アルカリ金属は，溶解に加えて，水素を発生しながらゆっくり反応する．

$$2Na + 2NH_3 \rightarrow 2NaNH_2 + H_2 \qquad (10\cdot 44)$$

この反応は光化学的に加速され，遷移金属イオンにより触媒される．

　化学種の還元は，その種による電子の獲得を伴う．アルカリ金属の液体アンモニア溶液は自由電子を含むので，きわめて強い還元剤となる．この事実は，多くの反応において利用されてきた．たとえば，酸素はスーパーオキシドや過酸化物イオンに変換されうる．

$$O_2 \xrightarrow{e^-(am)} O_2^- \xrightarrow{e^-(am)} O_2^{2-} \qquad (10\cdot 45)$$

この溶液は遷移金属を異常酸化状態に変換することもできる.

$$[Pt(NH_3)_4]^{2+} + 2\,e^-(am) \rightarrow [Pt^0(NH_3)_4] \quad (10\cdot46)$$
$$[Ni(CN)_4]^{2-} + 2\,e^-(am) \rightarrow [Ni^0(CN)_4]^{4-} \quad (10\cdot47)$$
$$Mn_2(CO)_{10} + 2\,e^-(am) \rightarrow 2[Mn(CO)_5]^- \quad (10\cdot48)$$

多くの化合物が液体アンモニア中で,水素を失い,陰イオンを生成する形で反応する.このタイプの反応のいくつかの例を以下に示す.

$$2\,SiH_4 + 2\,e^-(am) \rightarrow 2\,SiH_3^- + H_2 \quad (10\cdot49)$$
$$2\,CH_3OH + 2\,e^-(am) \rightarrow 2\,CH_3O^- + H_2 \quad (10\cdot50)$$

アルカリ金属は,メチルアミンやエチレンジアミンに溶けることも知られている.これらの溶液は,アンモニアを含む溶液と同じいくつかの特性をもち,同じような反応を起こす.

10・6 液体フッ化水素

水といろいろな点で似ている溶媒は,液体フッ化水素である.この分子は極性があり,いくらか自動イオン化し,多くのイオン性固体に対して良い溶媒である.液体 HF の沸点はかなり低いが(19.5℃),多数の水素結合の結果,水に匹敵する液体範囲をもつ.液体 HF を用いる際の一つの問題は,ガラスを浸食することである.そのため,容器はテフロン(ポリテトラフルオロエチレン)のような不活性な物質でできていないといけない.この非水溶媒のデータを表 10・4 に示す.かなり高い気化熱(水と液体アンモニアの値の間にある)からわかるように,液体 HF は 100℃ を超える液体範囲と比較的高い沸点をもつ.

表 10・4 HF の物理的性質

融 点	-83.1℃
沸 点	19.5℃
密度(19.5℃)	0.991 g cm^{-1}
融解熱	4.58 kJ mol^{-1}
気化熱	30.3 kJ mol^{-1}
当量導電率	$1.4\times10^{-5}\,\Omega^{-1}$
誘電率(0℃)	83.6
双極子モーメント	1.83 D

液体 HF の自動イオン化は,つぎの式で表すことができる.

$$3\,HF \rightleftharpoons H_2F^+ + HF_2^- \quad (10\cdot51)$$

水は 25℃ で $6.0\times10^{-8}\,\Omega^{-1}$ の当量導電率をもち,液体 HF のそれは $1.4\times10^{-5}\,\Omega^{-1}$ であ

10・6 液体フッ化水素

る．したがって，HFのイオン化に対するイオン生成定数は，およそ8×10^{-12}であり，これは水の場合の1.0×10^{-14}よりも大きい．HF_2^-イオンは 対照的な直線構造をもつ．

$$F\cdots H\cdots F$$

そして，最も強い水素結合を示す．一つのHF分子が一つのフッ化物イオンを溶媒和していると考えることができる．H_2F^+イオンは，中心のF原子の周りに8個の電子をもつため，水の等電子構造であり，そのイオンの構造は以下のとおりである．

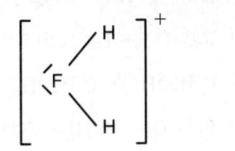

$$\left[\begin{array}{c}F\diagup^H\\ \diagdown_H\end{array}\right]^+$$

誘電率も双極子モーメントも水と匹敵するので，これはHFが無機化合物の良溶媒であることを示すが，多くの有機化合物も溶ける．一般的に，+1価の金属のフッ化物は，+2価や+3価の金属のフッ化物よりもはるかによく溶ける．11℃では，NaFの溶解度は100gの液体フッ素におよそ30gであるが，MgF_2の溶解度はわずか0.025g，AlF_3の溶解度は0.002gである．

液体HFの酸性度は，多くの例において酸触媒として働くほど十分に高い．その溶媒に特有の陽イオンH_2F^+は，安定なフッ化物錯体を形成できる強いルイス酸と反応すると生じる．BF_3やAsF_5との反応が典型的である．

$$BF_3 + 2\,HF \rightarrow H_2F^+ + BF_4^- \tag{10・52}$$

$$AsF_5 + 2\,HF \rightarrow H_2F^+ + AsF_6^- \tag{10・53}$$

これらの式は，以下のような分子型で書くこともできる．

$$AsF_5 + HF \rightarrow HAsF_6 \tag{10・54}$$

液体HF中の塩基性種は，フッ化物イオンか溶媒和されたフッ化物イオンH_2F^-である．OH^-がヒドロキソ錯体を形成する水の場合のように，フッ化物イオンは液体HF中で錯体を形成する．この性質はZn^{2+}やAl^{3+}のような金属イオンに両性を生じさせる．Al^{3+}

$$\begin{array}{c}Al^{3+} + 3\,F^- \longrightarrow AlF_3\\ +\,3\,H_2F^+ \diagup \qquad \diagdown\,+\,3\,F^-\\ Al^{3+} + 3\,HF \qquad AlF_6^{3-}\end{array} \tag{10・55}$$

の場合，AlF_3 は液体 HF にはかなり溶けにくく，その両性挙動を示した．

この式では便宜上，塩基性種を F^- と書いてあるが，液体 HF 中の実際の溶媒和された種は HF_2^- である．

液体 HF の主たる特性は，その酸性と陰イオン HF_2^- の安定性であり，知られている中では最も強い水素結合を示す．その結果，液体 HF 中の多くの反応において，その溶媒は酸として振舞い，HF_2^- を生成する．このような性質を示す典型的な反応は，つぎのとおりである．

$$2HF + H_2O \rightarrow H_3O^+ + HF_2^- \tag{10・56}$$

$$2HF + R_2C=O \rightarrow R_2C=OH^+ + HF_2^- \tag{10・57}$$

$$2HF + C_2H_5OH \rightarrow C_2H_5OH_2^+ + HF_2^- \tag{10・58}$$

$$2HF + Fe(CO)_5 \rightarrow HFe(CO)_5^+ + HF_2^- \tag{10・59}$$

これらの反応に加えて，液体 HF は酸化物をオキシハロゲン化物に変換する．たとえば，過マンガン酸の反応は，以下のように表すことができる．

$$5HF + MnO_4^- \rightarrow MnO_3F + H_3O^+ + 2HF_2^- \tag{10・60}$$

上記の内容から，液体 HF は用途が広く有用な非水溶媒であることが明らかである．

10・7　液体二酸化硫黄

すでに説明したプロトン性溶媒に加えて，長い間，液体二酸化硫黄中において化学反応が行われてきた．SO_2 分子は有意な双極子モーメントをもつが，その液体は共有結合性物質の良溶媒である．その分子は π 電子のために分極しているので，SO_2 と溶質分子の間のロンドン力が働き溶解する．硬-軟相互作用原理に従い，$OSCl_2$, $OPCl_3$, PCl_3 のような分子は非常によく溶ける．脂肪族炭化水素は液体 SO_2 には溶けないが，芳香族炭化水素はかなり溶ける．この溶解度に違いにより，2種類の炭化水素を溶媒抽出により分離する方法がよく用いられる．イオン性化合物は，分極でき，低い格子エネルギーをもつ大きなイオンを含んでいない限り，ほとんど溶けない．液体二酸化硫黄の物理的性質を表 10・5 に示す．後に述べるように，二酸化硫黄は，$HOSO_2F/SbF_5$ 混合物のような超強酸を用いる反応に有用な溶媒である．

二酸化硫黄は，非常に弱いルイス酸あるいはルイス塩基として働くため，さまざまな溶媒和物を形成する．

$$SO_2 + SnCl_4 \rightarrow SnCl_4 \cdot SO_2 \tag{10・61}$$

非常に強いルイス酸を用いると，加溶媒分解が起こり，オキシハロゲン化物が生成す

る．

$$SO_2 + NbCl_5 \rightarrow NbOCl_3 + OSCl_2 \qquad (10 \cdot 62)$$

表 10・5 SO_2 の物理的性質

融 点	$-75.5\,°C$
沸 点	$-10.0\,°C$
密 度	$1.46\ \mathrm{g\ cm^{-1}}$
融解熱	$8.24\ \mathrm{kJ\ mol^{-1}}$
気化熱	$24.9\ \mathrm{kJ\ mol^{-1}}$
双極子モーメント	$1.63\ \mathrm{D}$
誘電率	15.6
導電率	$3\times10^{-8}\ \Omega^{-1}$

SO_2 分子は，硫黄と酸素原子両方の上に非共有電子対をもつ．その結果，さまざまな形で遷移金属と多くの錯体を形成することが知られている．これらは，イオン原子を介する結合をはじめ，一方あるいは両方の酸素を介する結合や，さまざまな架橋様式を含む．ほとんどの場合，これらの錯体は低酸化状態のソフトな金属を含む．もう一つの重要な二酸化硫黄の反応は，二酸化硫黄が金属と他の配位子の間に挿入する反応が知られている．この種の反応は，つぎのように表すことができる（X と L は金属に結合する異なる基である）．

$$X_nM\text{-}L + SO_2 \rightarrow X_nM\text{-}SO_2\text{-}L \qquad (10 \cdot 63)$$

この反応の詳細については，第 22 章で議論する．

もし，この溶媒の自動イオン化がつぎのように起こるとしても，ごく微量程度であることはまちがいない．他の非水溶媒にもあてはまるように，

$$2\,SO_2 \rightleftharpoons SO^{2+} + SO_3^{2-} \qquad (10 \cdot 64)$$

細心の注意を払って溶媒の高い純度と無水状態を保つ必要がある．酸化物イオンの移動はエネルギー的に不利であり，$OSCl_2$ 中の放射性硫黄と液体 SO_2 中の硫黄が交換しないことは興味深い．もしこれらの液体の中で自動イオン化が起こるとしたら，どちらも SO^{2+} を生成するだろうから，放射性硫黄は両方の化学種の中に見つかる可能性がある．実際はそうではないということは，これらの溶媒がイオンを生成しないことを示している．

たとえ液体 SO_2 が自動イオン化しないとしても，その酸性種は SO^{2+} であり，塩基性種は SO_3^{2-} であろう．したがって，溶媒の概念に基づいて考えられるように，以下の中和反応が起こる．

$$K_2SO_3 + SOCl_2 \xrightarrow{\text{液体 SO}_2} 2\,KCl + 2\,SO_2 \qquad (10\cdot 65)$$

水溶液中の反応と違って，この反応は以下のようにイオン形で表すことができない．

$$SO^{2+} + SO_3^{2-} \rightarrow 2\,SO_2 \qquad (10\cdot 66)$$

溶媒の概念がいくつかの非水溶媒については実際の反応種を示さないことは，現在知られていることであるが，それでもなお有用な手段である．
　もし塩化チオニルがつぎの式に従って解離するとしたら，

$$SOCl_2 \rightarrow SOCl^+ + Cl^- \qquad (10\cdot 67)$$

その溶液中にはいくらか Cl^- が存在するだろう．もしその溶媒に他の塩素化合物が溶けていたら，塩素交換が起こるだろう．ここまでの議論に基づけば，自動イオン化を期待されないだろうが，放射性塩素を含む他の塩化物化合物を $SOCl_2$ に溶かすと，$SOCl_2$ との塩素交換が起こる．
　液体 SO_2 のような非水溶媒が用途の広い反応媒体であることの一つの実例を以下に示す．

$$3\,SbF_5 + S_8 \xrightarrow{\text{液体 SO}_2} (S_8)^{2+}(SbF_6^-)_2 + SbF_3 \qquad (10\cdot 68)$$

SbF_5 の S_8 に対する比を大きくすることによって，S_4^{2+} 種を生成することも可能である．PCl_5 と SO_2 の反応は，塩化チオニルと塩化ホスホリルの合成に使うことができる．

$$PCl_5 + SO_2 \rightarrow OPCl_3 + OSCl_2 \qquad (10\cdot 69)$$

いくつかの非水溶媒における Zn^{2+} と Al^{3+} の両性反応がすでに記述されている．この性質は液体 SO_2 においても実証できる．たとえば，溶媒由来の陰イオンを含むアルミニウム化合物は沈殿を生じ，さらにそれは，液体 SO_2 中の酸か塩基に溶ける．これはつぎのように表すことができる．

$$2\,AlCl_3 + 3\,[(CH_3)_4N]_2SO_3 \rightarrow Al_2(SO_3)_3 + 6\,[(CH_3)_4N]Cl \qquad (10\cdot 70)$$

すでに示してきたように，$SOCl_2$ は液体 SO_2 において酸であるので，$Al_2(SO_3)_3$ の沈殿物はつぎのように反応して塩化アルミニウムとその溶媒を与える．

$$3\,SOCl_2 + Al_2(SO_3)_3 \rightarrow 2\,AlCl_3 + 6\,SO_2 \qquad (10\cdot 71)$$

液体 SO_2 において塩基性種は SO_3^{2-} であるので $[(CH_3)_4N]_2SO_3$ は塩基性溶液を与え，以下の式に示すように，亜硫酸アルミニウムは亜硫酸錯体を生成することによって溶け

る．

$$Al_2(SO_3)_3 + 3[(CH_3)_4N]_2SO_3 \rightarrow 2[(CH_3)_4N]_3Al(SO_3)_3 \quad (10 \cdot 72)$$

近年，電池技術が著しく発展している．最も有用な電池の一つはリチウム電池であることは知られているが，実際いくつかの型があるので，そのうちの一つだけについて述べる．そこでは，負極はリチウムあるいはリチウム合金でできている．そのためこの名前が付いている．正極は黒鉛が使われており，その電解質は$Li[AlCl_4]$の塩化チオニル溶液である．負極では，リチウムが酸化される．

$$Li \rightarrow Li^+ + e^- \quad (10 \cdot 73)$$

負極では，塩化チオニルの還元が起こる．

$$2 SOCl_2 + 4 e^- \rightarrow SO_2 + S + 4 Cl^- \quad (10 \cdot 74)$$

電池は電気を生み出すので，負極では塩化リチウムが生成し，最終的には電池は使えなくなる．リチウム電池は長い寿命をもち，高い電流–重量比を与えるので，デジタルカメラ，時計，ペースメーカーなどに広く使われる．

溶媒も（加溶媒分解といった）反応剤であるこれらの反応に加えて，溶媒は単に反応剤同士を接近させるだけの働きをする，他の多くの反応がある．これらの場合においても，溶解度の違いは，溶媒に依存した異なる生成物をもたらすことができる．つぎのメタセシス反応を考えよう．

水中：$AgNO_3 + HCl \rightarrow AgCl + HNO_3$ $\quad (10 \cdot 75)$
二酸化硫黄中：$2 AgC_2H_3O_2 + SOCl_2 \rightarrow 2 AgCl + OS(C_2H_3O_2)_2$ $\quad (10 \cdot 76)$
アンモニア中：$NH_4Cl + LiNO_3 \rightarrow LiCl + NH_4NO_3$ $\quad (10 \cdot 77)$
アンモニア中：$AgCl + NaNO_3 \rightarrow AgNO_3 + NaCl$ $\quad (10 \cdot 78)$

これらの最初の反応は，AgClが水に不溶なので起こる．2番目はAgClが二酸化硫黄に不溶なので起こる．3番目が起こるのはイオン性の高いLiClが液体アンモニアに溶けないからである．最後の反応は，AgClは液体アンモニアに溶けるが，NaClが溶けないために起こる．メタセシス反応は非水溶媒中では異なるかもしれないことは明らかである．

この章で議論した特定の溶媒の化学は，非水溶媒の展望と有用性を実証している．しかしながら，付け足しではあるが，いくつかの他の非水溶媒について，一度は触れるべきであろう．たとえば，（この章の前の方の配位モデルの議論で述べた）$OSeCl_2$や$OPCl_3$のようなオキシハロゲン化物も非水溶媒として非常によく使われてきた．広く研究されてきたもう一つの溶媒は，自動イオン化が起こる硫酸である．

$$2 H_2SO_4 \rightleftharpoons H_3SO_4^+ + HSO_4^- \quad (10 \cdot 79)$$

この平衡では，イオン生成定数はおよそ 2.7×10^{-4} の値をもつ．しかしながら，この議論は複雑で，つぎのような平衡の結果，硫酸には他の化学種が存在する．

$$2\,H_2SO_4 \rightleftharpoons H_3O^+ + HS_2O_7^- \qquad (10\cdot80)$$
$$2\,H_2SO_4 \rightleftharpoons H_3SO_4^+ + HSO_4^- \qquad (10\cdot81)$$
$$SO_3 + H_2SO_4 \rightleftharpoons H_2S_2O_7 \qquad (10\cdot82)$$

二硫酸（ピロ硫酸あるいは発煙硫酸としても知られる）も解離が起こる．

$$H_2SO_4 + H_2S_2O_7 \rightleftharpoons H_3SO_4^+ + HS_2O_7^- \qquad (10\cdot83)$$

液体硫酸中では，多くの化学種がプロトン化され，通常塩基ではないものまでそうなる．たとえば，

$$CH_3COOH + H_2SO_4 \rightarrow CH_3COOH_2^+ + HSO_4^- \qquad (10\cdot84)$$
$$HNO_3 + H_2SO_4 \rightleftharpoons H_2NO_3^+ + HSO_4^- \qquad (10\cdot85)$$
$$H_2NO_3^+ + H_2SO_4 \rightleftharpoons NO_2^+ + H_3O^+ + HSO_4^- \qquad (10\cdot86)$$

硫酸は，金属やその酸化物，炭酸塩，硝酸塩，硫化物などと反応し，多くの反応にかかわる．

10・8 超強酸

水溶液中では，水平化効果のため，酸の強さ，すなわち H_3O^+ の濃度には上限がある．しかしながら，これは絶対的制限ではなく，一般に"超強酸"といわれる非常に強い酸性媒体を得ることが可能である．超強酸をつくる一つの方法は，H_2SO_4 のようなオキシ酸の分子の周辺原子を変えて，その誘起効果を大きくすることである．硫酸の二つの $-OH$ 基の一方をフッ素原子で置き換えると $HOSO_2F$ ができ（融点 $-89\,℃$，沸点 $163\,℃$），それは硫酸のみよりも強い酸である．

超強酸の性質は，非水溶媒化学の一つの重要な特徴である．なぜなら，その酸が H_3O^+ よりもはるかに強い場合，膨大な数の反応が可能になるからである．この性質は，早くも 1927 年に James Bryant Conant（コナン）により見いだされた．よく使われる強い酸性媒体は，SbF_5 と HSO_3F を混合することにより得られる．強いルイス酸である SbF_5 を $HOSO_2F$ に加えると，SbF_5 は（おそらくは酸素原子の一つから）電子対を受容し，それが残りの O–H 結合上の誘起効果を単独の $HOSO_2F$ よりも大きくする．その結果，混合物 $HOSO_2F/SbF_5$ は $HOSO_2F$ よりも強い酸となり，その二つの間の相互作用は以下のように表すことができる．

$$2\,HSO_3F + SbF_5 \rightarrow H_2SO_3F^+ + F_5SbOSO_2F^- \qquad (10\cdot87)$$

この超強酸の中で用いることができる非常に強い酸化剤の一つは，二フッ化ペルオキシ

10・8 超強酸

ジスルフリル，FO_2SOOSO_2F であり，つぎのような構造をもつ．

$$\begin{array}{c} O \quad\quad O \\ \| \quad\quad \| \\ F-S-O-O-S-F \\ \| \quad\quad \| \\ O \quad\quad O \end{array}$$

混合物 $HOSO_2F/SbF_5$ 中では，ヨウ素は $S_2O_6F_2$ により酸化されて多原子陽イオンを生成する．たとえば，I_3^+ の生成を示す反応は，以下のように書ける．

$$S_2O_6F_2 + 3\,I_2 \rightarrow 2\,I_3^+ + 2\,SO_3F^- \tag{10・88}$$

超強酸混合物中のこの強い酸化剤は，前述のように，硫黄を S_8^{2+} や S_4^{2+} イオンに酸化するだろう（実際，他にもいくつか知られているが，おそらく，これらは最も特徴的な化学種である）．

$$S_2O_6F_2 + S_8 \rightarrow S_8^{2+} + 2\,SO_3F^- \tag{10・89}$$

$HOSO_2F/SbF_5$ 混合物はパラフィンのような物質を溶かし，炭素陽イオンを生成するだろう．たとえば，ネオペンタンとの反応はつぎのように示すことができる．

$$H_2OSO_2F^+ + (CH_3)_4C \rightarrow (CH_3)_3C^+ + HOSO_2F + CH_4 \tag{10・90}$$

$H_2SO_3F^+$ イオンは，炭化水素と同様にハロゲン化リンもプロトン化するような強い酸である．

$$PX_3 + H_2SO_3F^+ \rightarrow HPX_3^+ + HSO_3F \tag{10・91}$$

同じような働きをするもう一つの混合物は，HF と SbF_5 の混合物であり，つぎのような平衡を示す．

$$HF + SbF_5 \rightleftharpoons H^+ + SbF_6^- \tag{10・92}$$

このような超強酸を用いる反応に適した溶媒は，液体 SO_2，SO_2FCl および SO_2F_2 である．この超強酸は炭化水素もプロトン化して炭素陽イオンを形成するだろうが，$H_2SO_3F^+$ よりは弱い酸である．一つの面白い反応として，炭酸はホウ酸 $B(OH)_3$ と等電子構造の $C(OH)_3^+$ に変換される．超強酸は，通常塩基でない多くの物質をプロトン化するような強いプロトン供与体である．これらは，炭化水素，ケトン，有機酸，その他多くの化学種を含む．超強酸の化学は，他の方法では行うことができない多くの反応を可能にする．前に述べたように，これは非水溶媒の性質の一つであり，上記のような化学を不可欠なものにしている．

参考文献

Finston, H. L., and Rychtman, A. C. (1982). *A New View of Current Acid-Base Theories.* Wiley, New York. [おもな酸・塩基理論を網羅した有用な総合的見解]

Jolly, W. L. (1972). *Metal-Ammonia Solutions.* Dowden, Hutchinson & Ross, Inc., Stroudsburg, PA. [これらの系の物理的・化学的性質を網羅した，重要な資料を扱った研究論文を集めたもの]

Jolly, W. L., and Hallada, C. J., in Waddington, T. C., Ed. (1965). *Non-aqueous Solvent Systems.* Academic Press, San Diego, CA.

Lagowski, J. J., and Moczygemba, G. A., in Lagowski, J. J., Ed. (1967). *The Chemistry of Non-aqueous Solvents.* Academic Press, San Diego, CA.

Meek, D. W., and Drago, R. S. (1961). *J. Amer. Chem. Soc.*, **83**, 4322. [溶媒概念に代わる一つの配位モデルについて記述した古典的論文]

Nicholls, D. (1979). *Chemistry in Liquid Ammonia: Topics in Inorganic and General Chemistry*, Vol. 17. Elsevier, Amsterdam.

Olah, G. A., Surya Prakash, G. K., and Sommer, J. (1985). *Superacids.* Wiley, New York.

Pearson, R. G. (1997). *Chemical Hardness.* Wiley-VCH, New York. [結晶中のイオンの性質も含めた，ハードネス（硬さ）のいくつかの側面について記述した興味深い著書]

Popovych, O., and Tompkins, R. P. T. (1981). *Non-aqueous Solution Chemistry.* Wiley, New York.

Waddington, T. C. (1969). *Non-aqueous Solvents.* Appleton-Century-Crofts, New York. [非水溶媒について多くの重要な知見を示した古い著書]

問題

1. 液体硫酸中における以下の物質の反応の式を記せ．

(a) NaF　　(b) $CaCO_3$　　(c) KNO_3　　(d) $(CH_3)_2O$　　(e) CH_3OH

2. 酸性媒体が必要な反応に対しては液体アンモニアよりも水の方が良い媒体であるのに対して，塩基性媒体が必要な反応に対しては逆であるのはなぜか，説明せよ．

3. (a) SO_2 が $[Ni(PR_3)_4]$（R は C_6H_5）に結合して錯体を形成するとする．どのように結合すると考えられるか説明せよ．)

(b) 二つの SO_2 分子が錯体 $[Mn(OPR_3)_4(H_2O)_2]^{2+}$ 中の H_2O を置換した場合に生成する構造を予想せよ．

(c) 仮想の錯体 $[(CO)_4Fe-SO_2-Cr^{2+}(NH_3)_5]$ をつくったと考えよう．二酸化硫黄はこの錯体中の架橋配位子としてどのように機能するだろうか．

4. 水中と液体アンモニア中の HCN の酸性の違いを説明せよ．

5. $Co(NH_3)_5H^+$ のようなヒドリド錯体は存在しないが，$Mo(CO)_5H$ のような錯体は存在する理由を説明せよ．

6. 無水酢酸 $(CH_3CO)_2O$ はわずかに自動イオン化すると考えられる．

(a) 自動イオン化の過程を示す式を記せ．

(b) この溶媒中で酸性を示す一つの物質は何か．

(c) この溶媒中で塩基性を示す一つの物質は何か.
  (d) 液体無水酢酸中の Zn^{2+} の両性を示す式を記せ.

  7. $AlCl_3$ が $OSCl_2$ に溶けたとき，いくらかの $AlCl_4^-$ が生成する.
  (a) 溶媒概念が適用できると仮定して，適当な式を用いて $AlCl_4^-$ の生成がどのように起こるか説明せよ.
  (b) 配位モデルを用いて，$AlCl_4^-$ がどのように生成するかを示す式を記せ.
  (c) 溶媒概念と配位モデルを $AlCl_3$ と $OSCl_2$ の反応に適用したときの違いを明確に説明せよ.

  8. KNO_3 が液体 HF 中のニトロ化剤としてどのように用いることができるか，どのような化学種が存在するか，それらがどのように反応するか，という観点から説明せよ.

  9. 以下の反応はそれぞれ水溶液中で起こる．溶媒が液体アンモニアの場合についての同様の式をそれぞれ記せ.
  (a) $KOH + HCl \rightarrow KCl + H_2O$
  (b) $CaO + H_2O \rightarrow Ca(OH)_2$
  (c) $Mg_3N_2 + 6H_2O \rightarrow 2NH_3 + 3Mg(OH)_2$
  (d) $Zn(OH)_2 + 2H_3O^+ \rightarrow Zn^{2+} + 4H_2O$
  (e) $BCl_3 + 3H_2O \rightarrow 3HCl + B(OH)_3$

  10. 液体 HF の自動イオン化における水素結合の役割を説明せよ.

  11. $TiCl_4$ が $OPCl_3$ 溶液中でどのように $TiCl_6^{2-}$ を生成するかを式を用いて示せ.

  12. $SbCl_5$ が液体 $OPCl_3$，液体 HF，液体 BrF_3 においてどのように酸性を示すかを式を用いて示せ.

  13. 以下の物質それぞれが液体アンモニア中でどのように反応するかを示す式を記せ.
  (a) LiH (b) NaH_2PO_4 (c) BaO (d) AlN (e) $SOCl_2$

  14. なぜ $CaCl_2$ が $CuCl_2$ よりも液体アンモニアにはるかに溶けにくいかを説明せよ.

  15. もし非水溶媒中で $N_2F_3^+$ を生成させようとする場合，使うことができる良溶媒は何か．その溶媒において $N_2F_3^+$ が形成する式を記せ.

  16. 100%酢酸における Zn^{2+} の両性を示す式を記せ.

  17. 液体アンモニア中で，Ir^{3+} は $NaNH_2$ を加えると沈殿物を生じるが，過剰量の NH_2^- を加えると再溶解する．この性質を示す式を記せ.

  18. $AlCl_3$ を水に溶かすとなぜその溶液が酸性なのかを説明する式を記せ.

  19. H_2O と液体ネオンを考えよう．これらはともに原子価殻に 8 個の電子をもつが，類似点はそこまでである．異なる性質を示し，その性質を生み出すそれらの分子の特性を説明せよ.

  20. フッ化アルミニウムが液体 HF 中で酸であるのはなぜかを示す式を記せ.

  21. 以下の固体を液体 HF への溶解度が低い順序に並べ，その理由を説明せよ.

  $\qquad$ CsF $\quad$ LiF $\quad$ BaF_2 $\quad$ CaF_2 $\quad$ KF

  22. BrF_3 と IF_5 はどちらも液体 HF 中で塩基である．この性質を示す式を記せ.

第IV部

元素の化学

11

金属元素の化学

　金属は，建造物，道具，宝石のような装飾品をつくるのに適した性質をもつ．金属は，金石併用時代，青銅器時代，鉄器時代といった歴史上の時代の名称に使われるほど重要である．金属は硬く，耐久性があり，魅力的である．この一節の最初の原稿は，スターリング銀（92.5％の銀と7.5％の銅からできた合金）で書かれている．金属の魅力は，場所を移動する冒険心を生み出し，戦利品であった．金属の本質的価値は，われわれが身につける装飾品や貨幣制度における金属の役割によって示される．

　100と少しの既知の元素のうち，4分の3は金属である．これらの元素がもつ性質は，水銀（融点-39℃）からタングステン（融点3407℃）までさまざまである．しかし，これらを物理的に識別する特性は，金属光沢，電気伝導率，鋳造性，延性である．通常金属と分類される元素は，これらの性質において多様性を示す．化学的に見ると，金属は比較的低いイオン化エネルギーをもつため，還元剤でもある．もう一つの大きな違いは，それらのコストである．特殊金属のいくつかは1g当たり数千ドルで売られているのに対して，卑金属のいくつかは1ポンド当たり数セントで売られている．

　金属に関するもう一つの問題は，入手可能性である．たとえば，コバルトは米国では産出しないが，非常に多くの種類の合金や，最も一般的なリチウム電池の一つを生産するために広く使われている．米国の工業の数部門では，コバルトの入手は命運を左右する．たとえば，代替エネルギー源で動く自動車に用いるために開発されている電池には，現在のところ，コバルトも含むリチウムイオン電池を用いることが考えられている．しかしながら，コバルトだけが戦略的金属ではなく，米国，中国，日本の工業界に不可欠な数種類の金属の入手可能性が懸念されている．戦略的金属の備蓄が利用しにくいので，競争や買いだめが起こるであろう．

11・1　金属元素

　周期表の第1族に含まれる金属は**アルカリ金属**（alkali metal）として，第2族は**アル**

カリ土類金属（alkaline-earth metal）として知られている．第2族と第13族の間にある族に含まれる金属（いわゆるd-ブロック金属）は**遷移金属**（transition metal）である．ランタン（$Z=57$，f-ブロック金属）以降の一連の元素は，そのグループに沿って進むにつれ，4f軌道が充塡されていく元素群である．これらの元素は希土類とよばれていたが，現在は一般的に，これらが周期表でランタンの後に続くので，**ランタノイド**（lanthanide）とよばれている．ランタノイドの下の列は，アクチニウムの後に続いているのでアクチノイドとして知られている．すべてが放射性であり，このグループの後ろの方の元素は人工的につくられたものである．本章では，アクチノイドに関する説明はしない．なぜなら，これらは比較的まれであり，放射性があるため，実用化学において一般的に使用が限られているからである．金属の化学を説明する際に，いくつかのトピックスについては，かなりの避けられない重複がある．たとえば，第12章では，非常に多くの主要族元素の有機金属化合物の化学が説明されており，第21章には遷移金属の化学が示されている．第14章および第15章では，スズ，鉛，アンチモン，ビスマスのような金属元素の化学が，各族のほかの元素の化学とともに説明されている．第10章には，第1族金属の化学について，液体アンモニアのような非水溶媒中の性質と関連して説明された．第7章では金属の基本構造，性質，相間で起こる相転移が説明された．

11・2 バンド理論

　一般的に，金属は動きやすい電子"ガス"あるいは"雲"に囲まれた正イオンの規則的格子であると考えることができる．この単純なモデルは，金属の多くの性質を説明する．たとえば，金属の動きやすい電子のために，金属は良好な電気伝導体となる．金属原子は，その格子を壊すことなく位置をずらすことができるので，加工してもその凝集性を保つことができる．その結果，金属は展性（打ち延ばして形を変えることができる）や延性（引張って電線にする）をもつ．さらに，格子中に異なる原子を置換することができ，その結果，一つの金属をもう一つの金属に溶かす，すなわち**合金**（alloy）をつくることができる．炭素，窒素，あるいはリンのような他の非金属原子を添加することによって，その金属はもろくなり延びにくくなるが，硬さは増す．

　金属は，一般的に良好な電気伝導体であるが，それでも電流に対していくらか抵抗を示し，それは金属の抵抗性として知られる．通常の温度では，格子の平均位置からの振動に起因する電子の運動のために電子の流れが妨げられることにより，抵抗性が生じる．温度を上げると，格子の平均位置からの原子の振動の振幅が大きくなり，それがさらに電子の流れを妨げる．したがって，金属の抵抗性は温度が上がるにつれて増加する．金属においては，電子はその構造のいたるところを移動する．各原子について考えられる電子の数は通常小さく，多くの構造（fccおよびhcp）において各原子は12個の最近接原子をもつため，それぞれ2電子を必要とする通常の結合を形成することはでき

ない．その結果，個々の結合はイオン性あるいは共有性の結合より普通は弱い．その結合の全体数の効果で，金属の凝集性はきわめて高い．

金属原子は最も近い金属と比較的短い距離で相互作用するため，軌道の重なりは電子密度の共有化をもたらす．先に述べたように，その電子密度は，本質的にすべての原子を包括する分子軌道に非局在化する．分子軌道図に一つの軌道を寄与する原子の数は，存在する原子の数に近づく．二つの原子が互いに近づき，相互作用が起こるにつれ，その二つの原子の軌道は二つの分子軌道，すなわち結合性軌道および反結合性軌道を形成すると考えることができる．これを図 11・1 に示す．もし三つの原子が相互作用すれば，三つの分子軌道が生じる，などさまざまな点で，この状況は第 5 章で述べたヒュッケル分子軌道に似ている（そこでは，分子軌道の数は永年行列式の次元と同じであることを示した）．ヒュッケル法での k 番目の軌道のエネルギーは，以下のように表すことができる．

$$E = \alpha + 2\beta \cos \frac{k\pi}{N+1} \qquad (11\cdot1)$$

ここでは，α はクーロン積分 (H_{ii})，β は共鳴積分 (H_{ij})，そして N は無限に近づく．したがって，全体の幅が 4β に近づくエネルギーバンドに広がる N 個のエネルギー準位があり，k と $k+1$ の準位のエネルギー差がゼロに近づく．

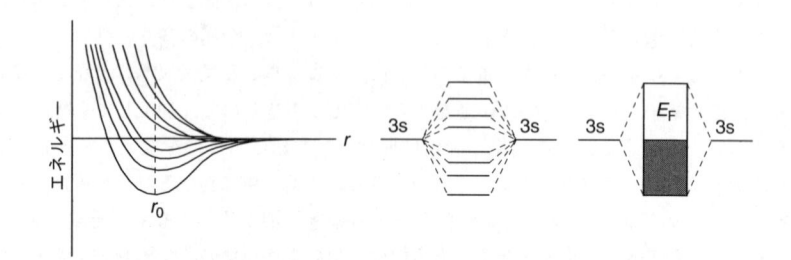

図 11・1　四つの結合性および四つの半結合性分子軌道を生じる原子軌道の相互作用　原子数が非常に大きくなると，分子軌道は一つの連続体になる．この場合，（本文に述べたように）原子はナトリウムとする．

分子軌道のエネルギーの全体の違いは，原子がどれくらい効率よく相互作用するかによって決まるが，隣接する個々の分子軌道の間隔は，軌道の数が増えるにつれて小さくなる．原子の数が非常に大きいときは，その間隔は熱エネルギー kT（k はボルツマン定数）よりも小さくなる．二つの軌道しかない場合について，原子間距離による軌道エ

ネルギーの変化を図11・1に示す．非常に多くの軌道がある場合は，図11・1に示すように，"バンド"を形成する分子軌道の連続体がある．これは，金属中の結合に関してしばしば言及されるバンド理論の起源である．N個の原子が相互作用し，N個の分子軌道ができる場合，それぞれの軌道は$2N$個の原子を保持する．そのため，もしそれぞれの原子が一つの電子を与えると，その分子軌道は半分埋まるだろう．この状態も図11・1に示してある．

ナトリウムのような金属の場合，2pと3s原子軌道から形成される重なりバンドがある．一般に，一つのバンドは占有されている1種類の原子軌道からできると考えることができる．しかしながら，バンド間にはエネルギーギャップがある．もし，もう一度ナトリウムについて考えると，図11・2に示すように，1s, 2s, 2p, 3s, および 3p（3p軌道は非占有であるが）からなるバンドがある．それぞれのバンドは，$2(2l+1)N$個の電子を保持することができる（ここではNは原子の数である）．

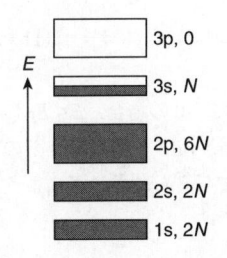

図 11・2 ナトリウム原子およびその集合体上の軌道の相互作用により形成するバンド　影付きのバンドは充填されており，影がないバンドは空である．3s軌道には原子当たり一つの電子しかないので，3s軌道から生じるバンドは半分だけ充填されている．

3p, 0
3s, N
2p, $6N$
2s, $2N$
1s, $2N$

最も高い占有バンドは半分しか埋まっていないので，電気伝導の際に，電子はそのバンド内に移動し動くことができる．そのスペクトルの可視領域の光は，電子と相互作用し，その表面で吸収と再放出を起こす．金属が光って見えたり，金属光沢があるのはこの現象のためである．

自由電子モデルでは，電子は原子にゆるやかに結合し，金属全体を動き回ると仮定されている．このモデルを発展させるには，電子のような半整数スピンに適用できる量子統計を使う必要がある．フェルミ粒子として知られるこれらの粒子は，パウリの排他原理に従う．金属においては，電子は，金属の表面によって表される三次元ボックスの中の粒子であるかのように取扱われる．立方体ボックスを考える系では，粒子のエネルギーはつぎの式で与えられる．

$$E = \frac{h^2\pi^2}{2mL^2}(n_x^2 + n_y^2 + n_z^2) \qquad (11\cdot 2)$$

ここでは，n_x, n_y, およびn_zはそれぞれの座標の量子数である．その量子数を（基底状

態に対応する) 1 とおくと, 式 (11・2) はつぎのように簡約できる.

$$E = \frac{3h^2\pi^2}{2mL^2} \tag{11・3}$$

量子数, すなわち, E と $E+dE$ の間の大きさのエネルギーをもつ, 単位体積当たりの許容されるエネルギー状態の数が連続であると仮定すると, そのエネルギー関数はつぎのように示すことができる.

$$g(E)\,dE = \frac{8\sqrt{2}\,\pi m^{3/2}}{h^3}\cdot E^{1/2}\,dE = CE^{1/2}\,dE \tag{11・4}$$

式 $g(E)$ は, しばしば**状態密度** (density of state) とよばれる. 一つの電子がエネルギー E をもつ特異な状態にある確率は, つぎのように表すことができる.

$$f(E) = \frac{1}{e^{(E-E_F)/kT}+1} \tag{11・5}$$

フェルミーディラック分布関数として知られるこの式から, $T=0$ の場合, $E<E_F$ のとき $f(E)=1$, $E>E_F$ のとき $f(E)=0$ であることがわかる. E と $E+dE$ の間の大きさのエネルギーをもつ, 単位体積当たり電子の数は, $f(E)g(E)dE$ で与えられ, つぎのように書くことができる.

$$N(E)\,dE = C\frac{E^{1/2}\,dE}{e^{(E-E_F)/kT}+1} \tag{11・6}$$

単位体積当たりの全電子数がつぎのように与えられるとき,

$$\chi = C\int_0^\infty \frac{E^{1/2}}{e^{(E-E_F)/kT}+1}\,dE \tag{11・7}$$

この式は, 先に挙げた特別な条件を使って, 簡約することができる.

$$\chi = C\int_0^{E_F} E^{1/2}\,dE = \frac{2}{3}CE_F^{3/2} \tag{11・8}$$

C を置き換えて簡単にすると, 結果はつぎのとおりである.

$$E_F = \frac{h^2}{2m}\left(\frac{3\chi}{8\pi}\right)^{3/2} \tag{11・9}$$

フェルミエネルギーは充満帯の最も高いエネルギーに等しい (図 11・1 をみよ).

11・3 第1族および第2族金属

　周期表の最初の二つの族に含まれる金属は，s軌道に一つか二つの電子をもつ外殻をもつため，"s-ブロック"元素として特徴づけられる．これらの構造は，希ガスの閉殻配置のあとに続くものであるため，外側の電子は核の電荷から遮蔽を受けている．その結果，第1族に見られるアルカリ金属は，同じ周期のどの元素よりも低いイオン化エネルギーをもつ．アルカリ金属の化学において，それらは，すべてにあてはまるわけではないが，たいていの場合は+1イオンとして見いだされる．アルカリ土類金属として知られる第2族の元素は ns^2 配置をとるが，たとえこれが充満した殻だとしても，部分的には最外殻電子の遮蔽のために，これらの金属は反応性が高い．第1族と第2族の元素は非常に反応性が高いので，自然界ではこれらは常に混ざって見つかる．これらの金属の還元には強い還元剤が必要である．そのため，炭素が冶金で用いられる還元剤であった古代では，これらの金属をつくることはできなかった．したがって，電気化学的製造が使われ始める1800年代初期までは，これらの金属を得ることはできなかった．第1族および第2族金属のいくつかの化合物は，古代において知られていた．塩，石灰岩（$CaCO_3$），炭酸ナトリウム（Na_2CO_3）がこれらに含まれる．これらの族の元素の化学を論じるにあたり，代表的な分野のみを取扱うことにしよう．章の一部分で全分野を扱うのは不可能なので，この領域の化学を包括する巨大なパイから代表的な薄片を紹介することにしよう．

11・3・1 一般的な特性

　周期表の第1族と第2族の元素は，それぞれ ns^1 と ns^2 の原子価殻配置をもつ．その結果として，第1族と第2族の元素の予想されるパターンは，それぞれ+1および+2イオンが形成されることである．これらの元素の自然に存在する化合物は，すべてこの形の原子を含む．フランシウムの同位体がもつ最も長い寿命は21 minであるので，フランシウムは議論から外す．表11・1に示したデータに加えて，イオンの電荷とサイズの比を知ることはしばしば役に立つ．そのパラメーターは，単にイオン上の電荷をその半径で割ったものであり，いわゆるそのイオンの電荷密度を与える．その量は，イオンが，イオン-双極子力の結果，どれくらい強く溶媒和されるかを示す指針となる．また，これはその種の硬さの目安でもある（第9章をみよ）．

　自然界には，膨大な種類の第1族および第2族金属の化合物が存在する（塩，炭酸ナトリウム，石灰岩など）．これらの化合物は，何千年もの間，重要でありつづけ，今でもそうである．さらに，石灰はいまだに石灰岩を加熱してつくられ，その生産量は莫大である．

　イオン化エネルギーの減少の結果，第1族および第2族の金属の反応性は，その族の下にいくほど増大する．これらの電気陰性度は0.8〜1.0程度までの幅がある（1.6の電気陰性度をもつベリリウムを除く）．すべてが非常に強い還元剤であり，たいていの非

表 11・1 第1族, 第2族およびアルミニウムに関連するデータ

金属	結晶構造	融点 〔℃〕	沸点 〔℃〕	密度 〔g cm^{-3}〕	$-\Delta H_{hyd}$ 〔kJ mol^{-1}〕	R_{atom} 〔pm〕	R_{ion}[†] 〔pm〕
第1族							
Li	bcc	180.5	1342	0.534	515	134	68
Na	bcc	97.8	893	0.970	406	154	95
K	bcc	63.3	760	0.862	322	227	133
Rb	bcc	39	686	1.53	293	248	148
Cs	bcc	28	669	1.87	264	265	169
第2族							
Be	hcp	1278	2970	1.85	2487	113	31
Mg	hcp	649	1090	1.74	2003	160	65
Ca	fcc	839	1484	1.54	1657	197	99
Sr	fcc	769	1384	2.54	1524	215	113
Ba	bcc	725	1805	3.51	1360	217	135
Ra	bcc	700	1140	5	~1300	220	140
第13族							
Al	fcc	660	2327	2.70	4690	143	50

† 族番号と同じ電荷数(第13族は3)をもつイオンの半径である.

金属元素やさらに高い電気陰性度をもつほかの金属とも二元化合物を形成する.第10章で説明したように,特に第1族の金属は(第2族の金属もわずかながら),液体アンモニアやアミン類に溶け,その溶液は多くの興味深い性質をもつ.

　第1族の金属はこのように強い還元剤であり,反応性が高いので,一般的には電気分解反応によりつくられる.たとえば,ナトリウムはNaClとCaCl$_2$を含む溶融混合物の電気分解により生産される.リチウムは,LiClとKClを含む混合物の電気分解によりつくられる.カリウムの生産は,850℃でナトリウムを還元剤として行われる.この条件下では,カリウムはより揮発しやすいため,以下の平衡式はカリウムが系外に除かれる右側にシフトする.

$$\text{Na}(g) + \text{K}^+ \rightleftharpoons \text{Na}^+ + \text{K}(g) \qquad (11 \cdot 10)$$

したがって,普通はカリウムがナトリウムより強い還元剤であったとしても,カリウムの除去により反応は効率よく進行する.

11・3・2　陰イオン

　ほとんどの例において,第1族の金属は+1イオンを形成するが,いつもそうであるとは限らない.ナトリウムはイオン化エネルギーが低いため,Na$^+$とNa$^-$のイオン対を形成するという異常な状況が存在する.つぎの反応を考えると,

$$\text{Na}(g) + \text{Na}(g) \rightarrow \text{Na}^+(g) + \text{Na}^-(g) \qquad (11\cdot11)$$

ナトリウム原子から1電子を引き抜くには，$496\,\text{kJ mol}^{-1}$（イオン化エネルギー）が必要であることに気づく．もう一つのナトリウム原子にその電子を与えると，

$$\text{Na}(g) + e^- \rightarrow \text{Na}^-(g) \qquad (11\cdot12)$$

約 $53\,\text{kJ mol}^{-1}$（電子親和性の逆）が放出される．そうすると，式（$11\cdot11$）で示した過程は，およそ $+443\,\text{kJ mol}^{-1}$ のエンタルピーをもつことになるだろう．しかしながら，もしこの過程が，水の中で行われ，他の反応が起こらないならば，$406\,\text{kJ mol}^{-1}$ を放出する $\text{Na}^+(g)$ の溶媒和エンタルピーにより，電子移動過程がエネルギー的にさらに有利になるだろう．

$$\text{Na}^+(g) + n\,\text{H}_2\text{O} \rightarrow \text{Na}^+(aq) \qquad (11\cdot13)$$

その $\text{Na}^-(g)$ もまた溶媒和されるだろうが，この過程に伴う熱は陽イオンの場合の熱よりも小さいだろう．ナトリウムは水と激しく反応するので，これらはすべて仮定の話である．ナトリウムイオンに強く結合する分子の一つは，以下の構造をもつポリエーテルである．

ナトリウムをエチレンジアミンに溶かし，クリプタンド（cryptand）として知られるこの錯化剤を加え，溶媒を留去すると，$\text{Na}^+(\text{crypt})\text{Na}^-$ を含む固体を回収することが可能である．これはかなり珍しいことではあるが，Na は 3s 準位を埋めることができることを示す．もちろん，この種の性質は H^- が生じるときにも現れる．

11・3・3 水素化物

第1族および第2族のたいていの金属は，（少なくとも形式的には）H^- を含む水素化化合物を生成する．これらの化合物については，第13章の水素の化学と一緒にさらに詳しく説明する．これらは，イオン性化合物（低揮発性の無色固体）の性質をもつため，これらの水素化物は**塩様水素化物**（saltlike hydride）として知られる．しかしながら，ベリリウムやマグネシウムの水素化物は，はるかに共有結合的であるため（これら

の金属はそれぞれ 1.6 および 1.3 の電気陰性度をもつ）全く異なる．これらの水素化物はポリマー構造をもち，水素原子が金属原子間を架橋する鎖からなる．このイオン性水素化物の最も重要な性質は，その水素化物イオンの非常に強い塩基性である．イオン性水素化物は，以下の式で示すように，水，アルコールなどを含む OH 結合をもつたいていの分子からプロトンを引き抜くだろう．

$$H^- + H_2O \rightarrow H_2 + OH^- \qquad (11\cdot14)$$

$$H^- + CH_3OH \rightarrow H_2 + CH_3O^- \qquad (11\cdot15)$$

H^- イオンは NH_3 を脱プロトン化してアミドイオンを生成するほど強い塩基である．

$$H^- + NH_3 \rightarrow H_2 + NH_2^- \qquad (11\cdot16)$$

NaH や CaH_2 のようなイオン性水素化物は，多くの溶媒に存在する微量の水から水素を引き抜くため，乾燥剤として用いることができる．水素化リチウムアルミニウム（$LiAlH_4$）は，有機化学におけるさまざまなタイプの反応に使うことができる，用途の広い還元剤である．

11・3・4 酸化物と水酸化物

　第1族の金属はすべて酸素と反応するが，その生成物は必ずしも，通常の酸化物ではない．リチウムは酸素と予想どおりに反応する．

$$4\,Li + O_2 \rightarrow 2\,Li_2O \qquad (11\cdot17)$$

一方，ナトリウムは酸素と反応し，過酸化物を生成する．

$$2\,Na + O_2 \rightarrow Na_2O_2 \qquad (11\cdot18)$$

O_2^- イオンはスーパーオキシドイオンとして知られ，酸素がカリウム，ルビジウム，セシウムと反応するときに生成する．

$$K + O_2 \rightarrow KO_2 \qquad (11\cdot19)$$

おそらく，第1族の大きい方の原子の酸化物形成は，大きい陰イオンを含む場合に有利になる．一般的に，結晶格子が同じようなサイズと電荷をもつ陽イオンと陰イオンから形成されるときに，より有利になる（第9章をみよ）．第2族の軽い方の金属が酸素と反応する場合は，通常は酸化物を生成するが，バリウムやラジウムは過酸化物を与える．

　第1族および第2族の金属の酸素化合物が水と反応するときは，酸化物，過酸化物，あるいはスーパーオキシドのどれが含まれているかにかかわらず，強い塩基性溶液が生

成する.

$$Li_2O + H_2O \rightarrow 2\,LiOH \tag{11・20}$$
$$Na_2O_2 + 2\,H_2O \rightarrow 2\,NaOH + H_2O_2 \tag{11・21}$$
$$2\,KO_2 + 2\,H_2O \rightarrow 2\,KOH + O_2 + H_2O_2 \tag{11・22}$$

苛性ソーダあるいは単に腐食剤とよばれることもある水酸化ナトリウムは,塩化ナトリウムの水溶液の電気分解により大量に生産される.

$$2\,NaCl + 2\,H_2O \xrightarrow{\text{電気分解}} 2\,NaOH + Cl_2 + H_2 \tag{11・23}$$

これは,塩素をつくるためにも用いられる反応であり,特に重要である.しかしながら,つぎの式で示すように,水酸化ナトリウムは塩素と反応するだろう.

$$2\,OH^- + Cl_2 \rightarrow OCl^- + Cl^- + H_2O \tag{11・24}$$

この反応を防ぐために,電気分解中はその生成物を接しないようにする必要がある.一つの方法として隔膜が使われ,もう一つは水銀セルを用いる方法である.水銀セルでは,水銀陰極がナトリウムと反応して,継続的に除去できるアマルガムを生成する.隔膜セルでは,アスベストでできている隔膜により,陰極部分と陽極部分が分けられている.水酸化ナトリウムを含む溶液は,隔膜を通して,拡散が起こる前に陰極部分から除去される.毎年,数十億ポンドもの NaOH が生産され,強塩基を必要とする多くのプロセスに用いられる.

水酸化カリウムは,KCl の水溶液の電気分解により生産される.KOH は NaOH より有機溶媒に溶けやすいので,ある種のプロセスにおいて広く使われる.たとえば,KOH はさまざまなタイプの石けんや洗剤の生産に用いられる.ルビジウムやセシウムの水酸化物は,ナトリウムやカリウムの水酸化物に比べてほとんど重要ではないが,それらはさらに強い塩基である.

第2族の金属の酸化物はイオン性であるため,水と反応して水酸化物を生成する.

$$MO + H_2O \rightarrow M(OH)_2 \tag{11・25}$$

しかしながら,酸化ベリリウムは全く異なり,両性を示す.

$$Be(OH)_2 + 2\,OH^- \rightarrow Be(OH)_4{}^{2-} \tag{11・26}$$
$$Be(OH)_2 + 2\,H^+ \rightarrow Be^{2+} + 2\,H_2O \tag{11・27}$$

水酸化マグネシウムは,弱い,ほとんど不溶性の塩基であり,その懸濁液は,汎用の制酸剤である"マグネシウム乳"として知られる.第2族の金属の水酸化物はほんのわずかしか溶けないので($Ca(OH)_2$ は強い塩基であるが,$100\,g$ の水にはおよそ $0.12\,g$ しか溶けない),その利用にはいくぶん制限がある.水酸化カルシウムは,石灰岩の分解に

より大量に生産される．

$$CaCO_3 \rightarrow CaO + CO_2 \qquad (11\cdot28)$$

つぎは，CaO（石灰）と水との反応である．

$$CaO + H_2O \rightarrow Ca(OH)_2 \qquad (11\cdot29)$$

水酸化カルシウムは**消石灰**（slaked lime）として知られ，NaOHやKOHよりも安価であるため，いくつかの応用に広く使われる．CO_2と反応すると$CaCO_3$を生成し，モルタルやセメントの中で，砂や砂利の粒子を接着する．

11・3・5 ハロゲン化物

塩化ナトリウムは，世界中の塩層，塩水および海水の中に存在し，ある場所では採鉱もされる．その結果として，塩化ナトリウムは，他の多くのナトリウム化合物の供給源である．用いられる塩化ナトリウムの大部分が，水酸化ナトリウムの生産に消費される（式11・23）．ナトリウム金属の生産は，溶融塩化物（普通は，塩化カルシウムとの共融混合物の形で）の電気分解を含む．炭酸ナトリウムは重要な物質であり，ガラスの生産などいろいろな形で使われる．それは，かつてはNaClからソルベー法により生産されていたが，全体の反応はつぎのとおりである．

$$NaCl(aq) + CO_2(g) + H_2O(l) + NH_3(aq) \rightarrow NaHCO_3(s) + NH_4Cl(aq) \qquad (11\cdot30)$$

第8章で述べたように，工業的に重要な固体変換はたくさんある．今回の場合は，固体生成物は加熱により分解して炭酸ナトリウムを与える．

$$2\,NaHCO_3(s) \rightarrow Na_2CO_3(s) + H_2O(g) \qquad (11\cdot31)$$

ソルベー法は世界のある地域ではまだ使用されているが，炭酸ナトリウムのおもな供給源は，鉱物**トロナ**（trona，重曹石，$Na_2CO_3\cdot NaHCO_3\cdot 2H_2O$）である．

11・3・6 硫化物，窒化物，炭化物，およびリン化物

第2族の金属の硫化物は一般的に塩化ナトリウム構造をもつが，第1族の金属は，陰イオンと陽イオンに対する比が2であるため，逆ホタル石型構造をもつ．硫化物の溶液は，加水分解反応の結果，塩基性である．

$$S^{2-} + H_2O \rightarrow HS^- + OH^- \qquad (11\cdot32)$$

第1族および第2族の硫化物の一つの合成法は，金属水酸化物とH_2Sとの反応である．

$$2\,MOH + H_2S \rightarrow M_2S + 2\,H_2O \qquad (11\cdot33)$$

硫黄は連鎖形成の傾向があるため，硫化物を含む溶液は硫黄と反応して，S_n^{2-}と表せるポリ硫化物を与える（第15章をみよ）．第1族および第2族の金属の硫化物は，高温で硫酸塩を炭素で還元することによってもつくることができる．

$$BaSO_4 + 4C \rightarrow BaS + 4CO \qquad (11 \cdot 34)$$

よく用いられる硫酸バリウムと硫化亜鉛を含む色素，**リトポン**（lithopone）はつぎの反応によりつくられる．

$$BaS + ZnSO_4 \rightarrow BaSO_4 + ZnS \qquad (11 \cdot 35)$$

$Ca(OH)_2$は塩基で，H_2Sは酸であるため，つぎの反応はCaSの合成に用いることができる．

$$Ca(OH)_2 + H_2S \rightarrow CaS + 2H_2O \qquad (11 \cdot 36)$$

ほとんどの非金属元素は第1族および第2族の金属と反応し，二元化合物を与えるだろう．これらの金属を窒素あるいはリンと加熱すると，その金属の窒化物やリン化物が得られる．

$$12Na + P_4 \rightarrow 4Na_3P \qquad (11 \cdot 37)$$
$$3Mg + N_2 \rightarrow Mg_3N_2 \qquad (11 \cdot 38)$$

これらの式の生成物は，それらがあたかもイオン性二元化合物であるかのごとく書かれているが，いつもそうであるとは限らない．たとえば，いくつかの非金属は，多面体構造中にいくつかの原子が並んだクラスターを形成する．P_7^{3-}クラスターはその一例で，三角柱の頂点に六つのリン原子をもち，その三角柱の片方の三角平面の上部に7番目のリンがいる．

$$Na_3P + 3H_2O \rightarrow 3NaOH + PH_3 \qquad (11 \cdot 39)$$
$$Mg_3N_2 + 6H_2O \rightarrow 3Mg(OH)_2 + 2NH_3 \qquad (11 \cdot 40)$$
$$Li_3N + 3ROH \rightarrow 3LiOR + NH_3 \qquad (11 \cdot 41)$$

これらと同様の反応は，リン，ヒ素，テルル，そしてセレンのような元素の水素化物の簡便合成法を与える．なぜなら，これらの元素は水素とは直接反応せず，またその水素化物は不安定だからである．

　金属を炭素とともに強く加熱すると，二炭化物が生成する．第1族および第2族の金属の最も重要な炭化物は，炭化カルシウムCaC_2である．この炭化物は，C_2^{2-}を含むため実際アセチリドであり，水と反応してアセチレンを生成する．

$$CaC_2 + 2H_2O \rightarrow Ca(OH)_2 + C_2H_2 \qquad (11 \cdot 42)$$

非常に高温での CaO と炭素（コーク）の反応は，CaC_2 を生成する．

$$CaO + 3C \rightarrow CaC_2 + CO \tag{11・43}$$

カルシウムアセチリドは，高温での CaC_2 と N_2 の反応によるカルシウムシアナミド $CaCN_2$ の製造に用いられる．

$$CaC_2 + N_2 \xrightarrow{1000\,°C} CaCN_2 + C \tag{11・44}$$

アンモニア合成のハーバー法のように，この反応は窒素原子を化合物に変換する一つの方法（窒素固定）である．さらに，カルシウムシアナミドは蒸気と高温で反応し，アンモニアを生成する．

$$CaCN_2 + 3H_2O \rightarrow CaCO_3 + 2NH_3 \tag{11・45}$$

カルシウムシアナミドは，いくつかの肥料の成分でもある．

多くの重要な用途をもつもう一つのシアナミド化合物はナトリウムシアナミドであり，以下のようにつくられる．400°Cでアンモニアと Na を反応させると，ナトリウムアミドが得られる．

$$2Na + 2NH_3 \rightarrow 2NaNH_2 + H_2 \tag{11・46}$$

ナトリウムアミドと炭素の反応は，ナトリウムシアナミドを生成する．

$$2NaNH_2 + C \rightarrow Na_2CN_2 + 2H_2 \tag{11・47}$$

これは炭素と反応し，シアン化ナトリウムを生成する．

$$Na_2CN_2 + C \rightarrow 2NaCN \tag{11・48}$$

ナトリウムシアナミドはおもに，金属の電気めっきのための溶液をつくるのに広く使われる，シアン化ナトリウムの製造に用いられる．このほかに，NaCN は金と銀が CN^- と錯体をつくることから，これらを鉱石から分離するための抽出工程に用いられる．きわめて毒性の高い化合物であるシアン化ナトリウムは，鉄鋼の表面硬化の工程にも使われる．この工程において，硬化される鉄鋼は加熱され，その表面においてシアン化物イオンと反応し，金属炭化物の層が形成される．

11・3・7 炭酸塩，硝酸塩，硫酸塩，およびリン酸塩

第１族および第２族の金属を含む重要な化合物のいくつかとして，炭酸塩，硝酸塩，硫酸塩，およびリン酸塩がある．炭酸ナトリウムの供給源が鉱物トロナ（重曹石）であることはすでに述べた．炭酸カルシウムは，チョーク，**方解石**（calcite），**アラゴナイ**

ト (aragonite), 大理石のほかに, 卵の殻, サンゴ, 貝殻といったいろいろな形で存在する. 建築材としてと用途に加えて, リン酸化カルシウムは大量に肥料に変換される (第14章をみよ).

マグネシウムは, 鉱物**マグネサイト** (magnesite) の中の炭酸塩として, また, 鉱物**カンラン石** (olivine) の中のケイ酸塩として存在する. また, マグネシウムはエプソム塩 $MgSO_4 \cdot 7H_2O$ として見いだされ, 医療用の溶液に用いられる. **ドロマイト** (dolomite) $CaCO_3 \cdot MgCO_3$ は, カルシウムとマグネシウムを含む混合炭酸塩であり, 建造物や制酸薬錠剤に用いられる. カルシウムは, **ジプサム** (gypsum) $CaSO_4 \cdot 2H_2O$ にも見いだされる. $Be_3Al_2(SiO_3)_6$ を含む**緑柱石** (beryl) は, ベリリウムを含む鉱物の一つである. もし, 微量のクロムを含むと, 緑色の宝石用原石エメラルドになる. 他の供給源の中で, ナトリウムやカリウムが硝酸塩として存在する. 硝酸は, 硝酸塩を硫酸と加熱することにより合成される.

$$2\,NaNO_3 + H_2SO_4 \rightarrow Na_2SO_4 + 2\,HNO_3 \qquad (11 \cdot 49)$$

第1族および第2族の金属の炭酸塩, 硫酸塩, 硝酸塩, およびリン酸塩は, 無機化学において重要な物質である. 第1族および第2族の元素, 特にリチウム, ナトリウム, マグネシウムの最も重要な化合物のいくつかは, 有機金属化合物である. 第12章ではこの領域の化学についてふれる.

11・4 ジントル相

1世紀以上前, ナトリウムが溶けている液体アンモニア溶液に鉛を溶かすと, 2種類の金属が含まれる化合物が得られることが見いだされた. 1930年代にドイツのEduard Zintl は, この種の反応系について幅広い研究を行った. 彼らの研究は, この系の化学の基礎をなしていると考えられている. 重要な発見がなされたときによくあることであるが, この種の化合物は現在, **ジントル化合物** (Zintl compound) あるいは**ジントル相** (Zintl phase) とよばれている. これらは, 第1族および第2族の金属とより重い第3, 4, 5, 6族の元素からなる化合物である. Na_2S, K_3As, Li_3P のような通常の二元化合物は存在するが, 他の多くはもっと複雑な化学式や構造をもつ. これらは, より電気的に陰性な数個あるいは多数の原子のクラスターからなる陰イオンを含む. それらのいくつかは Sn_4^{4-}, P_7^{-}, Pb_9^{4-}, あるいは Sb_7^{3-} のような化学式をもつ. 陽イオンはしばしば第1族および第2族の金属であるため, ジントル相については, それらの金属に関する説明の後の節で述べる.

ジントル相の最もありふれた合成方法の一つは, 液体アンモニア中のアルカリ金属の溶液とその他の元素との反応による. しかしながら, これらの物質の多くは, その元素を加熱することにより得られる. たとえば, バリウムとヒ素を加熱すると, つぎの反応のようになる.

$$3\,Ba + 14\,As \rightarrow Ba_3As_{14} \qquad (11\cdot50)$$

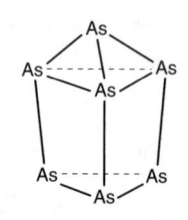

一般的な定義として，ジントル相は第1族および第2族の金属と周期表の後ろの族の非金属を含むものであるが，これらの中にはさまざまな組成をもつものがある．その結果，ジントル相は非金属として，Bi，Sn，In，Pb，As，Se，あるいは Te を含む．この種のいくつかの化合物は，一つのクラスターに14個の非金属原子を含んでおり，いくつかの例として Ba_3As_{14}，Sr_3P_{14}，および Ba_3As_{14} は，すべて M_7^{3-} クラスターの中に非金属陰イオンを含むことが知られている．これらのイオンの構造は，末端がキャップされた不規則な三角柱である．

第14章でわかるように，サイズや結合角以外は，P_4S_3 と同じ一般構造をとる．硫黄原子はリン原子よりも一つ電子が多いので，四つのリン原子と三つの硫黄原子は，P_7^{3-} イオンと等電子構造をもつ．このことは，実際それと同様に，二つの異なる非金属を含むジントル相を合成できることを示唆する．ほかにもたくさん知られているが，$Pb_2Sb_2^{2-}$，$TlSn_8^{3-}$，および $Hg_4Te_{12}^{4-}$ がその一部の例である．

ジントル陰イオンはセレンやテルルから生成し，そのいくつかの重要な化学種は Se_n^{2-}（$n=2, 4, 5, 6, 7, 9, 11$）を含む．$n=11$ のときの化学種は，一つのセレンイオンによって結合した五員環あるいは六員環の二つの環を含む．これより少ない数のセレンを含む化学種は，一般にジグザグ鎖からなる．テルルは，$NaTe_n$（$n=1-4$）という形の化学種で存在する多種のポリ陰イオンを形成する．$[(Hg_2Te_5)_n]^{2-}$ のような化学種も知られているが，あるテルルイオンは $Hg_4Te_{12}^{4-}$ イオンを含む．このような Te_{12}^{2-} イオンは，陽イオンが +1 価の金属のときに存在することがある．

第4族の原子を含む多原子種は，ナトリウムを溶かした液体アンモニア中でその元素を還元することによりつくられる．硬-軟相互作用原理（第9章をみよ）に従うと，同じ程度の電荷をもつ大きな陽イオンを用いたときに，大きな陰イオンを含む化学種をうまく単離することができる．溶液にエチレンジアミンを導入すると，Na^+ イオンは溶媒和され $Na_4(en)_5^+$ や $Na_4(en)_7^+$ のような大きな陽イオンを与える．これらの大きな +1 価の陽イオンを用いると，Ge_9^- や Sn_9^- イオンを固体として単離することができる．Na^+ と非常に効率良く結合する一つの物質は，つぎの構造をもつ 18-クラウン-6 として知られるポリエーテルである．

11・4 ジントル相

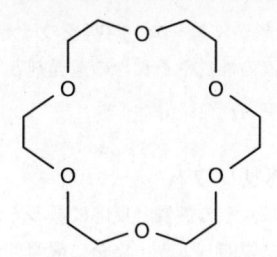

以下に示す**クリプタンド**（cryptand）として知られる配位子は，第1族金属の陽イオンと安定な錯体を形成する（しばしばcryptと省略して表記される）．近年は，このクリプタンドとして知られる配位子は，エチレンジアミンの代わりに用いられる．この配位子は以下の分子構造をもつ．

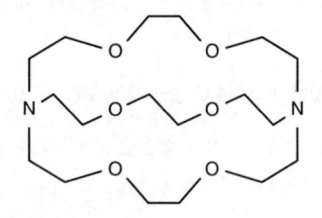

この分子は，数個のドナー部位をもつため，第1族金属の陽イオンに強く結合する．隔離されたナトリウムイオンを用いて，$[Na(crypt)]^+{}_2[Sn_5]^{2-}$，$[Na(crypt)]^+{}_4[Sn_9]^{4-}$，$[Na(crypt)]^+{}_2[Pb_5]^{2-}$を含む，数多くのジントル相が単離された．5原子陰イオンは，三方両錐構造をとるが，$Sn_9{}^{4-}$イオンはキャップされた正四角反柱構造をもつ．

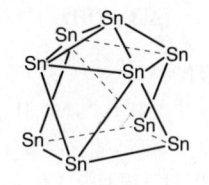

五つのスズあるいは鉛をもつイオンは，それぞれ，ナトリウムとスズあるいは鉛との合金と反応するクリプタンドとナトリウムを含む溶液の反応により合成される．アルキル基や他の官能基を含む，数多くのこれらの物質の誘導体が合成されていることも述べるべきだろう．

　数多くのジントル相が固体として研究され，それらの構造も決定されてきたが，結晶中のパッキングと溶液中の溶媒和構造が異なるために，それらのクラスターが二つの媒体中で異なることが頻繁にある．ここでジントル相について説明する一つの目的は，アルカリ金属およびアルカリ土類金属とこのクラスター化合物の興味深い領域との関連性

を示すことである．これらのクラスターは，周期表のほかの族の原子とも関係するが，液体アンモニア中の金属の溶液の性質やそれらの還元剤としての強さのため，第1族の金属はこの化学において際だっている．

11・5 アルミニウムとベリリウム

アルミニウムとベリリウムは，その性質と反応に数多くの類似性があるため，周期表では異なる族にあるが，一緒に説明しよう．完全に解明されてはいないが，脳内のアルミニウムの蓄積はアルツハイマー病と関係があるという示唆があり，またベリリウム化合物は非常に毒性が高い．

アルミニウムのおもな鉱石は**ボーキサイト**（bauxite）であり，主要な成分の一つは$AlO(OH)$ である．アルミニウムの生産は，**氷晶石**（cryolite, Na_3AlF_6）に溶解したAl_2O_3 の電気分解で行われるが，Al_2O_3 を含んだ溶融液は Na_2O を少し含むため，それが AlF_3 と反応してその Na_3AlF_6 を生成する．

$$4\,AlF_3 + 3\,Na_2O \rightarrow 2\,Na_3AlF_6 + Al_2O_3 \tag{11・51}$$

天然に存在する Na_3AlF_6 は，アルミニウムの生産に十分な量を入手することは容易ではないが，つぎの反応により合成することができる．

$$3\,NaAlO_2 + 6\,HF \rightarrow Na_3AlF_6 + 3\,H_2O + Al_2O_3 \tag{11・52}$$

アルミニウムの酸化物，水酸化物，水和酸化物の間には複雑な関係がある．つぎの式の結果として，数段階を経る変換が可能である．

$$2\,Al(OH)_3 = Al_2O_3 \cdot 3H_2O = Al_2O_3 + 3\,H_2O \tag{11・53}$$
$$2\,AlO(OH) = [Al_2O_3(OH)_3] = Al_2O_3 \cdot H_2O \tag{11・54}$$

アルミニウムおよびベリリウムの化学は，これらの通常のイオンの高い電荷/サイズ比に大きく影響される．$+2$ のベリリウムイオンは 31 pm の半径をもち，Al^{3+} の半径は 50 pm である．したがって，この二つのイオンの電荷/サイズ比は，それぞれ 0.065 および 0.060 である．Be^{2+} および Al^{3+} は，周期表においてその対角線に沿った位置関係にあるので，これらの類似性は"**対角関係**"として知られている．ベリリウムとアルミニウムの溶液化学が似ていることを示す一つの例として，これらの塩化物を水に溶かし，つぎに濃縮すると何が起こるかを考えるとよい．水を濃縮すると，HCl が除かれ，最終生成物は塩化物ではなく酸化物となる．アルミニウムの場合，つぎのように説明される．

$$AlCl_3(aq) \xrightarrow{+n\,H_2O} Al(H_2O)_6Cl_3(s) \xrightarrow{-3\,H_2O} Al(H_2O)_3Cl_3(s) \xrightarrow{\Delta} 0.5\,Al_2O_3(s) + 3\,HCl(g) + 1.5\,H_2O(g) \tag{11・55}$$

ベリリウムは酸素と結合する結果，同じような振舞いを示す．

$$BeCl_2(aq) \xrightarrow{+n\,H_2O} Be(H_2O)_4Cl_2(s) \xrightarrow{-2\,H_2O} Be(H_2O)_2Cl_2(s) \xrightarrow{\Delta} BeO(s) + 2HCl(g) + H_2O(g) \quad (11\cdot56)$$

ベリリウムとアルミニウムの化合物は，高い電荷/サイズ比のため，本質的には共有結合的である．そのため，陰イオンが極性化し，そのイオンの水和熱が非常に高くなる（Be^{2+}: $2487\,kJ\,mol^{-1}$, Al^{3+}: $4690\,kJ\,mol^{-1}$）．

アルミニウムは両性であり，このことは，第10章において，溶媒が水の場合といくつかの非水溶媒の場合について説明してきた．Al^{3+}が高い電荷密度をもつため，アルミニウム塩の溶液は，加水分解の結果，酸性である．

$$Al(H_2O)_6^{3+} + H_2O \rightarrow Al(H_2O)_5OH^{2+} + H_3O^+ \quad (11\cdot57)$$

OH架橋が形成される結果として，イオンが何らかの会合を起こすことは明らかで，$[(H_2O)_4Al(OH)_2Al(H_2O)_4]^{4+}$のような化学種が得られる．アルミニウムは，その錯体の大部分において，配位数6をとるが，その数は$LiAlH_4$のように4にもなりうる．

アルミニウムとベリリウムの性質のもう一つの類似点は，どちらも水素原子の架橋の結果，ポリマー性水素化物を形成する．図11・3に示されている塩化アルミニウム（二量体）と塩化ベリリウム（ポリマー鎖）の構造は，これらの化合物が示す架橋構造のタイプを例示している．その結合角は，四面体配位に対して予想されるものとは同等ではないが，ベリリウムは$[BeF_4]^{2-}$や$[Be(OH)_4]^{2-}$のような単純な錯体でそうであるように，sp^3混成軌道をとっていると考えられる．塩化アルミニウムは，広い範囲の溶媒に溶けるが，錯体をつくらない非極性の溶媒中では二量体構造を保つ．ドナー性をもつ溶媒中では，溶けると錯体を形成し，$S:AlCl_3$のような化学種を与える（Sは溶媒分子）．塩化ベリリウムは，アルコール，エーテル，ピリジンのような溶媒に溶けるが，ベンゼ

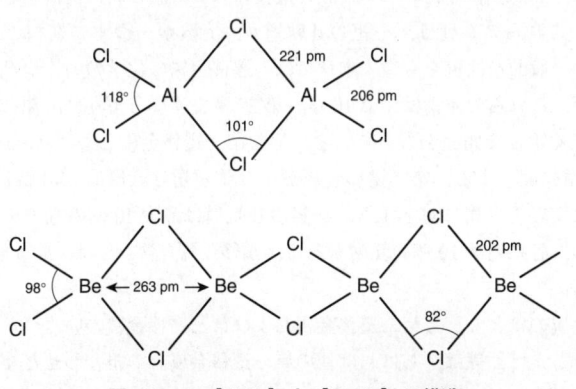

図 11・3 $[AlCl_3]_2$と$[BeCl_2]_n$の構造

ンにはわずかしか溶けない．

Be^{2+} と Al^{3+} は非常に高い電荷/サイズ比をもつため，その分子やこれらのイオンに結合するイオンに大きな極性化効果をもたらす．その結果，これらの化合物は本質的に共有結合性である．NaCl が水に溶けて水和される状況とは違って，$BeCl_2$ あるいは $AlCl_3$ が水に溶けると，$Be(H_2O)_4{}^{2+}$ や $Al(H_2O)_6{}^{3+}$ のような本質的に共有結合性の錯体が形成し，それらから水分子を取り除くのは容易ではない．Be^{2+} や Al^{3+} と酸素は強く結合するため，$Be(H_2O)_4Cl_2$ や $Al(H_2O)_6Cl_3$ のような化合物を強く加熱すると，水分子よりも HCl が解離する方がエネルギー的に有利になる．

Al_2O_3，$AlO(OH)$，および $Al(OH)_3$ を含む系は非常に複雑である．しかしながら，これらの化学式の誘導体のいくつかは，広く用いられる化合物である．たとえば，化学式 $Al_2(OH)_5Cl$ をもつ化合物は，体臭防止剤のようなパーソナルケア製品に用いられている．アルミナ Al_2O_3，は α-Al_2O_3 と γ-Al_2O_3 の二つの形で存在することが知られており，これらは構造が異なる．**コランダム** (corundum) は α-Al_2O_3 の鉱物形態である．これらの酸化物に加えて，$AlO(OH)$ は，α-$AlO(OH)$ (**ダイアスポア**, diaspore) と γ-$AlO(OH)$ (**ベーマイト**, boehmite) の二つの形で存在する重要な物質である．最後に，水酸化物も α-$Al(OH)_3$ (**バイヤライト**, bayerite) と γ-$Al(OH)_3$ (**ギブサイト**, gibbsite) の二つの形で存在する．アルミナは，クロマトグラフィーカラムの充填剤として使われるため重要な物質であり，数多くの反応の重要な触媒である．最もよく使われるアルミニウムのカーバイド，Al_4C_3，は，水と反応してメタンを発生するため，メタニド (methanide) であると考えられている．

$$Al_4C_3 + 12\,H_2O \rightarrow 4\,Al(OH)_3 + 3\,CH_4 \qquad (11\cdot58)$$

11・6 第一遷移金属

遷移金属は，周期表の最初の二つの族と最後の六つの族の間に位置する，三系列の元素群を含む．これらの系列は，一組の d 軌道が，元素が一つずつ進むごとに充填されていくという一般的な性質をもつ．本章では，遷移金属の化学のいくつかの側面について説明するが，これらの元素は，第16章～第22章で述べるように，他にも配位化学に関する興味深く重要な側面をもっている．通常第一遷移金属とよばれる最初の系列は，3d 軌道の充填に関与する．第二遷移金属および第三遷移金属は，4d 軌道および 5d 軌道が充填されていく金属に対応する．一組の d 軌道は最大 10 個の電子を収容することができるため，各系列は 10 個の元素がある．遷移金属を含む族は，第3族から第12族と定められる．

第一遷移金属のほとんどと第二遷移金属および第三遷移金属のいくつかは，重要な用途をもつ．たとえば，鉄は，しばしば他の第一遷移金属との組合わせとなる，膨大な種類の鉄合金の基礎原料である．鉄合金の冶金学は，広く複合的な分野である．多くの鉄

の形の中には,ほかの金属と同じように炭素やほかの主要族元素を含む,鋳鉄,鍛鉄,多種多様の特殊鉄鋼がある.鉄とその合金は,使用されているすべての金属の90%以上を占める.ニッケル,マンガン,およびコバルトもさまざまなタイプの合金の生産に必須の金属である.これらの特殊合金は,道具やエンジンの部品の製造や触媒に用いられる.ニッケルの一つの形は,ラネーニッケルとして知られる重要な触媒であり,これは NiO を水素で還元してつくられる.ニッケルも,多くの応用性をもつ数種の合金に用いられている.銅は,硬貨金属としてばかりでなく,多種の電気装置や導体として用いられる.亜鉛は,真ちゅうの成分,電池類,金属薄板の保護塗装(亜鉛めっき)に用いられる.チタンは,密度が低いため,航空機や航空宇宙用材料の生産において重要な合金に用いられる.バナジウムやアルミニウムは,チタンと合金にすることにより,チタンそのものより強い合金をもたらす.普及している合金の一つは,6%のアルミニウムと4%のバナジウムを含む.クロムを用いる金属めっきは,さびから保護される.クロムはさまざまなステンレス鋼にも用いられる.スカンジウムは,並外れた硬さと軽量性を併せもつ道具や小型装置をつくるのにますます重要になってきている(Sc の密度は $2.99\,\mathrm{g\,cm^{-3}}$).遷移金属が重要なものでなくなる工業化社会を想像することは不可能である.表 11・2 に,第一遷移金属の有用なデータを記載する.

表 11・2 遷移金属の性質

	遷移金属									
	Sc	Ti	V	Cr	Mn	Fe	Co	Ni	Cu	Zn
融点〔℃〕	1541	1660	1890	1900	1244	1535	1943	1453	1083	907
沸点〔℃〕	2836	3287	3380	2672	1962	2750	2672	2732	2567	765
結晶構造	hcp	hcp	bcc	bcc	fcc	bcc	hcp	fcc	fcc	hcp
密度〔$\mathrm{g\,cm^{-3}}$〕	2.99	4.5	6.11	7.19	7.44	7.87	8.90	8.91	8.94	7.14
原子半径[†]〔pm〕	160	148	134	128	127	124	125	124	128	133
電気陰性度	1.3	1.5	1.6	1.6	1.5	1.8	1.9	1.9	1.9	1.6

† ほとんどが hcp 構造あるいは fcc 構造なので配位数 12 の値.

三系列すべての遷移金属化学のいくつかの側面については,配位化合物や有機金属化学を扱う第 19 章〜第 22 章で説明することにしよう.§11・9 は,第一遷移金属の化学のいくつかの側面について扱う.元素の性質の間に見られる数々の関連づけが可能であり,そのうちの興味深いものの一つは,融点の変化と遷移系列の位置の関係性である.一般的に,融点は金属原子間の強さを反映する.なぜなら,固体を溶かすには,その力に打ち勝たなければならないからである.図 11・4 は,元素の融点の変化を示している.ここでは示していないが,第一遷移金属の融点と硬さの間には,かなりよい相関がある.

すでに本章で述べたように,金属中の結合は,その構造全体にわたるエネルギー帯の

電子に関与する．したがって，遷移系列の前期の元素の融点の上昇は，金属結合に関与するエネルギー帯に存在する電子数の増加に対応する．系列の中央以降は，追加の電子がより高いエネルギー状態を占有するので，原子間の結合はより弱くなる．系列の終わりに達するまでは，充填される d 電子殻は，もはや結合形成において重要な因子ではなく，亜鉛原子ははるかに弱い力で結びついている．図 11・4 は，Mn と Zn で起こる，半分あるいは完全に充填された電子殻配置によってもたらされる重要な効果も示している．

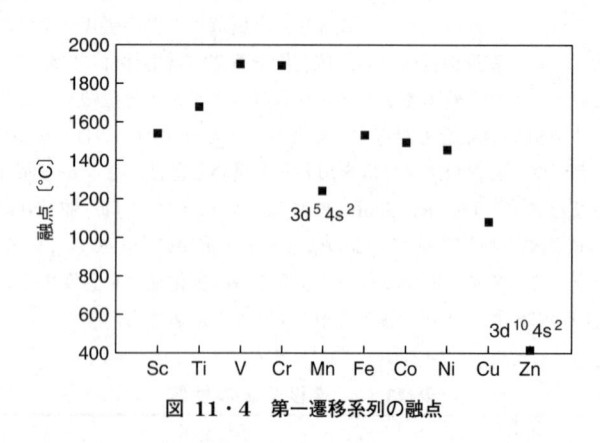

図 11・4　第一遷移系列の融点

11・7　第二遷移金属および第三遷移金属

　第二遷移金属および第三遷移金属のいくつかは，十分な理由をもって，貴金属として知られる．銀，パラジウム，ロジウム，イリジウム，オスミウム，金，そして白金が，これらに含まれる．これらの金属は非常に高価である．第二遷移金属および第三遷移金属のほとんどは，他の金属の鉱物の微量成分として見つかる．それゆえ，これらの金属が得られる供給源，鉱物，製造について列挙することはしないことにする．これらの最も重要な性質のいくつかを表 11・3 に示す．

　第三遷移金属の融点の変化が価電子の数によってどのように変化するかは興味深い．その傾向は，図 11・5 の図で示される．第三遷移系列を進むにしたがってエネルギー帯を占有する電子数は増える．このことの効果は，それらの金属の融点をみるとわかり，タングステンにいたるまで一般に上昇を示す．タングステン以降の融点は下降し，水銀にいたるまでの元素は室温で液体である！　固体金属の場合，最近接原子との"結合"の数に関しては，最近接原子数が 12 であっても，およそ 6 電子しか結合に使われない，という事実があり，これに基づいて上記の現象を容易に説明できる．使える電子数が 6 以上である場合は，電子は反結合状態を占めざるを得なく，それによって全体の結合効果は減少する．そのため，およそ 6 個の価電子しかない場合よりも，融点は低くなるだ

ろう．図11・5に示すように，このことは第三遷移系列の融点にみられる傾向と合致する．第一系列金属のマンガンが示した顕著な半充塡電子殻の効果は，第三遷移金属では本質的にないことに注目したい．

第二遷移金属および第三遷移金属化学の多くは第一遷移金属の化学と類似しているが，いくつかの興味深い違いがある．その一つは，モリブデンの一連の三元硫化物であ

表 11・3 第二遷移金属および第三遷移金属の性質

	第二遷移金属									
	Y	Zr	Nb	Mo	Tc	Ru	Rh	Pd	Ag	Cd
融点〔℃〕	1522	1852	2468	2617	2172	2310	1966	1552	962	321
沸点〔℃〕	3338	4377	4742	4612	4877	3900	3727	3140	2212	765
結晶構造	hcp	hcp	bcc	bcc	fcc	hcp	fcc	fcc	fcc	hcp
密度〔$g\,cm^{-3}$〕	4.47	6.51	8.57	10.2	11.5	12.4	12.4	12.0	10.5	8.69
原子半径[†]〔pm〕	182	162	143	136	136	134	134	138	144	149
電気陰性度	1.2	1.4	1.6	1.8	1.9	2.2	2.2	2.2	1.9	1.7
	第三遷移金属									
	La	Hf	Ta	W	Re	Os	Ir	Pt	Au	Hg
融点〔℃〕	921	2230	2996	3407	3180	3054	2410	1772	1064	−39
沸点〔℃〕	3430	5197	5425	5657	5627	5027	4130	3827	2807	357
結晶構造	hcp	hcp	bcc	bcc	hcp	hcp	fcc	fcc	fcc	—
密度〔$g\,cm^{-3}$〕	6.14	13.3	16.7	19.3	21.0	22.6	22.6	21.4	19.3	13.6
原子半径[†]〔pm〕	189	156	143	137	137	135	136	139	144	155
電気陰性度	1.0	1.3	1.5	1.7	1.9	2.2	2.2	2.2	2.4	1.9

[†] 配位数12の値．

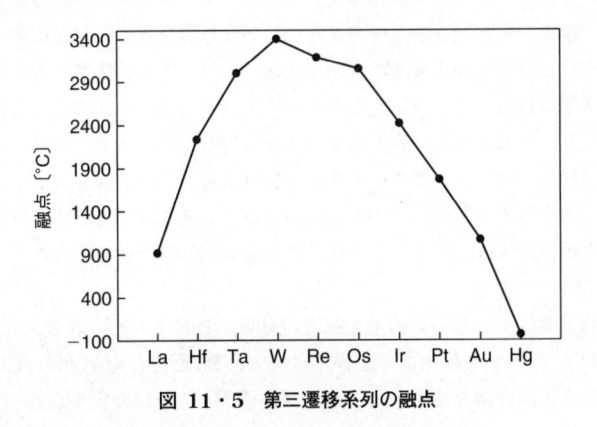

図 11・5 第三遷移系列の融点

る．一般式は，Mが+2価の金属の場合はMMo$_6$S$_8$，Mが+1価の金属の場合はM$_2$Mo$_6$S$_8$と書くことができる．**シェブレル相**（Chevrel phase）として知られているが，この種の最初の化合物は，鉛化合物PbMo$_6$S$_8$である．さらに最近では，他の金属も導入され，また硫黄の代わりにセレンやテルルを含むものも見いだされた．Mo$_6$S$_8^{2-}$イオンは，モリブデン原子が八面体の角を占め，一つの硫黄原子が三角面のそれぞれの上部に位置するような構造をもつ．シェブレル相のおもな興味深い点の一つは，それらが超伝導体として振舞うことである．

11・8 合　金

多くの加工品に広く使える物質として機能することを可能にする金属の物理的性質は，延性，鍛造性，そして強度である．強度については説明の必要はおそらくないが，最初の二つの性質は，金属が望む形に加工できることと関係がある．金属は，これらの性質が幅広く変化し，一つの用途によく適している金属あるいは合金は，他の用途には完全に不適であるかもしれない．応用化学のこの分野に取組むことはこの著書の範囲を超えているが，物質科学に関する著書は，無機化学の学生が必要とする多くの情報を提供する．

遷移金属が重要であることと同じように，これらが多くの重要な合金を形成することは，金属の有用性を大きく広げている．この節では，合金の性質に関連する主要因のいくつかについて簡単に述べることにする．合金の研究は応用科学の広い範囲にわたるので，その原理のいくつかを効率よく説明するために，銅と鉄の合金の性質をおもに扱うことにする．非遷移金属（鉛，アンチモン，スズなど）のいくつかの合金については，つぎの章で述べることにする．ある特定の金属の性質にあてはまる原理の多くは，他の金属の性質にも適用される．

合金は概して，**単相合金**（single-phase alloy）と**多相合金**（multiple-phase alloy）の二つの種類に分けられる．一つの相は，巨視的なスケールで同一の成分をもち，均一構造を形成し，ほかの相と明らかな境界をもつという性質をもつ．氷と液体の水と水蒸気の共存は，成分と構造に関する基準は満たすが，それらの状態間に明確な境界が存在する，という基準は満たしていない．したがって，三つの相が存在することになる．液体金属を混ぜると，一方の金属の他方の金属への溶解度には，通常，限界がある．このことの一つの例外は，銅とニッケルの液体混合物である．この溶融金属は完全に混和できる．この混合物を冷やすと，両方の金属がランダムに分布するfcc構造をもつ固体が得られる．この単相固体は，このように2種の金属の固溶体を構成するため，単相合金の基準に合う．

銅と亜鉛の合金は，これらの溶融金属を混ぜることにより得られる．しかしながら，亜鉛は銅に対して全体の40％までしか溶けない．銅/亜鉛合金が40％以下の亜鉛を含む場合，その液体混合物を冷やすと，ZnとCu原子が均一に分布するfcc格子構造をも

つ固溶体を生成する．その混合物が40%以上の亜鉛を含む場合，その液体混合物を冷やすと，CuZn組成をもつ化合物を生成する．この固体合金は二つの相をもち，その一つは化合物CuZnであり，他方は亜鉛が約40%溶けているCuを含む固溶体である．このタイプの合金は二相合金として知られているが，多くの合金は三つ以上の相をもつ（多相合金）．

金属の固溶体の生成は，金属の性質を変える（一般的には，強度を高める）一つの方法である．このように金属を強化することは，**固溶強化**（solid solution strengthening）として知られている．二つの金属が固溶体を生成できることは，Hume-Rothery則として知られる一組のルールによって予想できる．以下にそれを示す．

1. 2種の原子の原子半径は，過度の格子歪みがないように，ほぼ等しくなければならない（約15%以内）．
2. 二つの金属の結晶構造が同一でなければならない．
3. 金属が化合物を生成する傾向が最小化するように，価数は同一で電気陰性度がほぼ等しい必要がある．

これらの指針は有用であるが，常に溶解度をうまく予想できるとは限らないことを述べておかなければならない．

最初の金属に2番目の金属を溶かし，その混合したものを冷やして固溶体をつくるとき，その溶液は最初の金属に比べて強度が増す．これは，同一の原子を含む規則的な格子の中では，原子同士が比較的容易に動いて離れることができるからである．原子の流動性の制約が小さく，原子間の電子の共有が同一である．しかしながら，亜鉛あるいはニッケルが銅に溶けている場合，その合金は強化される．そしてその強化の度合は，加える金属の割合に対してほぼ一次関数である．2番目の金属を加えると，その金属の原子が存在する場所で格子が歪み，そのために原子の流動性を制約しその金属を強化する．しかしながら，亜鉛とニッケルの原子半径はそれぞれ133 pmおよび124 pmであるのに対して，銅の半径は128 pmである．スズの原子半径は151 pmであるため，もしスズが銅に溶けているとすると（溶解度の限界を超えないものとして），両者の金属原子の大きさの差異が大きいため，より大きな強化効果が生じるだろう．これはまさしく観察される効果であり，実際ブロンズ（Cu/Sn）は原子半径が非常に近い真ちゅう（Cu/Zn）よりも強い．ベリリウムの原子半径は114 pmであるため，ベリリウムを（溶解限界以内で）添加すると銅は非常に強化される．実際，銅よりも原子半径が小さい原子を加えると，たとえ大きさの絶対差が同じであっても，銅よりも大きい原子を加えたときより大きな効果を生じる．どちらの場合も，強化の程度は，銅に加えた金属の重量パーセントに対してほぼ一次関数である．

一つの格子内にいくつかの異なる原子をもつことによる効果に関して一つの興味深い観察結果は，モネル合金により説明される．ニッケルは銅よりも硬いが，この二つの金

属を含む合金をつくると，それはニッケルよりも硬い．

鉄の合金の組成，性質，構造に関する完全な記述を，一つの章に含めることはできなかった．さらに，熱処理の効果や合金の性質を変える他の方法は，それだけで全体の科学を構成する．したがって，鉄冶金に関する記述は，この膨大で重要な領域の概観のみとなるであろう．

鉄鋼は，鉄ベースの合金の広い範囲を構成する．一般的なタイプは，炭素鋼（0.5～3.0％の炭素を含む）およびわずかな量の他の金属（一般的に3～4％以下）を含む．合金中のほかの金属は，さまざまな量のマンガン，クロム，あるいはバナジウムである．これらの含有物を加えることにより，求められる性質をもつ鉄鋼が生成する．これらの鉄鋼の性質は，組成や使用された熱処理法により決められる．

鉄に加えられた金属の全量がおよそ5％を超えると，その合金は**高合金鋼**（high-alloy）とよばれることがある．クロムの含有量は10～25％であり，4～20％のニッケルを含むタイプもあるため，たいていのステンレス鋼はこのカテゴリーに入る．ステンレス鋼は，いわゆる耐腐食性のため，いくつかの種類がある．fcc構造をもつ鉄の形態は，ガンマ鉄あるいはオーステナイトとして知られており，ステンレス鋼（ニッケルを含む）の一つとして，オーステナイト（bcc）構造をもつため，オーステナイトステンレス鋼として知られている．マルテンサイトステンレス鋼は，オーステナイト構造の高速急冷により生じる体心正方配列構造をもつ．これらの2種に加え，フェライト系ステンレス鋼はbcc構造をもち，ニッケルを含まない．ステンレス鋼以外では，工具鋼として知られる多くの合金が重要である．名前がほのめかすように，これらは金属を切削，掘削，加工する道具をつくるのに用いられる特殊合金である．これらの合金は，一般に，さまざまな量の以下の元素をいくつかあるいはすべて含む（Cr, Mn, Mo, Ni, W, V, Co, C, Si）．多くの場合，合金は，衝撃，熱，摩擦，腐食，熱応力に対する耐性を示す，所望の特性をもつように設計される．望ましい組成をもつ鉄鋼を熱処理することにより，金属の構造をある特性が最適化するように変化させることができる．そのため，鉄鋼の製造においては非常に多くの変数がある．われわれは数十種の合金でできている車を運転しているときには十分に評価していないかもしれないが，特殊鋼の製造は冶金の重要な分野である．

高温で（1000℃以上のこともある）高い硬度を保持する合金は，超合金として知られる．これらの物質中には，腐食（酸化）に対して高い耐性を示すものもある．これらの合金はつくるのが難しく，容易に入手できない金属を含み，また高価である．超合金は，これらの特殊鋼の重量が50％ほども必要な設計がされている飛行機のエンジンのように，その使用が必須であるときに使われる．

超合金の合金としての名称は，高温の硬度に基づいている．これらの合金をガスタービンの加工に応用するとき，タービンの効率は高温で高くなるので，これは重要なことである．しかしながら，ある物体の破壊をひき起こすには不十分な応力を受けるとき，

その物体を長期間研究することができる．たとえその物体が壊れなかったとしても，金属の展性のために延びるかもしれない．応力化での金属の動きはクリープとよばれる．超合金は高温で高い展性をもつばかりでなく，クリープにも耐性を示し，多くの用途に望ましい点となっている．

一般に，超合金は特別な名称が与えられている．表11・4に，よく普及している超合金のいくつかとそれらの組成を示す．

表 11・4 代表的な超合金の組成

名称	組成（重量%）
16-25-6	Fe 50.7; Ni 25; Cr 16; Mo 6; Mn 1.35; C 0.06
Haynes 25	Co 50; Cr 20; W 15; Ni 10; Fe 3; Mn 1.5; C 0.1
Hastelloy B	Ni 63; Mo 28; Fe 5; Co 2.5; Cr 1; C 0.05
Inconel 600	Ni 76; Cr 15.5; Fe 8.0; C 0.08
Astroloy	Ni 56.5; Cr 15; Co 15; Mo 5.5; Al 4.4; Ti 3.5; C 0.6; Fe<0.3
Udimet 500	Ni 48; Cr 19; Co 19; Mo 4; Fe 4; Ti 3; Al 3; C 0.08

超合金のいくつかはほとんど鉄を含まないので，それらは非鉄合金と密接な関連がある．第二遷移金属および第三遷移金属には，超合金として望ましい性質の多くをもつものがある．これらは高温で高い強度を保つが，このような条件では酸素とやや反応性があるかもしれない．これらの金属は耐熱金属として知られており，ニオブ，モリブデン，タンタル，タングステン，およびレニウムを含む．

11・9 遷移金属の化学

遷移金属化学の多くは錯体化合物と関連があるが，他種の化合物に関連する性質の中に，いくつかの重要な観点がある．この節では，第一遷移金属に重きをおいて，遷移金属化学の概要について述べる．

11・9・1 遷移金属酸化物と関連化合物

遷移金属と酸素の反応は，しばしば厳密には化学量論的でない生成物を与えることがある．こうなる理由の一つは，第8章で金属と気体の反応の動的性質について考えたときに示した．さらに，遷移金属が二つ以上の酸化状態をとることがしばしばあり，そのため混合酸化物が可能である．酸素と結合している生成物は，通常，より高い酸化状態をとる生成物である．

スカンジウムは，軽量性と強度を兼ね備えた物体の加工のために，ますます重要な金属になりつつあるが，酸化物 Sc_2O_3 は特に有用ではない．対照的に，TiO_2 は鮮やかな白色をもち，不透明で，低毒性のため，さまざまな塗料の材料である．それは，鉱物ルチルとして見つかるが，もちろん結晶構造をもつ．チタンは三元酸化物の形の複雑な陰イオンも生成する．このタイプの化合物で最も特筆すべきは，ペロブスカイト $CaTiO_3$

である．この結晶構造は，第7章で説明したが，三元酸化物の最も重要な構造の一つである．他の一連のチタン酸塩は，化学式 M_2TiO_4（M は+2価の金属）をもつ．

チタンを合成する方法は数種ある．たとえば，TiO_2 の還元はチタンを与える．

$$TiO_2 + 2\,Mg \rightarrow 2\,MgO + Ti \tag{11・59}$$

つぎの式により，チタンはイルメナイト $FeTiO_3$ からも合成できる．

$$2\,FeTiO_3 + 6\,C + 7\,Cl_2 \rightarrow 2\,TiCl_4 + 2\,FeCl_3 + 6\,CO \tag{11・60}$$

チタンはまた，つぎの反応で得ることができる．

$$TiCl_4 + 2\,Mg \rightarrow 2\,MgCl_2 + Ti \tag{11・61}$$

つぎの式に示すように，TiO_2 は，Ti の+4の酸化状態と共有原子価に従って，酸性酸化物として振舞う．

$$CaO + TiO_2 \rightarrow CaTiO_3 \tag{11・62}$$

バナジウムは一連の酸化物を形成し，化学式 VO，V_2O_3，VO_2，および V_2O_5 をもつものがある．最も重要な酸化物は V_2O_5 であり，その最も重要な用途は，硫酸の生産に用いる SO_2 から SO_3 への酸化触媒である．しかしながら，V_2O_5 が効率的な触媒である工程はこれだけではなく，同様に他の数多くの反応に用いられている．V_2O_3 は塩基性酸化物として反応するが，V_2O_5 は数多くの組成の異なる"バナジウム酸塩"を生じる酸性酸化物である．これらのいくつかは，下に示す簡略化した式で表すことができる．

$$V_2O_5 + 2\,NaOH \rightarrow 2\,NaVO_3 + H_2O \tag{11・63}$$
$$V_2O_5 + 6\,NaOH \rightarrow 2\,Na_3VO_4 + 3\,H_2O \tag{11・64}$$
$$V_2O_5 + 4\,NaOH \rightarrow Na_4V_2O_7 + 2\,H_2O \tag{11・65}$$

リン（V）酸化物も最も簡単な表記は P_2O_5 であるので，さまざまな"リン酸塩"と"バナジウム酸塩"の間にはかなりの類似性があると期待される．これはまさしくそのとおりであり，"バナジウム酸塩"には，VO_4^{3-}，$V_2O_7^{4-}$，$V_3O_9^{3-}$，HVO_4^{2-}，$H_2VO_4^{-}$，H_3VO_4，$V_{10}O_{28}^{6-}$ やそのほかさまざまな形がある．これらの化学種は，バナジウムがいくつかの面で第15族元素であるリンと似ていることを示す．つぎの加水分解のような反応から生じた多くのバナジウム塩類が見受けられる．

$$VO_4^{3-} + H_2O \rightarrow VO_3(OH)^{2-} + OH^- \tag{11・66}$$

これらの化学種間の平衡は，さまざまなリン酸塩類の間の平衡と全く同じように，その溶液の pH に依存する（第14章をみよ）．リンの化学に似ているのは，ポリバナジウム酸の形成だけでなく，バナジウムが VOX_3 や VO_2X のようなオキシハロゲン化物を形成

亜クロム酸塩 $Fe(CrO_2)_2$（$FeO \cdot Cr_2O_3$ とも書ける）は，クロムを含む主要な鉱石である．酸化物を得た後，クロムは Cr_2O_3 をアルミニウムかシリコンで還元することにより合成される．

$$Cr_2O_3 + 2\,Al \rightarrow 2\,Cr + Al_2O_3 \qquad (11 \cdot 67)$$

クロム酸ナトリウムは，Cr_2O_3 を得る工程の一部で生産され，おそらく最も重要なクロム化合物である．他のクロムの酸化物があるが，Cr_2O_3 はその触媒活性があるため非常に重要である．この酸化物を得る一つの方法は，二クロム酸アンモニウムの分解反応，

$$(NH_4)_2Cr_2O_7 \rightarrow Cr_2O_3 + N_2 + 4\,H_2O \qquad (11 \cdot 68)$$

あるいは NH_4Cl と $K_2Cr_2O_7$ の混合物の加熱である．

$$2\,NH_4Cl + K_2Cr_2O_7 \rightarrow Cr_2O_3 + N_2 + 4\,H_2O + 2\,KCl \qquad (11 \cdot 69)$$

Cr_2O_3 は緑色なので顔料として用いられてきた．またつぎの式で表すように両性酸化物である．

$$Cr_2O_3 + 2\,NaOH \rightarrow 2\,NaCrO_2 + H_2O \qquad (11 \cdot 70)$$
$$Cr_2O_3 + 6\,HCl \rightarrow 3\,H_2O + 2\,CrCl_3 \qquad (11 \cdot 71)$$

クロムのもう一つの酸化物は CrO_2 である．これは，Ti^{4+} や Cr^{4+} と同じような大きさであるため，ルチル構造をもつ．CrO_2 は磁性酸化物である磁性テープに用いられる．CrO_3 は，+6 の酸化状態のクロムを含むため，ある有機物質を発火させるような強い酸化剤である．$K_2Cr_2O_7$ と硫酸との反応から合成される．

$$K_2Cr_2O_7 + H_2SO_4(濃) \rightarrow K_2SO_4 + H_2O + 2\,CrO_3 \qquad (11 \cdot 72)$$

また，+6 の酸化状態から予想されるように，CrO_3 は酸性酸化物である．

$$CrO_3 + H_2O \rightarrow H_2CrO_4 \qquad (11 \cdot 73)$$

クロム(Ⅵ)化合物として，多くの合成において用途の広い酸化剤である，黄色のクロム酸（CrO_4^{2-}）とオレンジ色の二クロム酸（$Cr_2O_7^{2-}$）を含む化合物が挙げられる．二クロム酸カリウムは分析化学の一次標準であり，Cr^{3+} が還元生成物である酸化還元滴定でしばしば用いられる酸化剤である．水溶液中では，CrO_4^{2-} と $Cr_2O_7^{2-}$ の間でその溶液の pH に依存する平衡がある．その反応の結果，

$$2\,CrO_4^{2-} + 2\,H^+ \rightleftharpoons Cr_2O_7^{2-} + H_2O \qquad (11 \cdot 74)$$

塩基性溶液は黄色であるが，酸性溶液はオレンジ色である．広く用いられる酸化剤であ

ることに加えて，クロム酸と二クロム酸は，顔料や色素，そしてクロムなめしとして知られる革なめしの工程にも用いられる．

Cr^{3+} が水溶液中で還元されるとき，その生成物は強烈な青色をもつアクア錯体 $[Cr(H_2O)_6]^{2+}$ である．Cr^{3+} の還元は亜鉛と塩酸によって容易に行うことができる．Cr^{2+} を含む溶液を，酢酸ナトリウムを含む溶液に加えると，$Cr(C_2H_3O_2)_2$ の形の赤レンガ色の沈殿が形成する．不溶性の酢酸塩はほとんどない事実を鑑みるとこれは異常である．Al^{3+} と Cr^{3+} はサイズ/電荷がほぼ同じなので，これらのイオンの化学的性質には類似性がある．

代表的なマンガンの酸化物として，MnO，Mn_2O_3，および MnO_2 の三つが挙げられる．これらは鉱物パイロルースとして自然界に存在する．MnO_2 を水素で還元すると，MnO が生成する．

$$MnO_2 + H_2 \rightarrow MnO + H_2O \qquad (11\cdot75)$$

多くの水酸化物の分解は，$Mn(OH)_2$ の場合のように，酸化物の生成をひき起こす．

$$Mn(OH)_2 \rightarrow MnO + H_2O \qquad (11\cdot76)$$

Mn_2O_3 は金属マンガンの酸化により合成されるが，マンガンの最も重要な酸化物は MnO_2 である．室内実験での塩素の代表的な合成法は，酸化剤として MnO_2 を用いる．

$$MnO_2 + 4\,HCl \rightarrow Cl_2 + MnCl_2 + 2\,H_2O \qquad (11\cdot77)$$

酸化物 Mn_2O_7 は，爆発を起こしたり，多くの有機化合物のような還元剤と爆発的に反応する危険な化合物である．マンガンはオキシアニオンも生成し，その最も代表的なものは過マンガン酸イオン MnO_4^- である．過マンガン酸イオンは，多くの反応において酸化剤として頻繁に使われる．マンガン酸化物は，塩基性の MnO から，より高い酸化状態の金属を含む酸性の酸化物に転移する．それは濃い紫色であるのに対して，酸性溶液中で還元された Mn^{2+} はほとんど色がないため，それ自身が滴定の指示薬として働く．MnO_4^- が酸性溶液中で酸化剤として反応するとき，Mn^{2+} が還元生成物であるが，塩基性溶液中では MnO_2 が還元生成物である．

MnO_2 は長い間，電池の材料に使われてきた．乾電池では，陽極は亜鉛でできており，その酸化剤は MnO_2 である．その電解質は NH_4Cl と $ZnCl_2$ のペーストである．アルカリ電池では，電解質は KOH のペーストである．アルカリ電池で起こる反応は，つぎのとおりである．

$$Zn(s) + 2\,OH^-(aq) \rightarrow Zn(OH)_2(s) + 2\,e^- \qquad (11\cdot78)$$
$$2\,MnO_2(s) + H_2O(l) + 2\,e^- \rightarrow Mn_2O_3(s) + 2\,OH^-(aq) \qquad (11\cdot79)$$

昔の乾電池では，酸性アンモニウムイオンがその金属製容器をゆっくり攻撃し，漏出を

ひき起こす.

何世紀もの間,鉄酸化物はさまざまな方法に用いられてきた.第一に,酸化物は金属自身を得るために還元される.第二に,鉄酸化物は何世紀もの間,いろいろな形で顔料に使われてきた.最も普及している鉄酸化物として,FeO,Fe_2O_3,およびFe_3O_4 ($FeO \cdot Fe_2O_3$とも書ける) の三つが挙げられる.鉄(II)酸化物の化学式はFeOと書けるが,普通は鉄中には欠損がある.これはこの酸化物が最も低い酸化状態にあるからで驚くことではない.これは,腐食している相にかかわる酸素から最も遠くにある酸化物である (第8章をみよ).第8章では,多くの金属炭酸塩やシュウ酸塩が,加熱により分解し酸化物を与えることを指摘した.このような反応はFeOを得る一つの方法を提供する.

$$FeCO_3 \rightarrow FeO + CO_2 \qquad (11 \cdot 80)$$

$$FeC_2O_4 \rightarrow FeO + CO + CO_2 \qquad (11 \cdot 81)$$

Fe_3O_4は,自然界では鉱物マグネタイトの形で存在し,Fe^{2+}とFe^{3+}の間で存在するため,逆スピネル構造をもつ.

Fe(III)を含む酸化物はFe_2O_3であるが,$Fe_2O_3 \cdot H_2O$としても存在する.これはFeO(OH)と同じ組成である.この酸化物は,つぎの式で示すように,両性的に酸とも塩基性酸化物とも反応する.

$$Fe_2O_3 + 6H^+ \rightarrow 2Fe^{3+} + 3H_2O \qquad (11 \cdot 82)$$

$$Fe_2O_3 + CaO \rightarrow Ca(FeO_2)_2 \qquad (11 \cdot 83)$$

$$Fe_2O_3 + Na_2CO_3 \rightarrow 2NaFeO_2 + CO_2 \qquad (11 \cdot 84)$$

鉄(III)イオンはかなり高い電荷密度をもつため,つぎの反応の結果,鉄(III)塩の溶液は酸性を示す.

$$Fe(H_2O)_6^{3+} + H_2O \rightarrow H_3O^+ + Fe(H_2O)_5OH^{2+} \qquad (11 \cdot 85)$$

コバルト酸化物として,特徴づけられているのは,CoOとCo_3O_4 (実質的には,$Co^{II}Co_2^{III}O_4$) の二つだけである.後者は,Co^{2+}イオンが四面体の穴に位置し,Co^{3+}イオンはスピネル構造の八面体の穴に位置する構造をもつ.$Co(OH)_2$あるいは$CoCO_3$の分解によりCoOが生成し,$Co(NO_3)_2$の分解はCo_3O_4の生産に使うことができる.

$$3Co(NO_3)_2 \rightarrow Co_3O_4 + 6NO_2 + O_2 \qquad (11 \cdot 86)$$

水酸化ニッケルあるいは炭酸ニッケルの分解によりNiOが生成する.重要なニッケル酸化物はこれだけである.しかしながら,銅については二つの酸化物,Cu_2OとCuO,が知られている.これらのうち,Cu_2Oはより安定であり,CuOを非常に高い温度で加

熱したときの生成物である．

$$4\,CuO \rightarrow 2\,Cu_2O + O_2 \quad (11\cdot 87)$$

よく知られている糖の試験は，**フェーリング試験**（Fehling test）である．Cu^{2+}を含む塩基性溶液は炭水化物（還元剤）と反応し，Cu_2Oの赤い沈殿を生成する．この酸化物はガラスにも添加され，赤い色を与える．水酸化銅(II)あるいは炭酸銅(II)の分解は，CuOを生成する．鉱物**マラカイト**（malachite）は$CuCO_3 \cdot Cu(OH)_2$の組成をもち，つぎの式に従い，中温で分解する．

$$CuCO_3 \cdot Cu(OH)_2 \rightarrow 2\,CuO + CO_2 + H_2O \quad (11\cdot 88)$$

この酸化物は，青色と緑色のガラスの製造や陶器の光沢に用いられるが，最近では，$YBa_2Cu_3O_7$のような超伝導物質の生成に強い関心がもたれている．混合酸化物を含む他の物質も合成されている．

Zn の酸化物は，両性の ZnO のみであり，その元素の反応により得られる．この酸化物は H^+ に対して塩基として反応する．

$$ZnO + 2\,H^+ \rightarrow Zn^{2+} + H_2O \quad (11\cdot 89)$$

しかしながら，塩基性酸化物に対しては，ZnO は酸性酸化物として反応し，ジンケートとして知られるオキシアニオンを生成する．分子の形として，つぎのような式で表せる．

$$2\,ZnO + 2\,Na_2O \rightarrow 2\,Na_2ZnO_2 \quad (11\cdot 90)$$

この酸化物が塩基性水溶液中で反応するとき，その反応はヒドロキソ錯体を生成し，それはつぎのように書ける．

$$ZnO + 2\,NaOH + H_2O \rightarrow Na_2Zn(OH)_4 \quad (11\cdot 91)$$

形式的には，ジンケートは脱水されたヒドロキソ錯体と等価である．

$$Na_2Zn(OH)_4 \xrightarrow{\Delta} 2\,H_2O + Na_2ZnO_2 \quad (11\cdot 92)$$

両性を示す酸と塩基との反応は，以下のようにまとめることができる．

$$\begin{array}{c} Zn^{2+} + 2\,OH^- \longrightarrow Zn(OH)_2 \\ {}_{+\,2\,H_3O^+}\swarrow \quad \searrow{}_{+\,2\,OH^-} \\ Zn(H_2O)_4^{2+} \qquad Zn(OH)_4^{2-} \end{array} \quad (11\cdot 93)$$

金属亜鉛は，つぎの式に示すように，酸にも塩基にも容易に溶ける．

$$Zn + H_2SO_4 \rightarrow ZnSO_4 + H_2 \qquad (11\cdot 94)$$
$$Zn + 2\,NaOH + 2\,H_2O \rightarrow Na_2Zn(OH)_4 + H_2 \qquad (11\cdot 95)$$

室温では，亜鉛酸化物は白色であるが，加熱すると黄色になる．加熱により色が変わる化合物は，サーモクロミックであるという．

11・9・2 ハロゲン化物とオキシハロゲン化物

四塩化チタンは重要な化合物であるが，チタンの+2や+3の塩化物は広くは用いられていない．$TiCl_4$ は，つぎの反応で得ることができる．

$$TiO_2 + 2\,C + 2\,Cl_2 \rightarrow TiCl_4 + 2\,CO \qquad (11\cdot 96)$$
$$TiO_2 + 2\,CCl_4 \rightarrow TiCl_4 + 2\,COCl_2 \qquad (11\cdot 97)$$

$TiCl_4$ は，さまざまな形で非金属の共有性化合物のように振舞う．多種のルイス塩基と錯体を形成する強いルイス酸であり，水中で加水分解される．またアルコールとも反応し，化学式 $Ti(OR)_4$ をもつ化合物を生成する．しかしながら，$TiCl_4$ の最も重要な用途は，エチレンのチーグラー–ナッタ高分子化において $[Al(C_2H_5)_3]_2$ と反応する触媒としての機能である（第22章をみよ）．

バナジウムのハロゲン化物は，+2，+3，+4，および+5の酸化状態の金属を含むことが知られている．予想されるように，バナジウム(V)のハロゲン化物で唯一特徴づけられているのが，そのフッ化物である．それは，つぎの反応により得られる．

$$2\,V + 5\,F_2 \rightarrow 2\,VF_5 \qquad (11\cdot 98)$$

四塩化物は不均化して，より安定な+3および+5の化合物を与える．

$$2\,VF_4 \rightarrow VF_5 + VF_3 \qquad (11\cdot 99)$$

前節で述べたように，高酸化状態の遷移金属は，非金属に似た性質を示す．バナジウム(V)は，化学式 VOX_3 および VO_2X をもつオキシハロゲン化物を形成する性質を示す．

最も一般的な二つのハロゲン化クロムは，化学式 CrX_2 および CrX_3 をもつ（XはF，Cl，Br，あるいはI）．しかしながら，CrF_6 も知られている．化学式 CrX_3 をもつ化合物はルイス酸であり，多くの錯体化合物も形成する．たとえば，CrX_3 は液体アンモニアと反応して $CrX_3\cdot 6NH_3$ を生成する（標準表記では $[Cr(NH_3)_6X_3]$）．つぎの式で示した反応は，$CrCl_3$ の生成に用いることができる．

$$Cr_2O_3 + 3\,C + 3\,Cl_2 \rightarrow 2\,CrCl_3 + 3\,CO \qquad (11\cdot 100)$$
$$2\,Cr_2O_3 + 6\,S_2Cl_2 \rightarrow 4\,CrCl_3 + 3\,SO_2 + 9\,S \qquad (11\cdot 101)$$

Crの最も高い酸化状態は+6であるため，化学式 CrO_2X_2 をもちクロミルハロゲン化物

として知られる，オキシハロゲン化物を生成する．しかしながら，フッ化物化合物の場合は，化学式 $CrOX_3$ をもつオキシハロゲン化物とともに $CrOF_4$ も知られている．クロミルハロゲン化物を生成する反応を以下に示す．

$$CrO_3 + 2HCl(g) \rightarrow CrO_2Cl_2 + H_2O \qquad (11 \cdot 102)$$
$$3H_2SO_4 + CaF_2 + K_2CrO_4 \rightarrow CrO_2F_2 + CaSO_4 + 2KHSO_4 + 2H_2O \qquad (11 \cdot 103)$$

後の式は，CaF_2 を KCl か NaCl に変えることにより，CrO_2Cl_2 を生成するように変更することができる．予想されるように，CrO_2F_2 や CrO_2Cl_2 のような化合物は，水やアルコールと激しく反応する．

+7の酸化状態の Re や +6の酸化状態の Tc を含むフッ化物化合物が知られているが，マンガンの場合，最も高い酸化状態は MnF_4 に見いだされる．遷移金属系の一つの族のより重い元素において，より高い酸化状態がしばしば見つかることがわかっている．マンガン(Ⅶ)オキシハロゲン化物が得られており，また MnO_3F や MnO_3Cl も知られているが，これらは重要な化合物ではない．MnF_4 はその元素の反応により合成できる．

+6の酸化状態をもつ可能性がある電子構造をもつにもかかわらず，鉄は +3 より高い酸化状態でハロゲン化物を形成しない．鉄のハロゲン化物は，FeX_2 と FeX_3 の系からなる．しかしながら，Fe^{3+} は I^- と反応する酸化剤であるため，FeI_3 は FeI_2 と I_2 に分解する．その反応

$$Fe + 2HCl(aq) \rightarrow FeCl_2 + H_2 \qquad (11 \cdot 104)$$

は二塩化物を生成し，溶媒留去すると四水和物 $FeCl_2 \cdot 4H_2O$ を与える．無水 $FeCl_2$ は鉄と HCl ガスの反応により得られる．

$$Fe + 2HCl(g) \rightarrow FeCl_2(s) + H_2(g) \qquad (11 \cdot 105)$$

鉄の三ハロゲン化物は，つぎの一般式により合成される．

$$2Fe + 3X_2 \rightarrow 2FeX_3 \qquad (11 \cdot 106)$$

鉄のオキシハロゲン化物で重要な用途をもつものがないが，$FeCl_3$ はルイス酸であり多くの反応と触媒として機能する．

CoF_3 は知られているが，Co(Ⅲ) の他のハロゲン化物は，ハロゲン化物イオンを酸化できる強い酸化剤であるため，安定ではない．実際，このフッ化物でさえ非常に反応性が高く，ときどきフッ素化剤として用いられる．Co^{3+} のルイス酸性は，コバルトを含む膨大な数の錯体化合物の基礎となっている．

ハロゲン化ニッケルは，NiX_2 系（X は F, Cl, Br, あるいは I）に限られている．他の化合物について説明するとき，その族のより重い金属については考慮していないが，

PdやPtについては四フッ化物が知られていることを述べるべきであろう．このことは，その族のより重い金属は，その族の第一系列が示すよりも高い酸化状態をもつという，一般的な傾向を示している．PtF_6はO_2と反応してO_2^-イオンを生成するほど強い酸化剤であり，最初のキセノン化合物を与えた反応剤でもあることを述べるべきであろう．

銅については，（Cu^{2+}は酸化剤でI^-は還元剤であるため不安定な）CuFとCuI_2を除いた，$Cu(I)$と$Cu(II)$の一連のハロゲン化物がある．その結果，つぎの式に示すようなCu^{2+}とI^-との反応が起こる．

$$2\,Cu^{2+} + 4\,I^- \rightarrow 2\,CuI + I_2 \qquad (11\cdot107)$$

$3d^{10}\,4s^2$の配置から予想されるように，亜鉛は通常＋2の化合物を形成し，すべてのハロゲン化物が化学式ZnX_2をもつことが知られている．織物工業に応用されている無水$ZnCl_2$は，つぎの式に示すように合成できる．

$$Zn + 2\,HCl(g) \rightarrow ZnCl_2(s) + H_2(g) \qquad (11\cdot108)$$

Znを塩酸水に溶かして調製した溶液を留去すると，$ZnCl_2\cdot2H_2O$が固体生成物として得られる．この化合物を加熱しても，以下の反応が起こるため，無水塩化亜鉛が生成することはない．

$$ZnCl_2\cdot2H_2O(s) \rightarrow Zn(OH)Cl(s) + HCl(g) + H_2O(g) \qquad (11\cdot109)$$

これは，本章で前述したように，ハロゲン化アルミニウムの性質に似ている．また，このことは，いくつかの例において，水和固体の脱水は無水ハロゲン化化合物を合成する方法にはなり得ないことを示している．

ここに示した第一遷移金属の化学に関する簡単な解説は，この非常に広いテーマのほんのわずかの部分でしかない．しかしながら，金属間の違いや，それらの化学が系列に沿ってどのように変わるかを説明している．さらに詳しいことは，Greenwood, Earnshaw, Cottonらの参考書を参照していただきたい．第16章〜第22章では，これらの金属の有機金属化学や錯体化学について，他の多くの観点から記述されている．

11・10　ランタノイド

電子は通常，$n+l$の和が増えるように，原子の軌道を充填する．したがって，Baで6s軌道（$n+l=6$）が充填されたあとに充填される軌道は，$n+l=7$でかつnが最小になるような軌道になると予想される．相当する軌道は，4f軌道であろう．しかしながら，ランタン（$Z=57$）は$(Xe)5s^2\,5p^6\,5d^1\,6s^2$の電子配置をもち，これは4f軌道の前に5d軌道の充填が始まる．さらに状況が複雑になるのは，元素58のセリウムは，$5s^2\,5p^6\,5d^2\,6s^2$の配置ではなく，$5s^2\,5p^6\,4f^2\,6s^2$の配置をもつことである．そのあと，$5s^2\,5p^6\,4f^7$

$6s^2$ の配置をもつ $Z=63$ のユウロピウムまで，4f 準位の電子数が規則的に増える．ガドリニウム（$Z=64$）は，半分充填された 4f 殻が安定なため，$5s^3 5p^6 4f^7 6s^2 5d^1$ の配置をとるが，テルビウムで 5d 殻を空にしたまま 4f 準位の充塡が再開する．テルビウムに続き，4f 準位は，その殻がイッテルビウム（$5s^3 5p^6 4f^{14} 6s^2$）で充塡されるまで，電子数が増えていく．ルテチウムで 5d 準位に電子がさらに入り，$5s^3 5p^6 4f^{14} 6s^2 5d^1$ の配置になる．若干の不規則性はあるものの，セリウムからルテチウムまでの元素で，4f 準位は 14 個の電子で満たされる．特定の原子を示さずにランタノイドを言及するとき，総称 Ln がしばしば使われる．表 11・5 は，ランタノイド元素に関する関連データを示す．

表 11・5 ランタノイドの性質

金属	構造†	融点〔℃〕	直径(+3)r〔pm〕	$-\Delta H_{hyd}$	最初の三つのイオン化エネルギーの和〔kJ mol^{-1}〕
Ce†	fcc	799	102	3370	3528
Pr	fcc	931	99.0	3413	3630
Nd	hcp	1021	98.3	3442	3692
Pm	hcp	1168	97.0	3478	3728
Sm	rhmb	1077	95.8	3515	3895
Eu	bcc	822	94.7	3547	4057
Gd	hcp	1313	93.8	3571	3766
Tb	hcp	1356	92.3	3605	3803
Dy†	hcp	1412	91.2	3637	3923
Ho	hcp	1474	90.1	3667	3934
Er	hcp	1529	89.0	3691	3939
Tm	hcp	1545	88.0	3717	4057
Yb†	fcc	824	86.8	3739	4186
Lu	hcp	1663	86.1	3760	3908

† 二つ以上の形態が知られている．

元素の融点でグラフをつくると，半分あるいは完全に充塡された 4f 殻に関する興味深い結果が得られる．このグラフを図 11・6 に示す．ここに示してはいないが，金属の原子半径をプロットすると，Eu と Yb のところでサイズが大きく増加する．たとえば，Sm と Gd の半径はおよそ 180 pm であるが，それらの間にある Eu は 204 pm の半径をもつ．Yb とその前後の原子の大きさの違いも約 20 pm に達する．ユウロピウムとイッテルビウムは，$6s^2$ に 4f 準位の半分あるいは完全に充塡した原子である．これらの金属の性質は変則的である一つの理由は，ほかのランタノイドは三つの電子を伝導体に寄与するかのごとく振舞い，+3 イオンとして存在するが，Eu と Yb は 6s 準位からの二つの電子だけを寄与し，4f 準位を半分充塡あるいは完全充塡したまま +2 価の金属でいることにある．これらの金属間のより弱い結合は，低い融点と大きなサイズに反映されて

いる.

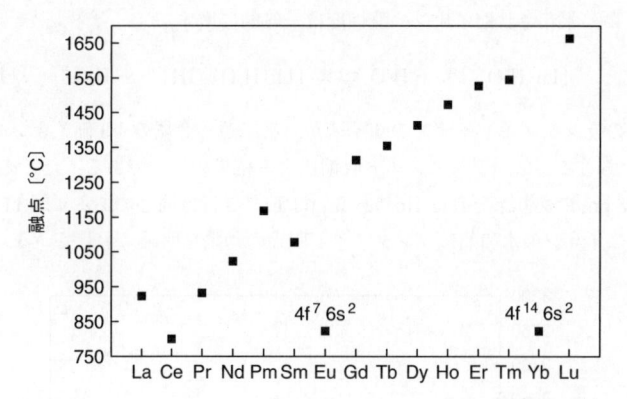

図 11・6 ランタノイドの融点 半分充塡と完全充塡の 4f 殻には著しい効果があることに留意せよ.

ランタノイドの化学の主要なテーマの一つは，これらが明確に+3の酸化状態をもつことにある．しかしながら，$5s^3 5p^6 4f^2 6s^2$ の配置をもつセリウムの場合は，+2や+4がこの元素の最も普通の酸化状態であることは驚くことではない．他のランタノイドの元素も，+3がはるかに普通の状態ではあるが，+2や+4の酸化状態を示す．ランタノイドイオンの興味深い性質の一つは，その系列を進むとき，+3価イオンのサイズが程度の差こそあれ，規則的に減少することである．これを**ランタノイド収縮**（lanthanide contraction）という．図 11・7 のグラフに示されるこの現象は，4fの遮蔽が失われることに加えて，核電荷が増えることに由来する．

大きな電荷/サイズ比（電荷密度）をもつ金属イオンは，加水分解され酸性溶液を生

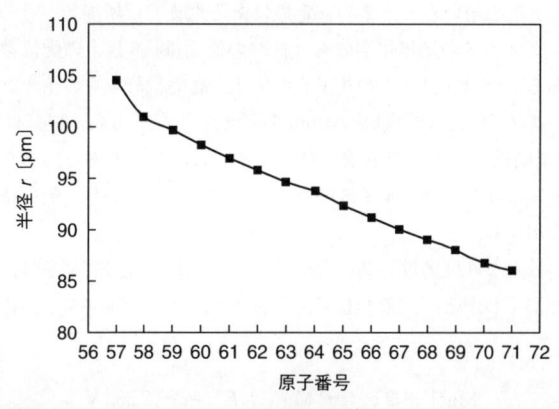

図 11・7 ランタノイドの原子番号に対する+3 イオンの半径 配位数は 6 であるとする．

成する.ランタノイド系列にわたって+3イオンのサイズが減少する結果,つぎの反応に示すように,水和されたイオンの酸性度は一般的に増す.

$$[Ln(H_2O)_6]^{3+} + H_2O \rightleftharpoons [Ln(H_2O)_5OH]^{2+} + H_3O^+ \quad (11\cdot110)$$

一部の+3のランタノイドイオンのサイズが,第二遷移金属の+3価イオンのサイズとほぼ同じであることは,ランタノイド収縮による結果の一つである.たとえば,Y^{3+}の半径は約88 pmであり,それはHo^{3+}あるいはEr^{3+}とほぼ同じである.図11・8に示すように,+3イオンの水和熱はランタノイド収縮の効果を明確に示している.

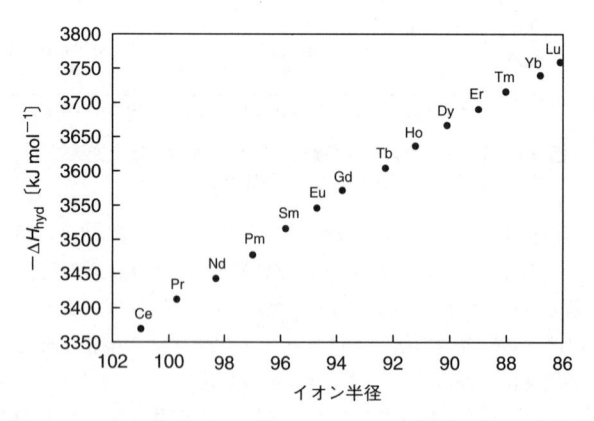

図 11・8 +3のランタノイドイオンのイオン半径に対する水和熱

+3ランタノイドイオンのサイズ減少は,これらの錯体の安定性を決める因子でもあり,ある配位子の錯体の安定性は,その系列を進むと増加することが多い.しかしながら,あるキレート剤を用いると,その安定性はある点までは増加し,そのあと横ばい状態になる.ランタノイドの錯体化学のもう一つの側面は,6以上の配位数がむしろ普通であることである.ランタノイドの+3イオンは,高い電荷をもつイオンとしてはかなり大きいため(ちなみに,Cr^{3+}は約64 pmのイオン半径をもち,Fe^{3+}は約62 pmである),配位子は規則正しい構造を形成しないことがしばしばである.しかしながら,ランタノイドイオンは通常,硬いルイス酸であると考えられており,硬い電子対供与体と優先的に相互作用する.

ランタノイドはかなり反応性の高い金属であり,酸化還元の容易さは,それらの還元電位を考えるとよくわかる.比較として,マグネシウムとアルミニウムの還元電位を以下に示す.

$$Mg^{2+} + 2\,e^- \rightarrow Mg \quad E° = -2.363\,V \quad (11\cdot111)$$

$$Na^+ + e^- \rightarrow Na \quad E° = -2.714\,V \quad (11\cdot112)$$

ランタンの還元電位は

$$\text{La}^{3+} + 3\,\text{e}^{-} \rightarrow \text{La} \qquad E° = -2.52\,\text{V} \qquad (11\cdot113)$$

であり，他のランタノイドの代表的な値は，Ce: -2.48，Sm: -2.40，Ho: -2.32，Er: -2.30 V である．よって，ランタノイドは非常に反応性が高く，反応の多くが容易に予想できる．たとえば，ハロゲンを用いると，通常の生成物は LnX_3 である．酸化反応（非常に激しい場合もある）は，複雑な構造をもつ場合もあるが，通常は化学式 Ln_2O_3 をもつ酸化物を与える．あるランタノイドは，H_2O の水素と置き換わり，水酸化物 Ln(OH)_3 を与えるのに十分反応性がある．水素化物が特に興味深いのは，たとえば，化学式 LnH_2 をもつ水素化物は，Ln^{3+} を含む一方，二つの H^- イオンと伝導帯にある一つの自由電子も含むと考えられている．高圧にすると，さらに水素が反応して LnH_3 を生成し，そこには三つ目の H^- イオンが含まれる．たいていのランタノイドについて，それらの硫化物，窒化物，ホウ化物が知られている．ここでは詳細は述べないが，ランタノイドに関して知られている化学は，膨大な量である．

参考文献

Bailar, J. C., Emeleus, H. J., Nyholm, R., and Trotman-Dickinson, A. F. (1973). *Comprehensive Inorganic Chemistry*, Vol. 1. Pergamon Press, Oxford. [金属の化学はこの5巻セットに広くとりあげられている]

Burdett, J. K. (1995). *Chemical Bonding in Solids*. Oxford University Press, New York. [固体の構造と結合について，多くの側面を扱った専門書]

Cotton, F. A., Wilkinson, G., Murillo, C. A., and Bochmann, M. (1999). *Advanced Inorganic Chemistry*, 6th ed. [元素の化学を取扱う他の著書の基準になっている．数章が金属の化学を詳細に扱っている]

Everest, D. A. (1964). *The Chemistry of Beryllium*. Elsevier, Amsterdam. [ベリリウムの化学，性質および用途に関する一般的な概説]

Flinn, R. A., and Trojan, P. K. (1981). *Engineering Materials and Their Applications*, 2nd ed. Houghton Mifflin, Boston. Chapters 2, 5, and 6. [金属の構造や合金の性質について優れた説明を与えている]

Greenwood, N. N., and Earnshaw, A. (1997). *Chemistry of the Elements*. Butterworth-Heinemann, Oxford. Chapters 20–29. [ほかのどの単巻本よりも詳細に化学を説明しているかもしれない．また，遷移金属化学について広く取扱っている]

Jolly, W. L. (1972). *Metal-Ammonia Solutions*. Dowden, Hutchinson & Ross, Stroudsburg, PA. [第1族および第2族金属の溶液に関連する系のあらゆる面から見た物理的および化学的性質を述べた，貴重な情報源となる研究論文を集めたもの]

King, R. B. (1995). *Inorganic Chemistry of the Main Group Elements*. VCH Publishers, New York. [多くの元素の化学を説明した優れた入門書．第10章はアルカリ金属およびアルカリ土類金属を扱っている]

Mingos, D. M. P. (1998). *Essential Trends in Inorganic Chemistry*. Oxford, New York. [金属のデータの相関を扱っている]

Mueller, W. M., Blackledge, J. P., and Libowitz, G. G. (1968). *Metal Hydrides*. Academic Press, New York. [金属水素化物の化学の工学に関する専門的論文]

Pauling, L. (1960). *The Nature of the Chemical Bond*, 3rd ed. Cornell University Press, Ithaca, NY. Chapter 11. [この古典書は，金属に関する豊富な情報を提供し，高く評価されている]

Rappaport, Z., and Marck, I. (2006). *The Chemistry of Organolithium Compounds*. Wiley, New York.

Wakefield, B. J. (1974). *The Chemistry of Organolithium Compounds*. Pergamon Press, Oxford. [古い文献を調査した豊富な情報を含む]

West, A. R. (1988). *Basic Solid State Chemistry*. Wiley, New York. [金属と他の固体に関する研究を始めるにはこの上ない，大変読みやすい本]

問　題

1. 以下の金属の対のどちらが完全に混和するかを予想せよ．また，そのように考えた道筋を示せ．
　(a) Au/Ag　　(b) Al/Ca　　(c) Ni/Al　　(d) Ti/Al　　(e) Ni/Co　　(f) Cu/Mg

2. カドミウムとビスマスは単一の液相を形成するが，固体としてはほとんど完全に混じり合わない．この現象を説明せよ．

3. $Mg(NO_3)_2$ の 0.1 M 溶液と $Fe(NO_3)_3$ の 0.1 M 溶液のどちらがより酸性か？　式を書いて説明せよ．

4. ランタノイドの分離は可能であるが難しい理由を，それらの性質に基づいて説明せよ．

5. イットリウムはしばしばランタノイド元素とともに見つかる理由を，それらの性質に基づいて説明せよ．

6. 塩化鉄(Ⅲ) は 315 ℃で沸騰する．その蒸気の密度は沸点以上では温度が上がるにつれて減少する．この現象を説明せよ．

7. $CoCl_2 \cdot 6H_2O$ を加熱すると，無水 $CoCl_2$ が生成する．しかしながら，$BeCl_2 \cdot 4H_2O$ を加熱したときはこのようにはならない．この違いを説明し，記述された過程を表す式を記せ．

8. Na^+ と Na^- のイオン対の形成については本文で述べた．Mg^{2+} と Mg^{2-} のイオン対ができる可能性についてコメントせよ．

9. 表 11・2 のデータを用いて，マンガンの密度を計算せよ．

10. 固体の反応には熱をかけると仮定し，以下の式を完成せよ．
　(a) $ZnCO_3 + Zn(OH)_2(s) \rightarrow$
　(b) $Cr_2O_7^{2-} + Cl^- + H^+ \rightarrow$
　(c) $CaSO_3(s) \rightarrow$
　(d) $MnO_4^- + Fe^{2+} + H^+ \rightarrow$

(e) $ZnC_2O_4(s) \rightarrow$

11. $Ho(NO_3)_3$ の 0.2 M 溶液と $Nd(NO_3)_3$ の 0.2 M 溶液のどちらがより酸性か？

12. 銅のアルミニウムへの溶解度が非常に低い理由を説明せよ．

13. 熱をかけると仮定し，以下の式を完成せよ．
(a) $MgO + TiO_2 \rightarrow$
(b) $Ba + O_2 \rightarrow$
(c) $(NH_4)_2Cr_2O_7 \rightarrow$
(d) $Cd(OH)_3 \rightarrow$
(e) $NaHCO_3 \rightarrow$

14. 以下の式を完成せよ．水かアンモニアを用いない反応には熱が必要かもしれない．
(a) $CrOF_4 + H_2O \rightarrow$
(b) $VOF_3 + H_2O \rightarrow$
(c) $Ca(OH)_2 + ZnO \rightarrow$
(d) $CrCl_3 + NH_3(l) \rightarrow$
(e) $V_2O_5 + H_2 \rightarrow$

15. bcc 構造における非充填率を決定せよ．

16. o-, p-, および m-バナジウム酸イオンの構造を示し，これらがどのように相互変換できるかを示す式を記せ．

17. どのランタノイドが最も反応性が高いか？ 理由とともに説明せよ．

18. ランタノイド元素の一つの原子の 6s, 5d, あるいは 4f の一軌道から一つの電子を除くには，より大きなエネルギーが必要だろうか？ 解答に説明も加え，直面するかもしれない特別な場合について述べよ．

19. 鉄を加熱すると，910 ℃ において bcc から fcc 構造に変化する．これらの構造において，単位格子定数はそれぞれ 363 pm および 293 pm である．この相転移の間に体積が何パーセント変化するか？ 密度の変化も求めよ．

20. 融解した $CaCl_2$ はよい電流導体であるが，融解した $BeCl_2$ はそうではない．この違いを説明せよ．また，融解した $BeCl_2$ が，その液体に NaCl を加えると，はるかによい導体になるのはなぜか，説明せよ．

21. 以下の物質と水との反応を示す式を記せ．
(a) CaH_2 (b) BaO_2 (c) CaO (d) Li_2S (e) Mg_3P_2

22. 反応剤は加熱してもよいと仮定し，以下の式を完成せよ．
(a) $SrO + CrO_3 \rightarrow$
(b) $Ba + H_2O \rightarrow$
(c) $Ba + C \rightarrow$
(d) $CaF_2 + H_3PO_4 \rightarrow$
(e) $CaCl_2 + Al \rightarrow$

23. $Cd(OH)_2$ はなぜ両性の $Zn(OH)_2$ よりも強い塩基なのか，説明せよ．

24. 銅はなぜ，以下の原子を含む格子サイトを以下のパーセンテージでもつような固溶体を形成できるのか，原子の性質に基づいて説明せよ．

$$\text{Ni } 100\% \quad \text{Al } 17\% \quad \text{Cr} < 1\%$$

25. 化合物 LnF_3 はなぜ対応する塩化物よりも融点が高いか，その理由を説明せよ．

26. CrO_4^{2-} イオンにおいて，Cr-O 結合長は 166 pm である．$Cr_2O_7^{2-}$ イオンにおいては，163 pm の Cr-O 結合と 179 pm のものがある．これらのイオンの構造を示し，これらの結果について説明せよ．

27. 以下の物質と水との反応を示す式を記せ．
 (a) KNH_2 (b) Al_4C_3 (c) Mg_3N_2 (d) Na_2O_2 (e) RbO_2

28. VO，V_2O，および V_2O_5 について，これらの酸性度はどのように変わるか？

29. ペロブスカイト中の Ca-O 結合の静電的結合性について述べよ．

30. 塩化ベリリウムを密閉管中で $LiBH_4$ とともに加熱すると，BeB_2H_8 が生成する．この化合物のいくつかの可能な構造を示し，それらの安定性を予想せよ．

12

主要族元素の有機金属化合物

　この半世紀における化学の大きな変化の一つは，有機金属化合物の化学への注目度が増したことである．有機化学へ与えた影響も非常に大きく，これは無機化学分野に限った話ではないだろう．有機金属化合物が知られるようになったのは，1827年のZeise塩 $K[Pt(C_2H_4)Cl_3]$ の発見，そして1849年のEdward Frankland卿によるアルキル金属の合成へとさかのぼる．しかし，有機金属化学の重要性が段違いに増したのは，1950年代初頭のフェロセンの発見，およびチーグラー–ナッタ重合の発見まで待たねばならない．そして，1955年のジベンゼンクロムの発見へと至る．有機金属化学の発展は，これらに関する文献が急激に増加したことや，加えて多くの専門的な総説や有機金属化学に関する専門誌が出版されていることからもわかるだろう．

　有機金属化学は分野の壁を越えた学問であり（仮に分野の壁があるとしての話だが），有機化学，無機化学，生化学，マテリアルサイエンスや化学工学にも大きくかかわっている．その領域の広さを鑑み，周期表の主要族金属元素に関連する有機金属化学のバックグラウンドを示すために，この章が含まれている．第21章と第22章でも，分野間の重複はあるが，遷移金属の有機金属化学について部分的に取扱っている．一方，遷移金属の有機金属化学は錯体化学によるところが大きいため，錯体化学に関する第16章〜第20章の後で述べる．第14章と第15章では，第14族から第17族までの元素をとりあげ，これらの重元素の有機金属化学についても述べている．一方，亜鉛，カドミウム，水銀は $nd^{10}(n+1)s^2$ の電子配置をとり，多くの場合，s電子を失うなど第2族の金属と似ているため，この章ではこれらの有機金属化学についても簡単に取扱う．

　どの族においても，すべての元素について多くの有機金属化合物が知られているが，一般的にはその族の最も重要な一つの元素が挙げられる．たとえば第1族では，ナトリ

ウムやカリウムに比べて，非常に多くの有機リチウム化合物が知られている．ここでは，ほとんどの場合，最も幅広く研究が行われている1種類ないし2種類の元素に絞って述べる．

　この分野の幅広さと報告された膨大な文献とを考えると，有機金属化学の詳細を網羅するのには，たった1巻の本，ましてや一般的な無機化学の教科書の1章や2章ではとうてい不可能である．むしろ有機金属化学の一般的側面に焦点を当て，その本質を体現する比較的少数のトピックをおもにとりあげることにしたい．まず，有機金属化合物が生み出された考え方からはじめ，いくつかのタイプの反応を紹介し，個々の元素の化合物をとりあげる．合成法や反応のうちのいくつかは，後述する各元素の各論にも関係するため，多少の繰返しはあるだろう．しかし，教育的な見地からは，この繰返しは無駄ではないと考えている．

12・1　有機金属化合物の合成

　有機金属化合物は，その構成元素が多岐にわたるように，その性質や反応性も非常に多様である．アルキルリチウムしかり，グリニャール試薬しかり，有機スズ化合物しかりである．したがって，普遍的な合成法があるわけでなく，ここでは広く使われているいくつかの反応例を示すこととする．

12・1・1　金属とハロゲン化アルキルの反応

　この方法は，金属が高い反応性をもつときに最も適切である．有機金属化合物の構造式がモノマーとして書かれていたとしても，いくつかの有機金属化合物はオリゴマーの形で存在している場合があることを忘れてはならない．この種の反応の例を挙げる．

$$2\,Li + C_4H_9Cl \rightarrow LiC_4H_9 + LiCl \tag{12・1}$$

$$4\,Al + 6\,C_2H_5Cl \rightarrow [Al(C_2H_5)_3]_2 + 2\,AlCl_3 \tag{12・2}$$

$$2\,Na + C_6H_5Cl \rightarrow NaC_6H_5 + NaCl \tag{12・3}$$

この種の反応のうち，最も重要なものは，グリニャール試薬の調製である．

$$RX + Mg \xrightarrow{\text{乾燥エーテル}} RMgX \tag{12・4}$$

テトラエチル鉛は，エンジンのアンチノッキング剤としての利用が米国で禁止されるまで，大量に生産されていた．その生産方法の一つに，ナトリウムとの合金化により反応性を高めた鉛と，塩化エチルとの反応がある．

$$4\,Pb/Na\,アマルガム + 4\,C_2H_5Cl \rightarrow 4\,NaCl + Pb(C_2H_5)_4 \tag{12・5}$$

有機水銀も，水銀とナトリウムの合金を用いて同様に合成される．

$$2\,\text{Hg/Na アマルガム} + 2\,\text{C}_6\text{H}_5\text{Br} \rightarrow \text{Hg}(\text{C}_6\text{H}_5)_2 + 2\,\text{NaBr} \qquad (12\cdot 6)$$

合金化による反応性の上昇は，しばしば見られることである．この性質は，以下に示す合成反応にも適用されている．

$$2\,\text{Zn/Cu} + 2\,\text{C}_2\text{H}_5\text{I} \rightarrow \text{Zn}(\text{C}_2\text{H}_5)_2 + \text{ZnI}_2 + 2\,\text{Cu} \qquad (12\cdot 7)$$

12・1・2 アルキル基移動反応

アルキル金属と他の元素の有機ハロゲン化物との反応は，アルキル基の付加が結晶性の生成物を生じるときに可能になることがある．たとえば，アルキルナトリウムとSiCl_4などの有機塩化物の反応である．

$$4\,\text{NaC}_6\text{H}_5 + \text{SiCl}_4 \rightarrow \text{Si}(\text{C}_6\text{H}_5)_4 + 4\,\text{NaCl} \qquad (12\cdot 8)$$

この反応の強力な駆動力は，塩化ナトリウムの生成である．この場合，Na^+とCl^-の相互作用が有利であり，硬-軟相互作用原理（第9章をみよ）による解釈が便利である．その他の例を下に示す．

$$2\,\text{Al}(\text{C}_2\text{H}_5)_3 + 3\,\text{ZnCl}_2 \rightarrow 3\,\text{Zn}(\text{C}_2\text{H}_5)_2 + 2\,\text{AlCl}_3 \qquad (12\cdot 9)$$
$$2\,\text{Al}(\text{C}_2\text{H}_5)_3 + 3\,\text{Cd}(\text{C}_2\text{H}_3\text{O}_2)_2 \rightarrow 3\,\text{Cd}(\text{C}_2\text{H}_5)_2 + 2\,\text{Al}(\text{C}_2\text{H}_3\text{O}_2)_3 \qquad (12\cdot 10)$$

水銀は容易に還元されるため，ジアルキル水銀は非常に多くの他のアルキル金属の合成試薬として重宝されている．以下のその反応式を示す．

$$3\,\text{Hg}(\text{C}_2\text{H}_5)_2 + 2\,\text{Ga} \rightarrow 2\,\text{Ga}(\text{C}_2\text{H}_5)_3 + 3\,\text{Hg} \qquad (12\cdot 11)$$
$$\text{Hg}(\text{CH}_3)_2 + \text{Be} \rightarrow \text{Be}(\text{CH}_3)_2 + \text{Hg} \qquad (12\cdot 12)$$
$$3\,\text{HgR}_2 + 2\,\text{Al} \rightarrow 2\,\text{AlR}_3 + 3\,\text{Hg} \qquad (12\cdot 13)$$
$$\text{Na}(\text{過剰}) + \text{HgR}_2 \rightarrow 2\,\text{NaR} + \text{Hg} \qquad (12\cdot 14)$$

最後の反応では低沸点の炭化水素を溶媒として用いているが，ほとんどのアルキルナトリウムはイオン性のため，他と比較して不溶である．他の第1族の金属（式ではMで表されている）のアルキル金属化合物も，ベンゼンなどを溶媒に用いた同様の反応で合成される．

$$\text{HgR}_2 + 2\,\text{M} \rightarrow 2\,\text{MR} + \text{Hg} \qquad (12\cdot 15)$$

いくつかの例では，アルキル金属のアルキル基が置換し，他の種類のアルキル金属を生じる．

$$\text{NaC}_2\text{H}_5 + \text{C}_6\text{H}_6 \rightarrow \text{NaC}_6\text{H}_5 + \text{C}_2\text{H}_6 \qquad (12\cdot 16)$$

12・1・3　グリニャール試薬とハロゲン化金属との反応

一般にグリニャール試薬の反応はアルキル基の付加であり，前の章の主題であったが，この反応はこの節で単独で詳述されるほど重要である．これはアルキル金属を得る方法のうち，最も広く適用されているものの一つである．以下に，典型的な反応例を示す．

$$3\,C_6H_5MgBr + SbCl_3 \rightarrow Sb(C_6H_5)_3 + 3\,MgBrCl \quad (12\cdot17)$$
$$2\,CH_3MgCl + HgCl_2 \rightarrow Hg(CH_3)_2 + 2\,MgCl_2 \quad (12\cdot18)$$
$$2\,C_2H_5MgBr + CdCl_2 \rightarrow Cd(C_2H_5)_2 + 2\,MgBrCl \quad (12\cdot19)$$

ここでの $2MgBrCl$ は，形式的に $MgBr_2 + MgCl_2$ と等価である．単純に2種類のハロゲン化マグネシウムの混合物であるかもしれないが，ここでは簡単のため $MgBrCl$ と表記する．

$$C_2H_5ZnI + n\text{-}C_3H_7MgBr \rightarrow n\text{-}C_3H_7ZnC_2H_5 + MgBrI \quad (12\cdot20)$$

この反応は，異なる2種類のアルキル基を含んだ生成物も与える．一般的に，時間の経過した化合物は，同一のアルキル基をもつ2種類の生成物 ZnR_2 および ZnR'_2 を与える．

$$2\,n\text{-}C_3H_7ZnC_2H_5 \rightarrow Zn(n\text{-}C_3H_7)_2 + Zn(C_2H_5)_2 \quad (12\cdot21)$$

グリニャール反応は，合成化学において非常に重要な位置を占めており，さまざまな事例に使われている．

12・1・4　ハロゲン化オレフィンと金属との反応

いくつかの例では，金属から直接アルキル金属を合成することもできる．重要な例に以下のものがある．

$$2\,Al + 3\,H_2 + 6\,C_2H_4 \rightarrow 2\,Al(C_2H_5)_3 \quad (12\cdot22)$$

その異なるタイプの例として，金属とハロゲン化アルキルの反応が挙げられる．

$$2\,CH_3Cl + Si \xrightarrow[300\,^\circ C]{Cu} (CH_3)_2SiCl_2 \quad (12\cdot23)$$

12・2　第1族金属の有機金属化合物

第1族の金属，特にリチウムとナトリウムについては，非常に多くの有機金属化合物が知られている．アルキルリチウムは，金属とハロゲン化アルキルの反応によって合成される．

$$2\,Li + RX \rightarrow LiR + LiX \quad (12\cdot24)$$

この反応に適切な溶媒は,炭化水素,ベンゼンやエーテルである.また,アルキルリチウムは,金属とアルキル水銀の反応によっても合成される.

$$2\,Li + HgR_2 \rightarrow 2\,LiR + Hg \qquad (12\cdot25)$$

アリール基をもつ有機リチウムは,ブチルリチウムとハロゲン化アリールの反応により合成される.

$$2\,LiC_4H_9 + ArX \rightarrow LiAr + BuX \qquad (12\cdot26)$$

リチウムは液体アンモニア溶液中でアセチレンと反応し,水素を発生しながら,モノリチウムアセチリド $LiC\equiv CH$ あるいはジリチウムアセチリド $LiC\equiv CLi$ を与える.これは,アセチレンの弱い酸性を示している.$LiC\equiv CH$ の工業的な利用の一つが,ビタミンA合成の一段階である.

アルキルリチウムは,重合反応やアルキル化反応など,多様な反応で使われている.下に例をいくつか示す.

$$BCl_3 + 3\,LiR \rightarrow 3\,LiCl + BR_3 \qquad (12\cdot27)$$
$$SnCl_4 + LiR \rightarrow LiCl + SnCl_3R(とほかの生成物) \qquad (12\cdot28)$$
$$3\,CO + 2\,LiR \rightarrow 2\,LiCO + R_2CO \qquad (12\cdot29)$$

最も興味深い有機金属化合物の一つにフェロセンがある(第21章をみよ).ブチルリチウムとフェロセンを反応させると,以下に構造を示すモノリチオ化もしくはジリチオ化された化合物を生じる.

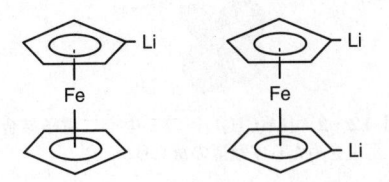

これらの反応性化合物は,種々のフェロセン誘導体の合成に用いられる.これらが微量の湿気でも分解することは,想像に難くないだろう.

$$LiR + H_2O \rightarrow LiOH + RH \qquad (12\cdot30)$$

さらに,非常に反応性の高い化合物は,空気中で自然発火する.

アルキルリチウムの構造の同定には,多くの努力が注ぎ込まれてきた.アルキル基が小さい場合は,炭化水素溶媒中でおもに六量体として存在することがわかっている.固

体状態では，(LiCH₃)₄ユニットを格子サイトにもつ体心立方格子構造をとる．四量体ユニットは，リチウム原子が正四面体の頂点に位置し，メチル基が面の中心の上部に位置している．アルキル基の炭素原子は，三角形の面の頂点に位置する三つのリチウム原子に結合している．この構造は，図12・1に示してある．

図 12・1　メチルリチウムの四量体の構造
四つのメチル基のうちの二つだけを示す．

メチル基と三つのリチウム原子との結合には，メチル基のsp^3軌道と，同時に重なり合ったリチウムの三つの軌道（2s軌道，もしくは2sと2pの混成軌道と考えられる）が関与する．これは図12・2に示されている．この図に示すメチルリチウムの結合は一般的には適切だが，実際には簡略化しすぎているといえるだろう．三中心二電子結合はさまざまな化合物（ジボランなど）に存在するが，この場合はリチウム原子間に弱い相互作用もあるかもしれない．

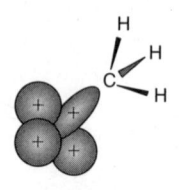

図 12・2　[Li(CH₃)₄] の三中心二電子結合の形成をもたらす軌道の重なり

12・3　第2族金属の有機金属化合物

カルシウムやバリウム，ストロンチウムからなる有機金属化合物はいくらか知られているが，ベリリウムやマグネシウムの有機金属化合物に比べれば，その数や重要性はきわめて小さい．有機金属化学における最も重要な発見の一つは，1900年のVictor Grignard（グリニャール）によるものである．現在はグリニャール試薬とよばれる一連の化合物からなる化学へと発展したことから，その重要性はきわめて高い．グリニャール試薬は，無水エーテル溶液でマグネシウムとハロゲン化アルキルを反応させることにより調製でき

る.この反応過程は,以下の式で表される.

$$\text{Mg} + \text{RX} \xrightarrow{\text{乾燥エーテル}} \text{RMgX} \qquad (12\cdot31)$$

余剰のエーテルを減圧留去することにより,マグネシウムに溶媒分子が結合した"エーテラート"が生じる.一般に,この生成物の化学式は $\text{RMgX}_2\cdot2\text{R}_2\text{O}$ と表され,その構造は歪んだ四面体構造である.一方,溶液中では "RMgX" はその二量体が主成分として存在している.その平衡式

$$2\,\text{RMgX} \rightleftharpoons (\text{RMgX})_2 \qquad (12\cdot32)$$

では他の化学種も含まれ,それらの組成は電子対供与体として機能するアルキル基の特性に依存し,会合体形成は溶媒分子と RMgX 間の錯体形成によって妨げられる.さらに,その状況は平衡により複雑化されており,

$$2\,\text{RMgX} \rightleftharpoons \text{MgR}_2 + \text{MgX}_2 \qquad (12\cdot33)$$

は,Schlenk 平衡式として知られている.その二量体 $(\text{RMgX})_2$ は,以下のように表せる構造をもつと考えられている.

$$\text{R}-\text{Mg}\begin{array}{c}\diagup\text{X}\diagdown\\\diagdown\text{X}\diagup\end{array}\text{Mg}-\text{R}$$

一方,二量体は以下の構造でも表現できる.

$$\begin{array}{c}\text{R}\\\text{R}\end{array}\!\!\diagdown\text{Mg}\begin{array}{c}\diagup\text{X}\diagdown\\\diagdown\text{X}\diagup\end{array}\text{Mg}$$

これらの化学種はまた,以下に示すように,イオン化している可能性もある.

$$2\,\text{RMgX} \rightleftharpoons \text{RMg}^+ + \text{RMgX}_2^- \qquad (12\cdot34)$$

溶液内に存在するグリニャール試薬の化学種は複雑な問題であり,真の状態を示す唯一の表現はない.

　合成化学(有機,無機,有機金属)におけるグリニャール試薬はあまりにも重要であるため,全章をこのテーマで書くこともできるだろう.以下に,これらの用途の広い化合物による無数の反応例のうち,ほんのわずかについてのみ示す.通常,グリニャール試薬の反応性は,I,Br,Cl の順にハロゲンの性質により変化する.また,アルキル化合物はアリール化合物よりも反応性が高い.グリニャール試薬による重要な反応例の一

つは，第一級アルコールとの反応における炭素鎖の伸長反応である．

$$ROH + CH_3MgBr \rightarrow RCH_3 + Mg(OH)Br \qquad (12 \cdot 35)$$

第二級アルコールを用いた場合は，その反応は以下のように記述できる．

$$RR'HCOH + CH_3MgBr \rightarrow RR'HC\text{-}CH_3 + Mg(OH)Br \qquad (12 \cdot 36)$$

グリニャール試薬はホルムアルデヒドと反応し，(塩酸を添加した後に) 第一級アルコールを与える．

$$HCHO + RMgCl \rightarrow RCH_2OH + MgCl_2 \qquad (12 \cdot 37)$$

グリニャール試薬と CO_2 との反応は，カルボン酸の合成に利用できる．

$$CO_2 + RMgX \xrightarrow{H_2O} RCOOH + MgXOH \qquad (12 \cdot 38)$$

RMgX は RCHO と反応することにより，第二級アルコールを生じるが，エステル RCOOR' との反応では酸処理の後に第三級アルコールを与える．グリニャール試薬と硫黄との反応は複雑であるが，以下の式で表すことができる．

$$48\,RMgX + 7\,S_8 \xrightarrow{H^+} 16\,RSH + 16\,R_2S + 24\,MgS + 24\,MgX_2 \qquad (12 \cdot 39)$$

しかしこれらは，合成でグリニャール試薬が利用される方法のほんのわずかな例である．

　マグネシウムに加えて，有機ベリリウム化合物も詳細に研究されている．これらのアルキル化合物は，グリニャール試薬と塩化ベリリウムの反応により最も簡便に合成できる．

$$BeCl_2 + 2\,CH_3MgCl \rightarrow Be(CH_3)_2 + 2\,MgCl_2 \qquad (12 \cdot 40)$$

ベリリウムはルイス酸であることから，反応溶媒であるエーテルに結合したままである．アルキルベリリウムは，その塩化物とアルキルリチウムとの反応，

$$BeCl_2 + 2\,LiCH_3 \rightarrow Be(CH_3)_2 + 2\,LiCl \qquad (12 \cdot 41)$$

あるいはジアルキル水銀との反応から合成することができる．

$$Be + Hg(CH_3)_2 \rightarrow Be(CH_3)_2 + Hg \qquad (12 \cdot 42)$$

他の多くのアルキル金属と同様に，アルキルベリリウムは空気中で自然発火する．酸化ベリリウムが生じ，その生成熱は $2611\,kJ\,mol^{-1}$ である．ジメチルベリリウムは水とも爆発的に反応し，その他のいくつかの性質はトリメチルアルミニウムと類似している．

この類似性は,金属がその電荷-サイズ比に関連する強い対角関係をもつことから,特に驚くべきことではない.

ジメチルベリリウムの構造は,ベリリウム化合物が鎖状構造,アルミニウム化合物が二量体構造を形成することを除けば,トリメチルアルミニウムの構造とよく似ている.ジメチルベリリウムは,図 12・3 に示す構造をとる.この架橋は,ベリリウム原子の軌道(おそらく sp^3 が最も考えられる)とメチル基の軌道が重なり合うことで,三中心二電子結合を形成している.ただし,結合角 Be-C-Be は非常に小さい.ベリリウムはルイス酸であるため,ルイス塩基を加えて付加体が形成する場合,高分子状の $[Be(CH_3)_2]_n$ が分離される.たとえば,ホスフィンが共存する場合,反応は以下のようになる.

$$[Be(CH_3)_2]_n + 2n\,PH_3 \rightarrow [(H_3P)_2Be(CH_3)_2] \qquad (12\cdot43)$$

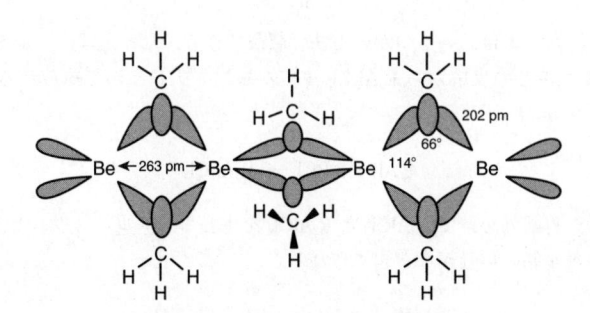

図 12・3 ジメチルベリリウムの構造

ベリリウムからなる有機金属化合物の特徴として,シクロペンタジエニル環と配位結合を形成するものが挙げられる.

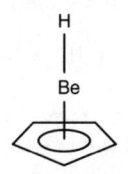

水素化合物に加えて,ハロゲンやメチル基を含む化合物も合成されている.

12・4 第 13 族金属の有機金属化合物

第 13 族に属する他の元素からなる有機金属化学では,アルミニウム以外はそれほど重要ではない.アルミニウムを用いた有機化学は広範に研究されており,いくつかの化

合物は商業的に重要である．たとえば，トリエチルアルミニウムは，アルケンの重合におけるチーグラー-ナッタプロセスにおいて活用されている（第22章をみよ）．

アルキルアルミニウムは，さまざまな二量化の例があるため，一般式として $[AlR_3]_2$ と表記できる．$B(CH_3)_3$ は分子会合を起こさず，その沸点が226℃であることは興味深い．アルキルアルミニウムは水とは反応しないが，$B(CH_3)_3$ は空気中で自然発火する．トリメチルガリウム（沸点55.7℃）とトリエチルガリウム（沸点143℃）は，ほとんどの条件下で二量化する傾向を示さない．トリメチルボロンとトリメチルガリウムの挙動とは対照的に，アルミニウム化合物は比較的低分子量であるにもかかわらず，$[Al(CH_3)_3]_2$ として存在するトリメチルアルミニウムの沸点は126℃であり，$[Al(C_2H_5)_3]_2$ の沸点は186.6℃である．

アルキルアルミニウムは数多くの基質と反応し，空気中で自然発火する．

$$[Al(CH_3)_3]_2 + 12\,O_2 \rightarrow 6\,CO_2 + 9\,H_2O + Al_2O_3 \qquad (12\cdot44)$$

アルキルアルミニウムは，いくつかの方法で調製できる．たとえば，アルミニウムとハロゲン化アルキルとの反応から $R_3Al_2Cl_3$（セスキクロリドとして知られる）が得られる．

$$2\,Al + 3\,RCl \rightarrow R_3Al_2Cl_3 \qquad (12\cdot45)$$

その生成物は，再配列を経て R_4AlCl_2 と R_2AlCl_4 を生じる．アルミニウムと HgR_2 との反応では，アルキル基の移動がひき起こされる．

$$3\,HgR_2 + 2\,Al \rightarrow [AlR_3]_2 + 3\,Hg \qquad (12\cdot46)$$

混合アルキルヒドリドは，以下に示す反応によって調製できる．

$$2\,Al + 3\,H_2 + 4\,AlR_3 \rightarrow 6\,AlR_2H \qquad (12\cdot47)$$

その Al-H 結合は，アルケンが挿入反応をひき起こすのに十分な反応性をもつ．

$$R_2AlH + C_2H_4 \rightarrow R_2AlC_2H_5 \qquad (12\cdot48)$$

先に述べたように，アルキルアルミニウムは広い範囲で二量化する．$[Al(CH_3)_3]_2$ の構造を図12・4に示す．この際，メチル基の軌道は二つのアルミニウム原子の軌道と重なり合い，三中心二電子結合を生じる．それぞれのアルミニウム原子は四つの結合をもつが，それらの結合の配向は典型的な四面体構造から大きく逸脱している．アルミニウム原子間の距離が比較的短いことから，それらの間には部分的な結合が存在している可能性がある．なお，二つの末端 CH_3 基への結合間の角度は，アルミニウム原子の sp^2 混成軌道に相当する角度にきわめて近い．これにより，p軌道がアルミニウム原子間で σ 結合を形成する余地が残されているのだろう．また，$Al\text{-}C_t$ 結合が $Al\text{-}C_b$ 結合よりもか

なり短いことは特筆すべきことである（bとtはそれぞれ架橋と末端を表す）.

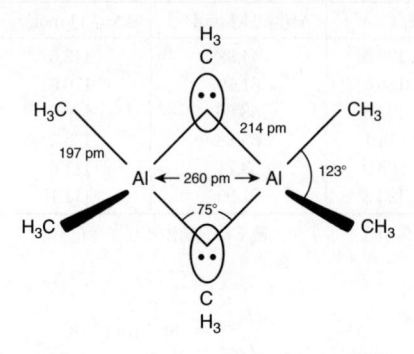

図 12・4　ジメチルアルミニウムの構造

トリメチルアルミニウム二量体の構造は，これまではあたかも静的なものであると議論されてきたが，実際は室温であってもそうではない．その化合物のトルエン溶液を $-65\,°C$ に冷却した場合，プロトン核磁気共鳴スペクトルから，架橋および末端メチル基に由来する2種類の環境下に置かれた水素原子の存在が示唆される．しかしながら，室温では1種類のシグナルのみが NMR で観測され，メチル基の交換が示されている．メチル基の速いスクランブルは，一つの架橋構造の切断とそれに続く $Al(CH_3)_3$ の相対的な回転が起こり，それに伴いその架橋メチル基が別のメチル基に再構築されることによって起こると考えられる．

アルキルアルミニウムの会合をとりあげているので，液体の性質と関連して第6章で議論した原理を説明するのによい機会である．ベンゼン溶液中での分子量測定から，メチル，エチル，n-プロピル化合物は完全に二量化していることが示唆される．一方，$(AlR_3)_2$ 二量体の解離熱は，以下に示すとおり，アルキル基の性質によって変化する．

R	CH_3	C_2H_5	$n\text{-}C_3H_7$	$n\text{-}C_4H_9$	$i\text{-}C_4H_9$
ΔH_{diss} [kJ mol^{-1}]	81.2	70.7	87.4	38	33

第6章で記述したように，溶解パラメーター δ は，分子会合を調べるためのよい判断材料となる．表 12・1 では，いくつかのアルキルアルミニウムについて関連するデータを示している．溶解パラメーターは，第6章で記述した手順を用いて蒸気圧データにより計算する．

第6章で示したように，蒸発エントロピーは，液体や気体で生じる会合の研究において価値のある実験的証拠となる．$[Al(C_2H_5)_3]_2$ の場合，蒸発エントロピー（176.6 J mol^{-1} K^{-1}）は，トルートン則から予測される 88 J mol^{-1} K^{-1} のちょうど2倍に相当する．

表 12・1　代表的なアルキルアルミニウムの物理データ

化合物†	融点 [℃]	ΔH_{vap} [kJ mol^{-1}]	ΔS_{vap} [J mol^{-1}]	δ [J$^{1/2}$ cm$^{-3/2}$]
Al(CH$_3$)$_3$	126.0	44.92	112.6	20.82
Al(C$_2$H$_5$)$_3$	186.6	81.19	176.6	23.75
Al(n-C$_3$H$_7$)$_3$	192.8	58.86	126.0	17.02
Al(i-C$_4$H$_9$)$_3$	214.1	65.88	135.2	15.67
Al(C$_2$H$_5$)$_2$Cl	208.0	53.71	111.6	19.88
Al(C$_2$H$_5$)Cl$_2$	193.8	51.99	111.1	21.58

† ここでは単量体の式を示すが，通常は二量体として存在する．

$$\Delta S_{vap} = \frac{\Delta H_{vap}}{T} \approx 88 \text{ J mol}^{-1}\text{K}^{-1} \qquad (12 \cdot 49)$$

この事実は，蒸発過程において 1 mol の液体が 2 mol の気体に変換されることを示している．それゆえ，液体では [Al(C$_2$H$_5$)$_3$]$_2$ 二量体が存在し，一方その気体は Al(C$_2$H$_5$)$_3$ 単量体で構成される，と結論づけた．[Al(CH$_3$)$_3$]$_2$ に関するデータを調べると，その蒸発エントロピーは 112.6 J mol^{-1} K^{-1} であり，これはトルートン則から予測される 88 J mol^{-1} K^{-1} の値よりも大きいが，2 倍まで大きくはない．この値は，一部分のみが二量化した液体が，蒸発の過程で単量体に完全に変換されることに相当する，と解釈できるだろう．

しかしながら，トリメチルアルミニウムの蒸発エントロピーの値については，異なる説明も存在する．もしその液体が完全に二量体として存在するならば，[Al(CH$_3$)$_3$]$_2$ の蒸発エントロピーは，完全に二量化した液体が蒸発時に一部分のみが解離する，と解釈することができるだろう．トリエチルアルミニウムの場合は，気体では完全に解離し，液体では完全に二量化するケースに明らかに一致するため，トリメチルアルミニウムの場合を説明するための他の要因があると考えられる．そのような有用な性質の一つは，溶解パラメーターである．

トリメチルアルミニウムとトリエチルアルミニウムの溶解パラメーターは，それぞれ 20.8，23.7 J$^{1/2}$ cm$^{-3/2}$ である．これらは液体での会合を示す上で十分高い値であり，またこれらの値は非常に近く，分子量がわずかに異なる化合物として予測される範囲内である．蒸発エントロピーから，トリエチルアルミニウムが液相で会合し，気相で解離していることは明白である．溶解パラメーターが非常に類似していることから，トリメチルアルミニウムも液相では完全に二量化していることが結論づけられる．それゆえ，蒸発エントロピーがトルートン則に基づいて予想された値の 2 倍でないことから，トリメチルアルミニウムは液体では完全に二量化し，蒸発中に一部分のみが単量体へと解離すると結論づけた．トリエチルアルミニウムとトリメチルアルミニウムの違いの理由の一つは，186.6 ℃ と 126.0 ℃ という沸点の違いにある．この 60 ℃ の違いは，蒸発中に [Al(C$_2$H$_5$)$_3$]$_2$ は完全に解離するが，[Al(CH$_3$)$_3$]$_2$ は著しく低い沸点で一部のみが解離す

12・4 第13族金属の有機金属化合物

るのに十分な差である.

$Al(n-C_3H_7)_3$ と $Al(i-C_4H_9)_3$ の場合を考えることにより,この結論はさらに支持される.これらの化合物の蒸発エントロピーは,それぞれ126.0および135.2 J mol^{-1} K^{-1} である.これらの値は,トルートン則から予測される88 J mol^{-1} K^{-1} よりも大きいので,蒸発の際に分子会合度の変化が付随して起きている.プロピルおよびブチル誘導体の分子量がより大きいとしても,それぞれの溶解パラメーター($Al(n-C_3H_7)_3$: 17.0 J$^{1/2}$ cm$^{-3/2}$, $Al(i-C_4H_9)_3$: 15.7 J$^{1/2}$ cm$^{-3/2}$) は,メチルおよびエチル誘導体よりもかなり小さい.溶解パラメーターは液体の凝集エネルギーを反映するため,$Al(n-C_3H_7)_3$ と $Al(i-C_4H_9)_3$ は液相では一部分のみが二量化していると結論づけた.それゆえ,この高い蒸発エントロピーは,液相では部分的に二量化し,蒸発する際に完全に単量体へと変換される液体に起因するものである.$Al(n-C_3H_7)_3$ と $Al(i-C_4H_9)_3$ の沸点は192.8および214.1℃であり,蒸発中に完全に解離する $[Al(C_2H_5)_3]_2$ の沸点よりも高い.それゆえ,$[Al(n-C_3H_7)_3]_2$ と $[Al(i-C_4H_9)_3]_2$ は気相では完全に解離しているはずであり,また液相では一部分のみが会合しているに違いない.分子量が低い方のアルキルアルミニウムの性質は,以下の表のようにまとめることができる.これらの観測結果は,純粋な化合物についてであり,会合が起こることが知られているベンゼンなどの溶媒中の溶液についてではない.

	単量体の形			
	$Al(CH_3)_3$	$Al(C_2H_5)_3$	$Al(n-C_3H_7)_3$	$Al(i-C_4H_9)_3$
液体	二量体	二量体	二量体+単量体	二量体+単量体
蒸気	二量体+単量体	単量体	単量体	単量体

他のアルキル金属では,他のタイプの会合様式が観測される.たとえば,$Ga(CH_3)_3$ は二量体であり蒸発によって解離するが,より大きなアルキル基を含む類似化合物では単量体である.

いくつかのテトラ n-アルキルゲルマンについて,溶解パラメーターは以下のように決定されている(単位は J$^{1/2}$ cm$^{-3/2}$): $Ge(CH_3)_4$ 13.9; $Ge(C_2H_5)_4$ 17.6; $Ge(n-C_3H_7)_4$ 18.0; $Ge(n-C_4H_9)_4$ 20.3; $Ge(n-C_5H_{11})_4$ 21.5. なおこれらの値が $Al(CH_3)_2$ や $Al(C_2H_5)_3$ よりも小さいことは重要である.液体のテトラアルキルゲルマンの性質からそれらの液体は会合しないことが示唆され,他の証拠からもこの結論は支持されている.

すでに,アルミニウムの混合アルキルハロゲン化物が二量化することを述べたが,表12・1に示すこれらの化合物の溶解パラメーターはこの評価と一致する.トリエチルホウ素とジエチル亜鉛の溶解パラメーターは,それぞれ15.4および18.2 J$^{1/2}$ cm$^{-3/2}$ である.この値は,これらの化合物が強くは会合しない液体であることを示しており,実際

そのとおりである．

　他の有機アルミニウム化合物としてはアルキルヒドリド（R_2AlH）が挙げられる．これらの化合物は分子会合し環状四量体を形成する．二量体や三量体を塩基性の非プロトン性溶媒へ溶解させると，溶媒分子の非共有電子対と Al の間に結合が形成する結果，会合体が分離する．トリメチルアミンのようなルイス塩基に対して，アルキルアルミニウムは（アルミニウムヒドリドがそうであるように）強いルイス酸である．

$$[AlR_3]_2 + 2:NR_3 \rightarrow 2\,R_3Al:NR_3 \qquad (12\cdot50)$$

　しかし，溶液中での分子会合は，溶媒の特性に大きく左右されるのが一般的であり，この事象は特別である．

　アルキルアルミニウム化合物は，特に重合過程にかかわりがあり，それ自体が重合を促進できる．これに関連して，アルキルアルミニウム化合物の重要な反応の一つは，二重結合への付加反応である．

$$C_2H_4 + AlR_3 \rightarrow R_2AlCH_2CH_2R \qquad (12\cdot51)$$

　つぎの別の挿入が起こる反応により，アルキル鎖が伸長し，重合反応が進行する．このタイプの過程で生成するアルキル鎖には，含まれる炭素が比較的少ない．$R = C_2H_5$ を用いて反応を続けた場合は，三つのアルキル基の炭素鎖長が異なる $AlRR'R''$ をもつ生成物が得られる．

　最も重要なアルキルアルミニウム化合物の反応は，チーグラー–ナッタプロセスによるアルケンの重合である．このプロセスでは $Al(C_2H_5)_3$ が $TiCl_4$ のアルキル化剤として作用した後，アルケンのチタンとエチル基間の結合への挿入反応が起こり，アルキル鎖が伸長する（第22章をみよ）．ポリエチレンやポリプロピレンのような重要なポリマーは大量に合成でき，多くの用途があるため，チーグラー–ナッタプロセスは工業的にも非常に重要である．

　アルミニウム化合物のアルキル基は，共有結合性の金属化合物に典型的な反応性を示す．メチル，エチル，プロピル基をもつ化合物は，空気中で自然発火する．炭素数の合計が 4 以下の化合物は，水との反応により激しい爆発をひき起こす．

$$Al(C_2H_5)_3 + 3\,H_2O \rightarrow Al(OH)_3 + 3\,C_2H_6 \qquad (12\cdot52)$$

アルコールとの反応も激しいが，不活性な溶媒で希釈した溶液中で反応を行うことが可能である．

$$AlR_3 + 3\,R'OH \rightarrow Al(OR')_3 + 3\,RH \qquad (12\cdot53)$$

アルキルアルミニウム化合物は，それ自身がアルキル基を移動させる反応もひき起こす．

$$2\,Al(C_2H_5)_3 + 3\,ZnCl_2 \rightarrow Zn(C_2H_5)_2 + 2\,AlCl_3 \qquad (12\cdot54)$$

この種の反応は,他の金属ハロゲン化物を用いても行うことができる.

12・5 第14族金属の有機金属化合物

スズの有機金属化学はよく知られており,一部の化合物は工業プロセスにおいて大量に用いられている.たとえば,$[C_8H_{17}SnOC(O)CH=CHC(O)O]_n$ は食品の梱包,木材の保護剤,食品の防かび剤を含め,広い用途があるポリ塩化ビニル(PVC)の安定剤として利用されている.スズ化合物は非常に低毒性であり,食品と接触するものへの使用に適している.有機スズ化合物は,他の多くの化合物の合成において重要な試薬である.

アルキルスズ化合物は,$SnCl_4$ とグリニャール試薬との反応により調製可能である.

$$SnCl_4 + 4\,RMgCl \rightarrow SnR_4 + 4\,MgCl_2 \qquad (12\cdot55)$$

アルキル基は,LiR や AlR_3 のような他のアルキル金属からも移動できる.

$$4\,LiR + SnCl_4 \rightarrow SnR_4 + 4\,LiCl \qquad (12\cdot56)$$

$$4\,AlR_3 + 3\,SnCl_4 \rightarrow 3\,SnR_4 + 4\,AlCl_3 \qquad (12\cdot57)$$

テトラアルキルスズ化合物は,非常に反応性の高いアルキルアルミニウム化合物とは全く異なる化学的性質を示す.スズ化合物は空気や水に安定であり,直ちには酸塩基付加体を生成しない.テトラメチルスズ(沸点26.5℃)やテトラフェニルスズ(沸点228℃)は,ともに非常に安定で反応性に乏しく,分解や酸化がほとんど起こらずに蒸留することができる.

いくつかの場合においては,金属のスズはハロゲン化アルキルと直接作用することにより,混合ハロゲン化アルキル化合物を生成する.

$$Sn + RX \rightarrow R_2SnX_2(とほかの生成物) \qquad (12\cdot58)$$

ジメチルシラン類やジメチルゲルマン類はどちらも,テトラアルキル誘導体よりはるかに反応性が高く,直ちに加水分解される.

$$(CH_3)_2GeCl_2 + H_2O \rightarrow (CH_3)_2GeO + 2\,HCl \qquad (12\cdot59)$$

ジメチルジクロロシラン(沸点70℃)はシリコーンポリマーの合成中間体であり,非常に有用な化合物である.

$$x(CH_3)_2SiCl_2 + x\,H_2O \rightarrow [(CH_3)_2SiO]_x + 2x\,HCl \qquad (12\cdot60)$$

アルキルスズ化合物は,テトラハロゲン化スズと反応し,一般式 R_nSnX_{4-n} をもつ一連の化合物群を生成する.これらの化合物に対し $LiAlH_4$ を作用させることにより,スズ

ヒドリド化合物へ変換が可能である．スズの有機金属化学の他の側面については，第14章に記載されている．

12・6　第15族金属の有機金属化合物

　ヒ素，アンチモン，ビスマスについても多くの有機金属化合物があり，特にビスマスは他とは非常に異なる特徴を示す化合物群が生成することが知られている．それらの化合物の安定性は一般的に As＞Sb＞Bi の順で低下するが，このことは中心の元素と炭素原子のサイズ差の増大とよく一致する．有機ヒ素化合物には，脂肪族化合物やアルサベンゼンのような複素芳香環も含まれる．

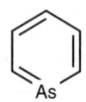

ビスマスの類縁体は（ヒ素化合物に比べ）非常に不安定である．六員環ならびに五員環化合物の配位化学に関する研究が行われており，最も特異な化合物の一つとして錯体 [Fe(AsC$_4$H$_4$)$_2$] が挙げられる．これは，AsC$_4$H$_4$ 環をもつフェロセンと同様の構造をもつ化合物である．トリアルキルヒ素化合物はヒ素原子上に非共有電子対をもつため，種々の金属イオンに対しルイス塩基として作用する．このため，AsR$_3$ 分子を配位子とする多くの錯体が知られている．この場合，金属と錯体を形成できる第15族元素上のアルキル基の減少傾向は，元素の金属性が増加する As＞Sb＞Bi の順に小さくなる．

　多くの有機ヒ素化合物は，AsCl$_3$ に対し，グリニャール試薬，アルキルリチウム試薬，アルキルアルミニウム試薬のようなアルキル化試薬とを反応させることにより合成される．一般的な反応式は，以下のとおりである．

$$3\,\text{RMgBr} + \text{AsCl}_3 \rightarrow \text{AsR}_3 + 3\,\text{MgBrCl} \qquad (12\cdot61)$$

$$\text{AsCl}_3 + 3\,\text{LiR} \rightarrow \text{AsR}_3 + 3\,\text{LiCl} \qquad (12\cdot62)$$

三塩化ヒ素もアルコールのような極性の OH 結合をもつ分子と反応する．

$$\text{AsCl}_3 + 3\,\text{ROH} \rightarrow \text{As(OR)}_3 + 3\,\text{HCl} \qquad (12\cdot63)$$

他の歴史的に重要な有機ヒ素化合物は，1901年に P. Ehrlich により発見された．アルスフェナミンあるいはサルバルサンとして知られるこの化合物は，以下の構造をもつ．

この化合物は（すぐにより効果的な薬が出現したものの），梅毒やアフリカ睡眠病の治療に効果的な化合物として見いだされた．この化合物はサルバルサンという名前のほかに，Ehrlich と共同研究者が試験した化合物群での標識番号 "606" として，Handbook of Chemistry and Physics の中に収録されている．

12・7 亜鉛，カドミウム，および水銀の有機金属化合物

亜鉛，カドミウム，水銀は主要族元素と総称される元素群には含まれないものの，通常結合に用いられない閉殻の d 軌道をもつため，これらの元素の性質は主要族元素と非常によく似ている．閉殻した d 軌道の外に充填された s 軌道をもつため，その性質は第 2 族元素に類似している．亜鉛は必須微量元素であり，カルボキシペプチダーゼ A や炭酸脱水酵素の機能発現に重要な役割を果たしている．前者はタンパク質の加水分解酵素であり，一方後者は，二酸化炭素と炭酸イオンの平衡反応を触媒する．

$$H_2O + CO_2 \rightleftharpoons HCO_3^- + H^+ \qquad (12 \cdot 64)$$

この過程は，重炭酸イオンが生成したときの血液による二酸化炭素の排出や，肺における二酸化炭素の放出に関与する．カドミウムと水銀は非常に毒性が高い．重金属類（サイズが大きく低電荷のためにソフトな金属である）は一般に毒性であり，金属がソフトになるにしたがい，その毒性が増す．一方，ハードな金属（Mg^{2+}，Ca^{2+}，Fe^{3+} など）は毒性のない金属とみなされている．重金属の毒性作用と一つとして，酵素やタンパク質中に存在する -SH 基のような官能基群に重金属が結合する様式がある．

亜鉛は多様な有機金属化合物を形成するが，ジアルキル化合物が特に重要である．ジアルキル亜鉛化合物は会合して集合体を与えることはないが，自然発火性である．ハロゲン化亜鉛とグリニャール試薬との反応により合成できる．

$$ZnBr_2 + 2\,C_2H_5MgBr \rightarrow Zn(C_2H_5)_2 + 2\,MgBr_2 \qquad (12 \cdot 65)$$

他のアルキル化合物は，BR_3 を用いるような移動反応により得られる．

$$3\,Zn(CH_3)_2 + 2\,BR_3 \rightarrow 3\,ZnR_2 + 2\,B(CH_3)_3 \qquad (12 \cdot 66)$$

この過程は，トリメチルホウ素の安定性に基づくものである．アルキル基の移動は，つぎの反応においても起こる．

$$Zn + HgR_2 \rightarrow ZnR_2 + Hg \qquad (12 \cdot 67)$$

ジアルキル亜鉛化合物は，化学的性質の観点から，一般的に他の金属へアルキル基を移すように反応する．カドミウムのジアルキル化合物は，通例，グリニャール試薬とハロゲン化カドミウムとの反応により合成する．

$$CdX_2 + 2\,RMgX \rightarrow CdR_2 + 2\,MgX_2 \qquad (12 \cdot 68)$$

混合アルキルハロゲン化化合物は，ジアルキルカドミウムとハロゲン化カドミウムを反応させることにより得られる．

$$CdR_2 + CdX_2 \rightarrow 2\,RCdX \qquad (12\cdot 69)$$

以上，本章では，いくつかの主要族元素の有機金属化合物について簡単に概観した．特に，非金属元素の有機金属化学のさらなる詳細については，第 14 章ならびに第 15 章を参照されたい．有機金属化学は広範で重要な領域であり，これらの関連性については後述の文献を参照願いたい．

参考文献

Advances in Organometallic Chemistry, Vol. 55 (2007). ［この 55 巻のシリーズは，長年の出版の間に多くの編集者により編集された］

Coates, G. E. (1960). *Organo-Metallic Compounds*. Wiley, New York. ［有機金属化学の領域の古典］

Cotton, F. A., Wilkinson, G., Murillo, C. A., and Bochmann, M. (1999). *Advanced Inorganic Chemistry*, 6th ed. Wiley, New York. ［主要族元素の有機金属化学に関する膨大な情報を載せている］

Crabtree, R. H., and Mingos, D. M. P., Eds. (2007). *Comprehensive Organometallic Chemistry III*. Elsevier, Amsterdam.

Greenwood, N. N., and Earnshaw, A. (1997). *Chemistry of the Elements*, 2nd ed. Butterworth-Heinemann, Oxford. ［この 1341 ページの著書はすべての元素の化学を扱っているため，そのうちの多くが有機金属化学に関するものである］

Rappaport, Z., and Marck, I. (2006). *The Chemistry of Organolithium Compounds*. Wiley, New York.

Rochow, E. G. (1964). *Organometallic Chemistry*. Reinhold, New York. ［この小さい著書には，この分野の初歩的入門と詳細な歴史が書かれている］

Suzuki, H., and Matano, Y. (2001). *Organobismuth Chemistry*. Elsevier, Amsterdam.

Thayer, J. S. (1988). *Organometallic Chemistry, An Overview*. VCH Publishers, Weinheim, Germany.

Wakefield, B. S. (1976). *The Chemistry of Organolithium Compounds*. Pergamon Press, Oxford, UK.

問題

1. つぎの式を完成させよ．
   (a) $LiC_2H_5 + PBr_3 \rightarrow$
   (b) $CH_3MgBr + SiCl_4 \rightarrow$
   (c) $NaC_6H_5 + GeCl_4 \rightarrow$
   (d) $LiC_4H_9 + CH_3COCl \rightarrow$

(e) $Mg(C_5H_5)_2 + MnCl_2 \rightarrow$

2. つぎの反応を表す式を完成させよ．
(a) n-ブチルリチウムの合成
(b) n-ブチルリチウムと水の反応
(c) ベリリウムを水酸化ナトリウムに溶かす
(d) フェニルナトリウムの合成
(e) エタノールと水素化リチウムとの反応

3. つぎの式を完成させよ．
(a) $C_4H_{10} + CH_3MgCl \rightarrow$
(b) $C_3H_7Cl + Na \rightarrow$
(c) $Zn(C_2H_5)_2 + SbCl_3 \rightarrow$
(d) $NaC_6H_5 + C_2H_5Cl \rightarrow$
(e) $B(CH_3)_3 + O_2 \rightarrow$

4. つぎの反応を表す式を完成させよ．
(a) n-ブチルリチウムと塩化カドミウムとの反応
(b) 臭化エチルマグネシウムとアセトアルデヒドとの反応
(c) メチルリチウムと臭素との反応
(d) トリエチルアルミニウムとメタノールとの反応
(e) トリエチルアルミニウムとエタンとの反応

5. $B(CH_3)_3$ および $Al(CH_3)_3$ の性質について知っていることに基づき，$B(CH_3)_3$ の溶解パラメーターの妥当な値をその理由とともに記せ．

6. 濃度はどちらの溶媒も同じと仮定し，ジオキサンとベンゼンの溶媒中の C_2H_5MgCl の会合の程度を推測せよ．

7. ジエチル亜鉛は通常会合しないが，C_2H_5ZnCl は非極性溶媒中ではある程度会合し四量体を与える．なぜ，$Zn(C_2H_5)_2$ と C_2H_5ZnCl の間に違いがあるのか？ $[C_2H_5ZnCl]_4$ の構造を推測せよ．

8. つぎの式を完成させよ．
(a) $Na_2S + RCl \rightarrow$
(b) $AsCl_3 + Na + C_6H_5Cl \rightarrow$
(c) $(C_6H_5)_2TeCl_2 + LiC_6H_5 \rightarrow$
(d) $i\text{-}C_3H_7OH + C_2H_5MgCl \rightarrow$
(e) $SiH_4 + CH_3OH \rightarrow$

9. アルキルアルミニウムが $(CH_3)_2X$ ($X=O$, S, Se, あるいは Te) と錯体を形成するとき，これらの錯体の安定性は，X が O から Te に進むにつれ低下する．この安定性の順番に見られる傾向について説明せよ．

10. $(CH_3)_2CCl_2$ は水と反応しないが，$(CH_3)_2SnCl_2$ は容易に加水分解される．この違いを説明せよ．

11. C_2H_5MgBr は，テトラヒドロフラン中の濃度が約 1 mol L^{-1} のときは，ほぼ完全

に単量体で存在する．しかしながら，ジエチルエーテル中で同じ程度の濃度のときは，おもな化学種は二量体である．この違いを説明せよ．

12. 第14族元素のアルキル化合物は，基本的には空気中では不活性であるが，第13族元素のアルキル化合物はきわめて反応性が高い．このような性質の大きな違いについて説明せよ．

13. 表12・1に記載されている $Al(C_2H_5)_2Cl$ と $Al(C_2H_5)Cl_2$ の蒸発エントロピーについて，液体中と気相における化学種の観点から説明せよ．

14. 室温では，核磁気共鳴法では R_2Mg と $RMgX$ の違いを区別することはできない．これは何を意味するか？　この現象の過程を説明する方法を提案せよ．

付録A　イオン化エネルギー

元　素	第一イオン化エネルギー〔kJ mol^{-1}〕	第二イオン化エネルギー〔kJ mol^{-1}〕	第三イオン化エネルギー〔kJ mol^{-1}〕
水　素	1312.0	—	—
ヘリウム	2372.3	5250.4	—
リチウム	513.3	7298.0	11,814.8
ベリリウム	899.4	1757.1	14,848
ホウ素	800.6	2427	3660
炭　素	1086.2	2352	4620
窒　素	1402.3	2856.1	4578.0
酸　素	1313.9	3388.2	5300.3
フッ素	1681	3374	6050
ネオン	2080.6	3952.2	6122
ナトリウム	495.8	4562.4	6912
マグネシウム	737.7	1450.7	7732.6
アルミニウム	577.4	1816.6	2744.6
ケイ素	786.5	1577.1	3231.4
リ　ン	1011.7	1903.2	2912
硫　黄	999.6	2251	3361
塩　素	1251.1	2297	3826
アルゴン	1520.4	2665.2	3928
カリウム	418.8	3051.4	4411
カルシウム	589.7	1145	4910
スカンジウム	631	1235	2389
チタン	658	1310	2652
バナジウム	650	1414	2828
クロム	652.7	1592	2987
マンガン	717.4	1509.0	3248.4
鉄	759.3	1561	2957
コバルト	760.0	1646	3232
ニッケル	736.7	1753.0	3393
銅	745.4	1958	3554
亜　鉛	906.4	1733.3	3832.6
ガリウム	578.8	1979	2963
ゲルマニウム	762.1	1537	3302
ヒ　素	947.0	1798	2735
セレン	940.9	2044	2974
臭　素	1139.9	2104	3500
クリプトン	1350.7	2350	3565
ルビジウム	403.0	2632	3900

(付録Aつづき)

元素	第一イオン化エネルギー〔kJ mol^{-1}〕	第二イオン化エネルギー〔kJ mol^{-1}〕	第三イオン化エネルギー〔kJ mol^{-1}〕
ストロンチウム	549.5	1064.2	4210
イットリウム	616	1181	1980
ジルコニウム	660	1257	2218
ニオブ	664	1382	2416
モリブデン	685.0	1558	2621
テクネチウム	702	1472	2850
ルテニウム	711	1617	2747
ロジウム	720	1744	2997
パラジウム	805	1875	3177
銀	731.0	2073	3361
カドミウム	867.6	1631	3616
インジウム	558.3	1820.6	2704
スズ	708.6	1411.8	2943.0
アンチモン	833.7	1794	2443
テルル	869.2	1795	2698
ヨウ素	1008.4	1845.9	3200
キセノン	1170.4	2046	3097
セシウム	375.7	2420	—
バリウム	502.8	965.1	—
ランタン	538.1	1067	—
セリウム	527.4	1047	—
プラセオジム	523.1	1018	—
ネオジム	529.6	1035	—
プロメシウム	535.9	1052	—
サマリウム	543.9	1068	—
ユウロピウム	546.7	1085	—
ガドリニウム	592.5	1167	—
テルビウム	564.6	1112	—
ジスプロシウム	571.9	1126	—
ホルミウム	580.7	1139	—
エルビウム	588.7	1151	—
ツリウム	596.7	1163	—
イッテルビウム	603.4	1176	—
ルテチウム	523.5	1340	—
ハフニウム	642	1440	—
タンタル	761	(1500)	—
タングステン	770	(1700)	—
レニウム	760	1260	—
オスミウム	840	(1600)	—
イリジウム	880	(1680)	—
白金	870	1791	—

付録A イオン化エネルギー

(付録Aつづき)

元 素	第一イオン化エネルギー〔kJ mol^{-1}〕	第二イオン化エネルギー〔kJ mol^{-1}〕	第三イオン化エネルギー〔kJ mol^{-1}〕
金	890.1	1980	—
水 銀	1007.0	1809.7	—
タリウム	589.3	1971.0	—
鉛	715.5	1450.4	—
ビスマス	703.2	1610	—
ポロニウム	812	(1800)	—
アスタチン	930	1600	—
ラドン	1037	—	—
フランシウム	400	(2100)	—
ラジウム	509.3	979.0	—
アクチニウム	499	1170	—
トリウム	587	1110	—
プロトアクチニウム	568	—	—
ウラン	584	1420	—
ネプツニウム	597	—	—
プルトニウム	585	—	—
アメリシウム	578.2	—	—
キュリウム	581	—	—
バークリウム	601	—	—
カリホルニウム	608	—	—
アインスタイニウム	619	—	—
フェルミウム	627	—	—
メンデレビウム	635	—	—
ノーベリウム	642	—	—

( ) 内の数値は近似値である.

付録B 点群の指標表

C_2	E	C_2		
A	1	1	z, R_z	x^2, y^2, z^2
B	1	-1	x, y, R_x, R_y	yz, xz

C_s	E	σ_h		
A'	1	1	x, y, R_z	x^2, y^2, z^2, xy
A''	1	-1	z, R_x, R_y	yz, xz

C_i	E	i		
A_g	1	1	R_x, R_y, R_z	$x^2, y^2, z^2, xy, xz, yz$
A_u	1	-1	x, y, z	

C_{2v}	E	C_2	$\sigma_v(xz)$	$\sigma_v(yz)$		
A_1	1	1	1	1	z	x^2, y^2, z^2
A_2	1	1	-1	-1	R_z	xy
B_1	1	-1	1	-1	x, R_y	xz
B_2	1	-1	-1	1	y, R_x	yz

C_{3v}	E	$2C_3$	$3\sigma_v$		
A_1	1	1	1	z	x^2+y^2, z^2
A_2	1	1	-1	R_z	
E	2	-1	0	$(x, y), (R_x, R_y)$	$(x^2-y^2, xy), (xz, yz)$

C_{4v}	E	$2C_4$	C_2	$2\sigma_v$	$2\sigma_d$		
A_1	1	1	1	1	1	z	x^2+y^2, z^2
A_2	1	1	1	-1	-1	R_z	
B_1	1	-1	1	1	-1		x^2+y^2
B_2	1	-1	1	-1	1		xy
E	2	0	-2	0	0	$(x, y), (R_x, R_y)$	(xz, yz)

C_{2h}	E	C_2	i	σ_h		
A_g	1	1	1	1	R_z	x^2, y^2, z^2, xy
A_u	1	1	-1	-1	z	
B_g	1	-1	1	-1	R_x, R_y	xz, yz
B_u	1	-1	-1	1	x, y	

付録B 点群の指標表

$C_{\infty v}$	E	$2C_\infty$	$\infty\sigma_v$		
$A_1(\Sigma^+)$	1	1	1	z	(x^2+y^2, z^2)
$A_2(\Sigma^-)$	1	1	-1	R_z	
$E_1(\Pi)$	2	$2\cos\phi$	0	$(R_x, R_x), (x, y)$	(xz, yz)
$E_2(\Delta)$	2	$2\cos 2\phi$	0		(x^2-y^2, xy)
$E_3(\phi)$	2	$2\cos 3\phi$	0		

D_2	E	$C_2(z)$	$C_2(y)$	$C_2(x)$		
A_1	1	1	1	1		x^2, y^2, z^2
B_1	1	1	-1	-1	z, R_z	xy
B_2	1	-1	1	-1	y, R_y	xz
B_3	1	-1	-1	1	x, R_x	yz

D_3	E	$2C_3$	$3C_2$		
A_1	1	1	1		x^2+y^2, z^2
A_2	1	1	-1	z, R_z	
E	2	-1	0	$(x, y), (R_x, R_y)$	$(xz, yz), (x^2-y^2, xy)$

D_{2h}	E	$C_2(z)$	$C_2(y)$	$C_2(x)$	i	$\sigma(xy)$	$\sigma(xz)$	$\sigma(yz)$		
A_g	1	1	1	1	1	1	1	1		x^2, y^2, z^2
B_{1g}	1	1	-1	-1	1	1	-1	-1	R_z	xy
B_{2g}	1	-1	1	-1	1	-1	1	-1	R_y	xz
B_{3g}	1	-1	-1	1	1	-1	-1	1	R_x	yz
A_u	1	1	1	1	-1	-1	-1	-1		
B_{1u}	1	1	-1	-1	-1	-1	1	1	z	
B_{2u}	1	-1	1	-1	-1	1	-1	1	y	
B_{3u}	1	-1	-1	1	-1	1	1	-1	x	

D_{3h}	E	$2C_3$	$3C_2$	σ_h	$2S_3$	$3\sigma_v$		
A_1'	1	1	1	1	1	1		x^2+y^2, z^2
A_2'	1	1	-1	1	1	-1	R_z	
E'	2	-1	0	2	-1	0	(x, y)	(x^2-y^2, xy)
A_1''	1	1	1	-1	-1	-1		
A_2''	1	1	-1	-1	-1	1	z	
E''	2	-1	0	-2	1	0	(R_x, R_y)	(xz, yz)

D_{4h}	E	$2C_4$	C_2	$2C_2'$	$2C_2''$	i	$2S_4$	σ_h	$2\sigma_v$	$2\sigma_d$		
A_{1g}	1	1	1	1	1	1	1	1	1	1		x^2+y^2, z^2
A_{2g}	1	1	1	−1	−1	1	1	1	−1	−1	R_z	
B_{1g}	1	−1	1	1	−1	1	−1	1	1	−1		x^2-y^2
B_{2g}	1	−1	1	−1	1	1	−1	1	−1	1		xy
E_g	2	0	−2	0	0	2	0	−2	0	0	(R_x, R_y)	(xz, yz)
A_{1u}	1	1	1	1	1	−1	−1	−1	−1	−1		
A_{2u}	1	1	1	−1	−1	−1	−1	−1	1	1	z	
B_{1u}	1	−1	1	1	−1	−1	1	−1	−1	1		
B_{2u}	1	−1	1	−1	1	−1	1	−1	1	−1		
E_u	2	0	−2	0	0	−2	0	2	0	0	(x, y)	

D_{5h}	E	$2C_5$	$2C_5^2$	$5C_2$	σ_h	$2S^5$	$2S_5^3$	$5\sigma_v$		
A_1'	1	1	1	1	1	1	1	1		x^2+y^2, z^2
A_2'	1	1	1	−1	1	1	1	−1	R_z	
E_1'	2	2 cos 72°	2 cos 144°	0	2	2 cos 72°	2 cos 144°	0	(x, y)	
E_2'	2	2 cos 144°	2 cos 72°	0	2	2 cos 144°	2 cos 72°	0		(x^2-y^2, xy)
A_1''	1	1	1	1	−1	−1	−1	−1		
A_2''	1	1	1	−1	−1	−1	−1	1	z	
E_1''	2	2 cos 72°	2 cos 144°	0	−2	−2 cos 72°	−2 cos 144°	0	(R_x, R_y)	(xz, yz)
E_2''	2	2 cos 144°	2 cos 72°	0	−2	−2 cos 144°	−2 cos 72°	0		

D_{2d}	E	$2S_4$	C_2	$2C_2'$	$2\sigma_d$		
A_1	1	1	1	1	1		x^2+y^2, z^2
A_2	1	1	1	−1	−1	R_z	
B_1	1	−1	1	1	−1		x^2-y^2
B_2	1	−1	1	−1	1	z	xy
E	2	0	−2	0	0	$(x, y), (R_x, R_y)$	(xz, yz)

D_{3d}	E	$2C_3$	$3C_2$	i	$2S_6$	$3\sigma_d$		
A_{1g}	1	1	1	1	1	1		x^2+y^2, z^2
A_{2g}	1	1	−1	1	1	−1	R_z	
E_g	2	−1	0	2	−1	0	(R_x, R_y)	$(x^2-y^2, xy), (xz, yz)$
A_{1u}	1	1	1	−1	−1	−1		
A_{2u}	1	1	−1	−1	−1	1	z	
E_u	2	−1	0	−2	1	0	(x, y)	

付録B 点群の指標表

S_4	E	S_4	C_2	S_4^3		
A	1	1	1	1	R_z	x^2+y^2, z^2
B	1	-1	1	-1	z	x^2-y^2, xy
E	1	$\pm i$	-1	$\pm i$	$(x,y), (R_x, R_y)$	(xz, yz)

T_d	E	$8C_3$	$3C_2$	$6S_4$	$6\sigma_d$		
A_1	1	1	1	1	1		$x^2+y^2+z^2$
A_2	1	1	1	-1	-1		
E	2	-1	2	0	0		$(2z^2-x^2-y^2, x^2-y^2)$
T_1	3	0	-1	1	-1	(R_x, R_y, R_z)	
T_2	3	0	-1	-1	1	(x, y, z)	(xz, yz, xy)

O_h	E	$8C_3$	$6C_2$	$6C_4$	$3C_2$	i	$6S_4$	$8S_6$	$3\sigma_h$	$6\sigma_d$		
A_{1g}	1	1	1	1	1	1	1	1	1	1		$x^2+y^2+z^2$
A_{2g}	1	1	-1	-1	1	1	-1	1	1	-1		
E_g	2	-1	0	0	2	2	0	-1	2	0		$(2z^2-x^2-y^2, x^2-y^2)$
T_{1g}	3	0	-1	1	-1	3	1	0	-1	-1	(R_x, R_y, R_z)	
T_{2g}	3	0	1	-1	-1	3	-1	0	-1	1		(xz, yz, xy)
A_{1u}	1	1	1	1	1	-1	-1	-1	-1	-1		
A_{2u}	1	1	-1	-1	1	-1	1	-1	-1	1		
E_u	2	-1	0	0	2	-2	0	1	-2	0		
T_{1u}	3	0	-1	1	-1	-3	-1	0	1	1	(x, y, z)	
T_{2u}	3	0	1	-1	-1	-3	1	0	1	-1		

I_h	E	$12C_5$	$12C_5^2$	$20C_3$	$15C_2$	i	$12S_{10}$	$12S_{10}^3$	$20S_6$	15σ		
A_g	1	1	1	1	1	1	1	1	1	1		$x^2+y^2+z^2$
T_{1g}	3	x	y	0	-1	3	y	x	0	-1	(R_x, R_y, R_z)	
T_{2g}	3	y	x	0	-1	3	x	y	0	-1		
G_g	4	-1	-1	1	0	4	-1	-1	1	0		
H_g	5	0	0	-1	1	5	0	0	-1	1		$(2x^2-x^2-y^2, x^2-y^2, xy, xy, yz)$
A_u	1	1	1	1	1	-1	-1	-1	-1	-1		
T_{1u}	3	x	y	0	-1	-3	$-y$	$-x$	0	1	(x, y, z)	
T_{2u}	3	y	x	0	-1	-3	$-x$	$-y$	0	1		
G_u	4	-1	-1	1	0	-4	1	1	-1	0		
H_u	5	0	0	-1	1	-5	0	0	1	-1		

$x = 1/2(1+\sqrt{5})$, $y = 1/2(1-\sqrt{5})$

和文索引

あ〜う

アインシュタイン 10
亜 鉛 372,381
　――の有機金属化合物 407,408
アクア錯体 378
アクチノイド 351
亜クロム酸塩 377
アセチレン 361
圧縮因子 187
圧力効果 263〜265
Avrami-Erofeev 速度論 257
アルカリ金属 350,355
　――のイオン化エネルギー 209
　――の昇華熱 209
アルカリ電池 378
アルカリ土類金属 350,355
アルカリハロゲン化物 209
アルキルアルミニウム 400
アルキル基移動反応 393
アルキルリチウム 395
アルスフェナミン 406
α 壊変 27
α 粒子 5
アルミナ 368
アルミニウム 366〜369,399
　――の酸化物 366
　――の水酸化物 366
　――の水和酸化物 366
アレニウス 282
アレニウス理論 282〜285
アンチモン 406
アンモニア 332〜338
アンモニア和反応 333
アンモノリシス反応 333

硫 黄 361

イオン
　――の大きさと結晶環境 217〜221
　――の水和エンタルピー 228
　――の半径 217
イオン化エネルギー 16,185
　アルカリ金属の―― 209
イオン結合 207〜248
異核二原子分子 82〜86
異極鉱 121
一次反応 254
イッテルビウム 384
イリジウム 370
イルメナイト 376
陰極線 3

ウルツ鉱 216

え,お

永年方程式 68
s-ブロック 355
S_6 軸 143
エプソム塩 363
f-ブロック 351
エメラルド 363
塩化アルミニウム 367
塩化セシウム 215
塩化ナトリウム 360
　――のマーデルング定数 215
塩化ベリリウム 367
塩 基
　――の触媒挙動 302〜306
　――の強さ 289〜294
　ルイス―― 308
演算子 36,37
　ハミルトニアン―― 42
　ラプラシアン―― 43
塩様水素化物 357

オキシハロゲン化物 381

オーステナイト 374
オスミウム 370
親核種 25
オルトケイ酸塩 121

か

回映軸 142
回転軸 137
壊 変 24〜28
　――過程の予測 28〜31
　α―― 27
　β^+―― 26
　β^-―― 25
　γ―― 28
界 面 271〜273
解離エネルギー 210
解離定数 284
架 橋 117
核 257
核安定性 24
拡 散 273〜275
　自己―― 273
　ヘテロ―― 273
核 子 21
核 種 21
拡張欠陥 238
重なり積分 67
荷重係数 64
加水分解 287
硬 さ 246〜248
　モース―― 246
活性化体積 264
カドミウム 407,408
ガドリニウム 384
カプスティンスキー式 216,217
過マンガン酸イオン 378
カリウム 356
カルシウム 363,396
カルシウムシアナミド 362

和文索引

還元剤 356
関数
　完全波動―― 35
　固有―― 38
　状態―― 35
　波動―― 35
完全波動関数 35
乾燥剤 358
γ壊変 28
ガンマ鉄 374
カンラン石 363

き

規格化 36
期待値 39
軌道
　――の対称性 144～146
　――の満たされる順番 53
ギブサイト 368
既約表現 149
逆元 146
逆ホタル石型構造 222
求核体 301,302
求核置換反応 301
求電子置換反応 301
鏡映面 136
凝集エネルギー 198～202
共鳴 104～117
共鳴エネルギー 165
共役対 286
共有結合 63～91
金 370
銀 370
金属
　――の構造 234～237
　――のデバイ温度 245
　――の比熱 243
金属元素 350～387

く，け

クープマンスの定理 66
18-クラウン-6 364
グラファイト 122
クラフツ 305
グリニャール試薬 392,394,396
クリプタンド 365

クロム 369,374,377,381
クロム酸 377
クロム酸ナトリウム 377
クーロン積分 66
群軌道 146
群論 146～151
珪亜鉛鉱 121
ケイ酸塩 123
形式電荷 104～117
ケイ素 121
結合 94～132
結合エネルギー 129～132
結合次数 78
結合性状態 68
結合モーメント 175,178
結晶形成 207～212
結晶欠陥 237～241
結晶格子 215
結晶構造 221～226
原子質量単位 24
原子半径 19
原子物理学 2

こ

交換積分 66
合金 351,372～375
　多相―― 372
　単相―― 372
　超―― 374
　モネル―― 373
高合金鋼 374
光子 10
格子エネルギー 209
格子形成 315～317
光電効果 9
光電子 10
光電子分光 80～82
恒等操作 143,146
硬-軟相互作用原理 307～317
黒体放射 8
固体
　――の硬さ 246～248
　――の構造 207～248
　――の相転移 241
　――の反応の特徴 251～254
　――の動的モデル 254～262
　――の反応 265～267
コバルト 369,379,382

固有関数 38
固溶強化 373
コランダム 368

さ

再構築 241
再構築転移 268
最密充填 234
サルバルサン 406
酸
　――の解離定数 284
　――の触媒挙動 302～306
　――の強さ 289～294
　ルイス―― 308
三塩化ヒ素 406
酸・塩基の化学 282～321
酸・塩基反応 334,335
酸化剤 377
酸化物 358
　――の酸・塩基特性 294,295
　アルミニウムの―― 366
　遷移金属―― 375～381
　ナトリウムの―― 358
　ベリリウムの―― 359
　リチウムの―― 358
酸化ベリリウム 359

し

シアン化ナトリウム 362
シェブレル相 372
四塩化チタン 381
磁気量子数 45
σ_h 140
σ_v 137
自己拡散 273
仕事関数 10
示差走査熱測定 262
C_3軸 138
C_{3v} 139
質量数 22
C_2軸 137
C_{2v} 137
ジメチルアルミニウム 401
ジメチルジクロロシラン 405
ジメチルベリリウム 399
遮蔽定数 50

和文索引

周期表 55
収縮体積速度論 256
主要族元素 391〜408
自由電子モデル 353
主量子数 11,45
シュレディンガー 43
焼結 275〜278
硝酸塩 362,363
状態関数 35
状態密度 354
蒸発エントロピー 190
ショットキー欠陥 238
C_4軸 140
ジリチウムアセチリド 395
ジルコン 121
ジンケート 380
伸縮振動 193
ジントル化合物 363
ジントル相 363〜366

す

水銀 393
　——の有機金属化合物 407,
　　　　　　　　　　　408
水酸化カリウム 359
水酸化カルシウム 359
水酸化ナトリウム 359
水酸化ニッケル 379
水酸化物 358
　アルミニウムの—— 366
　カリウムの—— 359
　カルシウムの—— 359
　ナトリウムの—— 359
　マグネシウムの—— 359
水酸化マグネシウム 359
水素化アルミニウムリチウム
　　　　　　　　　　　358
水素化物 357,358
水素結合 189〜198,309
　分子間—— 189
　分子内—— 189
水素原子 43〜47
垂直イオン化 82
水平効果 288
水和酸化物 366
水和数 227
スカンジウム 369,375
ス ズ 365,373,405
ステンレス鋼 374
ストロンチウム 396

スペクトル状態 57〜60
　分子の—— 90,91
ずれ転移 241
スレーター 50
スレーター波動関数 50,51

せ, そ

赤外分光 193
積層欠陥 240
積 分
　重なり—— 67
　クーロン—— 66
　交換—— 66
セシウム 359
石 灰 355
セリウム 383,384
セレン 364
閃亜鉛鉱 215
遷移金属 351
　——酸化物 375〜381
　——の化学 375〜383
　——の性質 369,371
　第一—— 368〜370
　第二—— 370〜372
　第三—— 370〜372
線形結合 64
線スペクトル 8
双極子−双極子力 179〜182
双極子モーメント 174〜179
　無機分子の—— 177
双極子−誘起双極子力 182,183
相転移 220,267〜271
　固体の—— 241
　二次—— 271
　変異型—— 268
ソルベー法 360

た, ち

ダイアスポア 368
第一遷移金属 368〜370
第1族 355〜363
　——の特性 355,356
　——の物性 356
　——の有機金属化合物 394〜
　　　　　　　　　　　396

第三遷移金属 370〜372
第15族 406
第13族 399〜405
第14族 405
対 称 136〜170
対称状態 68
対称心 141
対称性 144〜146
対称性適用線形結合 146
対称要素 136〜144
体心立方構造 235
第二遷移金属 370〜372
第2族 355〜363
　——の特性 355,356
　——の物性 356
　——の有機金属化合物 396〜
　　　　　　　　　　　399
ダイヤモンド 122
多重度 57
多相合金 372
炭化カルシウム 361
炭化物 360〜362
タングステン 370
炭酸塩 362,363
炭酸カルシウム 362
炭酸ナトリウム 360
炭酸ニッケル 379
単純立方構造 235
単相合金 372
断熱イオン化 82
置換イオン欠陥 238
チタン 369,375
窒化物 360〜362
立方最密充填 235
中性子 6
超強酸 344,345
超合金 374

て, と

d−ブロック 351
鉄 368,374,379,382
テトラエチル鉛 392
テトラフェニルスズ 405
テトラメチルスズ 405
デバイ 175
デバイ温度 245
テルビウム 384
テルル 364

和文索引

電荷 5
電気陰性度 82,86〜89
 ポーリングの—— 87
 マリケンの—— 88
電気伝導率 278
点群 137
点欠陥 238
電子
 ——の電荷 5
 ——の電荷と質量の比 4
電子親和力 17
 ハロゲンの—— 210
電磁スペクトル 7
電子配置 51〜57
電子不足分子 125〜127
電子捕獲 27
電子密度 162

銅 369,372,383
動的変数 36
ド・ブロイ 14
 ——の式 15
トムソン 3
ドラゴ 319
ドラゴの4パラメーター式 319
 〜321
トリエチルアルミニウム 400
トリエチルガリウム 400
ドリフト 278
トリメチルガリウム 400
トリメチルボロン 400
ルートン則 192
トルベイト石 121
トロナ 360
ドロマイト 363

な 行

ナトリウム 356,394
 ——の酸化物 358
ナトリウムアミド 362
ナトリウムシアナミド 362
鉛 365

二クロム酸 377
二原子分子
 ——の共有結合 63〜91
 異核—— 82〜86
 第2周期元素の—— 75〜80
二酸化硫黄 340〜344

二次相転移 271
ニッケル 369,373,374,382
二電子三中心結合 126

熱重量分析 262
熱ヒステリシス 269
熱分析法 262,263
熱膨張測定 262
熱容量 242〜246

は, ひ

配位共有結合 299
配位数 218
パイロルース 378
パウリの排他原理 46
端置換 240
白金 370
バックミンスターフラーレン
 122
パッシェン系列 14
波動関数 35
 スレーター—— 50,51
バナジウム 369,376,381
ハミルトニアン演算子 42
パラジウム 370
バリウム 363,396
バルマー 7
バルマー系列 14
ハロゲン
 ——の解離エネルギー 210
 ——の電子親和力 210
ハロゲン化オレフィン 394
ハロゲン化物 360,381
反結合性状態 68
バンド理論 351〜354

ピアソン 307
光 7〜10
非水溶媒
 ——の化学 326〜345
 代表的な—— 326,327
ヒステリシス幅 269
ビスマス 406
ヒ素 363,406
非対称状態 68
ヒュッケル 157
ヒュッケル法 158〜170
氷晶石 366

ふ〜ほ

ファンデルワールス 187
ファンデルワールス式 187〜
 189
ファンデルワールスパラメー
 ター 188
フェナス石 121
フェーリング試験 380
フェルミーディラック分布関数
 354
フェロセン 395
不純物欠陥 238
フッ化水素 338〜340
ブドウパンモデル 4
ブラケット系列 14
プランク 9
フリーデル 305
フレンケル欠陥 239
ブレンステッド 285
ブレンステッドーローリー理論
 285〜289
プロトン供与体 285
プロトン受容体 285
プロトン親和力 295〜298
分極率 182,318
分子間相互作用 174〜202
分子軌道 136〜170
分子軌道法 63〜71
分子構造 95
粉末冶金 277
平均値 39
β^+壊変 26
β^-壊変 26
ヘテロ拡散 273
ベーマイト 368
ヘリウム 48,49
ベリリウム 363,366〜368,373,
 398
ペロブスカイト 375
変異型相転移 268
変角振動 193
変分法 39
ボーア 11
ボーア模型 11〜14
方位量子数 45
放物線速度論 255

和文索引

ボーキサイト 366
ポジトロン放出 26
ホスファジン 127
ホタル石 215
ホタル石型構造 222
ホフマン 156
ボラジン 128
ポーリング 86
　――の電気陰性度 87

ま行

マクスウェル 7
マグネサイト 363
マグネシウム 363
マグネシウム乳 359
マーデルング定数 209,212～215
　ウルツ鉱の―― 215
　塩化セシウムの―― 215
　塩化ナトリウムの―― 215
　結晶格子の―― 215
　閃亜鉛鉱の―― 215
　ホタル石の―― 215
　ルチルの―― 215
マラカイト 380
マリケン 88
　――の電気陰性度 88
マンガン 369,378

ミリカン 4

無機固体 251～279
無機ベンゼン 128
娘核種 25

メタケイ酸塩 121
メタセシス反応 334
メタニド 368
面心立方構造 235

モース硬さ 246
モネル合金 373
モノリチウムアセチリド 395
モリブデン 371

ゆ,よ

有機金属化合物
　――の合成 392～394
　亜鉛の―― 407,408
　カドミウムの―― 407,408
　主要族元素の―― 391～408
　水銀の―― 407,408
　第1族の―― 394～396
　第2族の―― 396～399
　第13族の―― 399～405
　第14族の―― 405
　第15族の―― 406
誘起効果 291
有機水銀 392
有機リチウム 395
ユウロピウム 384
油滴実験 4

溶解度 310～312
溶解パラメーター 198～202
陽子の質量 6
陽電子放出 26
溶媒
　――の概念 327～330
　非水―― 326～345

ら行

ライマン系列 14
ラザフォード 5
　――の実験 5
らせん脱臼 240
ラネーニッケル 369

ラプラシアン演算子 43
ランタノイド 351,383～387
　――の性質 384
ランタノド収縮 385
ランダム核形成 257
ランタン 383

リチウム 356,394
　――の酸化物 358
リトポン 361
硫化亜鉛 361
硫化物 360～362
硫酸塩 362,363
硫酸バリウム 361
粒子-波二重性 10,14～16
量子化 9
量子数 11,45
　磁気―― 45
　主―― 45
　方位―― 45
量子トンネル効果 99
量子力学 34～61
両性的性質 330
緑柱石 363
リン 376
リン化物 360～362
リン酸塩 362,363

ルイス塩基 308
ルイス酸 308
ルイス理論 298～302
ルチル 375
　――のマーデルング定数 215
ルテチウム 384
ルビジウム 359

レニウム 370
連結異性体 310

ロジウム 370
六方最密充填 235
ローリー 285
ロンドン力 183～186

欧文索引

A

adiabatic ionization 82
alkali metal 350
alkaline-earth metal 350
alloy 351
ammonolysis reaction 333
antibonding state 68
antifluorite structure 222
Arrhenius, S. A. 282
asymmetric state 68
average 39

B

Balmer, J. J. 7
bauxite 366
bayerite 368
beryl 363
boehmite 368
Bohr, Niels 11
bond moment 175
bond order 78
bonding state 68
borazine 128
Brønsted, J. N. 285
buckminsterfullerene 122

C

calcite 362
cathode ray 3
Chevrel phase 372
closest packing 234
cohesion energy 198～202

complete wave function 35
compressibility factor 187
conjugate pair 286
coordination covalent bond 299
coordination number 218
corundum 368
Coulomb integral 66
Crafts, James 305
cryolite 366
cryprtand 365

D

de Broglie, Louis V. 14
Debye, Peter 175
density of state 354
diaspore 368
displactive phase transition 241
dolomite 363
Drago, R. S. 319
drift 278
dynamical variable 36

E

edge displacement 240
eigenfunction 38
Einstein, Albert 10
electron affinity 17
electron density 162
electronegativity 82,86～89
electrophilic substitution reaction 301
exchange integral 66
expection value 39
extended defect 238

F, G

Fehling test 380
fluorite structure 222
Frenkel defect 239
Friedel, Charles 305

gibbsite 368
group orbital 146
gypsum 363

H, I

heterodiffusion 273
high-alloy 374
hydration number 227
hydrolysis 287
hysteresis width 269

improper rotation axis 142
impurity defect 238
ionization energy 16
irreducible 149

L

lanthanide 351
lanthanide contraction 385
Laplacian operator 43
lattice energy 209
leveling effect 288
line spectrum 8
lithopone 361
London force 183～186
Lowry, T. M. 285

M

Madelung constant 209
magnesite 363
malachite 380
Maxwell, J. C. 7
Millikan, Robert A. 4
mirror plane 136
Mulliken 88
multiple-phase alloy 372
mutiplicity 57

N, O

normalize 36
nucleon 21
nucleophile 301,302
nucleophilic substitution reaction 301
nucleus 257
nuclide 21

olivine 363
operator 36
overlap integral 67

P

particle-wave duality 10,14〜16

Pauling, Linus 86
Pearson, R. G. 307
phase transition 219
phosphazine 127
photoelectric effect 9
photon 10
Planck, Max 9
point defect 238
point group 137
polarizability 182
principal quantum number 11
proton acceptor 285
proton affinity 295〜298
proton donor 285

Q, R

quantum mechanical tunneling 99
quantum number 11,45

reconstructive 241
resonance energy 165
rotation axis 137
Rutherford, Ernest 5

S, T

saltlike hydride 357
Schrödinger, Erwin 43

screw dislocation 240
secular equation 68
self-diffusion 273
Shottky defect 238
single-phase alloy 372
slaked lime 360
Slater, J. C. 50
solid solution strengthening 373
spectroscopic state 57〜60
stacking fault 240
state function 35
substituted ion defect 238
symmetric state 68
symmetry adapted linear combination 146

thermal hysteresis 269
Thomson, J. J. 3
transition metal 351
trona 360
Trouton's rule 192
two-electron three-center bond 126

V, W, Z

van der Waals, J. D. 187
variation method 39
vertical ionization 82

work function 10

Zintl compound 363
Zintl phase 363〜366

山下正廣
　1954年 佐賀県に生まれる
　1978年 九州大学理学部 卒
　現 東北大学大学院理学研究科 教授
　専攻 錯体化学
　理学博士

塩谷光彦
　1958年 東京都に生まれる
　1982年 東京大学薬学部 卒
　現 東京大学大学院理学系研究科 教授
　専攻 生物無機化学，超分子化学
　薬学博士

石川直人
　1965年 東京都に生まれる
　1987年 東京工業大学理学部 卒
　現 大阪大学大学院理学研究科 教授
　専攻 無機化学，錯体化学
　博士(理学)

第1版 第1刷 2012年4月2日 発行

ハウス無機化学（上）

© 2012

訳　者　　山　下　正　廣
　　　　　塩　谷　光　彦
　　　　　石　川　直　人

発行者　　小　澤　美奈子
発　行　　株式会社 東京化学同人
　　　　　東京都文京区千石 3-36-7 (〒112-0011)
　　　　　電話 (03)3946-5311・FAX (03)3946-5316
　　　　　URL: http://www.tkd-pbl.com

印刷・製本　　株式会社 シナノ

ISBN978-4-8079-0788-5
Printed in Japan
無断複写，転載を禁じます．